U0609987

中国水利学会水利量测技术专业委员会 编

论文选集

第十三集

水利量测技术

长江出版社
CHANGJIANG PRESS

水利量测技术
论文选集
第十三集

编辑委员会

主任委员　　唐洪武

委　　员　　(以姓氏笔画为序)

冷元宝　　李丹勋　　陈建国　　陈　红

林　俊　　杨文俊　　郑　源　　柳淑学

贾永梅　　徐国龙　　唐洪武　　戴光清

主　　编　　侯冬梅　陈　红　滕素芬　陈思禹

王顺意

PREFACE 前言

水利量测技术是水科学发展的重要基础和有效推动力,新时代水利量测技术应立足新发展阶段、贯彻新发展理念,面向世界科技前沿、面向国家重大需求,助力我国水科学实现高水平科技自立自强。习近平指出当前我国科技实力正在从量的积累迈向质的飞跃、从点的突破迈向系统能力的提升,水利量测技术的发展亦是如此。近年来,水利量测技术加速与人工智能、信息技术等学科交叉融合,出现了很多新的量测技术方向,比如卫星量测技术、图像法量测技术、光学法量测技术等,水利量测技术正迎来重大科技变革和发展机遇。

中国水利学会水利量测技术专业委员会自 20 世纪 80 年代成立以来,每两年举办一次全国性水利量测技术综合学术研讨会,总结水利量测先进技术、规划水利量测技术发展方向、交流实践经验,有效推进了全国水利量测技术的发展。第十九届全国水利量测技术综合学术研讨会将于 2024 年 11 月在湖北宜昌召开,会议共收到近五十篇学术论文,经专家评审,将部分优秀论文收录到本论文集,用于展示近年来水利量测技术领域所取得的最新成果。

此次会议收录论文内容丰富、技术先进,主要包括:①原型观测与试验技术及应用;②大坝堤防监测技术及应用;③测量数据采集和处理的自动化、智能化、数字化;④数字孪生及其他技术应用。论文提炼总结了大量工程建设和运行管理方面的测量仪器实践经验及水利信息化的应用经验,具有很高的学术水平和实用价值。

水利量测技术涉及专业面广、学科交叉多、研发难度大,因此,先进测量技术的发展和进步难以一蹴而就。但我们欣喜地看到,此次会议很多青年学者加入水利量测技术领域中来,成为我国水利量测技术可持续发展的生力军,为有效地推进水科学的发展奠定了坚实基础。

编　者

2024 年 10 月

目录 CONTENTS

第三部分　大坝堤防技术

第四部分　数字孪生及其他技术

第一部分

试验技术

基于 SFM-MVS 的河工模型三维重建精度优化研究

刘世涛[1]　毋新房[1]　于三甲[2]　张佳辉[2]　黄桂平[2]

(1. 水利部水工金属结构质量检验测试中心,河南郑州　450044;

2. 华北水利水电大学,河南郑州　450046)

摘　要:快速、准确地测量河道地形、河床冲淤变化,对研究河流状态具有重大意义。本文针对 SFM-MVS(Structure from Motion with Multi-View Stereo)在河工模型试验中缺乏应用性指导、精度不稳定等问题,分别从图像质量、镜头畸变、测量网形三方面开展测量精度优化研究,主要研究内容与工作如下:①通过实验验证 SFM-MVS 可以获取比 TLS(Terrestrial Laser Scanner)更高分辨率、可视化效果更好、测量精度相当的三维模型;②从图像质量与图像预处理、镜头畸变与相机标定方法、测量网形设计与优化三方面对 SFM-MVS 在河工模型三维重建中的精度优化开展了多次实验,SFM-MVS 三维模型的测量精度显著提升;③从前期准备、图像采集、图像处理与精度评定等方面,为 SFM-MVS 在河工模型试验中的应用提供一般性指导。综上所述,SFM-MVS 经精度优化与应用指导后,可以低成本、高效率地获取分辨率高、可视化效果优,且测量精度较高的三维模型,期望为相同领域研究提供帮助。

关键词:SFM-MVS;河工模型试验;地形测量;三维重建;精度优化

1　前言

河工模型试验需要对流速、水位、地形、含沙量等实验参数进行准确的测量,其中快速、准确地测量河道地形、河床冲淤变化,对研究河流状态具有重大意义[1-5]。传统测量方法如测针法等,精度较高但为接触式单点测量,会对河道地形造成破坏,单点

作者简介:刘世涛(2000—　　),男,河北石家庄人,硕士,主要从事摄影测量与精密工程测量相关的研究。

测量效率较低,已不太能满足现阶段的测量需求[6]。SFM-MVS 通过相机围绕被测物获取图像,并对图像处理生成三维模型[7,8],无需预知相机位姿,仅通过图像集合来实现对相机位姿的计算与被测物的三维重建[9],该方法也可称为近景摄影测量或人工倾斜摄影测量。

近年来,部分学者将光学测量方法引入模型试验中,孟震等提出了一种基于双目视觉和主动光源的非接触式多点测量方法,将测量结果与测针法测量结果对比,精度可以满足实验要求[10]。Morgan 等将 SFM-MVS 应用在水槽模型中,比较 SFM-MVS 与三维激光扫描仪的测量分辨率与精度,并探讨了图像重叠度、点云密度等不同图像采集方法和数据处理方法对测量结果的影响[11]。Marteau 等将 SFM-MVS 应用在河道修复中,使用 SFM-MVS 获取河道修复前、修复中和修复后的三维形貌变化,以评估该河道修复是否有效[12]。Bakker 等将 SFM-MVS 与传统摄影测量技术在河流泛滥区进行实验对比,实验表明图像纹理与图像重叠度是影响 SFM-MVS 三维重建与光束法平差质量的关键因素[13]。Mali 等在实验装置中进行 SFM-MVS 的实验,使用两种处理流程与 Photoscan 处理同一组图像的结果对比,发现商业软件有更好的鲁棒性[14]。赵志文等采用 SFM-MVS 技术在河工模型中测量河道地形,并将测量结果与传统的测针法测量结果对比,经系统误差修正后 SFM-MVS 的测量精度满足规范要求[15]。魏向阳等开展了照片数量对 SFM-MVS 在河工模型地形测量中的精度影响研究,实验结果表明针对特定的河工模型试验场地,选取合适的照片数量对 SFM-MVS 三维地形重建有效[16]。王浩等将 SFM-MVS 应用在泥沙冲淤量计算中,并在实验室内水槽、室外河道模型中均进行了测试[17]。王浩等使用 SFM-MVS 对桥墩周围的冲刷地形进行三维重构,在此基础上分析水流变化、绕流流场特征、桥墩倾角对桥墩冲刷的影响规律,并分析流场与冲刷地形的耦合关系[18]。

综上所述,众多学者已将 SFM-MVS 应用到模型试验中,精度基本满足需求。仅有少量学者开展过关于 SFM-MVS 在河工模型试验中的精度影响研究与优化,其精度还有广阔的提升空间,因此本文的研究内容主要有:①在河工模型试验中,比较 SFM-MVS 相对 TLS 的精度;②探讨图像采集与处理过程中基于 SFM-MVS 的三维模型的精度影响因素与精度优化研究;③为 SFM-MVS 在河工模型中的图像采集与处理工作提供一般性指导。

2　SFM-MVS 三维重建原理与方案

2.1　SFM-MVS 测量原理

摄影测量与计算机视觉的融合发展形成了 SFM-MVS,其结合了运动恢复结构

SFM 与多视图立体重构 MVS 的方法,测量原理见图 1,即控制运动着的相机采集被测物的二维图像集,并提取二维图像中的特征信息,根据图像间的特征信息匹配估计相机的位姿,得到被测物的三维稀疏点云[7-9,11]。

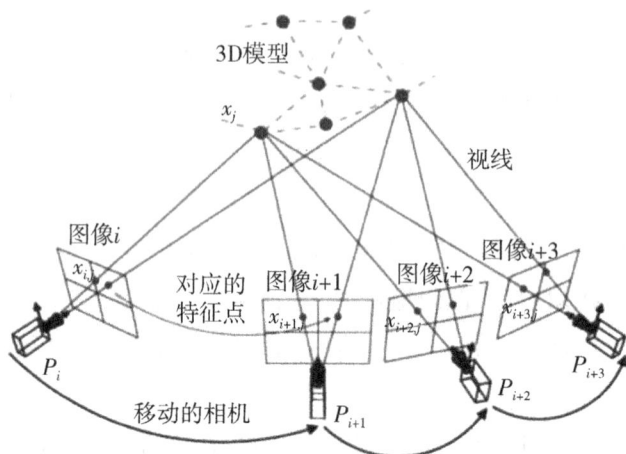

图 1 SFM-MVS 测量原理

处理流程主要分为以下几个阶段:①提取与匹配图像中的特征点,估计相机的位姿;②根据相机的位姿与匹配的特征点,构建三维坐标系下的被测物结构;③光束法平差整体解算与优化;④将稀疏点云密集化;⑤点云网格化与纹理映射。

2.2 河工模型地形三维重建方案

2.2.1 河工模型试验概况

实验是在黄河水利科学研究院"模型黄河"试验基地中开展,该河工模型是基于某水厂取水口头部局部河段,并根据与原型相似的边界条件模拟而成(图 2)。为保障河床稳定与取水口安全运行,结合河段河床演变与冲淤变化特点,进一步深化河段模型试验研究。本研究将开展 SFM-MVS、TLS 等地形测量技术在不同因素影响下的精度分析与优化工作。

图 2 实验河道现场

2.2.2 数据获取与处理

(1)SFM-MVS 数据获取

SFM-MVS 通过对二维图像处理得到三维模型,实验采集图像时使用 Nikon

D700、Nikon D850 相机,镜头选用畸变影响最小的标准镜头 Nikon AF-S 50mm。

　　(2)TLS 数据获取

　　为了研究在河工模型试验中 SFM-MVS 相对 TLS 的测量精度,实验使用 Leica MS60 全站扫描仪获取河道的参考模型,具体参数及标称精度见表 1,扫描时使用测量效率更高且精度可以满足要求的 1kHz 模式。

表 1　　　　　　　　　　　　Leica MS60 具体参数及标称精度

	目标/模式	精度
角度测量	绝对编码,连续,四重轴系补偿	$0.5''$
距离测量	棱镜	1mm+1.5ppm
	任意表面	2mm+2ppm
扫描测量	1kHz 模式	1mm

　　(3)断面点数据获取

　　本研究通过河道中布设的断面点坐标对比来评价模型精度。实验使用 MPS 工业摄影测量系统测量断面点的参考坐标,该系统由测量相机、基准尺、编码点与标志点、测量软件等组成[19],其空间测量精度为 $7\mu m+7ppm \cdot L$,测量结果可以作为参考值使用。

　　(4)SFM-MVS 三维重建

　　SFM-MVS 三维重建使用 Agisoft Metashape。它是目前用于实景三维建模的主要商业软件之一,由俄罗斯 Agisoft 公司生产和研制,原名为 Photoscan,是一款独立的、融合多功能的应用程序。标准版允许用户对像片进行提取特征、生产和编辑三维点云、生成和纹理化三维模型等。

　　(5)点云处理与对齐

　　使用 CloudCompare 进行点云的处理、配准与对比。CloudCompare 是一款流行的开源点云处理软件,包括一套编辑(清理)、渲染点云和三角化网格的工具,以及用于投影变换、配准、距离计算、统计分析、分割和各种几何参数(如密度和粗糙度)估计的较为先进的算法。

3　三维模型精度评价指标

　　河工模型三维重建的测量结果为三维模型与特征点坐标。为评定 SFM-MVS 的测量结果精度,本文将 SFM-MVS 生成的三维模型与 Leica MS60 全站扫描仪测量的参考值进行对比,此外,将特征点坐标与 MPS 工业摄影测量系统测量的参考值进行对比。

3.1 三维模型精度评价方法

评定 SFM-MVS 生成的三维模型精度是将其与 Leica MS60 测得的参考模型对比,测量模型之间的距离可以看作点集之间的距离,而表示点集之间的距离时采用 Hausdorff 距离[20-28],其指的是在欧式空间中的两点集 $A = \{a_1, a_2, \cdots\}$,$B = \{b_1, b_2, \cdots\}$,有:

$$H(A,B) = \max[h(A,B), h(B,A)] \tag{1}$$

其中:

$$h(A,B) = \max_{a \in A}\min_{b \in B}\|a - b\|, h(B,A) = \max_{b \in B}\min_{a \in A}\|b - a\|$$

$H(A,B)$ 为双向 Hausdorff 距离,$h(A,B)$ 称为从 A 到 B 的单向 Hausdorff 距离,$h(B,A)$ 称为从 B 到 A 的单向 Hausdorff 距离,根据距离的平均值与标准偏差来反映测量值与参考值之间的离散程度。

3.2 特征断面点坐标对比

断面点坐标精度评定是将其与 MPS 工业摄影测量系统测量的参考值进行对比,假设在河道中布设 m 个特征断面,每个特征断面中布设 n 个特征点,点号可以用 P_{mn} 表示,MPS 工业摄影测量系统测量的参考值表示为 (X_{mn}, Y_{mn}, Z_{mn})(其中 $m, n = 1, 2, 3, \cdots$),而从三维模型中测量的特征点三维坐标表示为 $(X'_{mn}, Y'_{mn}, Z'_{mn})$,则点 P_{mn} 的均方根误差可以表示为:

$$\begin{cases} \mathrm{RMSE}_X = \sqrt{\dfrac{\sum\limits_{i=1}^{n}(X'_{mn} - X_{mn})^2}{n}} \\[3mm] \mathrm{RMSE}_Y = \sqrt{\dfrac{\sum\limits_{i=1}^{n}(Y'_{mn} - Y_{mn})^2}{n}} \\[3mm] \mathrm{RMSE}_Z = \sqrt{\dfrac{\sum\limits_{i=1}^{n}(Z'_{mn} - Z_{mn})^2}{n}} \end{cases} \tag{2}$$

$$\mathrm{RMSE}_P = \sqrt{\mathrm{RMSE}_X^2 + \mathrm{RMSE}_Z^2 + \mathrm{RMSE}_Z^2} \tag{3}$$

4 河工模型地形三维重建精度影响分析与研究实验

4.1 精度影响因素分析与研究实验方案

4.1.1 图像质量对河工模型三维重建的精度影响研究

在图像采集过程中,光源、环境、待测物体表面等多种自然因素,以及相机参数设置、手持相机晃动等人为因素共同影响,使得采集的图像中含有大量的噪声,如待测物体和相机的感光元件之间的相对位移产生的图像模糊,相机参数设置、光源及环境共同影响产生的图像亮度低、对比度不合适等。诸多噪声均会对后续的特征提取、匹配等环节造成较大的不确定性。

为研究受相机参数设置影响的图像质量对河工模型三维重建的影响程度与精度优化,使用两台相机 Nikon D700、Nikon D850 与 Nikon AF-S 50mm 镜头,按照相同的测量网形绕河道采集图像。拍摄时实验室内漫射光线较好,根据影响相机成像质量的相机参数研究,参数设置时考虑在不影响图像质量的前提下,保证图像亮度合适,因此参数设置注意事项总结如下。

①设置较大的曝光时间,但要避免被测物与相机的感光元件之间的相对位移最终产生图像模糊,一般要求小于焦距的倒数,本研究中即小于 $1/50s$。②设置较大的感光度以保持相机感光元件对光线的高敏感程度,但要避免电子干扰引起的图像噪点。③光圈根据与景深、物距、相机焦距之间的关系确定,保证图像亮度合适且被摄主体清晰成像。

根据总结的参数设置注意事项,以及对模型试验现场环境影响的考虑,4 组相机参数设置分组见表 2。两台相机各拍摄两组,其中各有一组图像质量较高(亮度合适且清晰成像)与一组图像质量较低(图像亮度较暗或模糊),以分析不同图像质量对河工模型三维重建的影响,同时通过两台相机之间对比分析不同分辨率或机型对河工模型三维重建的影响。

表 2　　　　　　　　　　　　　相机参数设置分组

相机型号	分组	光圈值	感光度 ISO	曝光时间	备注
Nikon D700	①	F/5	4000	1/80s	质量较高
	②	F/8	4000	1/80s	质量较低
Nikon D850	③	F/6.3	8000	1/80s	质量较高
	④	F/8	8000	1/80s	质量较低

4.1.2 相机标定对河工模型三维重建的精度影响研究

根据中心投影原理,物方点、投影中心及像点三点共线,满足共线条件方程式,但在实际应用中并没有"理想"的相机,在实际成像时像主点在像平面中的投影并不能完全与像平面的几何中心重合。像点的偏差具有一定的规律性,是相机在成像过程中诸多干扰因素共同作用的结果,若相机内参数不准确,则会干扰共线方程的成立。在摄影测量中常采用10参数模型对相机镜头畸变参数进行建模,该模型将畸变参数分为主距 f、像主点坐标 (x_0, y_0)、径向畸变参数 (k_1, k_2, k_3)、切向畸变参数 (p_1, p_2)、像平面畸变参数 (b_1, b_2)。

近年来,众多学者对相机标定理论与技术进行了大量的研究,并提出了几种常用的相机标定方法,如实验场标定法、光束法自标定法,其中实验场标定法是在实验室内布设二维或三维的标定场(图3),图3(a)为棋盘标定法使用的二维棋盘格,图3(b)为提前布设的三维标定场)来对相机进行标定,而光束法自标定法是将相机的内参数和畸变参数也作为未知数参与平差计算。

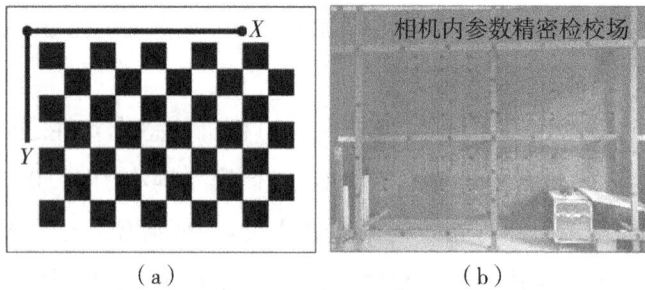

（a）　　　　　　　　　　　（b）

图3　相机标定场

使用不同的相机标定方法对两台相机 Nikon D850、Nikon D700 与 Nikon AF-S 50mm 镜头进行预标定,然后使用两台相机按照相同的测量网形与提前设定的相机参数采集河道图像,并根据预标定结果处理图像,研究相机标定方法对河工模型三维重建的影响差异。相机标定影响实验分组见表3。

表3　　　　　　　　　　　相机标定影响实验分组

实验组别	棋盘标定法	三维标定场	光束法自标定
Ⅰ			
Ⅱ	√		
Ⅲ		√	
Ⅳ			√

两台相机采集的图像均按照表3的分组进行处理,其中Ⅰ组不提前进行预标定,

Ⅱ组使用棋盘标定法对两台相机预标定,Ⅲ组使用三维标定场进行预标定,Ⅳ组使用光束法自标定进行预标定。

4.1.3　测量网形对河工模型三维重建的精度影响研究

在测绘领域中,布设不同的测量网形对测量结果的精度有很大的影响。参考倾斜摄影测量与近景摄影测量中的网形设计思路,分别从摄影距离、交会角、像片重叠度、摄站数量多个方面综合考虑,并结合现场环境限制而设计网形,总结河工模型试验现场网形布设需遵循以下原则:①摄站均匀分布在两侧平台并将整个河道全覆盖;②一般控制相机的入射角为 30°～60°,即相机摄站光束间的交会角为 60°～120°为宜;③摄站之间的像片重叠度控制在 60%～80%;④选择合适的摄影距离,既受景深的限制,又考虑人员拍摄时安全。基于网形布设原则,设计网形如下。

(1)网形一:正直向下拍摄

手持相机正直向下拍摄河道,直至摄站均匀覆盖整个河道,图像数量约 100 张,见图 4(a)。

(2)网形二:倾斜拍摄

倾斜一定角度沿河道拍摄,直至河道覆盖完毕,图像数量约 120 张,见图 4(b)。

(a)　　　　　　　　　　(b)

图 4　网形示意图

使用 Nikon D850 按照网形一、网形二采集图像,相机参数与相机预标定值保持一致,对两种网形的图像进行处理,分析不同测量网形对河工模型三维重建的影响。

4.2　实验结果与分析

4.2.1　图像质量对河工模型三维重建的影响分析

两台相机共拍摄的 4 组图像对应生成的三维模型与 Leica MS60 测得的参考模型对比,三维模型中的断面点坐标与 MPS 工业摄影测量系统的测量结果对比(图 5)。

9

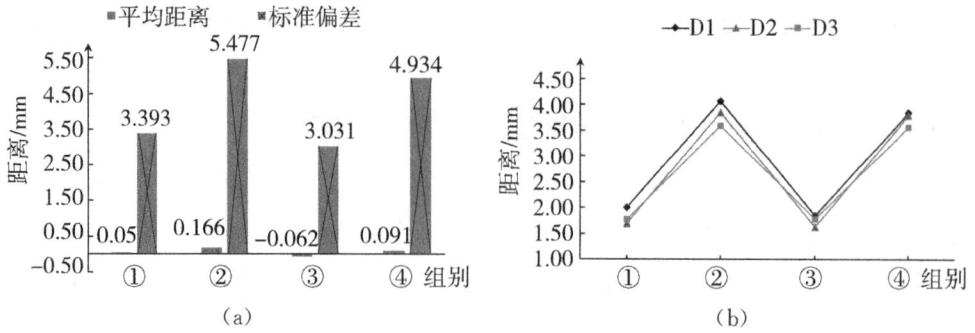

图5 图像质量影响研究实验结果

图像质量较高的①和③组,SFM-MVS 生成的三维模型相对 TLS 的标准偏差约为 3mm,而图像质量较差的②和④组标准偏差约为 5mm,图像质量对河工模型三维重建的影响较大。从①、③或②、④对比来看,Nikon D850 的结果均比 Nikon D700 的结果好,因此相机分辨率或成像优化对图像质量也有一定的影响。

4.2.2 相机标定对河工模型三维重建的影响分析

分别使用 4 组相机标定方法对两台相机获取的图像进行处理,生成的三维模型与 Leica MS60 测得的参考模型进行对比,模型中的断面点坐标与 MPS 工业摄影测量系统的测量结果进行对比,对比结果见图6。

Ⅰ组处理过程中相机未参与标定,三维模型严重畸变且测量精度差,而相机参与标定的Ⅱ、Ⅲ、Ⅳ组精度得到明显的提升,精度最高的是在处理过程中添加光束法自标定方法,标准偏差约为 3mm,模型中的断面点坐标对比结果与模型整体对比趋势一致。

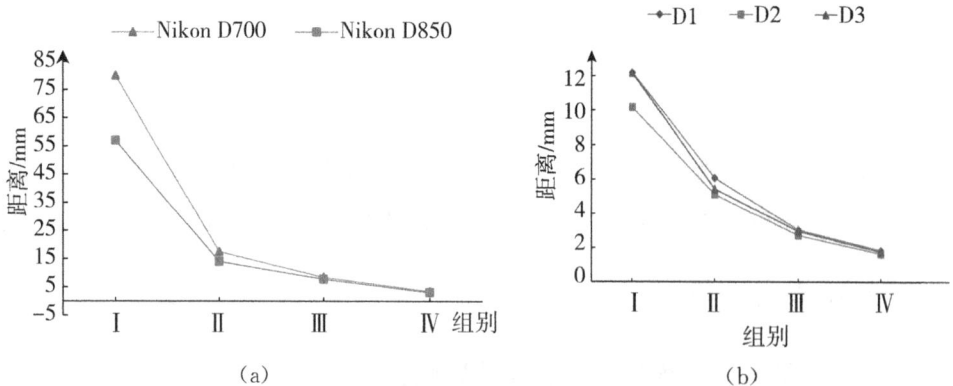

（a）　　　　　　　　（b）

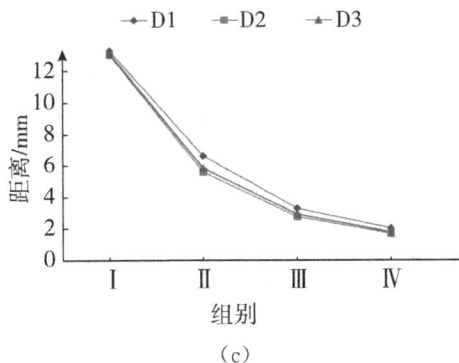

(c)

图6 相机标定影响研究实验结果

4.2.3 测量网形对河工模型三维重建的影响分析

使用分辨率更高的 Nikon D850 相机按照两种测量网形采集图像,将图像处理后得到的三维模型与 Leica MS60 测得的参考模型进行对比,将模型中的断面点坐标与 MPS 工业摄影测量系统的测量结果进行对比,对比结果见图7。

网形一采用的是正直摄影,SFM-MVS 三维模型相对 TLS 的参考模型的标准偏差约为 3.4mm,3 个断面点的偏差约为 2mm。网形二采用的是倾斜摄影,三维模型的标准偏差约为 2.4mm,3 个断面点的偏差约为 1.5mm。由此可得,倾斜摄影相对正直摄影可以获取更多的三维信息,测量结果更加准确。

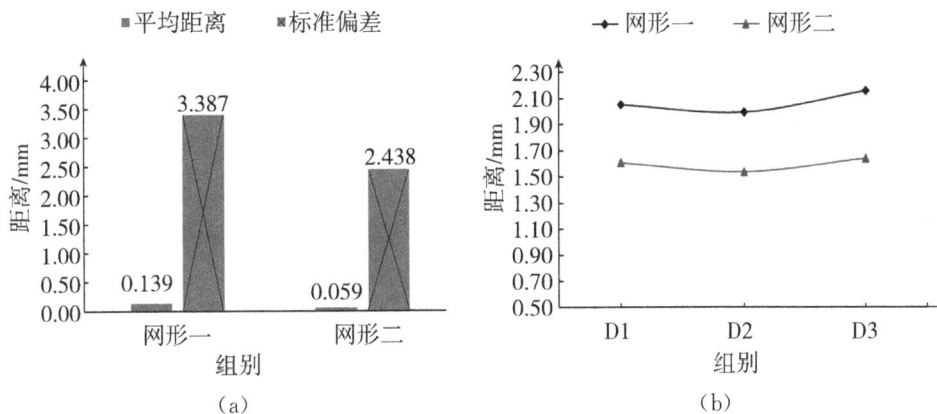

（a）   （b）

图7 测量网形影响研究实验结果

5 河工模型地形三维重建精度优化措施

5.1 图像预处理

由图像质量对河工模型三维重建的影响研究来看,相机分辨率、光圈、感光度等

11

相机参数设置关系到相机成像质量,进而影响三维模型,因此在采集图像前的相机参数需按照总结的注意事项进行设置。但在多数河工模型试验现场的封闭厂房内,单纯依靠相机参数设置可能获取不到高质量图像,见图8(a),亮度低且清晰度差。此类图像会对图像特征提取、匹配等环节造成严重的影响。

针对河工模型试验现场难以通过改善相机参数来获取高质量图像时,可以通过图像增强算法来提升图像质量,图像处理主要针对亮度和对比度。本措施中主要介绍限制对比度的自适应直方图均衡化算法(Contrast Limited Adaptive Histogram Equalization,CLAHE),通过设定对比度阈值,限制图像直方图的分布,避免图像过度增强,经对表2中图像质量较差的两组图像(②和④)预处理后的结果见图8(b)。

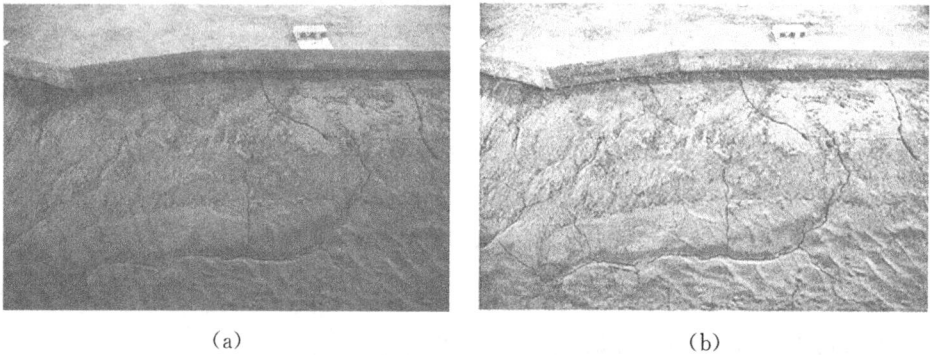

（a）　　　　　　　　　　　　（b）

图8　图像预处理前后对比

将图像增强后的图像集导入 Metashape 中处理并生成三维模型,并将模型与 Leica MS60 的参考模型对比,模型中的断面点坐标与 MPS 工业摄影测量系统的参考坐标进行对比。

将图像质量较差的②和④增强后,生成的三维模型标准偏差约为3mm,并且断面点的对比结果与模型对比结果趋势一致(图9)。

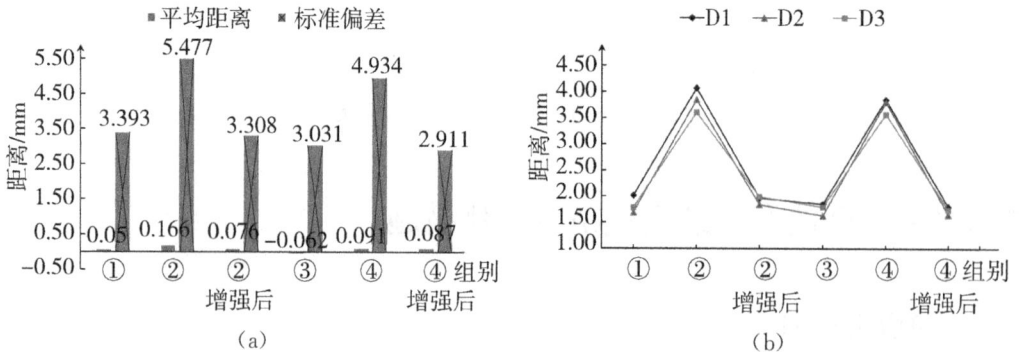

（a）　　　　　　　　　　　　（b）

图9　图像预处理影响研究实验结果

综上所述,在河工模型试验中,可以参考相机参数设置原则来获取高质量图像,但针对修改相机参数无法获取高质量图像的情况,可以通过图像增强算法来改善图像的亮度和对比度,其测量精度与原图结果的测量精度相当。

5.2　相机标定方法组合

由相机预标定对河工模型三维重建的影响研究来看,不进行预标定得到的三维模型严重畸变,已不能使用,实验场标定法的标定结果也有一定的提升,光束法自标定法计算比较灵活,生成的三维模型质量较好且精度更高,已将三维模型的标准偏差优化到 3mm 左右,但精度还有一定的提升空间,因此本措施中在实验场标定法的预标定结果基础上添加光束法自标定法,验证不同相机标定方法组合是否可以提升三维模型精度。

Ⅱ、Ⅲ、Ⅳ组与 4.2 中一致,Ⅴ组为棋盘预标定与光束法自标定结合,Ⅵ组为三维标定场预标定与光束法自标定结合,ⅤⅥ相较Ⅳ精度有一定的提升,最高可达到 2.5mm 左右,断面点坐标的偏差可提升到 1mm 左右Ⅴ、Ⅵ组(图 10)。

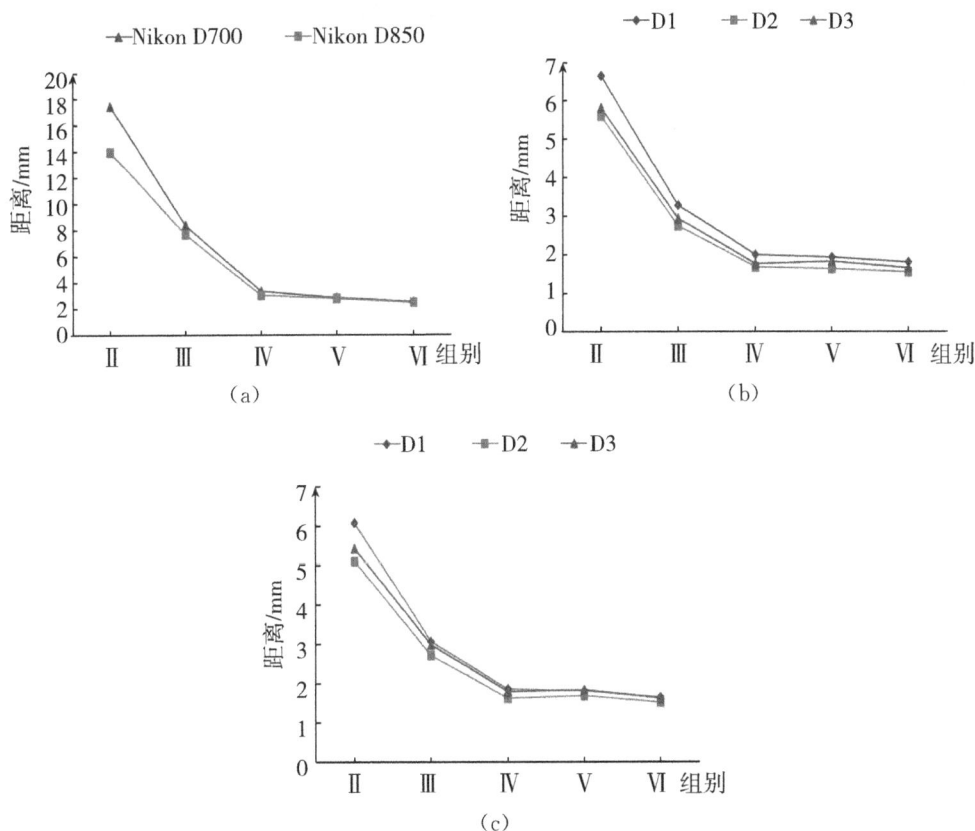

图 10　组合相机标定方法影响研究实验结果

综上所述,在处理过程中相机预标定与光束法自标定是必要的,日常使用中可以在图像处理过程中添加光束法自标定,若对精度有较高的要求,可以先使用三维标定场对相机进行预标定,将预标定结果作为初值后添加光束法自标定。

5.3 测量网形优化与图像组合

由测量网形对河工模型三维重建的影响研究来看,倾斜拍摄相较正直拍摄可以获取更多的深度信息,生成的三维模型精度更高(图11)。但测量网形还可以进行优化,即参考倾斜摄影测量中的五镜头摄影,将正直拍摄与倾斜拍摄的图像进行组合,并分析该网形对应生成的三维模型精度。

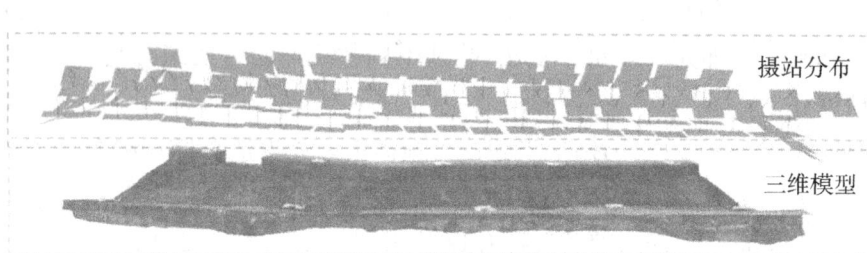

图 11 摄站分布与三维重建结果

将网形一与网形二的摄站组合,图像数量约 220 张,SFM-MVS 三维模型的标准偏差在 1.8mm,断面点坐标精度在 1mm 内。综上所述,在考虑现场环境与相机景深等前提下,根据网形布设原则,在正直摄影基础上增加倾斜拍摄的图像可以提升模型精度(图 12)。

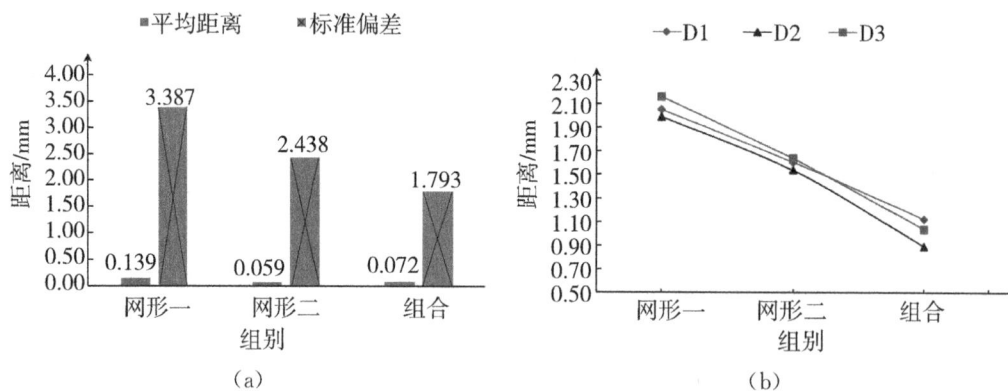

(a)

(b)

图 12 图像组合影响研究实验结果

6 结论

本文针对 SFM-MVS 在河工模型试验中缺乏应用性指导、精度影响研究与优化等方面存在的问题,主要从图像质量与图像预处理、镜头畸变与相机标定、测量网形设计与优化三方面开展 SFM-MVS 在河工模型中的精度影响与应用指导研究,主要总结如下。

(1)前期准备阶段

选用高分辨率相机搭配畸变较小的标准镜头,根据相机参数设置注意事项修改相机参数,保证获取到高质量图像。当在特殊情况下难以获取高质量图像时,可以使用 CLAHE 对低质量图像进行预处理,提升图像的亮度与对比度。

(2)图像采集阶段

参照倾斜摄影测量或近景摄影测量中的网形设计,选用正直与倾斜拍摄相结合的网形组合,可以获取充分的三维信息,最终生成高质量的三维模型。

(3)图像处理阶段

针对相机镜头畸变问题,在测量精度满足要求的前提下,为了保证测量效率,可以在建模过程中仅选用光束法自标定。若对测量精度有较高的要求,则可以在实验场预标定结果的基础上叠加光束法自标定,以获取更高精度的三维模型。

综上所述,按照本文中 SFM-MVS 在河工模型试验中的精度影响分析与应用指导,SFM-MVS 可以低成本、高效率获取与其他地形测量方法相当或精度更好的地形数据集,并且该方法生成的三维模型更加直观。

参考文献

[1] 张羽,邢晨雄. 小浪底水库坝区动床模型选沙与验证试验研究[J]. 华北水利水电大学学报(自然科学版),2016,37(1):40-44.

[2] 赵建锋,杨奇霖,伍文俊,等. 固结黏性土河床冲刷深度试验研究[J]. 中国农村水利水电,2024(8):169-169,174+179.

[3] 刘春晶,曹文洪,刘飞,等. 河工模型试验量测新技术的开发及应用[J]. 水利水电技术,2019,50(8):122-127.

[4] 陈红,吴严君,闫静. 河工模型智能化测控设计及开发[J]. 长江科学院院报,2018,35(10):158-162.

[5] 孙东坡,谢锋,张先起,等. 基于 MATLAB 的水下地形冲刷过程模拟研究[J]. 泥沙研究,2011,(1):22-27.

[6] 陈诚,唐洪武,陈红,等. 国内河工模型地形测量方法研究综述[J]. 水利水电科技进展,2009,29(2):76-79+94.

[7] Wei Y, Kang L, Yang B, et al. Applications of structure from motion:a survey[J]. Journal of Zhejiang University SCIENCE C,2013,14(7):486-494.

［8］ Brook M. Structure from motion in the geosciences［J］. New Zealand Geographer，2017，73(2)：145-146.

［9］ 姜三，刘凯，李清泉，等. 融合深度特征的无人机影像 SfM 重建［J］. 测绘学报，2024，53(2)：321-331.

［10］ 孟震，李丹勋，曹列凯，等. 基于双目视觉和主动光源的河工模型三维地形测量方法［J］. 应用基础与工程科学学报，2016，24(5)：901-913.

［11］ Morgan J A，Brogan D J，Nelson P A. Application of Structure-from-Motion photogrammetry in laboratory flumes［J］. Geomorphology，2017，276：125-143.

［12］ Marteau B，Vericat D，Gibbins C，et al. Application of Structure-from-Motion photogrammetry to river restoration［J］. Earth Surface Processes and Landforms，2017，42(3)：503-515.

［13］ Bakker M，Lane S N. Archival photogrammetric analysis of river-floodplain systems using Structure from Motion (SfM) methods［J］. Earth Surface Processes and Landforms，2017，42(8)：1274-1286.

［14］ Mali V K，Kuiry S N. Assessing the accuracy of high-resolution topographic data generated using freely available packages based on SFM-MVS approach［J］. Measurement，2018，124：338-350.

［15］ 赵志文，孙雪岚，谷蕾蕾，等. 运动恢复结构多视角立体重构在河工模型地形测量中的应用［J］. 泥沙研究，2019，44(5)：14-20.

［16］ 魏向阳，苏沛兰，谷蕾蕾，等. 照片数量对 SfM 动床河工模型地形三维重构的影响研究［J］. 中国水利水电科学研究院学报，2020，18(2)：121-129.

［17］ 王浩，彭国平，陈启刚，等. 基于 SFM 地形测量多尺度河工模型结构变化研究［J］. 工程科学与技术，2020，52(5)：117-124.

［18］ 王浩，陈铭，彭国平，等. 基于 SFM 方法的不同倾角桥墩绕流局部冲刷特性试验［J］. 工程科学与技术，2021，53(6)：155-164.

［19］ 黄桂平，王伟峰，轩亚兵，等. 工业摄影测量系统检定方法研究进展［J］. 中国测试，2015，41(7)：10-15.

［20］ Taha A A，Hanbury A. An Efficient Algorithm for Calculating the Exact Hausdorff Distance［J］. IEEE Transactions on Pattern Analysis and Machine Intelligence，2015，37(11)：2153-2163.

［21］ Van Kreveld M，Miltzow T，Ophelders T，et al. Between Shapes, Using the Hausdorff Distance［Z］. arXiv，2021(2021-02-16).

［22］ Takács B. Comparing face images using the modified hausdorff distance

[J]. Pattern Recognition，1998，31(12)：1873-1881.

[23] Huttenlocher D P，Kedem K. Computing the minimum Hausdorff distance for point sets under translation[C]//Proceedings of the sixth annual symposium on Computational geometry-SCG '90. 1990：340-349Berkley，California，United States：ACM Press，1990：340-349.

[24] Tang M，Lee M，Kim Y J. Interactive Hausdorff Distance Computation for General Polygonal Models[J]. Acm Transactions on Craphics，2009，28(3)：1-9.

[25] Ko K-I. On the complexity of computing the Hausdorff distance[J]. Journal of Complexity，2013，29(3-4)：248-262.

[26] Aydin O U，Taha A A，Hilbert A，et al. On the usage of average Hausdorff distance for segmentation performance assessment：hidden error when used for ranking[J]. European Radiology Experimental，2021，5(1)：4.

[27] Hausdorff F. Set Theory[M]. American Mathematical Society，2005.

[28] Jungeblut P，Kleist L，Miltzow T. The Complexity of the Hausdorff Distance[Z]. arXiv，2022-08-25.

高流速、强紊动水气两相流探针测量系统及应用

白瑞迪

（ 四川大学山区河流保护与治理全国重点实验室，四川成都　610065）

摘　要: 针对高速掺气水流水力细观特性精确测量难题，本文提供了自主研发的高流速、强紊动水气两相流精准量测技术与装备，实现了复杂流动条件下高速掺气水流和湍流结构的多参数、多尺度精准测量。通过对明渠掺气水流、底部强迫掺气与消力池水跃水力特性的测量，揭示了高速水流中气泡与不同尺度涡体结构的耦合作用机理及其对水气两相流动力特性的影响规律;结合原型观测，量化评估了实验模型掺气特性的缩尺效应，厘清了雷诺数对气泡个数和尺寸分布的影响及其在掺气减蚀中的关键作用。

关键词: 掺气水流;掺气浓度;探针;气泡尺寸

1　前言

气泡或液滴尺度下的水气两相流精细化测量是高速水力学、气泡动力学、化工过程和流体机械等领域的基本需求。但是，在高流速、强掺气的流动条件下，有效的水气两相流测量技术十分有限。以水利工程研究和应用为例，传统原型监测和模型验证实验采用贴片电极对局部时均掺气浓度进行测量，测量精度和空间分辨率较低，且无法复现气泡流细观结构，不能满足精细化测量的要求;现代高速摄影技术可较为全面地捕捉气泡流场信息，但仅适用于含气量小、气泡分离度高、小流速低紊动的中小尺度流动，且对观测环境要求较为苛刻。在过去的 30 年间，利用介入式探针直接识

基金项目:国家自然科学基金资助项目(52339006)。

作者简介:白瑞迪(1987—　　),男,河南人,博士,副研究员,主要从事水力学及河流动力学研究。E-mail:bairuidiscu@163.com。

别给定位置的流质组分,是少数准确可靠的水气两相流观测技术之一。

水力学实验中普遍采用的水气两相流探针有光纤式探针(optical fiber probe)和电阻式探针(conductivity probe)两种,分别基于光反射率和电导率在气液界面的突变,捕捉观测点的瞬时相变信息,进而得到气相或液相的体积分数,以及气泡或液滴的数量、速度、尺寸分布等特性。有专门研究表明,光纤式探针和电阻式探针在高速掺气水流中的测量结果吻合良好,实现了对两种方法可靠性的交叉验证。其中,光纤式探针以瑞士、英国等地的研究团队使用居多,其主要优点是探针尺寸小,可以捕捉更小粒径的气泡和液滴;主要缺点是敏感元件易污易损,对水质和水流平顺性要求高,价格昂贵。电阻式探针以澳大利亚、德国、美国等地的研究团队使用居多,相比于光纤式探针更为耐用,适用条件更广,使用成本较低。目前应用较广泛的电阻式探针形制见图1,四川大学研制的电阻式水气两相流探针在水槽实验中的应用见图2。Felder等[5]通过对比研究发现,相比于图1中探针A,探针B的测针布置方式可获得更小的流速测量偏差,且其测针相干模式更适应最新的数据处理算法。双头电阻式探针已被广泛采用,如明渠水流、阶梯、水跃和射流等水气两相流。该电阻式水气两相流探针已成功应用于溢洪道明渠掺气、消力池水跃和射流掺气、波浪破碎挟气等室内外模型实验研究,并首次在闸坝设施上实现了水跃掺气的原型观测,其测量内容及其精度达到与国外测量设备同等水平。

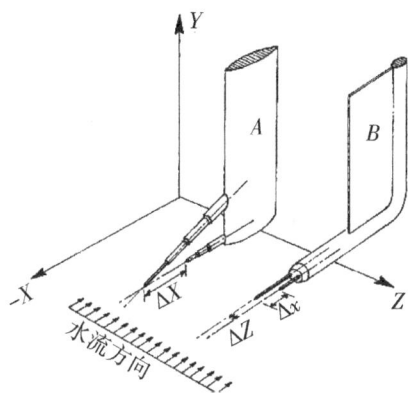

图1 双测针电阻式探针的测针布置方式

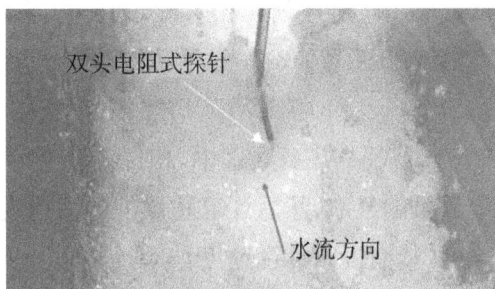

图2 四川大学研制的电阻式水气
两相流探针在水槽实验中的应用

2 仪器介绍

该探针测量系统由探针传感器、信号激励模块、数据采集模块、计算机、数据处理分析软件组成(图3)。其中,探针传感器、信号激励模块和数据处理分析软件为自主生产或开发,可获得掺气浓度、细观水气两相流特性及高阶两相流湍流参数等数据分析功能。

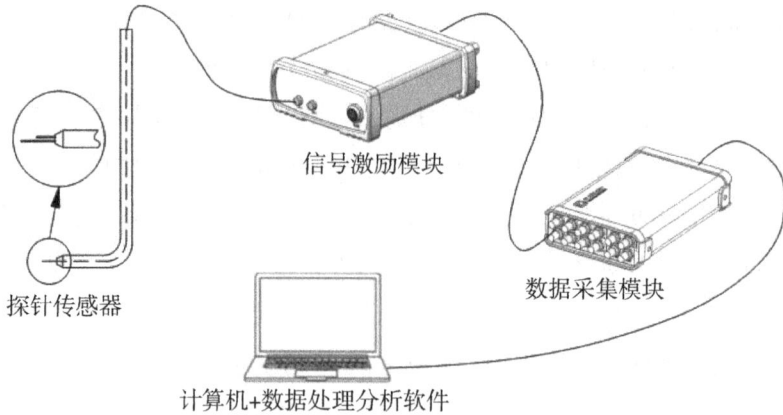

信号激励模块

数据采集模块

探针传感器

计算机+数据处理分析软件

图3　电阻式水气两相流探针测量系统组成

电阻式探针已广泛用于高速掺气水流中，以获得掺气水流的掺气浓度和气泡特性等（Chanson 1995；Wang and Chanson 2015；Scheres et al. 2020）。本研究中使用的探针是由四川大学制造的，由两个相同的针形传感器组成，它们并排安装在探头上。每个针形传感器的内电极由 $\phi=0.1\text{mm}$ 的铂丝制成，外电极由 $\phi=0.6\text{mm}$ 的不锈钢管制成。两针传感器相距 2.0mm，较长的传感器尖端距离较短的传感器尖端 10.0 mm。图1中的 B 型显示了本研究中探针的部署情况。两个传感器同时采集信号，采样频率为 20kHz，采样时间 20～60s。

将获得的电压信号，采用单阈值转换为二进制空分数时间序列，从而可以得到基本的空气—水流动特性，包括时间平均空气浓度、气泡计数和气泡弦长。进一步通过两个探针同步信号序列的相关性，获得传感器尖端之间的时间平均界面速度（Chanson 和 Toombes，2002）。为了获得掺气水流中速度湍流的定量信息，采用了一种新的自适应窗口互相关（AWCC）方法来改进基于相关函数形状的传统方法（Kramer et al.，2019）。在 AWCC 处理中，相位检测信号被分割成一个自适应窗口，每个窗口包含一定数量的气泡，然后计算每段的界面速度。当自适应窗口足够窄时，速度接近于瞬时速度，从而可以计算速度波动。信号分割不能保证两个传感器信号之间的气泡配对，因此定义了滤波准则来消除不相关的片段。

$$\frac{R_{\max}}{1+SPR^2} < A \tag{1}$$

式中，$R_{\max}$——最大互相关系数；

　　SPR——相关函数中第二个峰值与 $R_{\max}$ 的比值；

　　A——阈值。

剩余信号段湍流界面速度 u_{rms} 计算如下。

$$u_{rms} = \sqrt{\frac{\sum (u_i - V)^2 w_i}{\sum w_i}} \qquad (2)$$

式中，u_i——第 i 个窗口的速度；

w_i——窗口持续时间加权；

V——u_i 经 w_i 加权后剩余速度的平均值。

与传统的全信号相关方法相比，AWCC 处理通常需要更大的气泡种群，因为在低通气区域的数据拒绝率很高（数据拒绝率将与湍流速度结果一起呈现）。探针结构示意图见图 4。探针测量原理示意图见图 5。

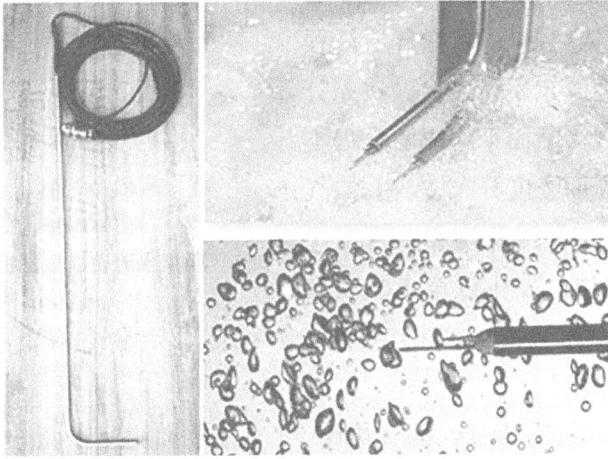

图 4　探针结构示意图

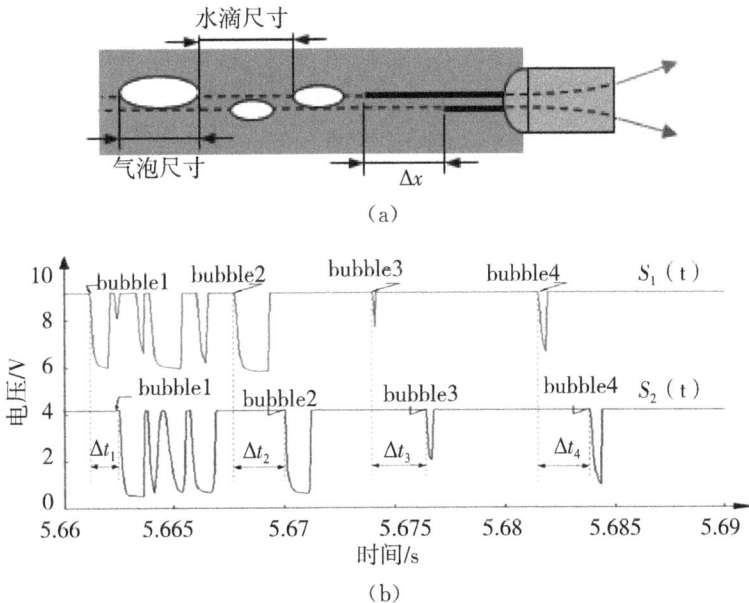

（a）

（b）

图 5　探针测量原理示意图

3 测量结果及讨论

3.1 明渠自掺气

当明渠水流表面的紊动流速足够大,以至于能够克服表面张力和重力作用时,水流发生自掺气并沿程逐渐发展。明渠水流自掺气沿程发展变化可分为两个区:掺气发展区和充分发展区。在掺气发展区,气泡在紊动作用下不断下水体内部发展,掺气层沿程逐渐增加,断面浓度分布逐渐变化。在充分发展区,不仅仅表现为断面平均浓度沿程不再变化,还表现为断面浓度分布、流速、掺气水深及掺气发展深度等沿程均亦不再变化。明渠水流自掺气发生点至充分发展

图 6 明渠水流自掺气发生点至充分发展区

区见图 6,其中,明渠水槽长度 18m。水流自 $x=2$m 开始掺气,在下游一定距离位置,掺气水流达到充分发展。

自掺气发生点至充分发展区掺气浓度、气泡个数和流速断面分布沿程演进变化规律示意图见图 7。图 7(a)表明,断面掺气浓度分布自底板至水面呈 S 形曲线分布,其分布曲线符合对流扩散方程:

$$C = 1 - \tanh^2\left(K' - \frac{z'}{2D'}\right) \tag{3}$$

式中,系数 D' 和 K' 满足:

$$K' = \tanh^{-1}(\sqrt{0.1}) + \frac{1}{2D'} \tag{4}$$

$$C_{mean} = 2D'\left[\tanh\left(\tanh^{-1}(0.1) + \frac{1}{2D'}\right) - \tanh(\tanh^{-1}(0.1))\right] \tag{5}$$

式中,C_{mean}——断面平均浓度。

研究结果显示,下游掺气浓度分布曲线几乎重合,表明水流达到掺气充分发展。图 7(b)表明,气泡个数自底板至上表面,呈先增加后减小变化趋势,存在一断面气泡个数最大值 F_{max},其高程约等于掺气浓度为 0.5 的位置。断面流速分布自底板至上表面符合指数型分布,见图 7(c)。

$$\frac{V}{V_{90}} = \left(\frac{y}{y_{90}}\right)^{1/7} \tag{6}$$

（a）

（b）

（c）

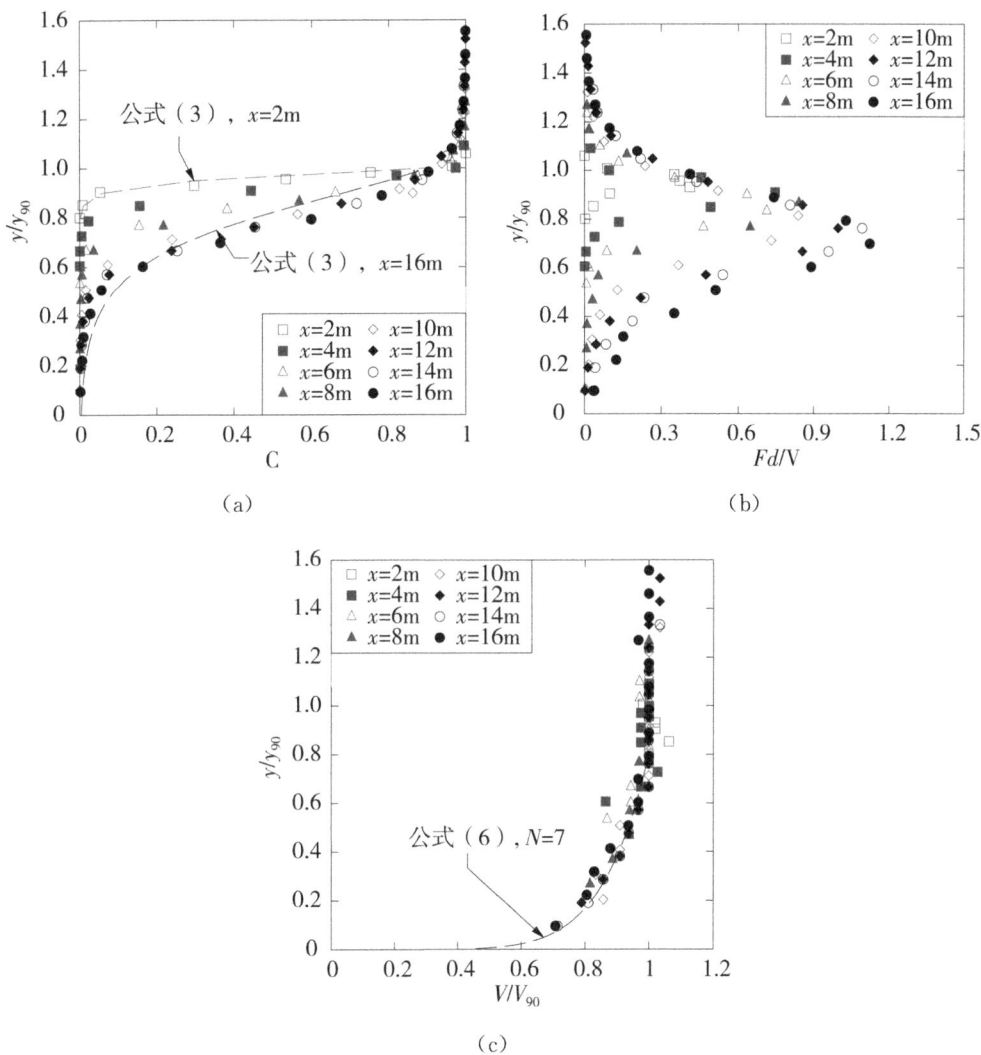

图 7　明渠自掺气水流掺气浓度 *C*、气泡个数 *F* 和流速 *V* 断面分布

3.2　底部强迫掺气

在掺气坎下游，水流表面自掺气与空腔内水舌掺气均向水体内部发展，前者表面为向水深方向发展，而后者则向水面发展。在水深较深的情况下，上部掺气与下部掺气在空腔区及下游一定距离内，两层掺气不会交汇，中间被清水区隔离，底部掺气不受表面掺气的影响和干扰。本实验所获得的气泡尺寸最小为 0.1mm。

底部强迫掺气水流冲击底板后，卷入水体的气泡被撕裂为更小尺寸的气泡（图 8）。底板表面气泡弦长概率密度分布及沿程变化规律见图 9。结果表明，自 $x/L=1.82$ 至下游 $x/L=5.45$，小尺寸气泡占比逐渐增加。

图8　底部强迫掺气流态

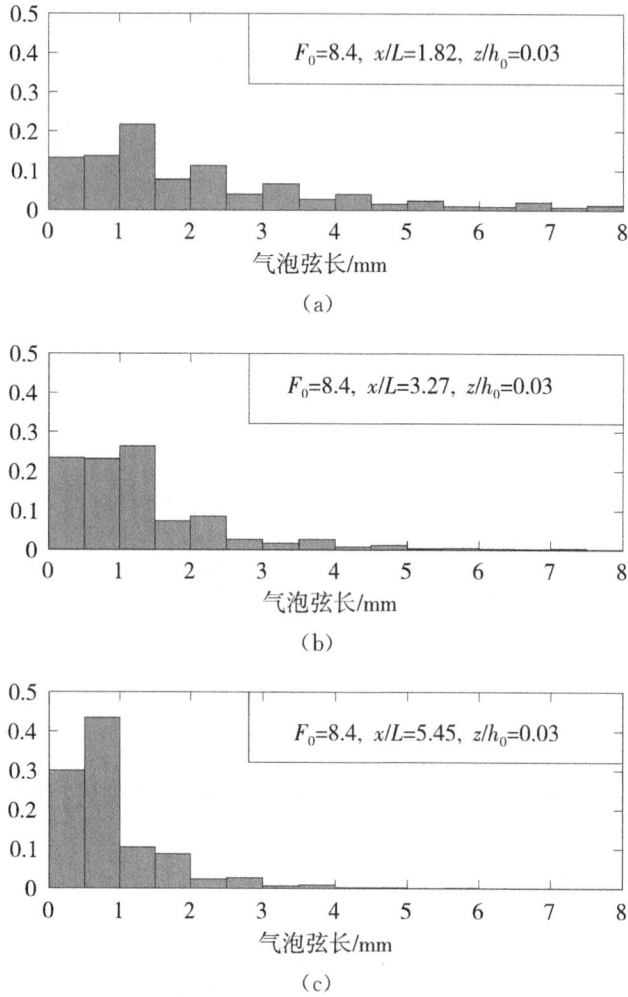

（a）

（b）

（c）

图9　底板表面气泡弦长概率密度分布及沿程变化规律

3.3　水跃原型观测

本文采用探针对某闸坝消力池水流进行了系统原型测量（图10）。水流出闸孔后，在下游消力池内形成水跃，本文重点对水跃漩滚区掺气浓度与气泡个数断面分布及沿程演进变化规律进行了系统测量，水跃发生点至下游区域的浓度分布与气泡个数分布见图 11。结果表明,在下部紊动剪切区存在断面最大掺气浓度 C_{max} 与最大气泡个数 F_{max},且两者的位置在向下游发展过程中,其位置逐渐向上表面移动。

保证相同弗劳德数下,对比分析了不同雷诺数下气泡尺寸的差异(图 12)。水跃试验结果表明:随着雷诺数的增加,相同断面位置的气泡尺寸更大。这是因为在原型水跃发生点,由于跃趾摆动可能卷入更大的气囊,在向下游发展过程中逐渐破碎,但仍存在较大尺寸气泡。

图 10　水跃原型测量

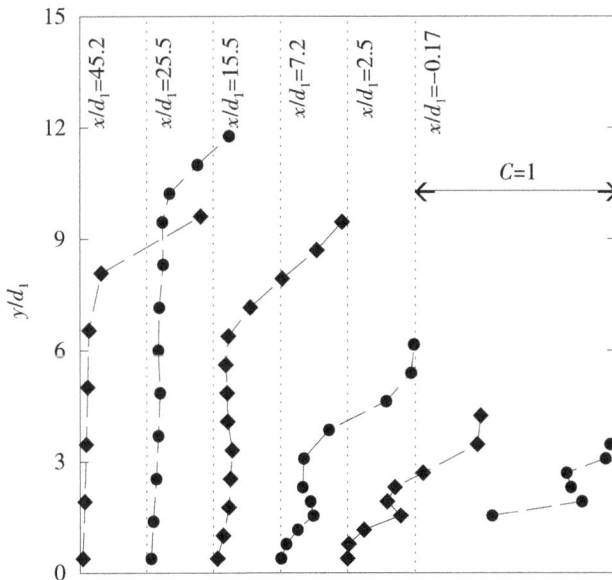

(a)水跃掺气浓度分布

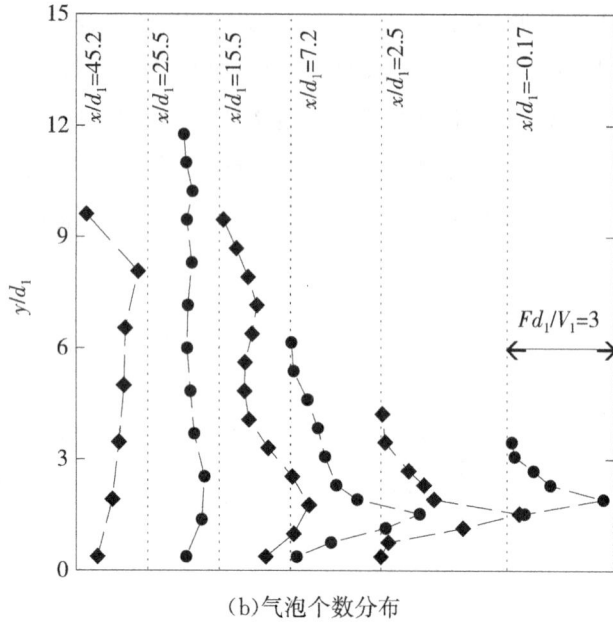

（b)气泡个数分布

图 11　水跃掺气浓度分布与气泡个数分布

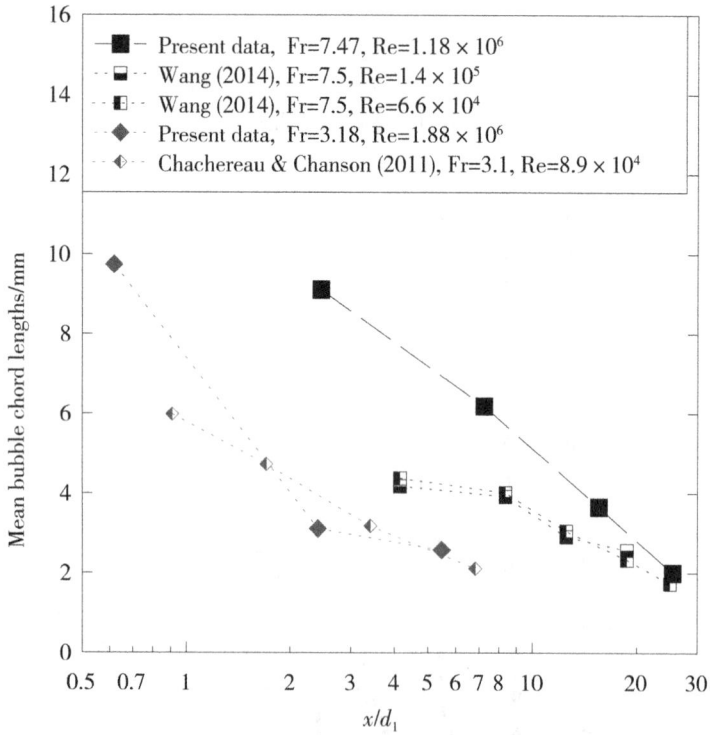

图 12　相同弗劳德数、不同雷诺数下气泡尺寸变化规律

4 结论

水气两相流细观水力特性精准测量，一直是研究的热点和难点问题。本项目基于自主研发的高流速、强紊动水气两相流精准量测技术与装备，实现了复杂流动条件下高速水流掺气和湍流结构的多参数、多尺度精准测量，测量内容与精度达到或超过国际相同设备水平；进一步研发了适用于原型工程的量测技术与装备及配套软件，为探究高速水流的水气结构，提供了坚实可靠的技术手段。通过对明渠自掺气、底部强迫掺气与原型水跃的研究，细观尺度揭示了高速水流中气泡与不同尺度涡体结构的耦合作用机理及其对水气两相流动力特性的影响规律；基于原型工程高速水流掺气特性全断面监测，量化评估了实验模型掺气特性的缩尺效应，厘清了雷诺数对气泡个数和尺寸分布的影响及其在掺气减蚀中的关键作用。

参考文献

[1] Bai R，Ning R，Liu S，and Wang H．（2022）Hydraulic jump on a partially vegetated bed. *Water Resources Research*，58（7）：e2022WR032013.

[2] Bai R，Bai Z，Wang H，and Liu S．（2022）Air-water mixing in vegetated supercritical flow：effects of vegetation roughness and water temperature on flow self-aeration. *Water Resources Research*，58（2）：e2021WR031692.

[3] Bai Z，Bai R，Tang R，Wang H，and Liu S．（2021）Case study of prototype hydraulic jump on slope：air entrainment and free-surface measurement. *Journal of Hydraulic Engineering*，147（9）：05021007.

[4] Chanson，H．（2002）．Air-water measurements with intrusive phase-detection probes：Can we improve their interpretation? *Journal of Hydraulic Engineering*，128（3），252-255.

[5] Felder，S．，& Chanson，H．（2016）．Simple design criterion for residual energy on embankment dam stepped spillways. *Journal of Hydraulic Engineering*，142（4），04015062.

[6] Kramer，M．，Valero，D．，Chanson，H．，& Bung，D. B．（2019）．Towards reliable turbulence estimations with phase-detection probes：An adaptive window cross-correlation technique. *Experiments in Fluids*，60，2.

[7] Kramer，M．，Hohermuth，B．，Valero，D．，& Felder，S．（2021）．On velocity estimations in highly aerated flows with dual-tip phase-detection probes - Clo-

sure. *International Journal of Multiphase Flow*，134，103475.

［8］ Luo M.，Wang H.，Zheng X.，WÜTHRICH D.，Bai，R.，Liu S. (2023). Air entrainment and free-surface fluctuations in A-type hydraulic jumps with an abrupt drop. *Journal of Hydraulic Research*. 61(5)：720-734. (10. 1080/ 00221686. 2023. 2239193)

［9］ Wang H，Bai Z，Liu X，Bai R，and Liu S. (2022). Flow aeration and surface fluctuations in moderate-slope stepped chute：from aeration inception to fully developed aerated flow. *Journal of Hydraulic Research*，60(6)：944-958.

［10］ Wang H，Tang R，Bai Z，Liu S，Sang W，and Bai R. (2023). Prototype air-water flow measurements in D-type hydraulic jumps. *Journal of Hydraulic Research*. 61(1)：145-161.

［11］ Wang H，Bai Z，Bai R，and Liu S. (2022) Self-aeration of supercritical water flow rushing down artificial vegetated stepped chutes. *Water Resources Research*，58(7)：e2021WR031719.

小型单波束测深仪研制与性能研究

李伟泓　　陈启刚

（北京交通大学土木建筑工程学院，北京　100044）

摘　要：为了满足明渠水槽和河工模型实验等浅水流动水下距离测量需求，基于小尺寸、高频率超声换能器和超声驱动与信号处理板卡研制了一款小型单波束测深仪，并通过试验研究了其测量精度、空间分辨率、容许安装角与适用含沙量的影响因素与变化规律。结果表明，仪器均方根误差小于 0.01mm，且与测距、声波频率、反射面材质等因素无关；平均误差主要受声速影响，并与声波频率、反射面材质有关，反射面越致密，平均误差越大，经声速修正和校正后，平均误差可控制在 ±0.5mm 内；最大适用含沙量随声波频率减小而增大，在 150mm 测距时，5MHz、2.5MHz、1.5MHz 的超声换能器的最大适用含沙量分别为 60kg/m³、80kg/m³ 和超过 110kg/m³；空间分辨能力随声波波束的增大而降低，在 200mm 测距范围内的空间分辨率均小于波束直径的一半；容许安装角随测距的增大而降低，在 200mm 测距范围内的容许安装角均大于 3°。研制的小型单波束测深仪可以满足高精度、低扰动水下地形测量需求。

关键词：单波束测深仪；小尺寸换能器；测量精度；空间分辨率；含沙量

1　前言

单波束测深仪通过发射和接收声波脉冲，根据声波脉冲在水体中传播的时间和声速，实现水下距离的测量[1]。其中，频率超过 20kHz 的超声波具有准直性好、穿透

作者简介：李伟泓（2000—　　），男，广东人，硕士研究生，研究方向为桥梁损伤智能检测技术。E-mail：22121114@bjtu.edu.cn。

陈启刚（1987—　　），男，四川人，博士，副教授，研究方向为桥涵水文与水动力学、桥梁智能监测与检测和桥梁抗洪。E-mail：chenqg@bjtu.edu.cn。

性强的特点[2]，是单波束测深仪的常用测量信号。在水利与土木工程实践中，单波束测深仪可应用于水下地形测量、桥墩冲刷监测和水下结构物检测，因此，开展该类仪器的研制和性能研究具有重要的工程实用价值。

近年来，国内外学者对单波束测深仪进行了改良研发和应用。翟信德等[3]针对复杂环境设计了一款低成本、高精度的单波束测深系统，吴敬文等[4]利用波束角较小的单波束换能器研发了一款窄波束测深系统，该系统可在复杂水域下将综合测深精度提高50%。杨秀培[5]基于单波束测深仪研发了一种实用可拆卸的新型水深测量装置。Ma 等[6]基于单波束测深仪开发了一款水下地形辅助导航系统。Chen 等[7]应用单波束测深仪提出了一种基于等效测量的新型检测方法，即在一定范围内通过一定技术手段实现单波束测深仪全量程的等效测量。Pecoraro 等[8]利用单波束声呐对 Laurentian Great Lakes 的湖床性质进行了研究。Troup 等[9]将单波束测深装置安装在自主气垫船底进行浅海测深。Fauziyah 等[10]利用单波束测深仪的反向散射对海底底部覆盖层进行了检测。Purnawan 等[11]利用单波束测深仪对澜沧江水域底层的鱼类价值进行了评估。此外，还有一部分学者对单波束测深仪的工作性能开展了研究。王智明等[12]提出了一种在消声水池中开展单波束测深仪精度评定的方法，该方法能够较客观地检测测深仪的精度。郭志金等[13]对单波束的延时效应、动吃水效应和波束角进行了分析和试验。高慕帅[14]对单波束测深系统的误差来源进行了研究分析。汪闫林等[15]对单波束测深系统在长江水域应用的误差来源进行了分析研究。目前对于单波束测深仪的研发和应用都趋于成熟，但现有研发和研究均以野外深水应用为目标。这些设备的超声换能器体积较大，易对浅水流动造成较大干扰。同时，该类设备声波频率较低，存在较大的测量盲区（0.2～0.5m），并且由于量程较大（大于50m），其空间分辨率已达厘米量级，因此不适用于水槽实验或河工模型试验等浅水流动测量。但是，针对水槽或河工模型等应用场景的单波束测深仪关注较少。

本文研制了一款针对水槽或河工模型试验的小型单波束测深仪，具有小量程、小尺寸、低扰动的特点。在此基础上，为全面掌握其工作性能，设计进行了一系列测试其精度、容许安装角、空间分辨率和适用含沙量的实验，得到了上述性能指标的主要影响因素和变化规律，可为该类仪器设备的研制与应用提供参考。

2 小型单波束测深仪研制及其性能测试方法

2.1 小型单波束测深仪研制

小型单波束测深仪主要由硬件系统与上位机软件组成。硬件系统包括水浸超声换能器和超声驱动与信号处理板卡（图1）。针对明渠水槽或河工模型试验水深较浅、水流易受超声换能器干扰的特点,小型单波束测深仪选用高频(频率≥0.5MHz)、小尺寸、收发一体式水浸超声换能器(外径≤20mm),以减少换能器对局部水流流场的扰动。超声驱动与信号处理板卡支持在线调节换能器驱动电信号,可以兼容0.5~5MHz的换能器,其配备的数字化回波信号采样电路的采样频率可达125MHz,采样位数为14位,可以实现超声回波信号的高速、无损、数字化采样,并支持设置回波采样延时与门宽。同时,板卡还内置高性能FPGA芯片,计算能力强,可以对回波信号进行实时分析和处理。为了根据超声波回波信号获得水下距离,在上位机软件中嵌入了河床高程探测算法,该算法通过识别回波信号中的最大峰值,并对最大峰值相邻点进行高斯拟合以得到准确回波时刻,进而计算出换能器前端距水下反射面的准确距离。

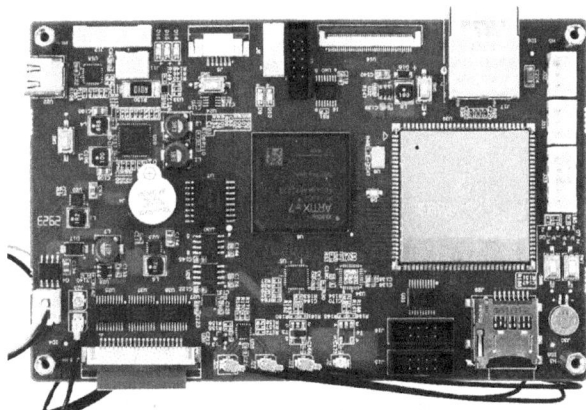

图1　超声驱动与信号处理板卡

　　研制的小型单波束测深仪全貌见图2。其中,超声驱动与信号处理板卡安装固定在专门设计的封闭式外壳内,可以避免试验现场的电磁干扰对仪器使用产生的影响。超声换能器通过专门的BNC接口与仪器外壳连接,支持即插即用。仪器外壳设有RJ45型接口,通过网线与上位机实现通信,上位机安装系统软件,具有设置仪器工作参数、根据回波信号测量水下距离、实时显示回波信号、测距结果等功能(图3)。

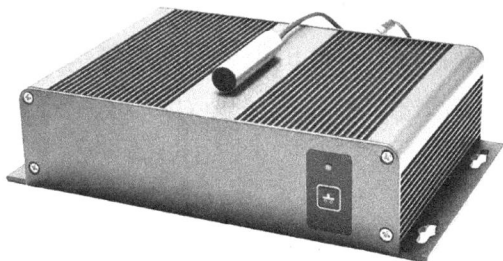

图2　小型单波束测深仪全貌

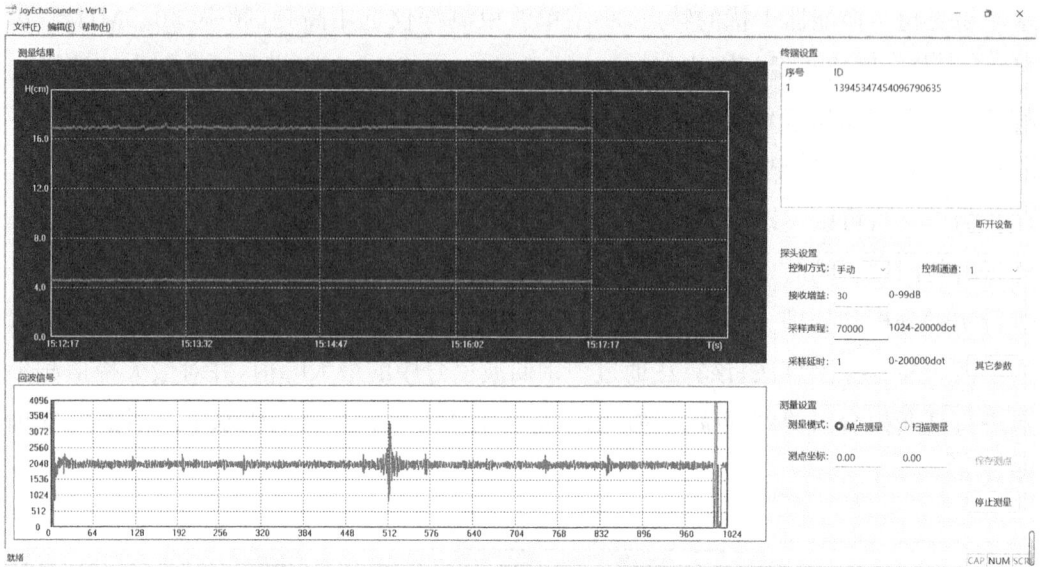

图 3　上位机软件界面

2.2　性能测试方法

　　为了掌握小型单波束测深仪的工作性能,分别通过实验测试了其测量精度、空间分辨率、容许安装角与适用含沙量等随着超声波频率、反射面特性及测量距离等因素的变化规律。实验的装置布置见图 4,将超声换能器置于一盛满水的透明实验箱中,超声换能器前端正对反射面安装,换能器与反射面之间的距离为 15～200mm。测试过程中,分别使用了频率为 1.5MHz(外径 20mm)、2.5MHz(外径 10mm)和 5MHz(外径 10mm)的 3 种超声换能器。同时,使用了有机玻璃、钢、混凝土 3 种不同材质的反射面。在进行空间分辨率测试时,在反射面前利用两块有机玻璃板形成深度 10～30mm 的等宽间隙,观察仪器测量值随间隙宽度的变化趋势。在探究超声换能器容许安装角时,换能器轴线与反射面呈斜交状态。为探究仪器适用含沙量,在实验箱内逐渐加入细沙并搅拌均匀,记录不同含沙量条件下的回波特征。实验过程中,各实验组次的采样频率均设置为 1Hz,每个工况至少采集 300 个样本,以确保统计结果收敛可靠。试验工况汇总见表 1。需指出,由于单波束测深仪的测量结果受水下声速影响,实验时同步进行了水温测量,并根据测量值对声速进行了修正。

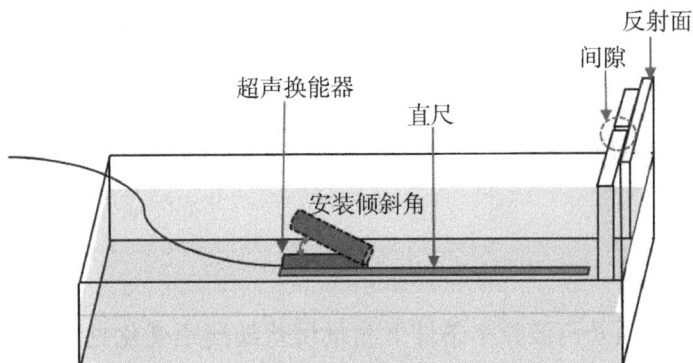

图 4　实验布置

表 1　　　　　　　　　　　　　　　　　实验工况汇总

工况	影响因素	分组设置
精度	声波频率/MHz	1.5、2.5、5.0
	反射面材质	有机玻璃、钢、混凝土
	测距/mm	15、30、50、100、150、200
量程	含沙量/(kg/m³)	60、70、80、90、100、110
空间分辨率	间隙深度/mm	10、20、30
	测距/mm	50、100、150、200
容许安装角	声波频率/MHz	1.5、2.5、5.0
	测距/mm	3、50、100、150、200

2.3　性能评估方法

为定量评估仪器测量精度,分别定义测量结果的平均误差和均方根误差如下:

$$\varepsilon = \frac{\sum\limits_{i=1}^{n}(x_i - A)}{n} \tag{1}$$

$$\delta = \sqrt{\frac{\sum\limits_{i=1}^{n}(x_i - \overline{x})^2}{n}} \tag{2}$$

式中,ε——平均误差;

x_i——测量值;

A——真实值;

δ——均方根误差;

$\overline{x}$——测量结果平均值。

根据上述定义,平均误差反映了测量值与真实值之间的平均偏离程度,反映了仪

33

器测量的系统误差；均方根误差反映了多次重复测量之间的离散程度，反映了仪器测量的随机误差。

3   实验结果分析

3.1   测量精度

不同反射面材质及声波频率条件下测量误差随测距变化见图 5。图 5（a）表明，平均误差总体上表现出随测距增加而缓慢增大的规律，误差增长速率几乎不受声波频率与反射面影响，平均增长速率为 0.35mm/100mm，量程为 200mm 时，测量误差为 1~3mm。图 5（b）中，均方根误差均小于 0.01mm，绝大部分为 0.0001~0.001mm，只有两个工况接近 0.01mm，部分工况甚至小于 0.00001mm，表明仪器测量结果较为稳定，几乎不受声波频率、反射面和测距的影响。

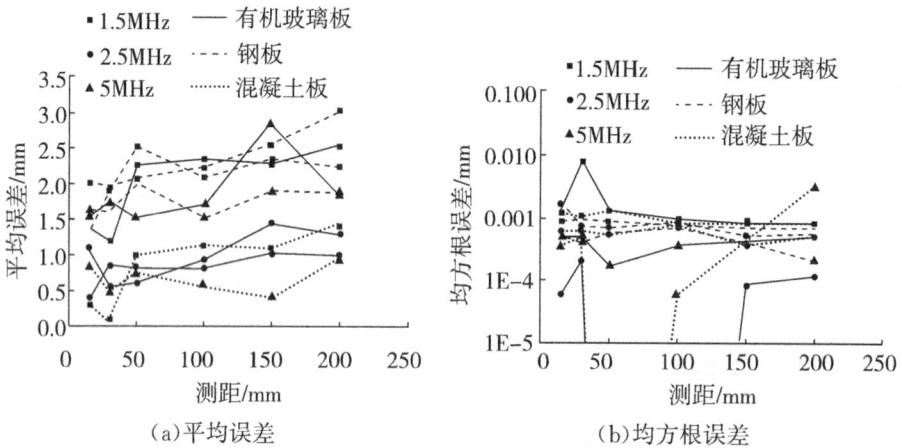

图 5   不同反射面材质及声波频率条件下测量误差随测距变化

图 5 中的结果还表明，小型超声测深仪的平均误差受声波频率和反射面特性影响，但均方根误差在不同条件下无显著差异。由图 5（a）中 3 种频率声波的误差曲线对比可得，2.5MHz 超声换能器的平均误差最小，5MHz 的超声换能器的测量精度次之，1.5MHz 超声换能器的平均误差最大。同理，由图 5（a）中 3 种反射面材质的误差曲线可知，反射面材质为混凝土时，仪器测量值的平均误差最小，反射面材质为钢或有机玻璃时，平均误差基本一致。这表明反射面越致密，测量误差越大。

根据超声测距原理，其平均误差主要受声速、计时、流场、回波位置识别及仪器安装误差等因素影响。其中，计时引起的测量误差与测距无关，回波位置识别主要影响声波在水中的传播历时，引起的测量误差一般也与测距无关；同时，当超声波在流场传播时，流体的流速和方向的变化会导致超声波的传播路径发生改变，从而延长超声波传播时间,导致测距结果偏大,而在本实验中,最大量程为200mm,且水流速度相较于声速极小,由水流扰动产生的误差小于0.001mm,因此,可忽略由水流扰动产生的误差;此外,本文实验中对仪器安装角度进行了较为精细的控制。因此,测量结果的平均偏差应当主要是由声速误差引起的。水中声速主要受水温、含沙量等因素影响,在清水条件下,水温由19℃变为20℃,声速变化引起的测量误差随测距的增长率为0.22mm/100mm。因此,在使用小型超声测距仪时,通过高精度温度传感器同步监测水温,再根据实际水温修正水中声速,可消除由声速引起的平均误差。此外,由声波频率和反射面材质引起的系统误差,也可以通过在使用前对设备进行标定予以消除。消除系统误差后的平均误差随测距变化见图6,反映了对设备进行声速修正和标定处理后的剩余平均误差,可见该误差已基本控制在±0.5mm内,表明仪器具有较好的测量精度,明显优于常见的便携式测深仪(±1cm+0.001×水深/量程0.15～300m)、手持式声呐测深仪(±1cm+0.001×水深/量程0.3～120m)和浅水回声测深仪(±1cm+0.001水深/量程0.3～300m)。

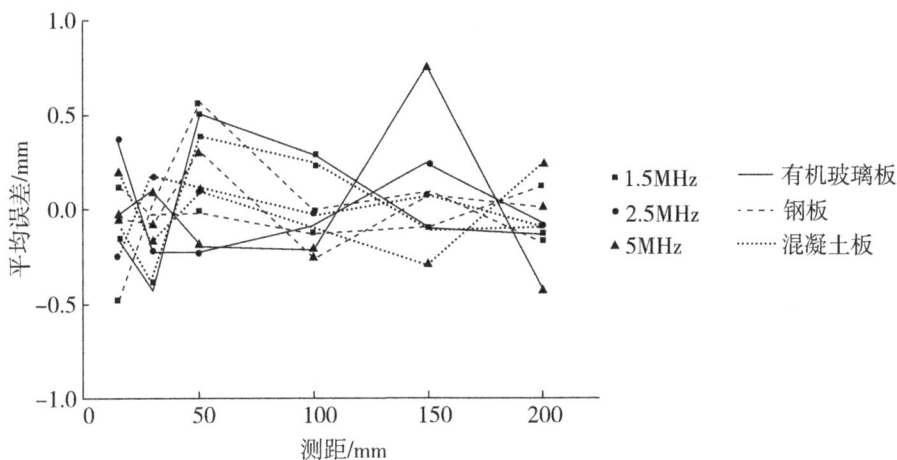

图6　消除系统误差后的平均误差随测距变化

3.2　适用含沙量

水体含沙量为60～110kg/m³时,将不同频率的换能器安装在距钢质反射面150mm测得的超声回波信号(图7)。由图中波峰的强度与形态可知,5MHz超声换能器回波信号在含沙量为60kg/m³时波峰集中且显著,含沙量继续增大后,回波信号中已不能观察到明显的波峰,这说明该换能器的最大适用含沙量为60kg/m³。对于2.5MHz超声换能器,在含沙量低于80kg/m³时波峰均集中且显著,但含沙量进一步增大后,回波已较为分散且强度与噪声基本一致,这说明该换能器的最大适用含沙量为80kg/m³。对于1.5MHz超声换能器,其回波信号在含沙量达到110kg/m³

时仍然较为集中和显著。

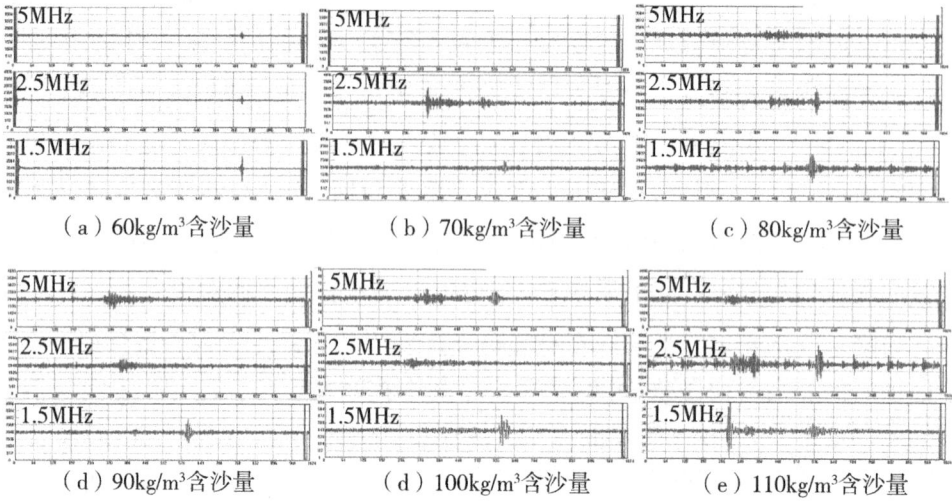

（a）60kg/m³含沙量 （b）70kg/m³含沙量 （c）80kg/m³含沙量

（d）90kg/m³含沙量 （d）100kg/m³含沙量 （e）110kg/m³含沙量

图7 3种频率超声换能器在不同含沙量下的回波

以上结果表明，超声波的频率越低，其最大适用含沙量越大。当使用1.5MHz超声换能器时，其在测距为150mm时可应用于含沙量达100kg/m³的浑水，已可以满足绝大多数水槽或模型试验的要求。根据超声波传播特性，其频率越低，波长越大，受水中悬浮泥沙颗粒影响衰减越慢，穿透性越强，因此更适合用于含沙量较大水体的测量。

3.3 空间分辨率

当反射面位于等宽间隙底部时，通过观察测距仪读数的准确性得到的超声换能器的最小空间分辨率（表2）。由表2中数据可知，整体而言，空间分辨率随声波频率的变化不明显，但换能器直径（声波波束）越大，空间分辨率越低。间隙深度越深，测距仪准确测出间隙底部反射面距离需要的间隙宽度越大，符合声波波束在传递过程中逐渐变大的规律。同时，除1.5MHzφ20换能器在测距为50mm时空间分辨能力较差外，其他换能器的空间分辨率在200mm测距范围内整体随测距增大有变大趋势，但空间分辨能力均小于波束半径。

表2   超声换能器的最小空间分辨率   （单位：mm）

测距	1.5MHzφ20			2.5MHzφ10			5MHzφ10		
	10mm	20mm	30mm	10mm	20mm	30mm	10mm	20mm	30mm
50mm	8	5	9	3	3	3	3	3	4
100mm	4	4	6	3	4	3	2	3	4

测距	1.5MHzφ20			2.5MHzφ10			5MHzφ10		
	10mm	20mm	30mm	10mm	20mm	30mm	10mm	20mm	30mm
150mm	4	4	6	4	4	4	2	3	4
200mm	4	5	6	4	4	4	3	3	5

3.4　最大容许安装角

不同频率换能器的最大容许安装角随测距的变化规律见图8。由图8可知,换能器的最大容许安装角随着测距的增加逐渐变小,但变小的速率在逐渐减缓,有趋于稳定的趋势。换能器最大容许安装角与声波频率之间无确定关系,如1.5MHz的超声换能器在30mm测距时容许安装角最小,但在200mm时容许安装角最大。总体而言,当测距不超过200mm时,各换能器的容许安装角均不小于3°,表明仪器对于安装误差具有一定的鲁棒性。

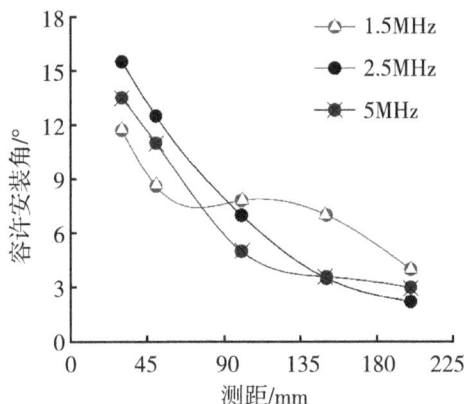

图8　最大容许安装角随测距的变化规律

4　结论

本文基于小型水浸超声换能器及超声驱动与信号处理板卡研制了一款适用于水槽和河工模型中浅水流动的小型超声测深仪,并通过开展一系列不同工况条件下的实验研究了测量精度、空间分辨率、容许安装角与适用含沙量等工作性能的影响因素与变化规律,得到以下主要结论。

①仪器平均误差受声速影响显著,并与声波频率、反射面材质有关。反射面越致密,平均误差越大,经声速修正和校正后,平均误差小于±0.5mm;仪器均方根误差小于0.01mm,且与测距、声波频率、反射面材质等因素无关,测量结果的可重复性

良好。

②仪器可适用于浑水条件下的距离测量,最大适用含沙量随声波频率减小而增大,5MHz、2.5MHz、1.5MHz 的超声换能器在 150mm 测距时的最大适用含沙量分别为 $60kg/m^3$、$80kg/m^3$ 和超过 $110kg/m^3$。

③仪器空间分辨能力随声波波束的增大而降低,受测距和声波频率影响不显著,200mm 测距范围内的空间分辨率均小于波束直径的一半。

④超声换能器的容许安装角随测距的增大而降低,但与声波频率无明显关系,在 200mm 测距范围内的容许安装角均大于 3°。

⑤所研制的小型单波束测深仪能够满足浅水流动中高精度、低扰动水下距离测量的需求。

参考文献

[1] 陈超. 基于等效测量的单波束测深仪检测校准系统研究[D]. 杭州:浙江海洋大学,2021.

[2] 鲁佳慧,宋道潇,王青春. 基于人工势场法的水下机器人编队超声波测距设计[J]. 机电工程技术. 2024,53(4):20-24+133.

[3] 翟信德,王宇,刘俊文. 低成本复杂环境下高精度单波束测深系统的设计与实现[J]. 海洋技术学报. 2021,40(1):51-56.

[4] 吴敬文,潘与佳,高健,等. 复杂水域精密单波束测深关键技术研究[J]. 人民长江. 2019,50(12):51-54.

[5] 杨秀培. 一种水深测量用单波束测深设备:202320595392[P]. 2023-7-7.

[6] Ma D, Ma T, Li Y, et al. A contour-based path planning method for terrain-aided navigation systems with a single beam echo sounder[J]. Measurement. 2024,226:114089.

[7] Chao C, Zheng H, Tian W, et al. Detection method for single-beam echo sounder based on equivalent measurement[J]. Journal of Physics:Conference Series. 2021,1739(1):12021.

[8] Pecoraro S D, Esselman P C, O'brien T P, et al. Large-scale variation in lakebed properties interpreted from single—beam sonar in two Laurentian Great Lakes[J]. Journal of Great Lakes Research. 2023,49(5):1204-1210.

[9] Troup M L, Hatcher M, Barclay D. Creating an autonomous hovercraft for bathymetric surveying in extremely shallow water(<1m)[J]. Sensors (Basel, Switzerland),2023,23(17).

［10］Fauziyah，Purwiyanto A，Agustriani F，et al. Detection of bottom substrate type using single-beam echo sounder backscatter：a case study in the east coastal of Banyuasin[J]. IOP Conference Series：Earth and Environmental Science. 2019，404：12004.

［11］Purnawan S，Elson L，Maniket H M. Assessment of Target Strength Value of Demersal Fish in Lancang Waters Using Simrad Single Beam Echosounder[J]. IOP Conference Series：Earth and Environmental Science，2023，1221(1).

［12］王智明,阳凡林,张会娟,等. 基于消声水池的单波束测深仪精度评定方法[J]. 山东科技大学学报(自然科学版),2011，30(6)：55-59.

［13］郭志金,何雯,罗晔. 精密单波束测深分析与实践[J]. 水利水电快报，2021，42(5)：19-22.

［14］高慕帅. 单波束测深的误差来源与质量控制[J]. 现代信息科技,2020，4(22)：33-35.

［15］汪闩林,陆纪腾,张文强,等. 基于单波束测深系统在长江水域应用的误差源分析[J]. 中国水运·航道科技,2018(5)：60-63.

基于 PIV 技术的青鱼体长与摆尾频率的关系研究

杨腾锐[1]　孔巧灵[1]　杨　光[1]　卢佳琪[1]　李文杰[2]

(1. 重庆交通大学水利水运工程教育部重点实验室,重庆　400074;

2. 重庆交通大学国家内河航道整治工程技术研究中心,重庆　400074)

摘　要:本研究通过粒子图像测速技术(Particle Image Velocimetry, PIV)对青鱼体长与摆尾频率之间的关系进行了定量分析。实验以青鱼为研究对象,测量了不同体长青鱼在感应流速和临界游泳速度条件下的摆尾频率。研究发现,鱼体长与摆尾频率呈现显著的负相关关系,随着体长的增加,摆尾频率下降。在感应流速下,体长能够解释摆尾频率方差的 54%,而在临界游泳速度下,摆尾频率与体长之间的负相关关系更加明显。该研究不仅有助于进一步揭示鱼类游动的动力学机制,还为仿生水下推进系统的设计提供了理论依据

关键词:PIV;摆尾频率;游泳速度;体长

1　前言

鱼类凭借其高度灵活且高效的游泳能力,长期以来一直是生物学家和仿生学研究者的重点研究对象[1]。鱼类通过摆尾和身体的波动与周围水体相互作用,产生推进力,推动自身游动[2]。游动的效率与多种因素相关,其中,鱼类的体型、体长和尾鳍形态对其游动效率和摆尾频率有重要影响。体长较大的鱼通常展现出较低的摆尾频率,这是鱼类在优化推进效率中的关键机制[3]。在研究鱼类游动时,感应流速和临界游泳速度是两个重要的速度指标。感应流速是鱼类在开始感知水流并做出有效摆尾

基金项目:重庆交通大学研究生科创项目(CYB240257)。

作者简介:杨腾锐(2000—　),男,四川南充人,硕士研究生,主要从事流体力学研究。E-mail:
1396088334@qq.com。

反应的最小流速,此时鱼类开始协调其身体与流体之间的相互作用,保持稳定的游动状态[4]。临界游泳速度是鱼类能够持续游动的最高流速,超出该速度后,鱼类将无法维持稳定的推进力并表现出游动疲劳[5]。因此,研究不同体长的鱼类在感应流速和临界游泳速度下的摆尾频率,不仅有助于进一步理解鱼类的推进机制,还为仿生学中水下推进系统的设计提供了新的参考。

青鱼作为一种典型的大体型淡水鱼类,具备独特的游动模式和较高的游动效率,其体长与摆尾频率之间的关系对于流体动力学研究具有重要意义。已有研究表明,鱼类的游动模式与其流场结构密切相关,摆尾时产生的尾涡和推动力与鱼体长和摆尾频率呈现复杂的动态关联[6]。然而,现有研究多集中于运动学层面的分析,缺乏对青鱼游动过程中流场特征的精确测量,这使得进一步揭示鱼类体长与摆尾频率之间的动力学机制显得尤为重要。

粒子图像测速技术(Particle Image Velocimetry, PIV)为研究流体与鱼类之间的相互作用提供了可靠的实验工具。PIV 技术可以无接触地实时获取鱼体周围的瞬时流场数据,从而能够精确地描述鱼类摆尾过程中流体动力学的特征[7]。近年来,PIV 技术在鱼类游动及流体动力学研究中得到了广泛应用,例如,余英俊[8]、王福君等[9]、杨国党等[10]、张奔等[11]用 PIV 技术分别对拉萨裸裂尻幼鱼、斑马鱼和草鱼幼鱼游动时的压力分布、尾涡结构、受力特征及推进效率等水动力性能进行了分析,可见 PIV 技术能够有效测量鱼类在不同游动条件下的尾涡结构和推力变化,揭示了鱼体长度对流场特征的影响。

基于此,本研究旨在利用 PIV 技术,通过精确测量不同体长的青鱼在感应流速以及临界游泳速度条件下的摆尾频率,分析青鱼体长对摆尾频率的影响。通过实验数据分析,我们期望为仿生设计提供新的思路和理论依据。

2 材料与方法

2.1 实验用鱼

本文选取的研究对象是日常生活中常见的青鱼,是中国“四大家鱼”(青鱼、草鱼、鲢鱼、鳙鱼)之一,具有重要的经济价值,鲤形目鲤科青鱼属,是长江上游四大家鱼国家级水产种质资源保护区的重点保护鱼类。本实验所用的实验鱼购自贵州省镇远渔场,根据设计实验工况,选择健康活泼生长状态良好的幼鱼,体长指全长,体长范围为5.42~11.23cm,共21条鱼(图1)。实验前按照组别将所有鱼置于矩形玻璃水缸中暂养一周,矩形玻璃水缸长50cm,宽50cm,高40cm,体积为100L。以渔场提供的悬浮性颗粒商业饲料进行定时饱和投喂,饲养期间水温保持在17±1℃,利用充氧泵保持池内水体的溶氧量,24h持续充氧使水体溶解氧保持在7mg/L以上,光照则遵循自然光照周期。

图1 实验用鱼

2.2 实验装置

粒子图像测速(PIV)技术是现代流体测量技术中较为先进的一种测量手段。本文采用的实验水槽系统见图2,水槽系统由实验水槽、进出口整流设备、测量装置3部分组成。实验在重庆交通大学国家内河航道整治工程技术研究中心完成。鱼类游泳实验段水槽尺寸为长75cm、宽20cm、高21cm,水流流速调节范围为0~2.15m/s,消能池保证进入游泳区的水流具有稳定的流态并保持速度均匀,通过变频器调节频率,频率范围为0~50Hz,最小调节步长为0.05Hz,通过电磁流量计来控制流量。

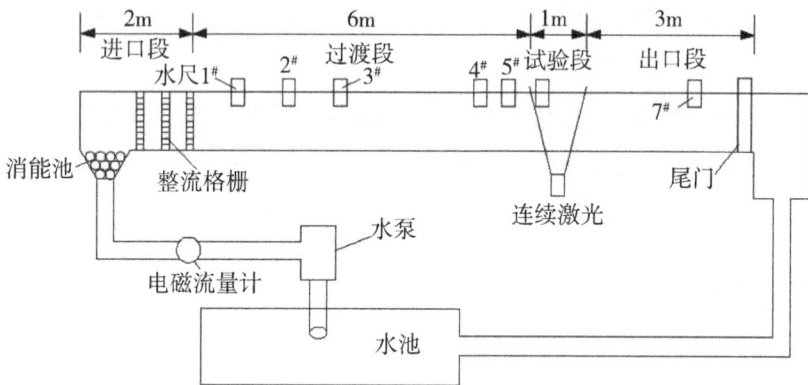

图2 水槽系统

高速PIV测量系统由高速摄像机系统、激光器及光路系统、软件系统以及示踪粒子4部分组成(图3)。实验所用摄像机为尼康D7500,镜头焦段为18~200mm,实验拍摄所得图像分辨率为1920×1080P,帧率为60帧/s。调节摄像机焦距以确保能够完整、清晰地覆盖整个游泳区域,从而准确记录鱼类的游泳行为,将相机与激光发生装置固定在同一金属架上,通过调节转轮可以改变测量区域。

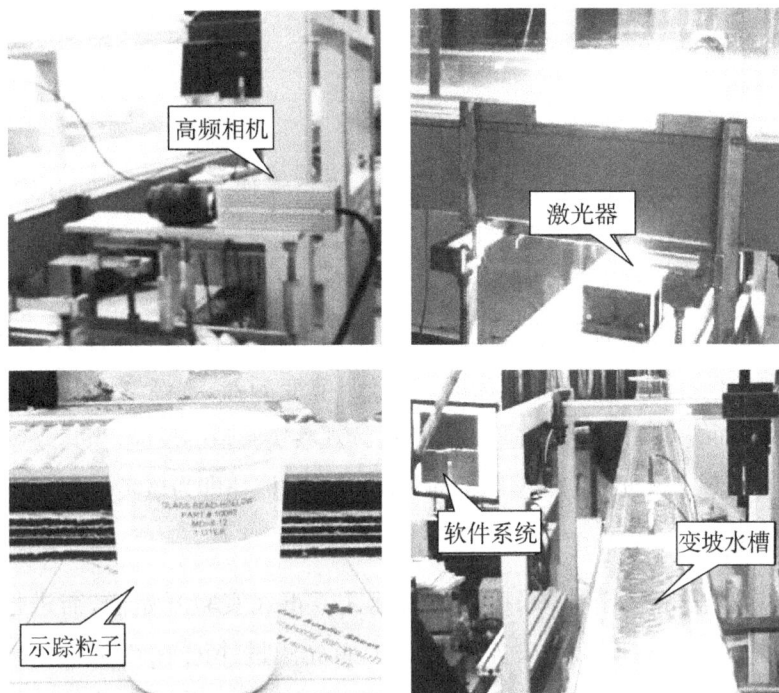

图 3 PIV 系统

2.3 示踪粒子选择与优化

PIV 技术的基本原理是通过测量示踪粒子的位移确定速度场,因此示踪粒子的选择尤为重要。一般对示踪粒子的要求有两个方面:良好的散射特性和优秀的跟随性。中空玻璃微珠因其质量轻、密度接近水,通常适用于淡水实验中的流场测量,能够随水流运动而不受重力影响,故而本实验颗粒选择中空玻璃微珠。颗粒的大小需要根据实验的流场尺度和光学系统的分辨率进行优化。颗粒过大可能使得流动的局部细节丢失,而过小则可能导致散射信号不足。因此,选择粒径为 $10\sim100\mu m$ 的颗粒,通常能够达到信号与噪声之间的良好平衡。在本实验中,考虑到鱼类游动摆尾产生的涡结构和流速梯度,我们选择了粒径约为 $50\mu m$ 的中空玻璃微珠,这种尺寸既能被 PIV 系统有效捕捉,又能够较好地反映流体微观运动。示踪粒子的浓度对于 PIV 测量的图像质量也至关重要。颗粒浓度过低会导致图像中可识别的颗粒数不足,降低测量精度;而浓度过高则会导致颗粒重叠,影响速度矢量场的解算。本文对颗粒浓度进行了多次实验,最终确定最佳浓度为 $50\sim70$ppm,这使得颗粒能够在水中均匀分布且不会发生重叠现象。此外,通过对颗粒进行预处理,确保其具有良好的悬浮性能,从而提升了流场测量的精度。

2.4 实验方法

(1)感应流速测定方法

在感应流速测定过程中,采用递增流速法进行操作。首先,实验开始前,测量并记录每条实验鱼的体长。安装固定摄像机,将画面调整至最佳位置,以确保拍摄画面能够清晰记录实验全过程。单尾实验鱼被放入游泳能力测定水槽后,需给鱼类 2h 的适应时间,直到其活动稳定为止。当实验鱼的朝向与稳流器相反,且游动状态保持稳定,未出现突然性加速或急停等行为时,缓慢调节变频器,逐渐增大电机频率,使螺旋桨正向旋转,进而缓慢增加水流流速。此时,持续观察实验鱼的反应,当其改变游动方向,面向稳流器并表现出连续稳定的摆尾运动时,所对应的流速即为该实验鱼的感应流速。

(2)临界游泳速度测定方法

临界游泳速度的测定同样采用递增流速法。正式实验开始前,需进行预实验以确定每次递增的水流速度值。在实验开始前,首先测量并记录实验鱼的体长。随后,安装固定摄像机,调整其位置以确保拍摄画面清晰准确。单尾实验鱼被放入游泳能力测定水槽中,并在以其体长为单位(BL)的流速 1BL/s 下适应 2h,以消除转移过程中所受到的应激反应。在实验鱼经过低流速环境下适应后,开始逐步增加水流速度。首先,通过调节电机频率,将水流速度每次增加 0.4BL/s,并观察实验鱼的游动状态。每次调整后,间隔 2min,重复此过程,直到实验鱼出现疲劳状态,即被冲至水槽的拦网处,身体呈弯曲状并持续至少 20s 无法继续游动,记录此时的水流流速作为正式实验的临界游泳速度参考值。

在正式实验开始时,首先测量并记录每条实验鱼的体长。安装并调整摄像机至合适的位置,确保拍摄的画面能够完整记录实验过程。随后,将单尾实验鱼放入游泳能力测定水槽,并在 1BL/s 的流速下适应 2h,使其活动状态稳定,从而消除转移带来的应激反应。在实验鱼经过 2h 的低流速适应后,逐步调节电机频率,将水流速度每次增加 0.5BL/s。每次流速增加后,观察鱼类的游动状态,间隔 5min 继续提升流速 0.5BL/s。重复该过程,直至水流速度达到预实验中临界游泳速度参考值的 60%。接下来,按照每隔 20min 增加 15%临界游泳速度参考值的方式继续调节电机频率,直至实验鱼达到预实验设定的疲劳标准,即无法保持游动。此时,记录实验鱼所游动的水流流速。

(3)鱼类游泳摆尾频率测定方法

将实验中记录的鱼类游泳视频导入到 Tracker 6.0.1 软件后,分析实验鱼在感应流速和临界游泳速度下的游动情况。为确保分析的准确性,在实验鱼处于顶流静止状态时进行数据处理,此时实验鱼的绝对游泳速度等于水流速度。在软件中设定参考长度,并建立坐标系以提取鱼尾摆动的时间和位置数据。导出的数据通过遍历比较算法进行周期划分,周期的数量即为摆尾次数,顶流静止状态的持续时间即为摆尾时间。每个周期内鱼尾位置的最大值与最小值之差,表示每次摆动时的最大摆尾幅度(图 4)。

摆尾频率计算公式为:

$$\omega = \frac{N}{\Delta T} \tag{1}$$

式中:ω——摆尾频率(Hz);

N——摆尾次数;

ΔT——摆尾时间(s)。

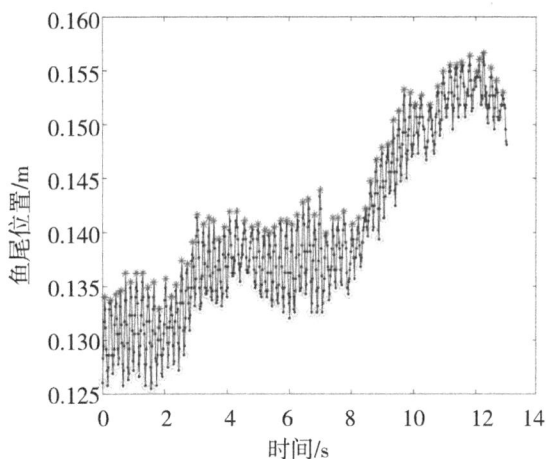

(a)软件处理过程　　　　　　(b)遍历比较算法划分周期

图 4　实验数据后处理

3　青鱼体长与摆尾频率关系分析

3.1　感应流速下体长与摆尾频率关系分析

基于 PIV 技术以及式(1)测定感应流速下鱼体运动参数见表 1。

表 1　　　　　　　　　　　感应流速下鱼体运动参数

鱼类体长/m	游泳速度/(m/s)	摆尾次数/次	摆尾时间/s	摆尾频率/Hz
0.056	0.042	120	25.742	4.662
0.057	0.050	71	14.014	5.066

鱼类体长/m	游泳速度/(m/s)	摆尾次数/次	摆尾时间/s	摆尾频率/Hz
0.057	0.050	67	13.013	5.149
0.067	0.133	27	7.975	3.386
0.068	0.131	95	19.019	4.995
0.079	0.113	60	15.015	3.996
0.083	0.121	32	8.008	3.996
0.093	0.131	24	6.006	3.996
0.094	0.133	26	7.007	3.711
0.104	0.095	42	11.011	3.814
0.112	0.101	22	7.007	3.140
0.110	0.204	26	6.006	4.329

在感应流速工况下,对不同体长的实验鱼拟合体长和摆尾频率的关系曲线(图 5)。通过线性回归分析,拟合得到的方程为:

$$\omega = -20.82L + 5.83 \qquad (2)$$

从图中可以看出,体长范围为 0.05～0.12m 的青鱼,摆尾频率分布范围为 3～6Hz。鱼体长与摆尾频率呈负相关关系,随着鱼体长的增加,摆尾频率下降。具体而言,体长每增加 1m,摆尾频率约下降 20.82Hz。决定系数(R^2)为 0.54,表明鱼体长能够解释摆尾频率方差的 54%,这意味着两者具有适度的相关性。但仍有 46% 的摆尾频率变化由其他因素决定,这可能包括鱼类的健康状况、游动环境,以及实验中的水流特性等。

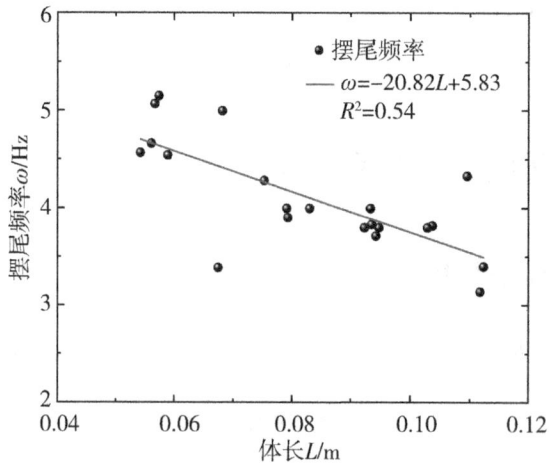

图 5 感应流速下体长与摆尾频率关系

3.2 临界游泳速度下体长与摆尾频率关系分析

基于 PIV 技术测定感应流速下鱼体运动参数见表 2。

表 2 临界游泳速度下鱼体运动参数

鱼类体长/m	游泳速度/(m/s)	摆尾次数/次	摆尾时间/s	摆尾频率/Hz
0.056	0.372	64	8.992	7.117
0.057	0.326	53	7.007	7.564
0.067	0.320	56	9.009	6.216
0.075	0.344	32	6.924	4.622
0.079	0.353	44	6.874	6.401
0.079	0.372	37	6.006	6.161
0.093	0.415	32	6.006	5.328
0.092	0.367	26	5.005	5.195
0.094	0.384	29	5.889	4.924
0.112	0.481	40	8.008	4.995
0.112	0.451	24	4.004	5.994
0.110	0.480	34	6.006	5.661

在临界游泳速度工况下,对不同体长的实验鱼拟合体长和摆尾频率的关系曲线(图 6)。通过线性回归分析,拟合得到的方程为:

$$\omega = -34.61L + 8.95 \tag{3}$$

分析图像可得,临界游泳速度工况下,体长范围为 0.05～0.12m 的青鱼,摆尾频率分布范围为 4～8Hz,摆尾频率数值及范围比感应工况下更大。从回归方程中可以看出,鱼体长与摆尾频率呈负相关关系,随着鱼体长的增加,摆尾频率呈下降趋势,体长每增加 0.1m,摆尾频率将减少约 3.5Hz。

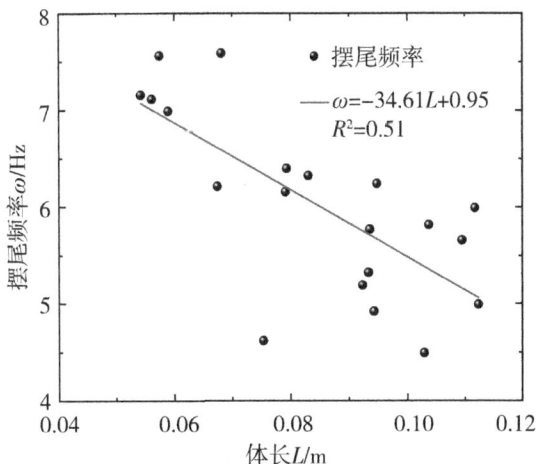

图 6 临界游泳速度下体长与摆尾频率关系

4 结论

　　本研究利用 PIV 技术对不同体长青鱼的摆尾频率进行了精确测量,并探讨了其在感应流速与临界游泳速度条件下的表现。通过线性回归分析,得出鱼体长与摆尾频率之间存在显著的负相关关系,体长增加导致摆尾频率显著下降。具体而言,感应流速下体长每增加 0.1m,感应流速下的摆尾频率约下降 2.1Hz,临界游泳速度下的摆尾频率下降幅度更大。研究结果表明,体长是影响青鱼摆尾频率的重要因素,并且在游动过程中,鱼体长度对其推进效率和能量消耗具有重要影响。该研究为鱼类流体动力学的研究提供了新见解,并为仿生学领域中水下推进系统的优化设计提供了理论支持。

参考文献

［1］ 初文华,员庆,孔祥洪,等. 鱼类尾鳍推进机理及游泳能力影响参数分析［J］. 上海海洋大学学报,2022,31(5):1224-1234.

［2］ Triantafyllou M S, Triantafyllou G S, Yue D K P. Hydrodynamics of fish-like swimming［J］. Annual Review of Fluid Mechanics, 2000, 32(1): 33-53.

［3］ Lighthill M J. Aquatic animal propulsion of high hydromechanical efficiency［J］. Journal of Fluid Mechanics, 1970, 44(2): 265-301.

［4］ 涂志英,袁喜,韩京成,等. 鱼类游泳能力研究进展［J］. 长江流域资源与环境,2011,20(S1):59-65.

［5］ 罗金梅,石小涛,陶宇,等. 障碍物对鳙幼鱼游泳行为的影响［J］. 生态学杂志,2023,42(2):352-360.

［6］ Liao J C, Akanyeti O. Fish swimming in a Kármán vortex street: kinematics, sensory biology and energetics［J］. Marine Technology Society Journal, 2017, 51(5): 48-55.

［7］ 杨小林,严敬. PIV 测速原理与应用［J］. 西华大学学报(自然科学版),2005(1):19-20+36.

［8］ 余英俊,胡晓,石小涛,等. 基于 PIV 的拉萨裸裂尻摆尾压力场特征分析［J］. 实验力学,2019,34(2):289-300.

［9］ 王福君,王洪平,高琪,等. 鱼游动涡结构 PIV 实验研究［J］. 实验流体力学,2020,34(5):20-28.

［10］ 杨国党,胡晓,张奔,等. 基于粒子图像测速技术(PIV)的自由游泳草鱼动力学特征分析［J］. 大连海洋大学学报,2021,36(5):833-841.

［11］ 张奔,胡晓,杨国党,等. 基于压力场的草鱼幼鱼巡游动力学研究［J］. 水力发电学报,2021,40(6):79-88.

基于上升气泡图像的流量测量方法研究

陈　诚[1]　王海鹏[1]　杨明强[2]　王　璐[2]　胡　璟[3]　李子阳[1]　缪张华[1]

(1. 南京水利科学研究院，江苏南京　210029；

2. 南京市三汊河河口闸管理处，江苏南京　210036；

3. 江苏省洪泽湖水利工程管理处，江苏淮安　223199)

摘要：通过水槽实验与现场试验相结合，研究提出了基于上升气泡图像的可视化流量测量方法。该方法可通过摄像机拍摄的气泡轮廓图像，将河流流量可视化显示，通过智能图像处理，可直接测得流量，无需通过转子流速仪来标定表面流速与断面平均流速的转换关系，而且不需要测量地形数据，可大幅减化流量测量的复杂度，可应用于数字孪生智能感知、水文水资源监测、生态流量监测等领域。

关键词：上升气泡；图像处理；流量测量

1　前言

河流流量是构建数字孪生流域的关键基础数据。河流流量测量是水文工作中的重要内容，是水情监测及预报、水动力研究、防洪工程设计论证、生态环境评估等工作中必不可少的基础环节。

目前的流量测量方法主要存在以下几点不足：①转子流速仪[1-2]和走航式ADCP[3]、无人机测流无法实现实时在线流量监测；②H-ADCP[4-5]和V-ADCP[6-7]可实现在线监测，但对现场安装条件要求较高，且只能测量某一层或一条垂线上的流速，需要转子流速仪或走航式ADCP测量数据以标定与断面平均流速的关系；③雷达

基金项目：南京市水务科技项目(202306)、国家重点研发计划项目(2021YFB3900603)。

作者简介：陈诚(1982—)，男，博士，正高级工程师，主要从事智慧水利及智能航运研究。E-mail：cchen@nhri.cn。

流速仪[8-9]、LSPIV[10-11]等图像测流法可实现在线监测,但只能测量表面流速,受风浪或光线等环境影响较大,也需要转子流速仪或走航式 ADCP 测量数据以标定表面流速和平均流速之间的关系;④目前仪器大多无法直接测出流量,需要测量断面形状后,才能用流速面积法测得流量。

2 基本原理

上升气泡侧视见图1,V_z 为气泡从河床底部上升到河面的平均速度,通常可在实验室或者现场直接测得,$\overline{V_x}$ 为气泡上升过程中的水平速度,H 为气泡从河床底部上升到河面的垂直距离,L 为气泡从河床底部上升到河面的水平距离,则可得气泡从河床底部上升到河面的时间 T 的计算方法见式(1)。

$$T = \frac{H}{V_z} = \frac{L}{\overline{V_x}} \tag{1}$$

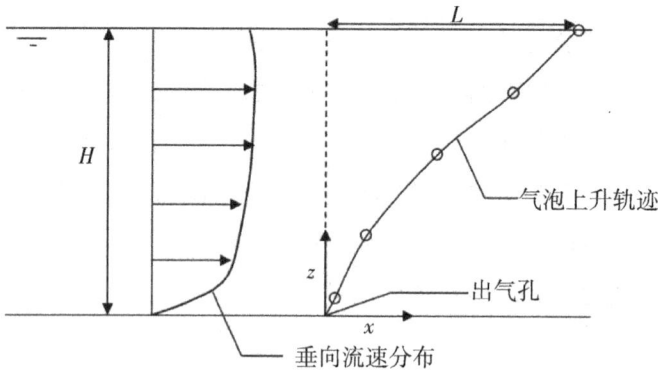

图 1 上升气泡侧视

由式(1)可得单宽流量 q 的计算方法,见式(2)。

$$q = \int_0^H V_x \mathrm{d}z = \overline{V_x} W = V_z L \tag{2}$$

W 为河宽,A 为气泡轮廓线的面积(图 2),则通过河流断面的流量 Q 的计算方法见式(3)。

$$Q = \int_0^W q \mathrm{d}y = V_z \int_0^W L(y) \mathrm{d}y = V_z A \tag{3}$$

A 可通过在河岸架设摄像机拍摄图像,然后通过标定后进行图像处理测得。该方法是非接触式测量方法,并且可直接测得天然河流流量,无需用转子流速仪来标定表面流速与垂线平均流速的换算关系,而且不需要测量地形数据。

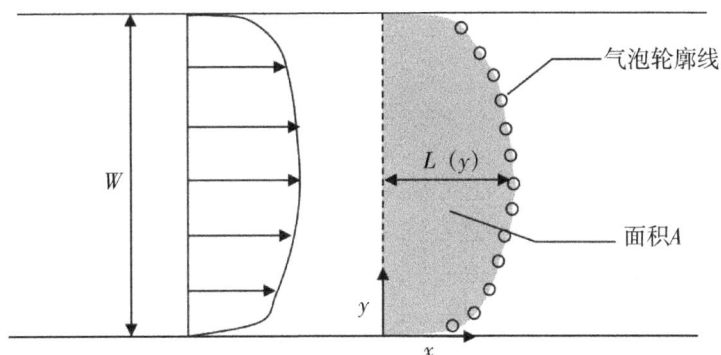

图 2　上升气泡俯视

3　上升气泡水槽实验

为了验证基于上升气泡图像进行可视化流量测量的可行性,首先在水槽中分别对单孔和多孔气泡进行了实验,研究了气泡的上升规律。

3.1　单孔气泡实验

实验使用气泵(800W,30L)向直径为 1cm 的钢丝软管恒定充气,在软管上开一直径为 1mm 的微孔,用摄像机(1200 万像素)拍摄上升气泡从水槽底部到水面的过程。分别采集了 8L/s、12L/ s、16L/s3 种不同流量下的上升气泡图像(图 3)。

图 3　单孔上升气泡实验

从图 3 可以直观看出,随着流量的增大,气泡在水面的位置与出气孔之间的距离增大。通过摄像机标定测出气泡横向距离与流量关系(图 4),两者具有较好的相关性,说明用气泡在水面的横向距离来测得垂向平均流速从而直接测得流量具备可行性。

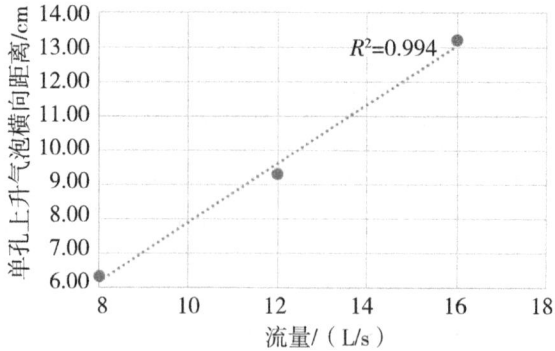

图4 单孔上升气泡横向距离与流量关系

3.2 多孔气泡实验

在单孔气泡上升规律的研究基础上,进一步研究多孔气泡的上升规律,以验证多孔气泡轮廓用于直接测量流量的可行性。保持水深20cm不变,分别拍摄了4L/s、8L/s、12L/s3种不同流量下的多孔气泡上升图像(图5)。

图5 多孔气泡实验

从图5可以直观看出,随着流量的增大,多孔气泡在水面的位置与出气孔之间的距离增大。通过摄像机标定测出多孔气泡平均横向距离与流量关系(图6),具有较好的相关性,说明用多孔气泡在水面的轮廓来直接测得流量具备可行性。

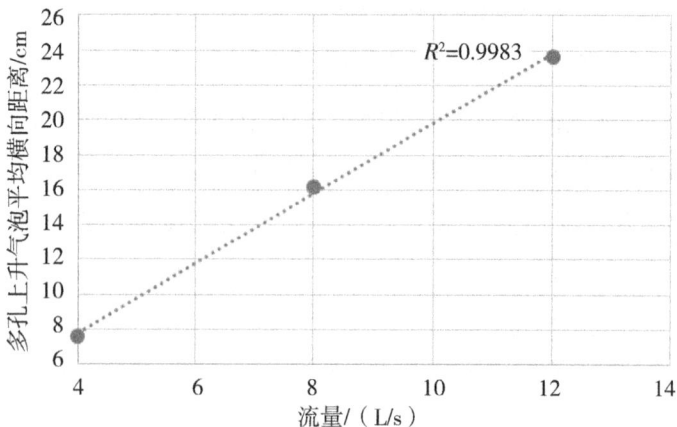

图6 多孔上升气泡横向距离与流量关系

4 上升气泡现场试验

在一河宽约为 4m 的小河道进行小断面试验,在河岸安装上升气泡发生装置,主要包括汽油发电机、气泵和钢丝软管,钢丝软管通过配重沿直线固定在河底(图7)。

启动上升气泡发生装置,在水面形成明显的上升气泡,通过摄像头采集时上升气泡图像见图8。上升气泡距离气泡出口位置越远,说明该处的单宽流量越大。

图 7 上升气泡发生装置

图 8 上升气泡图像

上升气泡图像轮廓线见图9,通过摄像机标定和智能图像处理,可测得上升气泡轮廓线面积为 $1.73m^2$,在实验室测得上升气泡速度为 0.23m/s,则可直接测得流量为 $0.3979m^3/s$。

将 ADCP 沿上升气泡所在断面进行走航式测量(图 10),测得流量为 $0.4166m^3/s$。将上升气泡图像所测流量与 ADCP 测流数据进行对比,绝对误差为 $-0.0187m^3/s$,相对误差为 4.48%,说明使用上升气泡进行流量测量是可行的。

图 9 上升气泡图像轮廓线

图 10 ADCP 测流

5 结论

①通过水槽实验与现场试验相结合,对基于上升气泡图像的可视化流量测量方法进行了探索研究,并验证了该方法具备可行性。

②相对于传统流量方法,本文所用方法不需要测量地形数据,适用于各种复杂断面形状,可直接可视化测得流量,可实现在线监测,大幅减化流量测量的复杂度。

③目前实验环境主要在平原河流,为进一步拓展应用范围,在今后的工作中还需深入开展在暴雨、极端洪水、夜间等复杂条件下的应用研究工作。

参考文献

[1] 赵明雨.智能旋浆式水流流速仪研发与设计[J].水利技术监督,2013(1):24-27.

[2] 沈燕峰,陶悦.河道转子式流速仪计算流速的正确适用[J].水利技术监督,2018(1):137-145.

[3] 程嫄嫄,金晨曦.ADCP测流在巢湖流域水资源监测中的应用[J].水利信息化,2019(4):47-50.

[4] 卢欢.H-ADCP在线测流系统在江西中小河流水文站的应用[J].江西水利科技,2019,45(5):352-356.

[5] 莫钧雯.水平式ADCP在罗定江罗定古榄水文站的应用研究[J].广东水利水电,2021(3):38-43.

[6] 梁后军,刘小虎,蔡国成,等.二垂线式ADCP流量测量系统[J].水利信息化,2013(4):26-29.

[7] 吴晓楷.V-ADCP在线测流系统在穿卫枢纽水文站的推广应用[J].海河水利,2020(S1):64-67.

[8] 周冬生,宗军,蒋东进,等.雷达流速仪测量精度关键技术研究[J].水文,2018,38(5):67-70.

[9] 张琦.雷达波流速仪在中小河流流量测验中的应用分析[J]黑龙江科学,2017,8(2):47-48.

[10] Le Coz J,Hauet A,Pierrefeu G,et al. Performance of image-based velocimetry (LSPIV) applied to flash-flood discharge measurements in Mediterranean rivers[J]. Journal of Hydrology,2010,394(1):42-52.

[11] Muste M, Fujita I, Hauet A. Large-scale particle image velocimetry for measurements in riverine environments[J]. Water Resources Research,2008,44:1-14.

科里奥利质量流量计在高含沙量监测中的试验研究

张凌峰[1,2]　曹文洪[1,2]　江肖鹏[1,2]　张　宇[1,2]　刘春晶[1,2]

(1. 中国水利水电科学研究院流域水循环模拟与调控国家重点实验室,北京　100048; 2. 中国水利水电科学研究院水利部泥沙科学与北方河流治理重点实验室,北京 100048)

摘　要:高含沙量的在线监测对于河工模型试验、多沙河流水文观测、水库排沙估算具有重要意义。对于高含沙水文条件而言,现有的在线监测仪器在测量量程、稳定性和准确度上存在不足。本文在室内搭建了高含沙水流搅拌循环系统,选用科里奥利力流量计(Coriolis Mass Flowmeter,简称科氏力流量计)作为含沙量在线监测仪器,软件采用 Python 语言,实现了高含沙量监测数据的读取、显示、数据存储功能。在高含沙水流循环系统中开展了含沙量 30~600kg/m³ 的试验,结果表明,在试验范围内,科氏流量计可以实时输出含沙量数据,测量值波动小,平均相对误差小于10%,不确定度为 1.156%,达到《河流悬移质泥沙测验规范》(GB/T 50159—2015)中一类站的观测精度要求。收集并统计的近20年内多种含沙量监测设备的相对误差数据显示,本文使用的仪器在高含沙量监测中具有更高的测量精度和量程,凸显了其在高含沙水文条件下的应用潜力。

关键词:科里奥利力流量仪;高含沙量;在线监测;振动法

1　前　言

含沙量监测是水文泥沙测验的重要内容,在水库淤积、河床演变及水利工程的设

基金项目:国家自然科学基金资助项目(12072373,51679260);中国水科院院专项资助项目(SE0145B022021);中国水科院成果转化基金项目(泥 1003042023)。

作者简介:张凌峰(1995—),博士生,主要从事泥沙运动基础理论及工程应用研究。

计和运行管理中起着关键作用。准确测量含沙量对理解河流动力学过程、优化水库调度与淤积管理和预测洪水灾害等具有重要意义。

随着水文科学的发展,含沙量监测方法经历了从传统方法到现代技术的逐步演进[1-2]。传统的含沙量测验方法主要包括烘干称重法和置换法等。这些方法尽管在早期含沙量监测中发挥了重要作用,但由于其人工参与度高、操作复杂和时间消耗大,在现代多频次、高时效性和自动化在线监测的需求面前显得捉襟见肘。近年来,基于各种原理,如声学法、光电学法、同位素法、电容法等开发的含沙量在线监测设备不断涌现。夏云峰等[2]基于光电法自主研制了一种无线实时含沙量测量仪,并验证了其在模型试验中含沙量测量的可靠性。但光电法测量对光照条件的敏感性高,容易产生光谱噪声,对高含沙水体测量易出现信号饱和现象,导致测量结果不准确。为此,杨华东等[3]采用小波阈值去噪算法对原始透射光谱进行消除光谱噪声预处理,通过对不同含沙溶液的透射光谱的标定,实现了大量程含沙量测量范围的自动测量。类似地,声学法的测量精度也易受到泥沙颗粒性质、背景噪声的影响[4],甚至会受到水体盐度的干扰[5],在高含沙或者浑浊水流中声波信号衰减显著。同位素法涉及放射源辐射问题,使得其在实际应用中受到监管和限制。这一技术的推广和广泛应用面临一定的挑战。电容法含沙量监测的精度易受水体的电化学性质(如电导率、离子浓度、pH 值等)的影响,且在高含沙量情况下,电容变化往往出现非线性响应,导致测量数据偏离真实值。为应对这些问题,邓罗晟等[6]结合 Kalman-LSTM 神经网络融合模型、刘明堂等[7]采用 Kalman-PNN 协同融合模型修正误差。这些方法在一定程度上减小了电容法仪器测量过程中的随机误差,提高了测量的准确性。然而,这些方法仍难以解决电容法高含沙量测量的固有缺陷。

在多沙河流或水库中,高含沙水流的含沙量在线监测是开展防洪调度、调水调沙的基础支撑。据统计[8],截至 2020 年,在我国北方多沙河流中,皇甫川多年平均含沙量达到 $305kg/m^3$,延河多年平均含沙量达到 $183kg/m^3$;而在水库汛期排沙期间,下泄水流含沙量更大,如三门峡水库敞泄排沙含沙量高达 $200\sim300kg/m^3$[9],2023 年小浪底水库调度排沙最大出库含沙量达到 $442kg/m^3$[10]。此外,河工模型试验的加沙池的泥沙浓度也非常高[11],通常为 $50\sim500kg/m^3$。其含沙量的实时监测是控制模型试验中加沙量的关键依据,并直接影响模型中泥沙相似性的实现。

对于这些高含沙量的复杂水流场景,更需要动态、多元和准确的含沙量监测手段。一般而言,含沙量监测方法或在高含沙测量时精度降低,或易受水体和外界环境干扰,或存在成本高、应用场景单一的缺陷。因此,本文结合商用科里奥利力流量计作为含沙量监测仪器,在室内搭建了高含沙水流搅拌循环系统,通过 RS485 串口通信,利用 Python 语言编写实时数据采集软件,实现对浑水密度、含沙量、温度等多参数的在线监测,展示并验证其在大量程含沙量监测中的适用性。

2 基本原理

科里奥利力流量计是一种利用科里奥利效应直接测量流体质量流量的仪器。当密度为 ρ' 的流体在管道内以速度 u 做直线运动的同时处于旋转体系中时(图 1),在任何一段长度 Δx 的管道上都将受到一个切向的、大小为 F_c 的切向科里奥利力。

$$F_c = 2\omega u\rho' A \Delta x \tag{1}$$

式中,A——管道面积,管道内质量流量 $\delta_m = \rho' u A$,则上式简化为 $F_c = 2\omega\delta_m$;

ω——角速度,rad/s。

因此,直接或间接测得管道上流体产生的 F_c 就可以获得质量流量,然而旋转运动难以适应实际使用,目前往往代之以管道振动产生科氏力。在两端固定的薄壁测量管的中点处施加固定频率的谐振,那么中心点前后两个半段就相当于围绕中心点做往复旋转运动,管内流体也因此产生科氏力,使得前后两半端产生相反的挠曲,则可通过电磁法检测挠曲量获得质量流量。又因为管道内流体密度 ρ' 的变化影响测量管道的振动频率 f,且根据振动力学可知,ρ' 和 f 的平方成反比。当流体含沙量变化时,管道振动频率也随之变化,根据标定后的 ρ' 和 f 关系,可计算出流体(浑水)含沙量。

本试验中使用的国产科氏力流量计为双 Ω 形管设计(图 2),主要包括两根并联的 Ω 形管、振动驱动线圈、振动检测器、温度检测组件、转换器(信号发生、检测、处理单元等)和其他固定装置等。

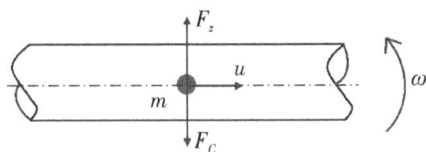

图 1 科里奥利力示意图

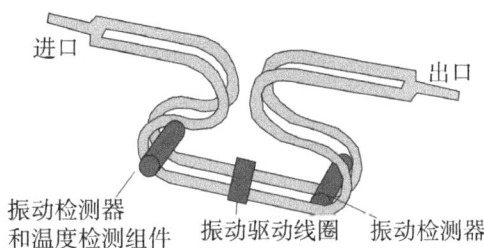

图 2 本试验科氏力流量计

相较于传统的单直通管振动式含沙量监测仪器,双 Ω 形管通过并联两个振动管道,使得流体流经时的波动效应得以平衡。尤其在含有悬浮颗粒的高密度流体中,这种设计能够减小由颗粒物冲击和沉积引发的瞬时振动波动,提供更为精确的密度测量结果,并能够保持较高的测量稳定性。此外,鉴于流体密度和振动传感器均受到温度影响,该流量仪在出厂前进行了实验标定,添加了温度修正值。这些设计增强了仪器的适用性,使其在复杂流体的密度监测中具有更广泛的应用优势。

3 室内高含沙水流在线监测系统搭建和试验

3.1 在线监测系统组成

本文在室内搭建了高含沙水流搅拌循环系统,硬件包括浑水搅拌池、搅拌泵、循环泵和循环管科里奥利力流量计;软件部分采用 Python 语言开发,通过 RS485 串口通信实现含沙量数据的实时读取、显示和数据存储功能。浑水在集流桶中被搅拌泵充分搅浑、悬浮,含沙水流通过采样泵经管道输送到科氏力质量流量计,传感器输出信号经转换器处理后通过串口输出计算机,自编软件界面实时显示和保存流量、密度、频率、温度和含沙量参数(图 3)。仪器密度测量范围 $20 \sim 2500\text{kg/m}^3$,精度 2kg/m^3。

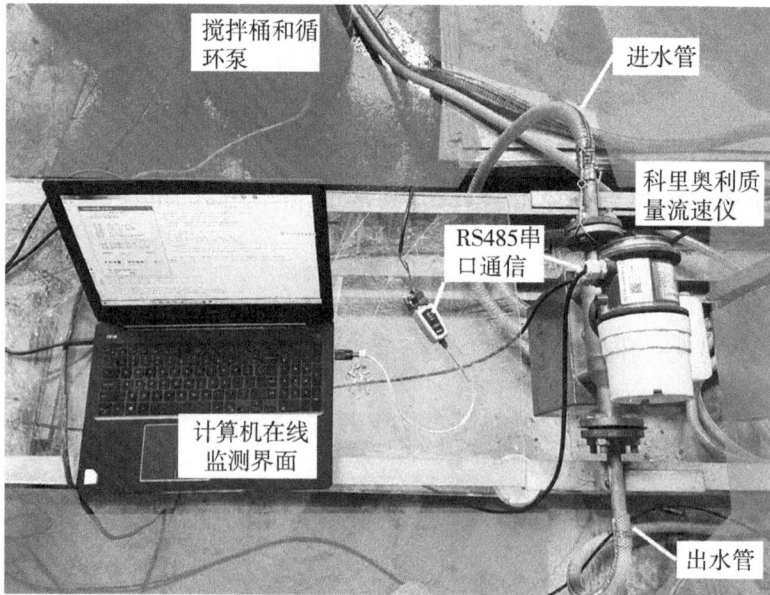

图 3 试验装置

3.2 试验条件及精度评价方法

试验在中国水利水电科学研究院大兴实验基地的泥沙试验厅进行,试验土壤采自中国水利水电科学研究院实验基地耕地土壤。试验前将待试土壤中大块草根、石块等杂物去除,过筛网进一步处理,并从中随机取出 3 组进行级配测量,结果表明该土壤为粉砂质壤土,土壤的不同粒径颗粒质量百分数为黏粒($<0.002\text{mm}$)为 0%,粉粒($0.002\sim0.05\text{mm}$)为 62.72%,砂粒($0.05\sim2\text{mm}$)为 37.28%,中值粒径为 $35\mu\text{m}$,级配分布见图 4。

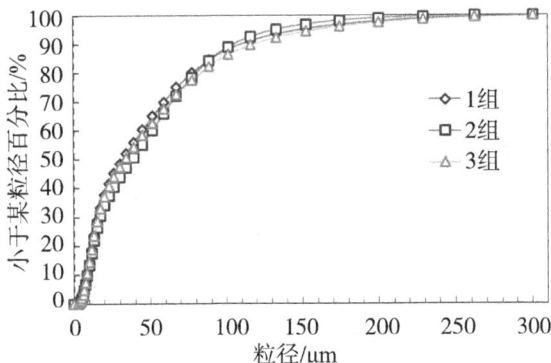

图 4　试验用土级配分布

不同含沙量浑水制备和搅拌取样在桶中渐次进行,先在桶中加入清水,然后加入泥沙充分搅拌至泥沙完全悬浮后,利用采样泵取样。每次加沙取样在前一次的浑水中进行,以简化试验过程,直至测得含沙量达到约 580kg/m^3。试验中设置采样频率为 2s/次,每组采样数据点 60 个。采集流经科氏力流量计的浑水样本,采用比重瓶置换法计算并对比含沙量测定值。

通过对比测量值和真实值的相对误差 δ 和相对不确定度 u_c 分别来反映仪器含沙量监测的准确性和系统可信度。相对误差 δ 用于衡量测量结果与真实值之间的偏差程度,而 u_c 由随机不确定度 u_A 和系统不确定度 u_B 构成。u_A 为误差的相对标准差,u_B 取仪器测量误差的 $1/\sqrt{3}$,通过这两项指标,能够有效评价仪器的测量精度和稳定性,进而验证其在含沙量监测中的可靠性,计算公式如下:

$$\delta_i = \frac{C_i - C_0}{C_0} \times 100\% \tag{2}$$

$$u_A = \sqrt{\frac{1}{m-1}\sum\left(\frac{C_i - C_0}{C_0}\right)^2} \tag{3}$$

$$u_B = 2/\sqrt{3} \tag{4}$$

$$u_c = \sqrt{u_A^2 + u_B^2} \tag{5}$$

式中,m——各测量组次内采样次数;

C_i——各组含沙量测量值;

C_0——各组比重瓶测得含沙量真实值;

$C_i - C_0$——各组绝对误差。

4 结果与分析

4.1 不同含沙量科氏力流量计测量值和真实值对比

不同含沙量下密度、含沙量测量值和真实值对比见图5。整体来看,科氏力流量计的密度和含沙量和真实值具有优秀的线性关系,斜率接近1,线性相关系数大于0.99。在含沙量小于30kg/m³时,测量值偏大,在更高含沙量水流中,测量值稳定地分布在1:1线上,其相对误差较为稳定,无趋势性变化。在30~580kg/m³的测量范围内,含沙量的相对误差介于−20%~21%(图6),平均相对误差为小于10%。

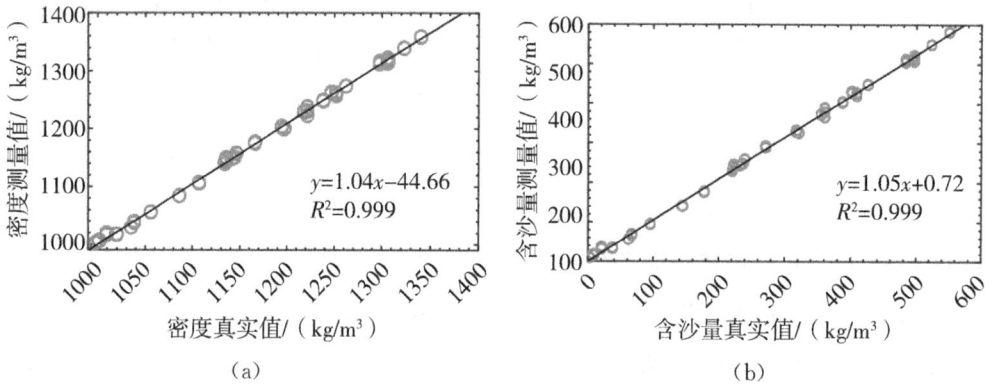

（a）　　　　　　　　　　　　　　　　（b）

图 5　密度、含沙量测量值和真实值对比

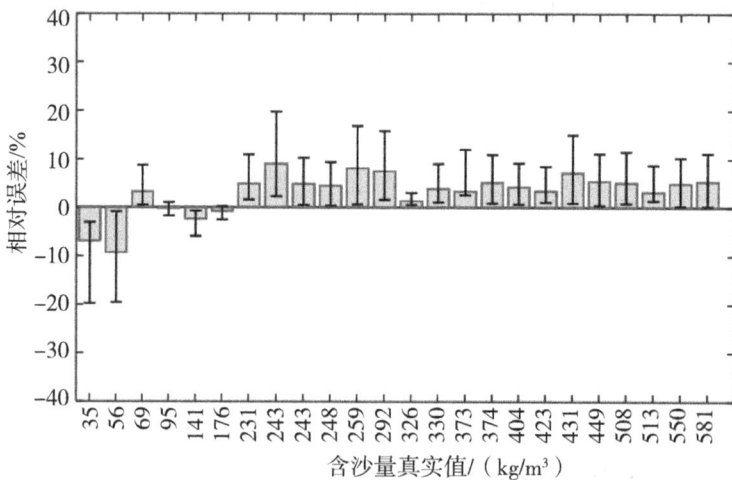

图 6　含沙量相对误差对比

为进一步衡量科氏力流量计测量的系统可信度,使用不确定度进行分析,含沙量测量结果分析见表1。各组内标准差介于0.26~3.29kg/m³。这表明了本试验含沙量监测系统的一致性较好,波动性弱,计算的不确定度u_c为1.156%,达到《河流悬移质泥沙测验规范》(GB/T 50159—2015)中一类站的观测精度要求。

表 1　　　　　　　　　　　　　含沙量测量结果分析

真实值/ (kg/m³)	测量值/ (kg/m³)	绝对误差/ (kg/m³)	相对误差/ %	组内标准差/ (kg/m³)
37	35	−2.60	−6.96	0.63
62	56	−5.75	−9.30	0.26
67	69	2.17	3.24	1.35
95	95	−0.15	−0.15	0.83
144	141	−3.47	−2.40	0.77
177	176	−1.38	−0.78	1.29
221	231	10.92	4.95	1.58
223	243	20.12	9.03	2.73
232	243	11.48	4.95	0.50
237	248	10.74	4.54	0.61
240	259	19.48	8.13	0.69
272	292	20.41	7.52	1.76
317	330	12.51	3.94	1.32
322	326	4.34	1.35	0.62
355	374	18.57	5.23	1.58
361	373	12.18	3.38	1.59
388	404	16.65	4.29	1.29
402	431	28.95	7.21	1.53
409	423	14.10	3.44	3.29
426	449	23.28	5.46	0.78
483	508	24.83	5.14	2.49
497	513	16.24	3.27	5.17
524	550	26.19	5.00	0.78
550	580	29.94	5.43	0.89

4.2　与现有含沙量监测对比

当前水文实际应用中含沙量在线监测技术手段多样,不同方法测验精度差别各异。本文收集过去 20 年内相关文献[12-24]中不同含沙量监测方法在实际工程或试验中的应用数据,对其相对误差进行对比分析(图 7)。可见,在相关研究和实际应用中,以浊度仪为代表的光电法是当前含沙量监测的主要手段,但其在含沙量较高时应用受限。声学法主要适用于低含沙量的测量,在含沙量低于 $20kg/m^3$ 的范围内,其相对误差绝对值整体上低于 20%。电容法似乎在较低含沙量测量中受限,但在 $10\sim 300kg/m^3$ 的范围内具有良好的精度。同位素法是一种高精度的测量手段,但其放射性固有的风险,对设备和操作人员的技术水平提出了较高要求,限制了其在复杂水流场景中的适用性。本文所采用的仪器基于与传统振动法相似的工作原理,但在结构设计和测量性能方面具有显著改进。具体而言,该仪器不仅在相对误差上较传统振动法有所降低,同时其高含沙量的测量范围也得到明显扩展,有效提升了其在复杂水文环境应用中的适用性和可靠性,在未来的水文含沙量监测领域具备广泛的推广应用潜力。

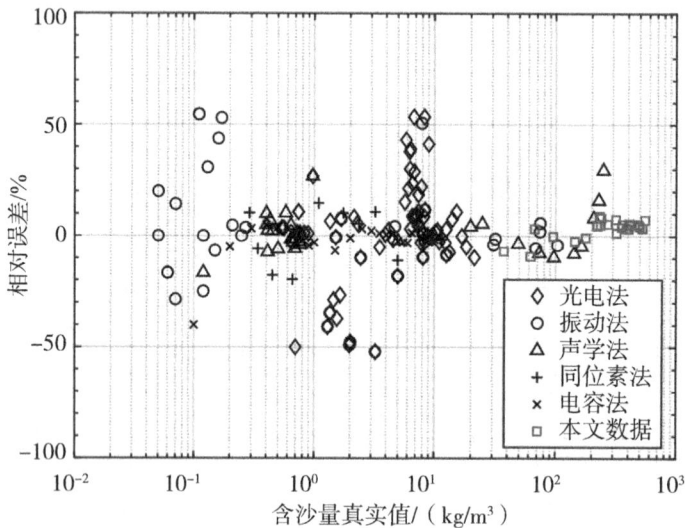

图 7 不同含沙量监测方法下相对误差对比

5 结论及展望

本文在室内建立了高含沙水流搅拌循环系统,结合科里奥利力流量计,构造了含沙量在线监测系统。通过对比分析,结果显示该仪器在大范围含沙量测量中的相对误差和不确定度均达到了令人满意的水平,表明其适用于河工模型试验或水库中高含沙水流的监测应用。为了进一步验证该仪器的性能,本文还收集并统计了近 20 年内多种含沙量监测设备的相对误差数据。对比分析结果显示,本文所采用的仪器在高含沙量监测中表现出显著的优越性,具有较低的相对误差和更高的测量精度,凸显了其在复杂水文条件下的应用潜力。

参考文献

[1] 李德贵,罗珺,陈莉红,等. 河流含沙量在线测验技术对比研究[J]. 人民黄河,2014,36(10):16-19.

[2] 夏云峰,蔡喆伟,陈诚,等. 模型试验含沙量量测技术研究[J]. 水利水运工程学报,2018(1):9-16.

[3] 杨华东,朱浩,王紫超,等. 基于透射光谱的水体含沙量在线监测技术研究[J]. 光谱学与光谱分析,2022,42(12):3817-3822.

[4] Li W,Yang S. Yang W,et al. Estimating instantaneous concentration of suspended sediment using acoustic backscatter from an ADV[J]. International Journal of Sediment Research,2019,34(5):422-431.

[5] 邵宇阳,吴乾坤,唐玉林,等. 水体盐度变化对声学测沙的影响试验研究[J]. 泥沙研究,2023,48(2):30-36,73.

[6] 邓罗晟,车国霖,金建辉. 基于 Kalman-LSTM 模型的悬浮质含沙量测量[J]. 电子测量与仪器学报,2023,37(5):163-170.

[7] 刘明堂,陈健,刘书晓,等. 基于 Kalman-PNN 协同融合的悬移质含沙量测量[J]. 人民黄河,2021,43(5):12-16.

[8] 2023 年《中国河流泥沙公报》发布[J]. 水资源开发与管理,2024,10(6):2.

[9] 侯素珍,胡恬,杨飞,等. 三门峡水库汛期排沙效果研究[J]. 水利学报,2021,52(4):393-400.

[10] 魏向阳,杨会颖,任伟,等. 2023 年黄河含沙量调度探索与实践[J]. 中国防汛抗旱,2024,34(1):68-72.

[11] 许明,胡向阳,张文二. 加沙池高浓度含沙量超声测量[C]//第十七届中国海洋(岸)工程学术讨论会论文集(下). 北京:海洋出版社,2015:500-503.

[12] 杨俊,周露尘. 量子点光谱泥沙监测系统在水文泥沙监测中的应用[J]. 四川水利,2024,45(1):87-91+128.

[13] 李楠. 托克逊站 HHSW-NUG-1 型自动在线光电测沙仪比测分析[J]. 陕西水利,2024(4):63-64+70.

[14] 宋书克,张金水,马志华,等. 振动法在线监测黄河小浪底排沙洞高速水流含沙量[C]//中国大坝协会 2015 学术年会暨第七届碾压混凝土坝国际研讨会,2015:189-193.

[15] 付立彬,刘明堂,刘雪梅. 基于 PLC 的含沙量多量程在线监测系统[J]. 人

民黄河，2011，33(9)：28-30.

[16] 赵立锋. TES-91悬沙在线监测系统在姚江大闸水文站中的应用[J]. 浙江水利科技，2023，51(6)：84-87.

[17] 杨鲁斌. TES-71泥沙监测系统在高州水文站的率定分析[J]. 江西水利科技，2024，50(1)：56-61+78.

[18] 杨惠丽，罗惠先，于奭. 利用ADCP回波强度估算河流悬移质含沙量的应用研究[J]. 水利水电技术，2017，48(1)：106-110.

[19] 梁如心，李超华. 同位素在线测沙仪的应用[C]//2023(第十一届)中国水利信息化技术论坛论文集，2023：273-285.

[20] 高术仙，曹玉芬，韩鸿胜，等. 光电式含沙量测量仪器的校准方法及结果评定[J]. 水道港口，2021，42(2)：267-273.

[21] 胡向阳，许明，邹先坚，等. B超在含沙量及其垂线分布测量中的首次应用[J]. 长江科学院院报，2014，31(2)：12-15.

[22] 李勇涛，陈英智，李立新，等. 基于940nm普通红外光源的反射式泥沙测量传感器研究[J]. 水土保持应用技术，2015(6)：10-12.

[23] 祁晓勇，高玉方. Bettersize2000W型激光粒度分布仪在水文站含沙量测定中的适用性[J]. 中南农业科技，2023，44(8)：90-93.

[24] 王仲明，王常明，王钢城，等. 水中泥沙浓度的超声成像测量研究[J]. 泥沙研究，2015(2)：24-28.

空化空蚀实验设备研究进展综述

陈思禹[1,2]　　胡　晗[1,2]

(1. 长江水利委员会长江科学院,湖北武汉　430010;

2. 水利部长江中下游河湖治理与防洪重点实验室,湖北武汉　430010)

摘　要:空化空蚀问题是水利工程建设、设计和运行过程中的一个重要问题。本文围绕现阶段空化空蚀研究的单个空化泡和空化云两种技术路线,汇总了国内外空化空蚀领域实验设备发展现状,揭示了现阶段相关实验设备存在的问题和瓶颈,提出以下建议:①进一步发展能量密度更高、杂质更少的单脉冲诱发空化泡方式;②改进和研发水质控制系统,保证实验前水体气核含量、尺寸一致,提高实验的可重复性和可靠性。

关键词:空化空蚀;实验设备;研究进展

1　前言

空化空蚀现象广泛存在于水利工程[1-2]、海洋工程[3-6]、生物医学[7-11]等各个领域。空化现象是指当水体中出现局部低压(低于相应温度下该水体的饱和蒸气压强)时,水体中携带的气核膨胀至肉眼可见的空化泡的现象。当所在区域压强恢复时,空泡表面失稳发生溃灭,空化泡溃灭时伴随着许多物理现象,包括噪音[12]、声致发光[13]、高温高压[14]等。18 世纪 50 年代力学家欧拉就预测了空化现象。最初对空化空蚀现象进行研究的是力学家雷诺。早在 1873 年,他发现了轮船螺旋桨在高速巡航时的异

基金项目:中央级公益性科研院所基本科研业务费项目(CKSF 2023312/SL);国家自然科学基金项目(52130903)。

作者简介:陈思禹(1994—　　),男,湖北人,博士,工程师,主要从事水工水力学研究。E-mail:1724543089@qq.com。

常工作状态,预测了水体中发生空化的可能性,并尝试对空蚀现象机理进行解释。在1906 年,Parsons 进行了关于"空化"的第一次实验("空化"由 Froude 提出)。由于空化对材料性能的潜在不利影响,产生的噪声和激波可能严重破坏周围的固体表面,从20 世纪初起空化现象和空泡动力学便成为一个广泛研究讨论的领域。根据空化发生的物理机制和流场条件,可分成游移空化、漩涡空化、固定空化和振荡空化等[15]。虽然空化存在多种不同类型,空化泡呈现不同的形态,包括片状、线状、丝状等,但在实际情况中,空化泡初生和溃灭的根本原因是相同的,即气核在内外压力差作用下的反复膨胀溃灭。

雷利、普雷斯特等通过理论分析发现,空化泡实际发生时膨胀溃灭时间极短,溃灭冲击波强度大,空化泡直径在 1mm 左右时溃灭周期甚至不超过 0.5ms,溃灭冲击波超过 100MPa。上述客观因素给研究空化空蚀问题带来极大挑战。过往针对空化空蚀问题的研究,只能通过间接观测空化噪声[16]、结构表面空蚀形貌[17]等方式来研究空化是否发生、空蚀作用的破坏规律等,对于空化发生机理、空蚀作用机制缺乏直接研究手段。要实现对空化空蚀问题机理层面的研究,首先要掌握在实验室内诱发形成空化泡、空化云的技术手段和实验装置,其次要具备相应的观察、测量技术与设备,如高速摄影技术[18]、大量程高频压力传感器[19]等。随着空化空蚀问题研究的深入,国内外专家学者在相关领域积累了大量实践经验和技术手段,空化空蚀实验设备有了长足进步。目前,针对空化空蚀问题的研究根据研究尺度和目的的不同主要集中在两个领域,首先是侧重单个空化泡动力学特性的空泡动力学研究,其次是针对大范围空化云的研究。针对两种不同研究侧重点,现阶段研究采取了不同的实验设备和技术路线。

本文从上述两种研究技术路线系统汇总了国内外现阶段空化空蚀领域的主要研究设备和技术手段。本文第 2 节主要介绍了现阶段在实验室内诱发形成单个空化泡的实验设备和相关分析手段。本文第 3 节主要介绍了现阶段产生大范围空化云的主要装置。本文第 4 节为结论。

2 空泡动力学实验设备进展

研究空泡动力学是研究空化空蚀现象的基础和前提。单个空化泡的动力学特性是空泡动力学研究的重点,球形空化泡是一种对称性好且易于分析的情况,对球形空化泡的研究能揭示许多重要现象的机理,因此目前关于空泡动力学的研究大多从单个球形空化泡的演变过程和运动特性着手展开。常见的空泡动力学实验方法包括激光束诱发空化泡[20-23]、水下爆炸诱发空化泡[24-26]和电火花诱发空化泡[27-29]。

2.1 激光束诱发空化泡

激光束诱发空化泡是通过高能激光在水体中形成高温高压等离子体,周围水体被高温高压等离子体推开而形成空泡,随着空化泡的进一步生长,空泡内部压力减小,空泡内外部压力差作用下空化泡反复膨胀溃灭(图1)。激光束诱发形成的空泡呈现规则球形,附带产生的杂质少,实验结果与理论结果吻合程度高,实验中得到空化泡的位置和时间可操作性强。但在实验中激光束能量一般较低,产生空化泡较小,通常在毫米级。为了能尽可能捕捉到空化泡的形态细节和演变全过程,实验对高速摄像系统拍摄速度要求较高,对于空化泡溃灭时的形态细节和微射流特征难以清晰完整地反映,实验系统搭建成本相对较高(图2)。

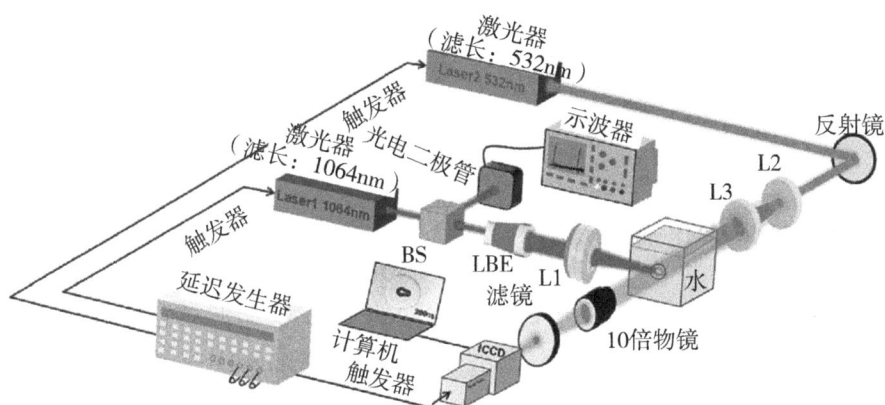

图1 激光束诱发空化泡实验装置[20]

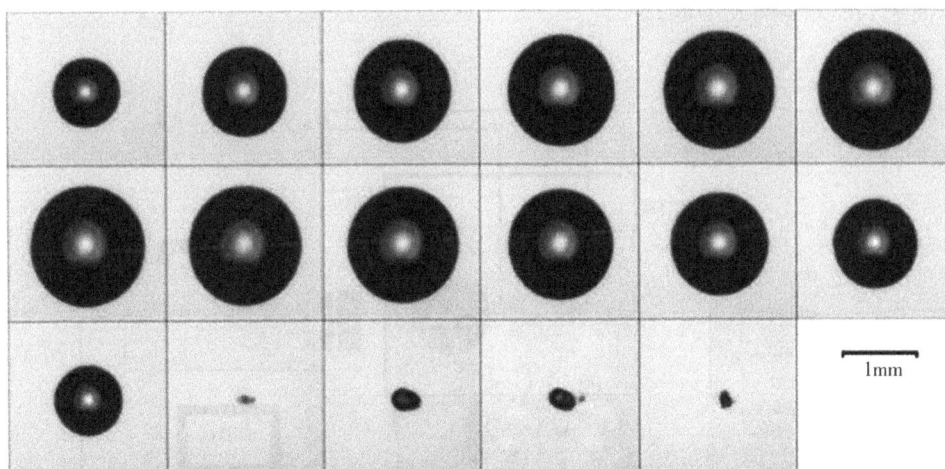

图2 激光诱发空化泡膨胀溃灭形态(每帧间隔10μs)[21]

2.2　水下爆炸诱发空化泡

水下爆炸诱发空化泡作为一种诱发空化泡的实验手段,常用于水下武器测试和舰船毁伤实验[24-26](图3)。实验过程中利用效率较高的化学反应产生大量高温气体瞬间将周围水体汽化形成空化泡,可以通过调整装药量调节空化泡的大小。这种诱发空化泡的方式相比于激光束诱发空化泡和电火花诱发空化泡产生的空化泡尺寸更大。相比于其他两种诱发空化泡的方式,水下爆炸形成的空化泡内部非凝结气体含量更高,空化泡的动力学过程与理论误差偏差更大。

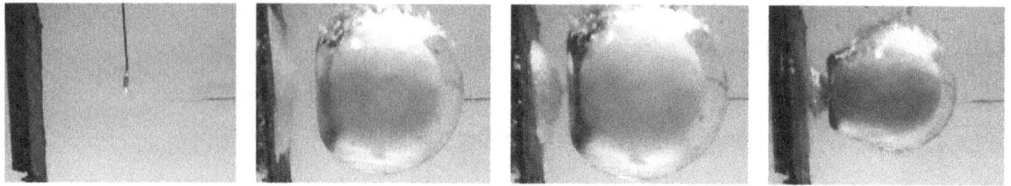

图3　水下爆炸形成空化泡[24]

2.3　电火花诱发空化泡

电火花装置[27-29]作为一种用于诱发空化泡的手段,实验时通过电容放电形成电火花击穿周围水体形成空化泡(图4)。电火花诱发形成的空化泡形状规则,但空化泡发生时仍存在电极熔断后产生的杂质干扰,尺寸介于激光束诱发的空化泡和水下爆炸诱发的空化泡之间。电火花诱发空化泡实验所需实验成本较低,实验可重复性强、操作简单、单次实验成本低。

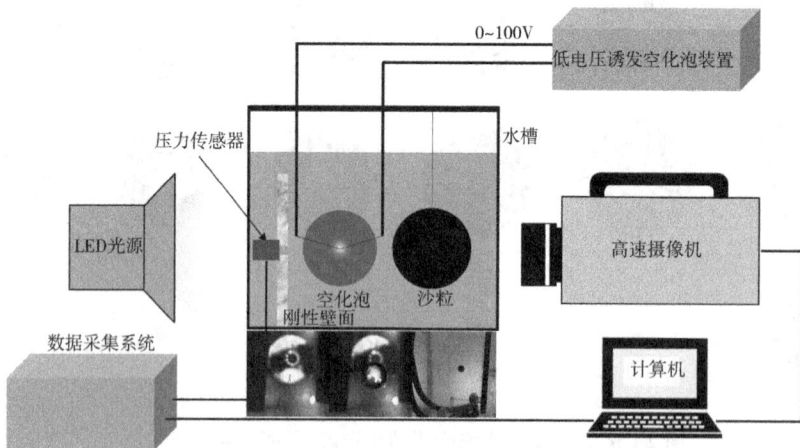

（a）电火花诱发空化泡实验系统

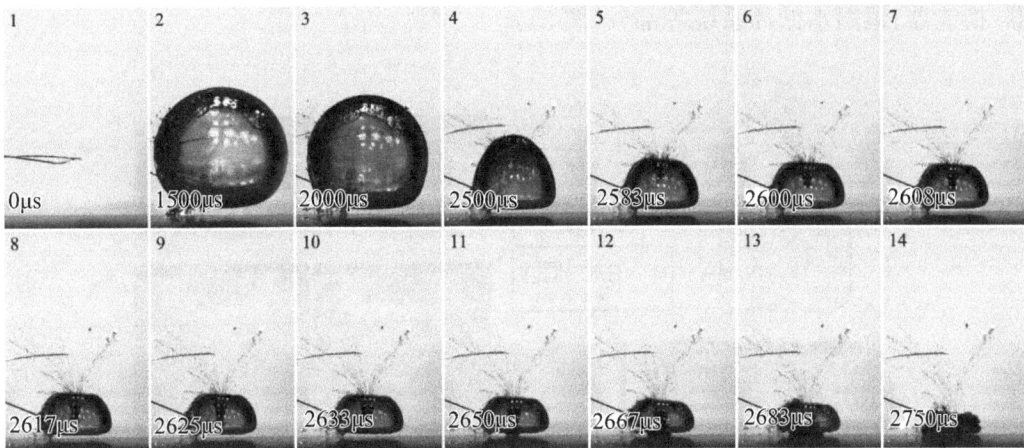

(b)近壁面附近空化泡溃灭形态

图 4　电火花诱发空化泡实验系统

目前关于诱发单个空化泡的技术和实验手段相对比较成熟,广泛应用于空化泡动力学特性机理研究、多相流空化领域的单空泡概化实验,取得了较多成果和大量技术积累。但现有实验装置仍存在一些短板和不足,不能满足对空化泡内部结构进一步研究的需求。比如上述电火花和水下爆炸诱发空化泡装置形成空化泡后,空化泡内部存在较多杂质,导致在实验过程中不能直接观察空化泡微射流。

3　空化云实验设备

宏观尺度下的空化空蚀现象是实际工程运行时空蚀破坏发生的主要原因,因此现阶段对大尺度范围的空化空蚀现象研究主要集中于观察空化云的形态,尝试对空化进行分类,研究减免空蚀的结构体型和新型抗空蚀材料等。在实验中诱发形成大范围空化云的实验设备主要包括超声空蚀设备[30-31]、循环水洞[32-34]和减压箱[35-36]等。这些设备的原理大多是通过制造高流速流场、低压环境等实现大范围空化云,其本质仍是降低水流空化数,在特定体型下形成空化。

3.1　超声空蚀实验装置

超声空蚀实验装置由超声波换能器和控制主机组成。在超声空蚀实验装置中,换能器将电能转化为机械能,带动变幅杆振动并形成超声波。当超声波在液体中传播时,超声波波峰和波谷形成的压力脉冲使得液体中携带的微小气核发生空化形成空化泡。液体中产生大量空化泡,有空化清洗甚至空蚀破坏作用。当变幅杆浸没于水中并高频振动使变幅杆周围液体发生空化作用时,在试件周围产生空化云,大量空化泡溃灭轰击试件表面,对试件造成空蚀破坏。超声空蚀实验装置包括超声波发生器、换能器、恒温水循环系统等部分(图5)。

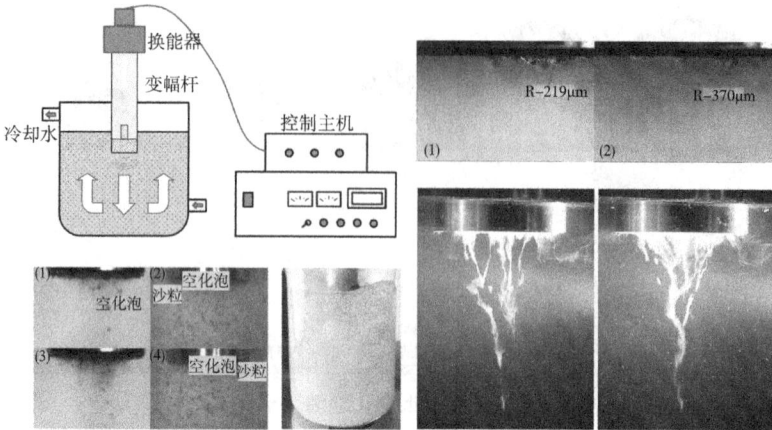

图5 超声空蚀装置[30,31]

3.2 循环水洞实验装置

循环水洞[32-34]是用以研究高速水流的密封实验装置。其基本结构主要由多级增压泵、进水管、稳压罐、收缩段、实验段、扩散段、回水管组成。国内多家高校和科研单位依托有关科研项目建成了不同规模的循环水洞实验装置,有力促进了高速水流空化空蚀机理的深入研究,相关设备参数见表1。

表1 国内高校科研单位已建成水洞规模

单位	测试段尺寸	最大流速/(m/s)	研究重点
南京水利科学研究院	10cm×1cm	50	空蚀磨蚀联合作用下材料蚀损机制
四川大学	18.5cm×18.5cm	20	洞塞消能边墙压力特性
本项目	4cm×1cm	50	空化微观机理、材料蚀损演进规律、流固耦合、掺气减蚀机理
中国水科院	2cm×8cm	45	文丘里管与旋转圆盘空蚀装置比尺研究
江苏大学	4cm×1cm	27	空化云形态与表面蚀损(铝箔)的关系
浙江工业大学	5cm×5cm	40	水体含沙特性对材料蚀损的影响
密歇根大学	1.3cm×4cm	49	文丘里管与超声空蚀装置比尺研究
宾夕法尼亚州立大学	3.5cm×3.5cm	15	温度对空化初生的影响

长江科学院水力学研究所依托中央级院所基本科研业务费项目建成了循环水洞装置(图6),其基本特征参数见表2。其中实验段长400mm,宽10mm,高40mm,喉部尺寸为10mm×10mm。实验段上游设有整流器,其上游与一个大型储水罐相连。

储水罐体积为 150L,用于分离水流中的游离性气泡,降低湍流度。通过调节增压泵功率控制循环管路中的压力。实验可调节流动参数包括压力和来流速度,其中压力由增压泵控制并由真空压力计监测,调节范围为 0～0.5MPa,控制精度为 0.1MPa。水洞喉部流速为 25m/s 时实验段的空化云高速摄影图片见图 7,通过图片可以清晰地观察空化云的形态、范围和演变规律。

　　循环水洞装置可以直接复演水利工程中的高流速工况,观察在不同流速和压力下空化云的形态和范围。循环水洞装置可以进一步配合高速摄像机、PIV 流速仪等装置分析空化流场,进一步深入揭示空蚀作用机制。但与超声空蚀等其他装置相比,循环水洞装置建造成本较高、运行功率高、设备占地面积大。

表 2　　　　　　　　　　　　　　循环水洞装置特征参数

流速指标/(m/s)	压力指标/MPa	孔口尺寸/cm	功率/kW
0～50	0.2～1.0	1×1	7.5

图 6　长江科学院水力学所循环水洞装置

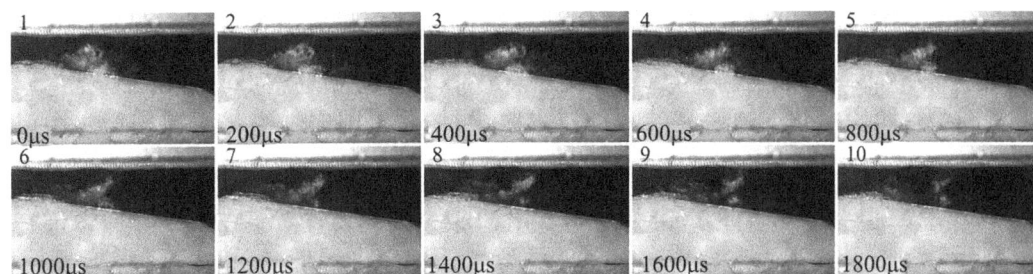

图 7　空化云高速摄影图片

4 减压实验设备

减压箱是用来研究泄水建筑物或其他具有自由水面的物体的空化水流问题的设备,在水利工程中常被用于泄水建筑物体型研究[35-36]。减压箱基本原理是通过降低环境大气压实现模型空化数与原型空化数相似。作为一种在模型复演实际工程潜在出现的空化空蚀问题的实验设备,模型设计通常要保证水流流动相似、空化现象相似。国内许多水利工程设计、建设过程中利用减压箱取得了许多较好的成果,提供了技术支撑和设计依据,如葛洲坝船闸、二滩水电站、三峡等一大批水利工程。长江科学院水力学所减压箱见图8。

目前,在实际减压箱试验操作过程中仍存在一些问题,影响减压试验成果的可靠性,包括模型水流初始条件与原型不满足相似条件,如气核尺寸过大、气核含量过高[36],通过抽真空对模型水流进行脱气处理效率较低,容易导致原模型初生空化不相似。

图8　长江科学院水力学所减压箱

5 结论

空化空蚀问题是水利工程设计、建设以及运行过程中的一个重要问题。针对该问题,国内外学者开展了许多研究,有力推动了空化空蚀机理研究和相关技术研发。本文围绕现阶段空化空蚀研究的两种技术路线,汇总了国内外空化空蚀领域实验设备发展现状,揭示了现阶段相关实验设备存在的问题和瓶颈。为进一步深入研究空化空蚀机理,提高空化空蚀实验结果的可靠性,相关实验装置需要在以下方面做进一步改进。

①进一步发展能量密度更高、杂质更少的单脉冲诱发空化泡方式。现阶段实验装置不能同时满足空化泡尺寸大和内部结构清晰的需求,制约了对空化泡内部结构

的研究。发展能量密度更高、杂质少的诱发空泡方式可以有效增大空化泡尺寸,同时便于对微射流、冲击波结构进行观察。

②针对空化发生装置改进和研发水质控制系统。水质对水流空化效果的影响十分显著,水体气核含量、气核大小对出生空化的影响尤为明显。研发水质控制系统可以保证实验前水体气核含量、尺寸、水温一致,提高实验的可重复性和可靠性。

参考文献

[1] 吴持恭. 水力学:第 4 版[M]. 北京:高等教育出版社,2007.

[2] 史宝平,程文,檀晓龙. 二滩水电站水轮机空蚀情况与修复[J]. 四川水力发电,2014,33(2):132-135.

[3] Vahaji S, Chen L, Cheung S C P, et al. Numerical investigation on bubble size distribution around an underwater vehicle[J]. Applied Ocean Research,2018,78:254-266.

[4] De Graaf K L, Brandner P A, Penesis I. Bubble dynamics of a seismic air-gun[J]. Experimental Thermal and Fluid Science,2014,55:228-238.

[5] Deane G B, Stokes M D. Scale dependence of bubble creation mechanisms in breaking waves[J]. Nature,2002,418:839-844.

[6] Zhang S, Wang S P, Zhang A M, et al. Numerical study on motion of the air-gun bubble based on boundary integral method[J]. Ocean Engineering,2018,154:70-80.

[7] Liao Z K, Tsai K C, Wang H T, et al. Sonoporation-mediated anti-angiogenic gene transfer into muscle effectively regresses distant orthotopic tumors[J]. Cancer Gene Therapy,2012,19:171-180.

[8] Tinkov S, Coester C, Serba S, et al. New doxorubicin-loaded phospholipid microbubbles for targeted tumor therapy:In-vivo characterization[J]. Journal of Controlled Release,2010,148:368-372.

[9] Qin S, Caskey C F, Ferrara K W. Ultrasound contrast microbubbles in imaging and therapy:physical principles and engineering[J]. Physics in Medicine and Biology,2009,54:4621-4621.

[10] Hynynen K. Ultrasound for drug and gene delivery to the brain[J]. Advanced Drug Delivery Reviews,2008,60:1209-1217.

[11] Bloch S H, Dayton P A, Ferrara K W. Targeted imaging using ultrasound contrast agents[J]. IEEE Engineering in Medicine and Biology Magazine,2004,23:

18-29.

［12］ Latorre R. Bubble cavitation noise and the cavitation noise spectrum［J］. Acustica，1997，83(3)：424-429.

［13］ Brenner M P，Hilgenfeldt S，Lohse D. Single-bubble sonoluminescence［J］. Reviews of Modern Physics，2002，74(2)：425-484.

［14］ Jyoshiro S，Kenichi U，Tomoyoshi S. Fluids engineering，heat transfer，power，combustion，thermophysical properties［J］. JSME International Journal，1991,34(2):212-219.

［15］ 李建中,宁利中.高速水力学［M］.西安:西北工业大学出版社,1994.

［16］ 许军,莫学萍,杨瑜,等.绕水翼非定常空化流动特性及空化噪声研究［J］.水动力学研究与进展 A 辑,2023,38(2):249-256.

［17］ Chen H,Wang J,Chen J. Cavitation damages on solid surfaces in suspensions containing spherical and irregular microparticles［J］. Wear，2009，266(1-2)：345-348.

［18］ Vince J，Lewis A，Stride E. High-Speed Imaging of Microsphere Transport by Cavitation Activity in a Tissue-Mimicking Phantom［J］. Ultrasound in Medicine & Biology，2023,49(6):1415-1921.

［19］ Xu B,Hu H,Yang K,et al. Experimental study of thermodynamic effects of cavitation on pressure fluctuation and radiated noise in high-temperature and high-pressure water［J］. International Journal of Heat and Mass Transfer，2024，233,126034.

［20］ Liu X M，He J，Lu J，et al. Effect of surface tension on a liquid-jet produced by the collapse of a laser-induced bubble against a rigid boundary［J］. Optics and Laser Technology，2009，

［21］ Brujan E A，Ohl C D，Lauterborn W，et al. Dynamics of Laser-Induced Cavitation Bubbles in Polymer Solutions［J］. Acta Acustica united with Acustica，1996，82(3):423-430.

［22］ Ohl C D，Lindau O，Lauterborn W. Luminescence from spherically and aspherically collapsing laser induced bubbles［J］. Physical Review Letters，1998，80(2):393-396.

［23］ Vogel V，Lauterborn W，Timm R. Optical and acoustic investigations of the dynamics of laser-produced cavitation bubbles near a solid boundary［J］. Journal of Fluid Mechanics，1989，206：299-338.

［24］ Marcus M. The Response of a Cylindrical Shell to Bulk Cavitation Loading［R］. Washington DC：Naval Surface Weapons Center Silver Spring，1983.

［25］ Kirkwood J G，Bethe H A. The pressure wave produced by an underwater explosion，Part I，Progress report［J］. Office of Scientific Research and Development Report，1942：588.

［26］ Keller J B，Kolodner I I. Damping of underwater explosion bubble oscillations［J］. Applieal Physics，1956(27)：1152-1161.

［27］ Zhang S，Wang S P，Zhang A M. Experimental study on the interaction between bubble and free surface using a high-voltage spark generator［J］. Physics of Fluids，2016，28(3)：2109.

［28］ Jayaprakash A，Hsiao C T，Chahine G. Numerical and Experimental Study of the Interaction of a Spark-Generated Bubble and a Vertical Wall［J］. Journal of Fluids Engineering-Transactions of the ASME，2012，134(3)：031301.

［29］ Zhang S，Zhang A M，Wang S P，et al. Dynamic characteristics of large scale spark bubbles close to different boundaries［J］. Physics of Fluids，2017，29(9)：2107.

［30］ Zhao K，Gu C Q，Shen F S，et al. Study on mechanism of combined action of abrasion and cavitation erosion on some engineering steels［J］. Wear，1993，162：811-819.

［31］ Lu X ，Chen C ，Dong K ，et al. An equivalent method of jet impact loading from collapsing near-wall acoustic bubbles：A preliminary study［J］. Ultrasonics Sonochemistry，2021，79：105760.

［32］ 杨志明. 在常规水洞中模拟气—液两相流的试验［J］. 水动力学研究与进展（A 辑），1998(1)：116-120.

［33］ 蒋代君，陈次昌，张涛，等. 水力机械过流表面空蚀程度的图像检测［J］. 四川大学学报(工程科学版)，2009，41(6)：36-40.

［34］ 张孝石，王聪，张耐民，等. 通气航行体表面压力脉动特性实验研究［J］. 振动与冲击，2017，36(17)：85-90.

［35］ 夏维洪，孙景琴，贾春英. 减压模型的初生空化相似律［J］. 水利学报，1985(9)：49-53＋73.

［36］ 余建民. 葛洲坝三号船闸输水阀门段减压模型试验与原型观测［J］. 水利学报，1983(3)：64-69.

长距离输水隧洞充水过程物理
模型测控系统设计与应用

韩松林[1]　游万敏[2]　姜治兵[1]　王智欣[1]　后小霞[1]

（1. 长江科学院水力学研究所,湖北武汉　430010；

2. 长江勘测规划设计研究有限责任公司,湖北武汉　430010）

摘　要：长距离有压输水隧洞在充水过程中涉及复杂的水气两相瞬变流问题,对工程的安全运行具有重要影响。充水过程属于典型的水气两相非恒定流,物理模型试验对闸门流量控制和水力参数采集的同步性要求极高。本文基于PLC(Programmable Logic Controller)控制技术和分布式数据采集处理系统,设计了一种长距离输水隧洞充水过程中水气两相瞬态流模型的测控系统。该系统通过闸门控制系统设定闸门的开启方式和速度,实现上游充水过程的自动化精准控制；闸门控制系统与分布式数据采集处理系统联动,在操作闸门时同步触发数据采集系统启动,实现充水过程试验的全自动化控制和数据的同步采集。结果表明,该系统能够有效、精准地实现闸门控制和各项水力参数的同步采集与实时显示,确保试验数据的可靠性,显著提升了模型试验的效率,为各项参数的同步分析提供了有力保证。

关键词：长距离输水隧洞；充水过程；水气两相流；模型试验

1　前言

构建国家水网是统筹解决水资源、水生态、水环境和水灾害问题的关键举措。近年来,随着各级水网的逐步完善,一批长距离输水隧洞陆续开工建设并投入运行[1]。

基金项目：中央级公益性科研院所基本科研业务费专项资金资助项目(编号：CKSF20241019/SL)。

作者简介：韩松林(1986—　　),男,河南人,博士,高级工程师,主要从事水工水力学、引调水与水利控制研究。E-mail：hansonglin@mail.crsri.cn。

充水是输水隧洞投入运行前及运行检修后的重要操作程序[2]。有压输水系统内水流充满并完全排尽气体后,系统即进入正常输水阶段。对于线路长、隧洞或管径大、支线多且地势起伏较大的中大型长距离输水工程,充放水过程涉及复杂的水气两相瞬变流动,事关工程的运行安全,因此,充水过程中水气两相瞬变流问题日益受到广泛关注。

物理模型是研究输水系统充水过程瞬变流的重要手段之一[3-4]。国内外学者通过搭建试验平台,围绕管道充水过程中压力波动与进、排气方案的关系[5]、水流冲击滞留气团[6]、压力管道中有压气囊的运动[7-8]等问题展开了大量研究,取得了诸多研究成果。然而以上模型的设计多侧重于机理试验研究,通常管径小、尺度较短、纵坡坡度大或为平坡,且管道末端多为盲管或小孔,模型上水力参数的测量和流量控制等较容易实现。相比之下,长距离输水隧洞具有洞径大、距离长、坡度缓等特点,在充水过程中涉及复杂的水舌演进、流态转变及气囊运动与释放等过程。为研究这些问题,建立了长 2448.82m、直径 300mm 的长距离输水隧洞物理模型。该模型试验要求能够准确控制闸门的启闭方式和速率,并同步采集和显示沿程流态、水力参数。本文针对该模型设计了基于 PLC 的闸门控制系统和光纤传输的分布式数据采集系统,实现了充水过程试验的全自动化控制和试验数据的同步采集与处理。结果表明,该系统能够精准控制充水流量,并准确、高效地采集试验过程中的水力参数变化过程。

2 物理模型设计及测控布置

长距离输水隧洞物理模型包括上游水箱、上游控制闸、输水管道、通气洞、下游控制闸及下游水箱等。其中,上游水箱和下游水箱通过溢流装置保持箱内水位恒定。上游控制闸由三层闸门组成,每层包含两套闸门,以适应在不同水位条件下的取水需求。输水管道由有机玻璃材料制作,便于观测水舌演进过程及流态变化。管道全长 2448.82m,直径 300mm,坡度为 1:3700,进出口高差为 0.662m。物理模型试验布置见图 1。

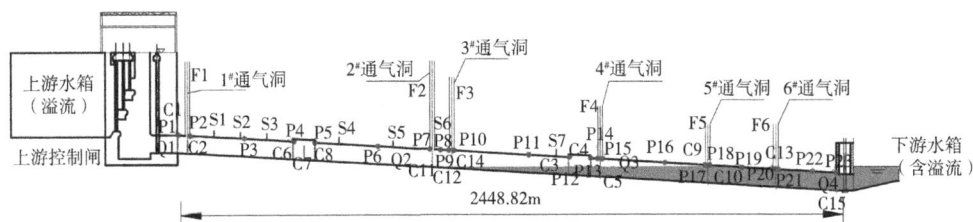

图 1 试验布置(单位:m)

根据试验需要,上游控制闸的每道闸门需能够独立以预定速率进行启闭操作。

为了监测充水过程中的流态、水位、压力、流量及风速等水力参数的变化,沿模型布置了16台摄像机(C1-C16)、7支水位计(S1-S7)、30支压力传感器(P1-P30)、4台流量计(Q1-Q4)和6支风速仪(F1-F6)(图1)。所有传感器需能够同步采集,并在闸门动作时自动触发采集设备的开始或结束。

3 测控系统设计

3.1 闸门控制系统

根据模型试验对控制系统的要求,基于PLC开发了闸门自动化控制系统。闸门控制系统由整套PLC控制系统和电机执行单元组成,可实现输水闸门的开关动作。闸门控制系统架构见图2。PLC作为控制系统的上位机,接收人机界面传输的数据,经过运算后将其转化为相应的数字或模拟信号,并将这些信号分别传递至PLC控制单元中的I/O模块和轴控模块。轴控模块将信号转化为电机驱动器可识别的脉冲信号,再由电机驱动器驱动对应的上、中、下3层闸门,以实现对闸门开度的控制及开关时间的管理。

用户可以通过人机界面上的"闸门开""闸门关"按钮,或电气控制柜上的实体按键,直接控制3层闸门的上升与下降。此外,用户还可以在界面中输入相应的闸门开度百分比或开关时间,以实现闸门开度的自动控制。当手动操作超出闸门的限位时,安装在闸门上的超限位开关将发出信号,反馈至PLC控制单元的I/O模块。

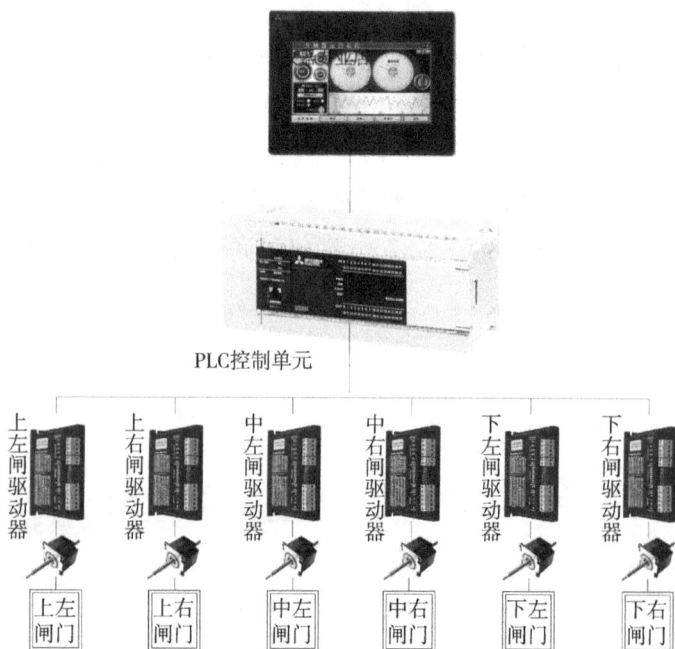

图2 闸门控制系统架构

闸门控制系统硬件及主要执行部件由电气控制柜、人机界面、PLC控制单元、电机驱动器、直线丝杆电机和闸门等组成。PLC控制单元由PLC控制器、I/O模块和轴控模块3个部分组成。本系统采用六路电机执行部件分别控制上、中、下3层的左、右两侧闸门,每个闸门均安装有上、下限位作为保护装置,并在系统中设置有软件限位作为双重保护。系统中设有闸门的开、关和停止指示灯。以其中一个闸门的控制过程为例进行说明。系统初始化完成后,闸门回归零点。在选择调试模式时,可以对闸门的行程及软件限位进行设置。在选择运行模式后,设置闸门的开度和开闸(关闸)时间,按下开闸(关闸)键,PLC控制单元会触发"行程速度计算子程序"计算相关参数,并在计算完成后触发"闸门运行子程序",驱动直线丝杆电机执行开闸(关闸)动作。当闸门到达设定位置后,系统自动停止动作。

3.2 数据采集处理系统

长距离输水隧洞充水过程安装的传感器有超声水位计、压力传感器、流量计和风速传感器。由于模型长度达2448.82m,为保证传感器信号在长距离传输中的质量及供电电压的稳定性,在模型沿线布置了3台数据采集设备,以确保传感器与数据采集设备之间的传输距离不超过300m。数据采集设备集成了动态信号采集、嵌入式总线和网络通信等多种技术,具备集传感器供电、数据采集和数据存储等功能。该设备通过TCP/IP协议与上位机进行通信,能够直接连接应变式传感器、压电式传感器和ICP型传感器,完成对速度、加速度、位移、力、压力和温度等多种物理量的信号采集。

依据试验要求,对水位、压力、流量计和风速传感器进行选型,传感器类型及技术参数见表1。所有传感器均采用4~20mA的信号输出,与数据采集设备通过带屏蔽的信号线连接。3台数据采集设备通过光纤接入交换机,最后连接至用户端,数据采集处理系统框架见图3。此外,在关键位置布置高清摄像头以记录流态,摄像头通过网线连接至距离不超过80m的光纤交换机,光纤交换机再连接硬盘录像机,最后接入用户端。

表1   传感器类型及技术参数

传感器类型	技术参数
超声波水位计	测量范围0~300mm,准确度±0.3%FS,盲区≤3cm,最小显示分辨率0.1mm,输出信号4~20mA
脉动压力传感器	量程−5~20kPa、−5~50kPa,精度0.25%,输出信号4~20mA

续表

传感器类型	技术参数
流量计	电磁流量计:直径 DN300,量程 0~1300m³/h,测量精度±0.5%,测量方向为正向与反向双向测量,电流输出信号 4~20mA/DC(负载电阻≤500Ω); 非满管电磁流量计:直径 DN300,量程 0～1300m³/h,测量精度流速±1.0%,水位±2mm,流量±1.5%;测量方向为正向与反向双向测量,流速测量范围 0~4m/s,电流输出信号 4~20mA/DC(负载电阻≤500Ω)
风速仪	检定介质为空气,传感器为插入式,测量精度±2%,量程 0.5~50Nm/s,输出信号 4~20mA 电流、RS485、RS232 输出,响应时间≤100ms
摄像头	800 万星光级阵列筒型

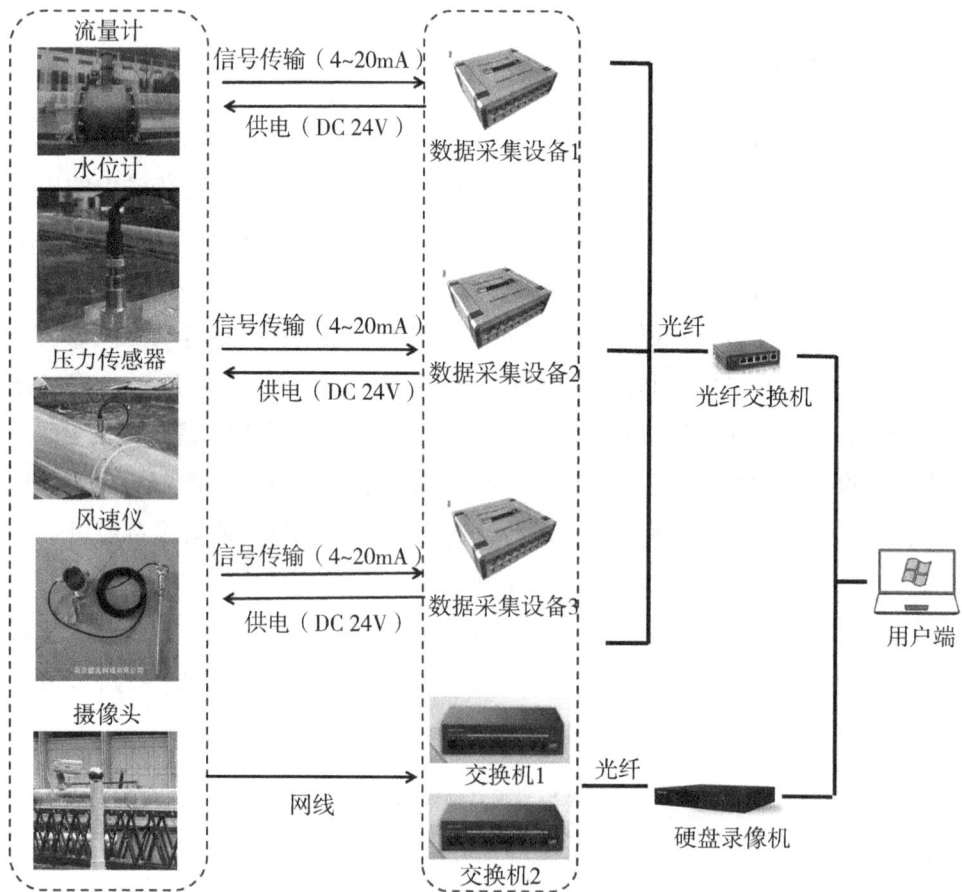

图 3 分布式水力参数数据采集处理系统框架

4 应用效果

长距离输水隧洞充水实验中,首先将上游水箱和下游水箱充水至预定水位,然后通过闸门控制系统，按照预定的运行方式与速率开启闸门，模型开始充水。此时各类传感器自动采集并记录数据，所有水力参数的变化过程和监测到的流态特征实时显示在中控室的电脑终端上。水力参数变化过程和典型部位水流流态分别见图4、图5。

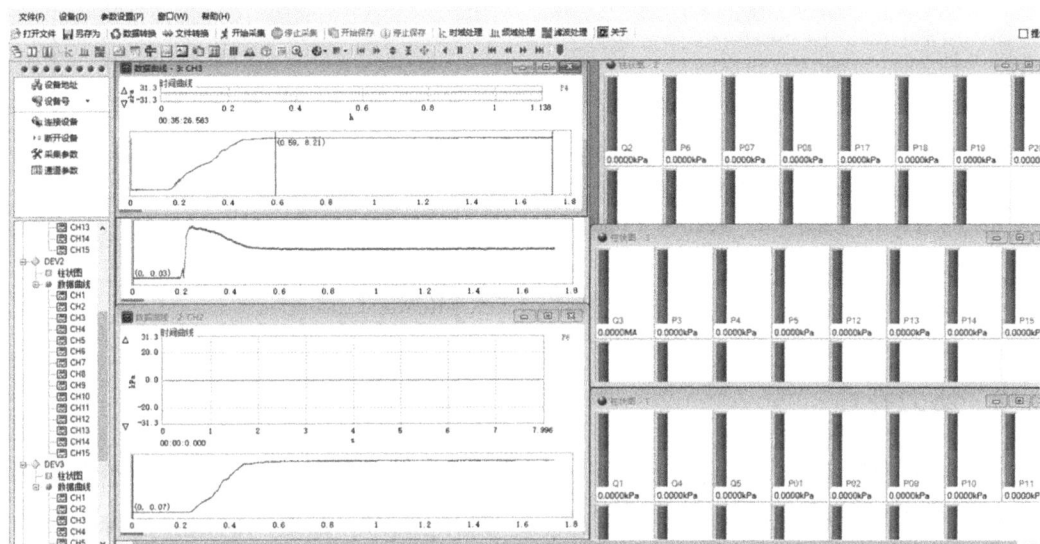

图4　水力参数变化过程

图5　典型部位水流流态

4.1　流态与水位

通过视频可以直观跟踪水舌的演进过程，并记录各典型部位的流态变化，用于分析水舌演变过程、水舌交汇及通气洞气体释放等复杂的水流流态。管线典型测点水深变化过程见图6。随水舌与满流逐步向下游推进，水舌经过的测点水深逐渐从零增大;当满流抵达时,管线变为满管,测点水深变为 0.3m。

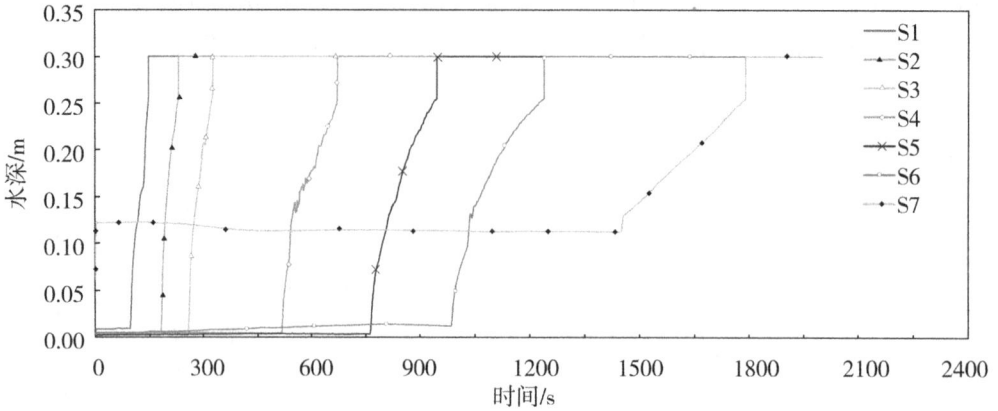

图 6   典型测点水深变化过程

4.2   压力特性

主线典型测点压力变化过程见图 7。随着满流推进,满管流所到之处其管顶压力逐渐从零增大,最终在充水完成后达到管线的稳定压力。在通气洞由自由排气转为间歇排气的瞬间,封闭气囊形成,整个管线进入承压状态,气囊内压力迅速上升。从各测点压力分布上可见,气囊承压的瞬间,全线压力均呈现不同程度的快速增大趋势。在部分通气洞间歇排气的过程中,临近的测点(P19 和 P23)出现较小幅度的压力脉动。可以看出,本数据采集系统不仅可以采集到时均压力的变化,也能完整捕捉脉动压力及其传播。

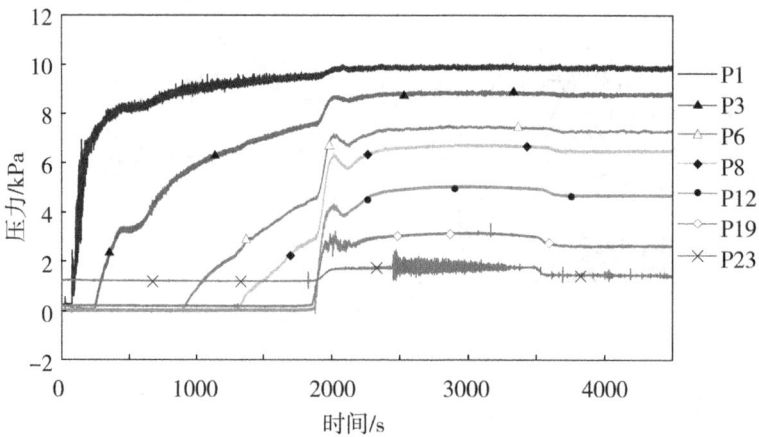

图 7   典型测点压力变化过程

4.3 流量变化

管道典型测点流量变化过程见图 8。可以看出,各位置的流量变化过程基本相似,即洪峰到达后流量迅速升高,达到最大值后逐渐下降,最终趋于稳定;稳定后 3 个流量计的数值非常接近,表明流量计的精度较高。

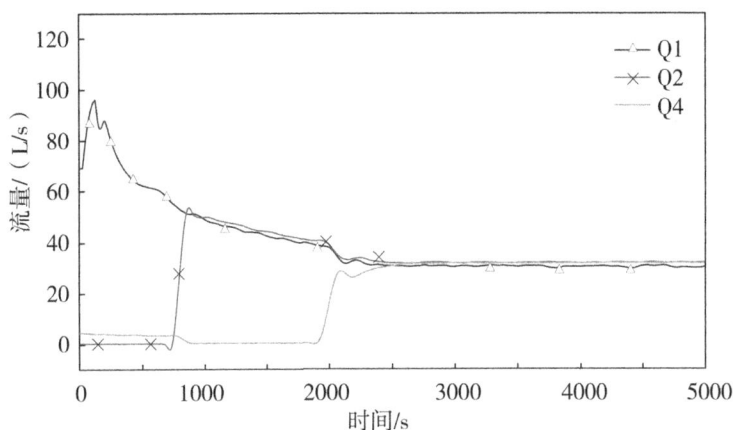

图 8 典型测点流量变化过程

4.4 风速变化

典型通气洞风速变化过程见图 9,隧洞内风速总体呈现先增大后减小、最终稳定为零的趋势。随着满流向下游推进,洞内空气从就近的通气洞排出。在充水的初始阶段,由于水舌与首部满流段的行进速度最快,隧洞首部的空气从就近的 1# 通气洞排出,最大风速达到 2.13m/s;当 1# 通气洞被水封堵后,空气从下一个通气洞排出。随着水舌和满流段向下游推进,其推进速度逐渐减慢,各通气洞内的最大风速也随之减小。

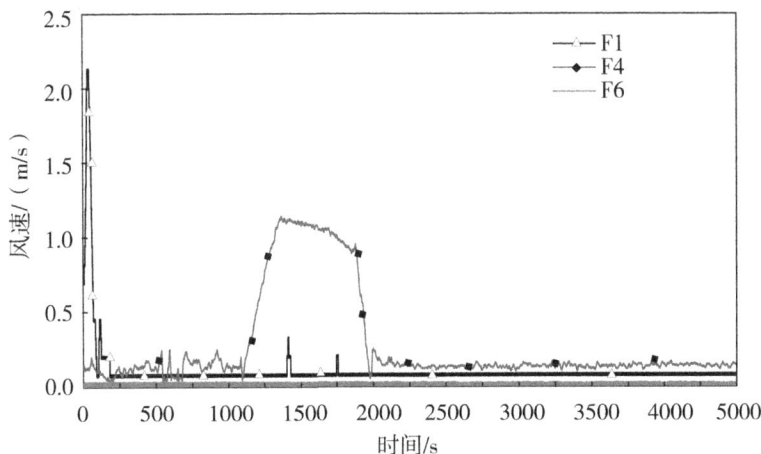

图 9 典型通气洞风速变化过程

5 结论

本文针对长距离输水隧洞充水过程水气两相瞬变流物理模型,设计了基于 PLC 的闸门控制系统和光纤传输的分布式数据采集系统,并通过触发机制实现了闸门动作时数据采集的同步启动。应用结果表明,该系统能够准确录制关键部位的流态演变,各数据采集设备可同步获取水深、压力、流量和风速等水力参数的动态变化过程,可满足充水过程水气两相瞬变流的研究。该系统不仅实现了长距离输水隧洞物理模型的自动化控制和数据同步采集,还大幅降低了试验人员的工作强度,提高了试验效率和数据精度,可为类似物理模型的测控系统设计提供参考。

参考文献

[1] 刘万新. 分级分类施策建设国家水网工程[J]. 中国投资(中英文),2021(Z4):31-32.

[2] 王福军,王玲. 大型管道输水系统充水过程瞬变流研究进展[J]. 水力发电学报,2017,36(11):1-12.

[3] 郑源,刘德有,张健,等. 有压输水管道系统气液两相瞬变流研究综述[J]. 河海大学学报(自然科学版),2002(6):21-25.

[4] 范家瑞,王玲花,胡建永. 管道充放水过程水气两相瞬变流研究综述[J]. 浙江水利水电学院学报,2020,32(2):13-17.

[5] Zhou F, Hicks F E, Steffler P M. Transient Flow in a Rapidly Filling Horizontal Pipe Containing Trapped Air[J]. Journal of Hydraulic Engineering,2002,128(6):625-634.

[6] Zhou L, Liu D, Karney B, et al. Influence of Entrapped Air Pockets on Hydraulic Transients in Water Pipelines[J]. Journal of Hydraulic Engineering,2011,137(12):1686-1692.

[7] 赵莉,栗金晶,杨玉思,等. 压力管道中有压气囊运动的试验研究[J]. 水利水电科技进展,2023,43(5):18-22+37.

[8] 卢坤铭,周领,曹波,等. 起伏管道内水流冲击滞留气团的三维动态特性模拟[J]. 排灌机械工程学报,2020,38(4):384-389+402.

第二部分

原型技术

基于 ROV 和侧扫声呐对水下建筑物的缺陷检测

李春风　赵文波　任志明　王　鹤　刘含漪

（北京中水科工程集团有限公司,北京　100048）

摘　要: 水下建筑物经过长期运行可能产生裂缝、渗漏等缺陷,这些缺陷若不及时发现和处理,将严重影响工程的安全稳定运行和功能发挥。质量缺陷检测对于确保工程的长期安全和稳定运行至关重要,利用先进技术进行水下缺陷检测,可以有效地识别并解决潜在的安全隐患。本文采用侧扫声呐技术和 ROV(Remotely Operated Vehicle,水下摇控运载器,简称水下机器人)相结合技术,通过侧扫声呐技术识别水底或水下被测物声学影像,检测水下物体表观形态、沉积物类型,再通过 ROV(水下机器人)技术对水下结构物进行详细的探查和缺陷识别。

关键词: 水下建筑物;缺陷;侧扫声呐;ROV

1　前言

目前,国内外在水下建筑物检测领域已经形成了一套较为完整的技术体系和产业链。这些技术和装备的应用,不仅提高了水下检测的效率和安全性,也为水电站大坝等重要基础设施的安全运行提供了有力保障。水下建筑物检测技术在朝着更高效、更精准、更智能化的方向发展。

基于现有技术,本文针对某碾压混凝土重力坝坝前可能存在的缺陷[1]和隐患区域[2],采用双频侧扫声呐系统和 ROV 相结合的方法,通过双频侧扫声呐系统进行水下普查,对发现的疑似缺陷区域采取 ROV 下潜作业的方式,对疑似缺陷区域进行详查并确认缺陷位置和类型,为大坝安全运行提供技术支撑。

作者简介:李春风(1984—　),男,吉林人,学士,工程师,主要从事水利工程质量检测、检查,水库大坝、闸门安全评价工作。E-mail:58748098@qq.com。

2 仪器及原理

2.1 双频侧扫声呐

本次检测选用美国 Klein 3900 型双频侧扫声呐[3]系统(图 1),主要技术指标如下:频率 445K/900K,最大覆盖范围可达 150m,重量 29kg(空气中),拖鱼长度 1.22m,直径 8.9cm,配有三维姿态传感器,操作深度小于 200m,可用于观测坝前水下地形[5]、混凝土裂缝普查、抛石护岸[4]等。

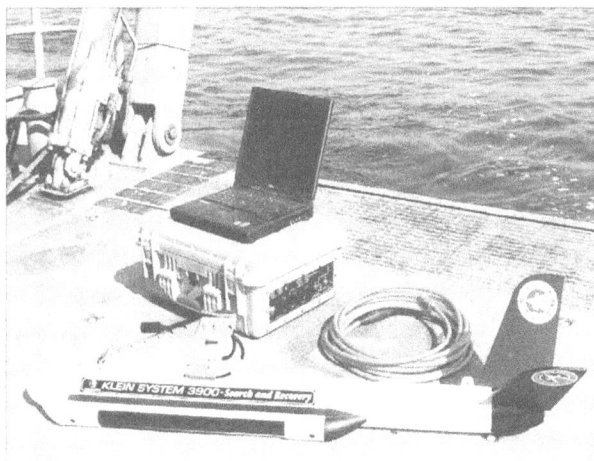

图 1　双频侧扫声呐系统

侧扫声呐向水底发射脉冲,反射后被拖鱼接收形成声呐影像来发现水下物体。接收到的信号通过拖缆传到甲板上的显示单元。显示单元显示的是高分辨率的海底或湖底或河底或位于底部其他物体的声呐影像。双频侧扫声呐系统同时拥有高频和低频换能器,这样可以得到较大范围且分辨率较高的图像。

侧扫声呐系统的成像机理:侧扫声呐通过向水下发射开角较窄,但能量较高的脉冲,经接收水底回波而得到水面以下的形态。两边的换能器同时进行信号发送并接收连续不断的回波,同时在两侧生成线条显示,每条线条都是由很多细小的点组成,每个点的灰度(或者颜色)取决于返回波速的能力或者振幅。当这条线完成时,换能器会发送另外一个信号从而重复得到连续的扫描图像。随着旁扫的拖鱼在水里不断前行,每边都会在图像上产生新的线条,组合有着窄的波速开角,稳定的拖鱼,并在两边产生大量的点和线,能产生高质量的影像图(图 2)。

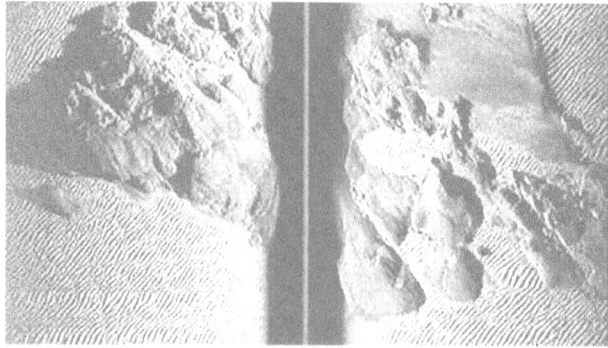

图 2　Klein 3900 双频侧扫声呐系统及结果

2.2　ROV

本次检测采用美国生产的 SeaLion-2 型便携式高性能 ROV（图 3），主要技术指标如下：200m 拖缆，6 马达变速驱动，3 节推进速度（可逆），150m 探测深度，配有彩色摄像机，自动 50°广角镜头，10.4 寸英寸彩色监控器。

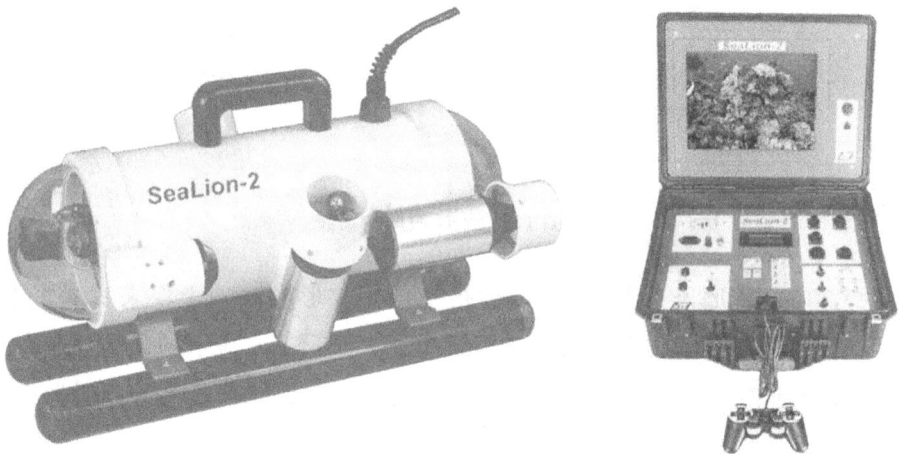

图 3　SeaLion-2 型 ROV 系统

ROV 系统基本组件是水下运载器、水下系链电缆和甲板控制单元以及相应的外围传感器。

水下运载器可搭载多种传感器，由甲板控制单元通过水下系链电缆向水下运载器提供动力和控制信号，同时水下运载器也通过水下系链电缆向甲板发回各种信息，并将各种传感器采集到的水下信息、图像等在甲板控制单元显示。

3　水下检测轨迹

采用双频侧扫声呐系统对坝前和坝后溢洪道消力池进行了检测，坝前区域长约

550m,宽约 115m,检测总面积约 63250m²,坝后溢洪道消力池检测面积约 15000m²。

坝前水下检测测线轨迹见图 4。由于双频侧扫声呐系统数据及成图质量受水面有无风浪、船行是否匀速及船行轨迹是否为直线等因素影响,为了提高检测质量,对同一测线进行多次检测,并从多次检测结果图中筛选质量较好的典型图像。

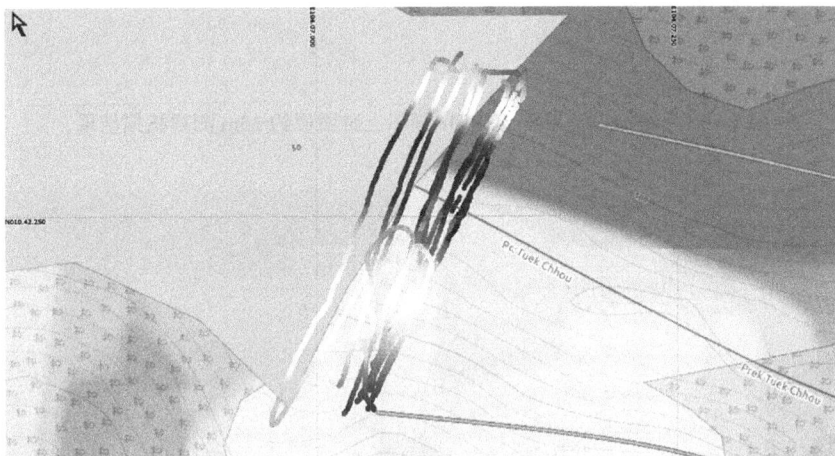

图 4　坝前水下检测测线轨迹

4　成果分析

4.1　测扫声呐检测

为保证双频侧扫声呐系统检测数据及成图质量,从多次检测结果图中筛选质量较好的典型图像进行分析。

双频侧扫声呐系统 900kHz 频率在坝前的扫描结果见图 5、图 6。其中,图 5 为距上游面板约 25m 测线,图 6 为距上游面板约 45m 测线;现场检测时,受风浪及水流影响,船行轨迹未能保持直线,因此图 6 中有一处畸变图像,即在 PH3 进水口左侧有一明显凹陷处。

双频侧扫声呐系统 445kHz 频率在坝前的扫描结果见图 7、图 8。其中,图 7 为距上游面板约 25m 测线,图 8 为距上游面板约 45m 测线;同理,受风浪及水流影响,图 8 中自 PH3 进水口附近至右岸坝头也有小幅畸变现象。

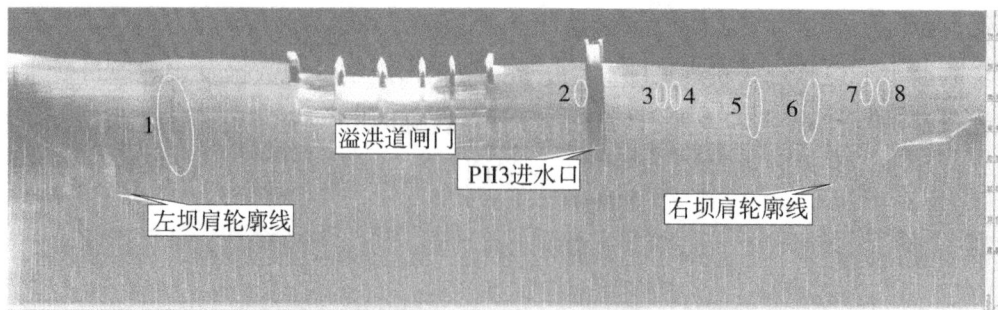

图 5 双频侧扫声呐系统 900kHz 频率上游面板约 25m 测线扫描结果

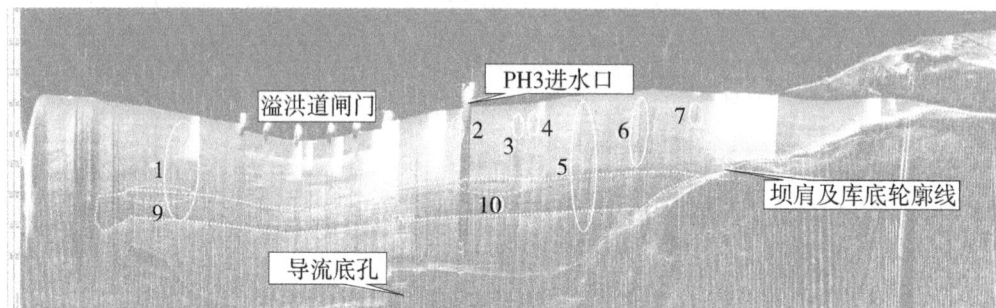

图 6 双频侧扫声呐系统 900kHz 频率上游面板约 45m 测线扫描结果

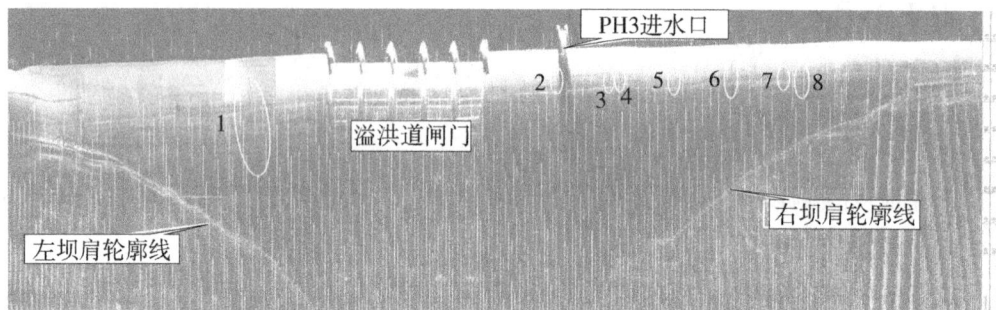

图 7 双频侧扫声呐系统 445kHz 频率上游面板约 25m 测线扫描结果

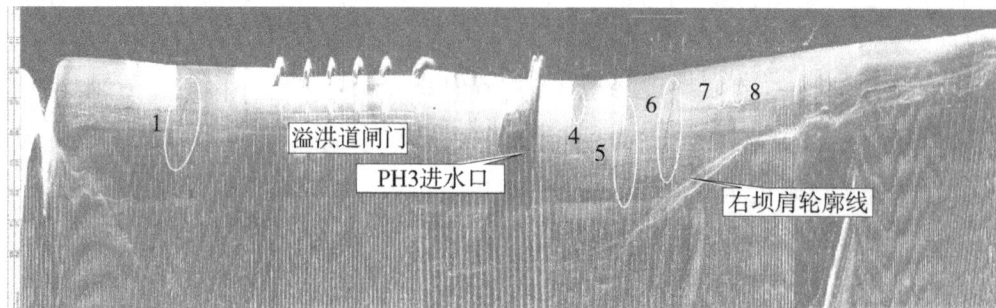

图 8 双频侧扫声呐系统 445kHz 频率上游面板约 45m 测线扫描结果

侧扫图像上的白色带状条纹主要是受二次回波和船只尾流干扰影响。

坝前地形扫描等高线结果见图 9，坝前地形扫描等高线 3D 结果见图 10。900kHz 频率距上游面板约 45m 测线更直观、清晰的结果见图 11、图 12。

图 9　坝前地形扫描等高线结果

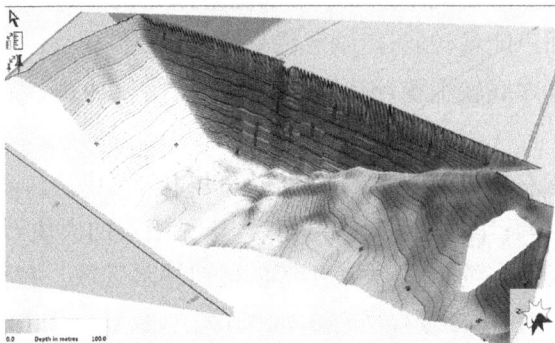

图 10　坝前地形扫描等高线 3D 结果

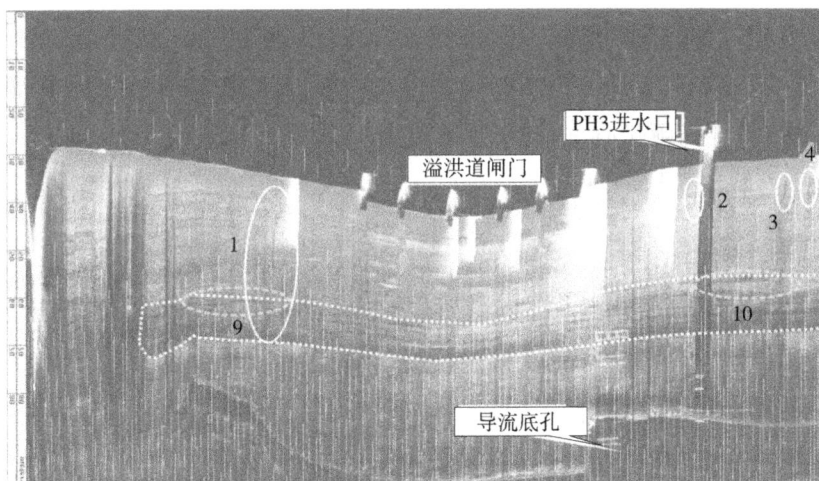

图 11　900kHz 频率扫描结果(坝右 0+112 至左坝部分)

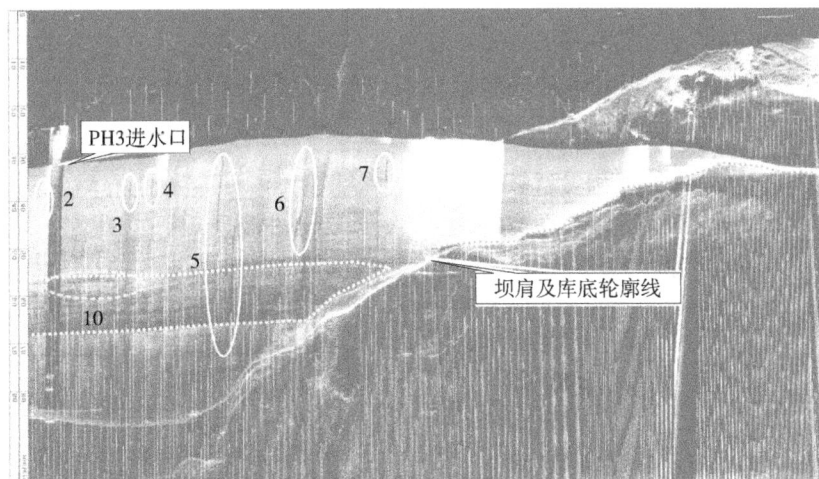

图 12　900kHz 频率扫描结果(坝右 0+070 至右坝部分)

从图 11、图 12 可以清晰地看到溢洪道闸门、导流底孔和 PH3 进水口的影像。结合图 9、图 10,能够发现:

①上游混凝土护坡水下部位整体完整,未发现较大范围的坍塌、滑动等情况,表现为回声能量较弱,声呐影像呈浅色调。

②库底较平整,地形起伏不大,无明显冲刷、塌陷情况,无明显树根、块石等杂物沉积。

③左、右坝岸坡有条带状及斑块状小型凹坑,表现为回声能量较强,声呐影像呈深暗色调;岸坡无明显塌陷情况,未见滚落的大块石。

④共有约 10 处大小不等的疑似缺陷区域。在桩号坝左 0+080(图中 1 号)、坝右 0+073(图中 2 号)、坝右 0+105(图中 3 号)、坝右 0+110(图中 4 号)、坝右 0+140(图中 5 号)、坝右 0+160(图中 6 号)、坝右 0+180(图中 7 号)、坝右 0+187 位置(图中 8 号)、坝左 0+082~坝左 0+092(图中 9 号)、坝右 0+084~0+092(图中 10 号)位置,分别发现一处疑似缺陷区。

⑤高程 85~75m 范围(见图中白色虚线范围),声呐影像存在条带状深暗色调,可能在部分区域存在疏松脱落、冲刷等缺陷情况。

4.2 ROV 检测

为了验证双频侧扫声呐系统检测到的疑似缺陷情况,采用 ROV 下潜到推算桩号位置,并录取视频影像。ROV 水下检测缺陷部位影像截图见图 13 至图 16,经过视频图像可以确认:

①桩号坝左 0+080、坝右 0+073、坝右 0+105、坝右 0+110、坝右 0+140、坝右 0+160、坝右 0+180、坝右 0+187 位置疑似缺陷区(疑似缺陷区 1~8 号)为原裂缝处理区域。

②桩号坝左 0+082~坝左 0+092、坝右 0+084~0+092,高程约 85m 范围疑似缺陷区(疑似缺陷区 9 号、10 号)为近水平向裂缝。其中,第一处水平裂缝区(疑似缺陷区 9 号)破损略严重,表面有疏松脱落现象,缝内有小块石等填充物。

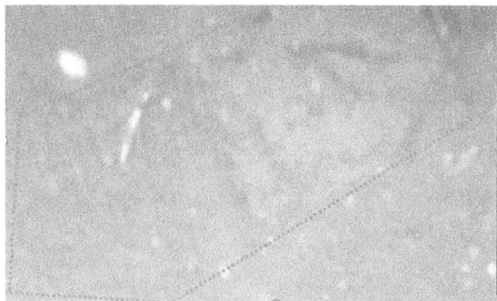

图 13　疑似缺陷区 9 视频影像截图
(虚线内为裂缝区)

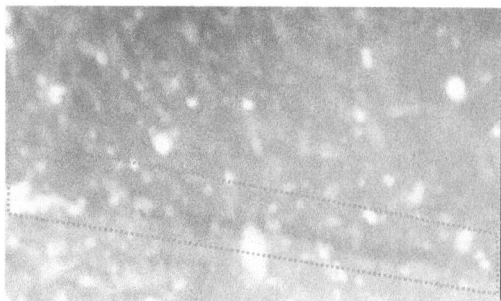

图 14　疑似缺陷区 9 视频影像截图
(虚线内为裂缝区)

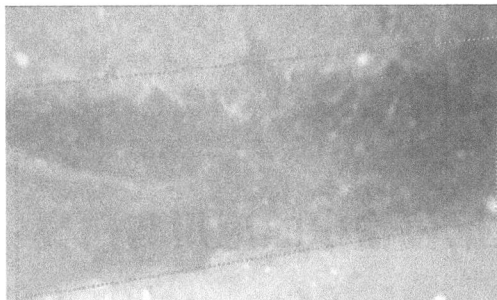

图 15　疑似缺陷区 10 视频影像截图
（虚线内为裂缝区）

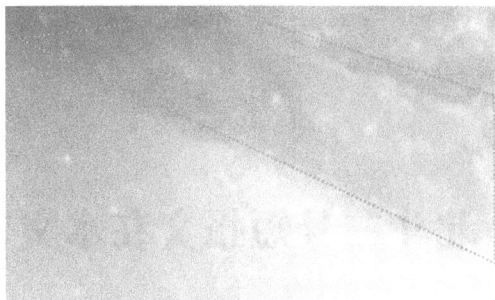

图 16　疑似缺陷区 10 视频影像截图
（虚线内为裂缝区）

5　结论

侧扫声呐和 ROV 的结合使用在水下探测领域具有显著的效果，不仅提高了水下探测的效率和精度，还拓展了水下作业的应用范围。

通过检测可以确定桩号坝左 0＋082～坝左 0＋092，桩号坝右 0＋084～0＋092，高程约 85m 范围疑似缺陷区（疑似缺陷区 9 号、10 号）为近水平向裂缝。其中，第一处水平裂缝区（疑似缺陷区 9 号）破损略严重，表面有疏松脱落现象，缝内有小块石等填充物。

侧扫声呐和 ROV 的结合使用在本文水下探测发挥巨大作用，但仍需提升水下通信、数据处理能力，改进传感器性能和降低设备维护成本，通过未来的研究和技术开发，侧扫声呐和 ROV 的结合使用在水下探测方面具有巨大潜力。

参考文献

[1] 黎建洲,程琳,苏庆,等.堆石坝混凝土面板表观缺陷检查技术[J].长江技术经济,2022,6(5):57-62.

[2] 左玲玲,张洪星.混凝土面板堆石坝表观及渗漏病害的水下检测[J].科技创新与应用,2019(1):145-147.

[3] 吴彬,方振.水下目标物侧扫声呐图像自动识别[J].港口航道与近海工程,2024,61(2):85-88＋99.

[4] 江文浩,陆俊,明攀,等.基于侧扫声呐与测深仪的水下混凝土结构表观缺陷探查研究[J].工程技术研究,2023,8(8):1-4＋31.

[5] 李成旭,侯欣欣,王月,等.多波束测深系统与侧扫声呐在水电站坝前淤积测量中的应用[J].电力勘测设计,2022(2):84-88.

北斗三号短报文在水文数据传输中的应用与研究

雷昌友[1]　蒲海汪洋[2]　高　明[1]　颜　康[3]

(1. 长江水利委员会水文局,湖北武汉　430010;

2. 长江水利委员会水文局长江上游水文水资源勘测局,重庆　400020;

3. 上海市水文总站,上海　200050)

摘　要:北斗三号短报文通信不受地形、地貌、空间距离的限制,可实现点对多点通信,具有保密性高等特点,适合位于高山、沙漠腹地等无人值守的应用场景。通过分析北斗三号短报文通信特性,结合水文数据传输要求,开展应用测试,验证北斗三号短报文在水文数据传输的可行性,为类似应用场景提供了参考借鉴。

关键词:北斗三号;短报文;水文;数据传输

1　前言

许多水文站和雨量站地处高山、戈壁、沙漠等人迹罕至的地区,这些测站远离城市且分布稀疏,人工巡检工作量大、周期长、费力耗时,并且不能及时获取数据,数据的准确性有待提升,不适于信息化管理。解决这些管理难题的有效方式是用信息化技术进行远程管理,这些测站地理位置分散、偏僻,基本没有可依托的数据传输网络,数据传输条件有限,导致远程自动化监控难以实施。用信息化技术进行远程管理,必须解决数据传输问题。

随着北斗三号系统全球组网,北斗全球短报文功能开通,区域乃至全球对北斗三号短报文通信的需求迎来新增长,但受限于窄带宽、低容量、高延迟等局限性,亟须开

基金项目:2023年度武汉市知识创新专项项目。

作者简介:雷昌友(1968—　),女,湖北人,硕士,高级工程师,主要从事水文自动测报研究。E-mail:305355933@qq.com。

展北斗三号短报文在水文数据传输中的应用研究,以满足水利行业对短报文通信的定制化应用需求[1]。

2 水文数据传输概况

数据传输是水文监测系统的重要组成部分。随着现代通信技术的迅速发展,GPRS(4G)、卫星等通信方式在水文监测系统中得到了成功的应用。

2.1 GPRS/4G 通信

GPRS 是 GSM 系统上发展出来的一种新的承载业务,目的是为 GSM 用户提供分组形式的数据业务。它特别适用于间断的、突发性的、频繁的、少量的数据传输,也适用于偶尔的大数据量传输。GPRS 理论带宽可达 171.2kb/s,实际应用带宽在 40～100kb/s。在此信道上提供 TCP/IP 连接,可以用于 Internet 连接、数据传输等应用。

2.2 卫星通信

卫星通信具有传输距离远、通信频带宽、传输容量大、组网机动灵活、不受地理条件的限制、建站成本及通信费用与通信距离无关等特点。目前,在水文监测系统中可以利用的卫星通信方式主要有海事卫星 C 通信、VSAT(甚小口径天线)卫星通信和北斗卫星通信。

目前,已建水文监测系统数据传输大多采用 GPRS/4G 等方式,但是在偏远测站,由于地理位置偏僻,传统的 4G 网络等无法覆盖或建设成本过高,数据传输不畅通。随着我国自主研发的北斗卫星技术的发展,数据传输技术增加了可选方案,因北斗卫星传输采用天—地通信方式,不受地形、地貌、空间距离的限制,适合位于高山、沙漠腹地等无人值守的应用场景[2]。

截至目前,北斗已历经一号系统、二号系统、三号系统。北斗三号系统在北斗二号系统的基础上,性能进一步得到提升与扩展,可提供区域短报文通信服务和全球短报文通信服务。与北斗二号相比,北斗三号短报文可实现全球两重覆盖(时间可用性99%),全球短报文通信容量约为 35 万次/h,99%的报文通信数据时延在 18s 以内,短报文服务能力较北斗二号有大幅提升,精度和可靠性上也有很大的提高。

北斗三号短报文可向中国及周边地区提供 1000 个汉字/条的短报文通信服务,服务容量提高到 1000 万次,接收机发射功率降低至 1～3W,可以有效解决水文遥测中数据传输的稳定性、实时性和数据长度等问题。

3　北斗三号短报文通信在水文数据传输应用可行性分析

北斗三号系统在导航、定位等领域提供了广泛的服务,因卫星通信具有不受地形、地貌、空间距离的限制,安装方便灵活,可实现点对多点通信,具有保密性高等特点,适合偏远测站的水文数据传输。实际应用中必须将北斗三号短报文的特点与水文数据传输的具体要求结合起来实现北斗三号短报文通信服务于水文数据业务,为此本文进行了初步的可行性分析。

3.1　物理接口

测站现场与通信系统的硬件接口多采用 RJ45、RS232 和 RS485,数据传输协议多采用 Modbus 协议,现场设备通信接口已实现数字化。北斗三号短报文通信本质上是一种数字化通信方式,在物理层面可以灵活配置相应的数据接口,将数据按照北斗三号短报文要求进行排序及组包,具备水文应用的物理条件。

3.2　数据传输能力

北斗三号短报文通信服务支持文字、字符数字传输,并支持单次报文最大长度可达 1000 个汉字的全球通信能力技术,可同时并发多组数据量,可将采集到的水位、雨量、运行状态等参数和状态分包上传,经过接收服务器解析整合后上传至数据库,由水文数据监控平台实时监控测站信息,在数据传输能力上可以满足应用需求。

3.3　数据传输要求

大部分水文数据采集周期为每 5min1 次,北斗三号短报文上传频次可达到 1min1 次。北斗三号短报文传输机制有别于 RS485、RS232、RJ45 的实时传输方式。它是一种非实时的传输机制,并且受到终端入站服务频度、终端传输能力、通信等级(汉字长度)的限制[3]。通过以上初步分析可知,以北斗三号短报文通信为基础,对终端设备进行兼容性、适配性研发,在符合北斗三号短报文通信要求的前提下,对数据进行组包和解析完全可以实现水文数据传输。

4　北斗三号短报文通信应用测试

在上述可行性分析的基础上,基于水文数据采集环境和要求,基于北斗三号短报文通信,实现可定制、高效、稳定、兼容的信息传输;研发应用系统,包括用户端、中心端应用组件,作为底层应用中间件,为上层业务系统提供数据传输支持;开展项目应用,为各类业务应用提供灵活定制、用户友好、稳定可靠的北斗三号短报文传输服务。

　　在实际现场有针对性地开展实施北斗三号数据传输设备测试工作,测试旨在通过部署水文监控平台,以及安装北斗三号通用终端(指挥型)和北斗三号数据传输设备,实现水文数据的采集封装、卫星传输、解析映射,最后水文监控平台能够实时访问测站数据,测试水文监控平台在软硬件适配性、功能完整性等方面是否可靠。

4.1　北斗三号数据传输设备与水文终端设备通信连接

　　北斗三号数据传输设备与水文终端设备 RIU 连接,进行数据读取,经发射端数据调制,发送至卫星。

　　终端主要技术指标如下。

　　①提供 RS232/422 接口用于数据交换。

　　②支持短报文通信,支持文字、字符、数字传输。

　　北斗三号数据传输设备和现场设备硬件连接完成后,通过笔记本电脑或手机端App 对连接情况进行了测试,测试结果连接正常,可以进行数据收发。北斗三号数据传输设备见图1。

图1　北斗三号数据传输设备

4.2　数据流

　　北斗三号数据传输设备通过串口 Modbus 协议访问 RIU,获取水文数据,然后通过北斗三号通信系统将数据传送至北斗三号通用终端(指挥型)。北斗三号通用终端(指挥型)通过串口/网口将数据透传至服务器端水文监控平台解析。水文监控平台可控制指令下发,将控制指令传送至测站的北斗三号数据传输设备。北斗三号数据传输设备通过 Modbus 协议将控制指令下发至 RIU,由 RTU 执行控制指令。

4.3 数据落地

(1)北斗三号通用终端(指挥型)

北斗三号通用终端(指挥型)集成了 RDSS(短报文)技术,负责接收各北斗三号数据传输设备上传的采集数据,同时对多终端系统进行统一指挥调度。

(2)北斗解析服务器

服务器部署水文监控平台,负责完成数据接收、数据组包解析处理,同时在服务器端模拟水文数据情况,实现测站数据在服务器端的数据映射。

北斗三号通用终端(指挥型)与服务器连接完成后,通过部署的水文监控平台对整个系统进行了测试。测试结果表明,系统可以进行数据接入、解析并入库,可以实时查询测站水文数据(图 2)。

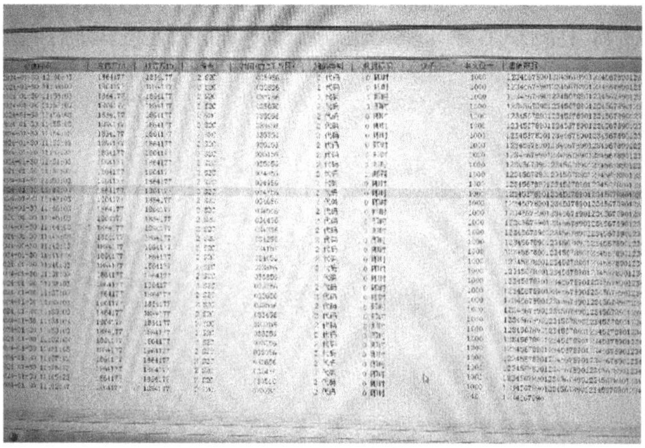

图 2 数据查询展示

5 结束语

本研究探讨了北斗三号短报文在水文数据传输中的应用。经过前期技术论证及现场测试,使用北斗三号短报文通信完全可以应用于水文数据传输,可实现偏远测站水文数据的实时监控,有效提高了水文数据传输效率,保证了数据安全。但在实际应用中,由于北斗三号短报文上传发送数据包有限数据长度过长,组包过多,会出现数据延迟等问题,实施前,需详细评估水文数据采集量是否会对北斗三号短报文造成过大压力。

参考文献

[1] 梁楠,高志军,代洪卫. 北斗三号格式化短报文传输技术与推广应用[J]. 中国自动识别技术,2022(3):50-53.

[2]孙波.北斗卫星通信技术在水文测报数据传输中的应用研究[J]. 工程技术,2016(7):209

[3]邓志君,梁松峰.基于 RS485 接口 Modbus 协议的 PLC 与多机通讯 [J]. 微计算机信息,2010,26(8):107-108.

基于河流断面水边线的水位视觉测量

汪崎宇　张　振　张田雨　王嘉诚

（河海大学信息科学与工程学院，江苏常州　213000）

摘　要：随着人工智能物联网（AIoT）技术的发展，基于图像识别水尺的水位测量技术由于具有结果直观的优势，近年来在水文监测领域成为研究热点并得到了应用。尽管摄像机为岸基布设，但由于水尺接触水体易被漂浮物缠绕导致测不准或易损毁等，在高洪期等应用场景下依然存在局限。本文提出了一种基于河流断面水边线的水位视觉测量方法，该方法基于单目视觉测量原理，仅需河流断面地形数据，而无需布设水尺等标志物。在中心透视投影模型中引入水位变化，建立了倾斜视角下的免像控水位摄影测量模型，论证了无畸变图像中断面水边线坐标与水位间可逆的变高单应关系。基于金字塔场景解析网络（PSPNet）的图像语义分割模型实现了水边线的高精度检测，降低了水面耀光、倒影及干湿分界线等干扰因素引起的粗大误差。实验表明，水边线检测的均方误差小于2pixels，合理的布设测量系统使空间分辨率小于1cm/pixel，水位测量精度可以控制在2cm以内。对于断面不规则的天然河道和规则的人工明渠均具有普适性，可实现完全非接触式的水位在线监测。

关键词：免水尺水位测量；图像处理；水边线检测；断面地形

1　前言

水位观测是对河流、湖泊、地下水等水体水位进行测量。水位测量在水资源管理、洪水预警与防范、水文气象研究及水利工程运行与维护等领域发挥着重要作用。

基金项目：江苏省水利科技项目（2021070）资助。

作者简介：张振（1985— ），男，江苏武进人，副教授，博士，主要从事数字图像处理与人工智能、嵌入式系统与计算机视觉、智能视频监控与水利量测技术研究。E-mail：zz_hhuc@hhu.edu.cn。

准确、及时地测量水位,可以更好地保护水资源、预防水灾,并为科学决策提供可靠依据。

当前在国内,多数水文监测站仍采用传统的水位测量方式。传统的水位测量方法主要包括人工定时监测水位和自动水位计测量。大多数监测站采用人工定时监测水位的方式。这种方式智能化程度低,准确性欠佳,且在洪水来临时存在安全隐患。现有的自动水位计检测仪器根据检测原理的不同,可分为两种类型:一种是基于传感器原理的接触式水位计,另一种是基于反射原理的非接触式水位计。接触式水位计如浮子式[1]、气泡式[2]和压力式[3]水位计等,需要与水体接触,容易受到水体环境影响,可能出现故障,其精度也无法得到保障。非接触式水位计,如雷达式[4]和超声波式[5],安装复杂且成本高。近年来,随着计算机视觉技术的快速发展,视频监测系统已成为水文站的标配设备,这为图像法水位测量系统的应用创造了有利条件。图像法水位测量因其自动化、实时性高和结果直观性强等优点,逐渐成为研究的热点[6]。该技术通过分析河流、湖泊或水库的图像来获取水位信息,根据是否依赖于水尺可分为有水尺和免水尺两大类。

有水尺的图像法水位测量技术依赖于水尺作为参照物,通过图像处理技术识别水尺上的字符和刻度来获取水位信息。这些方法通常包括:①字符和刻度识别。使用图像处理算法,如边缘检测、阈值分割和模板匹配,来识别水尺上的标记[7-10]。②模板图像配准。设计标准水尺图像的正射模板,通过图像配准技术将现场采集的图像与模板对齐,从而根据模板分辨率确定水位值[11-14]。该类方法对于水尺污染或者破损的情况具有一定的适应性,但是当水尺破损污染过于严重、水尺被漂浮物缠绕或者勘测环境无法安装水尺时,该类方法难以使用。

免水尺的图像法水位测量技术不依赖于水尺,而是通过分析图像中的水边线或其他特征来测量水位。主要包括以下几种技术:①设置控制点。在已知位置设置控制点,通过图像中控制点的像素坐标与实际坐标的关系,推算水位[15-16]。②基于双目视觉。利用立体视觉原理和两台相机获取的图像,通过立体匹配技术获取水边线的三维坐标,再进行实际水位值的换算[17]。③基于水域面积关系拟合。通过分析不同水位下的水域面积变化,建立水域面积与水位之间的数学模型,从而推算水位[18]。④激光打点。在水岸区域使用激光打点,形成虚拟标尺,通过图像处理技术检测水边线位置,进而获取水位信息[19]。免水尺的图像法水位测量方法不需要安装水尺,避免了传统方法的不足,具有操作简便、成本低廉及应用灵活等优点。然而,现有的免水尺图像法水位测量技术大多基于对水边线的检测,水边线的检测精度对于最终实际水位值的换算精度非常重要。在野外复杂条件下,如光照变化、水面波动、水边线模糊、断面不规则等,河流水边线的检测仍面临挑战。因此,开发一种新的免水尺水位测量方法,适应非规则河流断面测量的同时保持准确性和可靠性,具有重要的实际意义。为实现这一目标,本文提出一种基于河流断面水边线的水位视觉测量方法,通过图像畸变校正、PSPNet模型训练、语义分割确定水边线像素坐标,进而结合地形信息和像素坐标,利用免像控水位摄影测量模型实现河流水位的精确解算,适应任意形状的非规则河流断面测量,提升了测量的准确性和鲁棒性。

2 研究方法

本文提出了一种综合摄影测量和图像处理技术测量河流水位的方法。首先,对水边线区域进行畸变校正,以获取畸变校正后的图像。其次,通过标注水边线区域,生成相应的标签图像,用于训练金字塔场景解析网络(PSPNet)模型。该模型能够对复杂条件下的水边线进行精确的语义分割,生成二值图像,其中水岸与水体的灰度值分别设为255和0。再次,通过遍历图像的每一列,确定每列最后一个非零像素的位置,求和后取平均,以确定水位线的像素纵坐标。利用该纵坐标,在断面地形中找到水边线的物理纵坐标,并建立与水位高程的对应关系。最后,将得到的水边线物理纵坐标与高程关系输入至倾斜视角下的免像控水位摄影测量模型中,进行水位的解算。水位解算流程见图1。

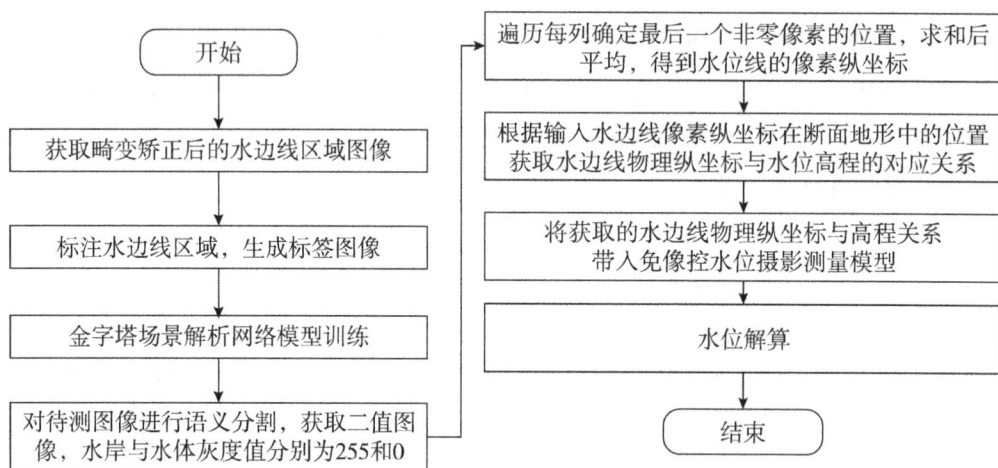

图1　水位解算流程

2.1 倾斜视角下的免像控水位摄影测量模型

在野外实际测量河流水位时,河流断面往往不规则,且相机拍摄角度可能并非垂直于水面,因此提出一种倾斜视角下的免像控水位摄影测量模型,可以通过水边线在图像中的像素坐标,结合断面地形信息,建立水边线像素坐标与实际水位可逆的透视投影变换关系,从而实现对水位的测量。这种方法不仅能够处理非规则河流断面,还能减少对现场控制点的依赖,提高测量的效率和精度。

(1)非线性成像模型

在高精度摄影测量中,需要考虑像差的影响,因此采用非线性成像模型进行图像校准,通过内参标定以精确焦距。在实验室中,采用平面棋盘格法对相机内参和镜头畸变系数进行标定,其内参矩阵 $\boldsymbol{K}$ 和畸变参数矩阵 $\boldsymbol{D}$ 如下。

$$\boldsymbol{K} = \begin{bmatrix} f_x & 0 & C_x \\ 0 & f_y & C_y \\ 0 & 0 & 1 \end{bmatrix} \tag{1}$$

$$\boldsymbol{D} = \begin{bmatrix} k_1 & k_2 & p_1 & p_2 \end{bmatrix} \tag{2}$$

式中,C_x,C_y——畸变图像的像主点坐标;

f_x,f_y——相机在像平面 x 轴和 y 轴方向上的等效焦距;

k_1,k_2——径向畸变系数;

p_1,p_2——切向畸变系数,采用以下公式进行图像校准。

$$\begin{cases} x' = x(1 + k_1 r^2 + k_2 r^4) + 2p_1 y + p_2(r^2 + 2x^2) \\ y' = y(1 + k_1 r^2 + k_2 r^4) + 2p_2 x + p_1(r^2 + 2y^2) \\ r^2 = x^2 + y^2 \end{cases} \tag{3}$$

式中,(x,y)——无畸变的像素坐标;

(x',y')——畸变的像素坐标,校正后的图像坐标将用于水位计算,从而提高精度。

(2)倾斜视角下的中心透视投影模型

在摄影测量学中,中心透视投影模型是理解和分析图像的基础。在正射视角下,即相机与物平面垂直的情况下,中心透视投影模型通过物点、光心和像点的共线关系,利用三角相似原理来描述物距与像距之间的关系。然而,在野外实际测量水位中,相机往往不是完全垂直于物平面的,而是存在一定的倾斜角度。这种情况下,引入了倾斜视角下的中心透视投影模型。相机倾斜时,其中心透视投影模型见图2。其中,(x,y) 和 (X,Y) 分别表示像平面和物平面;(X_S,Y_S,Z_S) 为相机光心的物平面坐标;H 表示光心到物平面间的垂直距离;F 表示对应的垂足点;s(mm)表示图像传感器的像元尺寸;$m \times n$(pixel)表示图像的大小;(i,j)(pixel)表示为图像坐标;模型中物点 P,光心 S 和像点 p 位于同一直线上。像主点 o 位于图像的正中间位置,坐标为 (x_0,y_0)。像平面坐标 (x,y) 可用对应的图像坐标 (i,j) 表示为式(4)。

$$\begin{cases} x = s \cdot i \\ y = s \cdot j \end{cases} \tag{4}$$

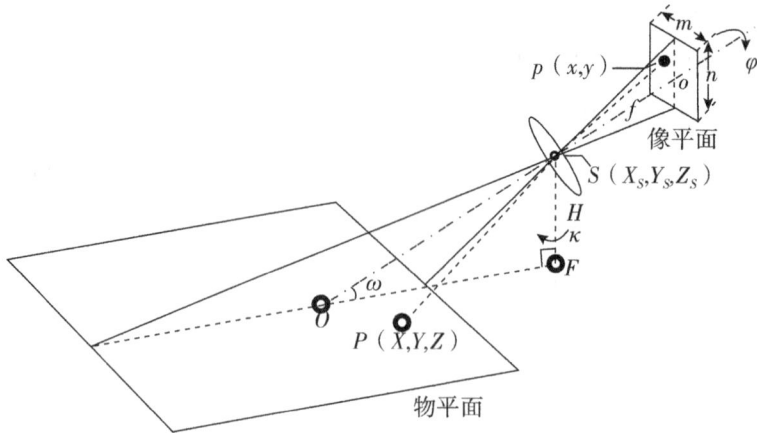

图 2　倾斜视角下的中心透视投影模型

当物距远大于像距时,焦距 f 与像距视作近似相等,当分别以像平面与物平面坐标系为基准时,共线方程可表示为以下两种形式。

$$\begin{cases} x = x_o - f \dfrac{a_1(X-X_s) + b_1(Y-Y_s) + c_1(Z-Z_s)}{a_3(X-X_s) + b_3(Y-Y_s) + c_3(Z-Z_s)} \\ y = y_o - f \dfrac{a_2(X-X_s) + b_2(Y-Y_s) + c_2(Z-Z_s)}{a_3(X-X_s) + b_3(Y-Y_s) + c_3(Z-Z_s)} \end{cases} \quad (5)$$

$$\begin{cases} X = \dfrac{a_1(x-x_0) + a_2(y-y_0) + a_3(-f)}{c_1(x-x_0) \cdot s + c_2(y-y_0) + c_3(-f)}(Z-Z_S) + X_S \\ Y = \dfrac{b_1(x-x_0) + b_2(y-y_0) + b_3(-f)}{c_1(x-x_0) + c_2(y-y_0) + c_3(-f)}(Z-Z_S) + Y_S \end{cases} \quad (6)$$

式中,9 个系数构成的旋转矩阵 $\mathbf{R}^{\mathrm{T}}$ 可由相机相对于物平面的横滚角 φ、俯仰角 ω 和方位角 κ 表示。$(X_S, Y_S, Z_S, \varphi, \omega, \kappa)$ 被称为相机的外方位参数。用基于断面水边线定向的摄像机姿态角标定方法标定外参[20],外参的确定分为两个步骤:首先在实验室进行内参标定,然后在现场通过水边线的斜率计算横滚角,并结合水位和断面高程计算俯仰角。

$$\mathbf{R}^{\mathrm{T}} = \begin{bmatrix} a_1 & b_1 & c_1 \\ a_2 & b_2 & c_2 \\ a_3 & b_3 & c_3 \end{bmatrix} =$$

$$\begin{bmatrix} \cos\kappa \cdot \cos\varphi - \sin\kappa \cdot \sin\varphi \cdot \sin\varphi & \cos\omega \cdot \sin\varphi & \sin\kappa \cdot \cos\varphi + \cos\kappa \cdot \sin\omega \cdot \sin\varphi \\ -\cos\kappa \cdot \sin\varphi - \sin\kappa \cdot \sin\omega \cdot \cos\varphi & \cos\omega \cdot \cos\varphi & -\sin\kappa \cdot \sin\varphi + \cos\kappa \cdot \sin\omega \cdot \cos\varphi \\ -\sin\kappa \cdot \cos\omega & -\sin\omega & \cos\kappa \cdot \cos\omega \end{bmatrix}$$

$$(7)$$

（3）免像控水位摄影测量模型

为简化模型，在物平面上以相机光心的垂足点 F 为原点建立物平面坐标系，令 $X_S=0, Y_S=0, \kappa=0, X=0$，引入水位值 H_S，得待测水面在物理坐标系下的竖直坐标 $Z=H_S$，相机光心至水面的垂直距离 $H=Z_S-H_S$。水位引入模型见图 3。

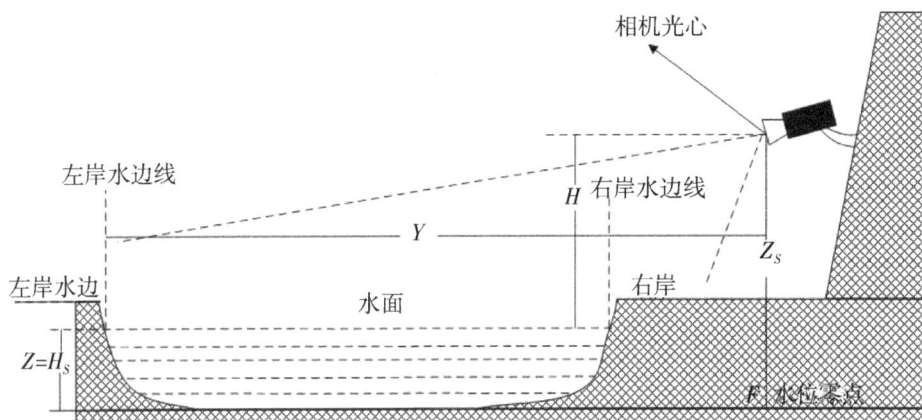

图 3　水位引入模型

由于水边线在图像中只有纵坐标有意义，故共线方程可简化为：

$$\begin{cases} y=y_0-f\dfrac{\cos\omega\cdot\cos\varphi Y+\sin\omega\cdot\cos\varphi(H_S-Z_S)}{-\sin\omega Y+\cos\omega(H_S-Z_S)} \\ Y=\dfrac{\cos\omega\cdot\sin\varphi(x-x_0)+\cos\omega\cdot\cos\varphi(y-y_0)+[-\sin\omega(-f)]}{\sin\omega\cdot\sin\varphi(x-x_0)+\sin\omega\cdot\cos\varphi(y-y_0)+\cos\omega(-f)}(H_S-Z_S) \end{cases}$$

（8）

由物像变换的单应性可知，可通过水边线像素坐标唯一求得对应的水位值。由于引入了水位值，该模型被称为倾斜视角下的免像控水位摄影测量模型。若断面地形总体存在多个不同比降，无法直接根据水边线像素坐标求解实际水位值，因此需要加入断面地形的数据，河流断面地形见图 4，相机的起点距为 0。

可以通过以下线性关系得到水边线物理纵坐标。

$$Y=Y_j+\frac{(H_s-H_j)\cdot(Y_{j+1}-Y_j)}{(H_{j+1}-H_j)}$$

（9）

式中，Y_j——第 j 个断面地形数据点对应的起点距；

H_j——对应的高程值；

Y——待测点的起点距；

H_s——待测点对应的高程。

为了求解方便，引入两个中间变量。

$$v = \left(j - \frac{n}{2}\right) \tag{10}$$

$$g = \tan\left[\arctan\left(\frac{v}{f} \cdot s\right) + \frac{\omega\pi}{180}\right] \tag{11}$$

之后可以根据断面地形求得水位高程 H_s,具体表达式如式(12)所示,当水岸垂直时亦满足如下关系式:

$$H_s = \left[Z_s + \frac{H_j \cdot (Y_{j+1} - Y_j)g}{H_{j+1} - H_j} - Y_j g\right] \cdot (H_{j+1} - H_j) / \left[(H_{j+1} - H_j + (Y_{j+1} - Y_j)g\right]$$

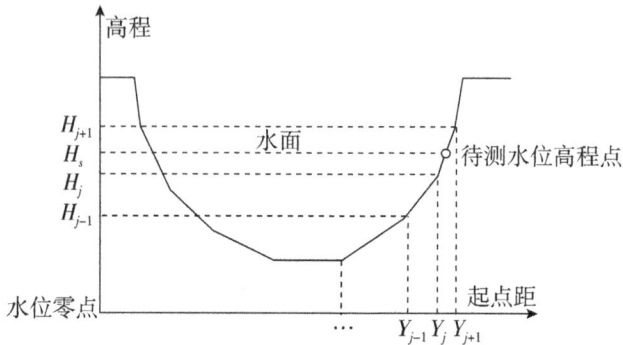

$$\tag{12}$$

图 4   河流断面地形

2.2   基于图像语义分割的水边线检测方法

水边线检测在基于河流断面水边线的水位视觉测量方法中起着核心作用,其精度直接影响水位测量结果的准确性。传统检测方法面对复杂自然环境(如光照变化、干湿分界线模糊等)表现出较大局限性。为了实现高精度的水边线检测,采用了金字塔场景解析网络(Pyramid Scene Parsing Network,PSPNet)进行图像语义分割。具体流程如下:首先架设相机进行图像采集,对采集的图像进行非线性畸变校正,获取水边线区域图像,对水边线区域图像进行标注,生成所需的标签图像,之后进行 PSP-Net 模型训练,训练完成之后对待测图像进行语义分割获取分割后的二值图像,通过遍历每列确定最后一个大于零像素的位置,求和后平均得到图像中水位线的像素纵坐标。

(1)PSPNet 模型

PSPNet 通过聚合不同区域上下文,掌握更多的全局细节,在提取水边线时凭借其对周围特征的提取可以更为准确地进行分割,显著提高了分割精度。该网络主要由特征提取网络和金字塔池化模块组成。为了提高计算效率并减少模型负载,采用 MobileNetV2 作为特征提取网络。MobileNetV2 利用深度可分离卷积技术,在保持高效特征提取的同时,有效结合局部与全局信息,进一步增强了分割效果。

在特征提取阶段,图像经过 4 次下采样,被压缩至原始尺寸的 1/16,通过膨胀卷积扩大感受野。随后,16 倍下采样的特征图被输入金字塔池化模块,划分为 4 组不同尺度进行池化,以提取全局与局部信息。池化生成的特征图通过 1×1 卷积调整通道数至原始特征图的 1/4,以适配整体网络结构。通过双线性插值,这些特征图被上采样至原始尺寸,并与初始特征图拼接。经过 3×3 卷积整合特征后,使用 1×1 卷积调整通道数。最终,特征图再次通过双线性插值上采样至原始图像大小,并通过 Softmax 分类器进行像素级分类。金字塔场景解析网络模型结构见图 5。

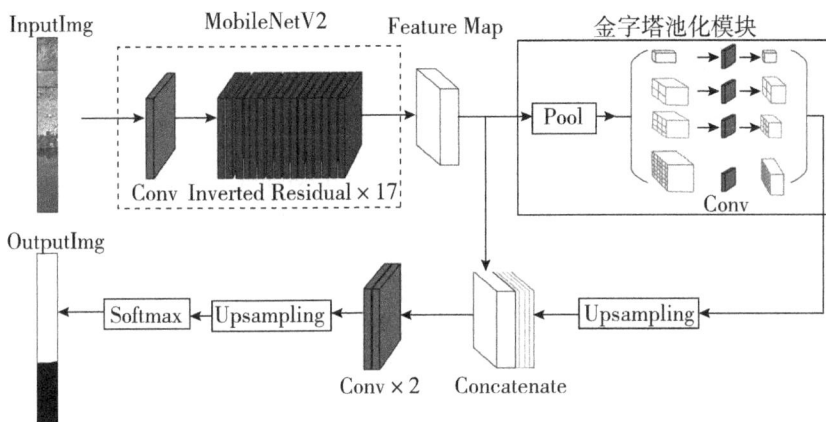

图 5　金字塔场景解析网络模型结构

（2）水边线检测

用训练完成的 PSPNet 模型对待测图像进行语义分割,获得分割后的二值图像,为便于展示,水岸与水体的灰度值分别设为 255 和 0。将所有列中检测到的最后一个非零像素位置求平均,以确定水位线的纵坐标。水位线的像素纵坐标 y 可以通过以下公式计算。

$$y = \frac{1}{n} \sum_{j=1}^{n} y_j \tag{13}$$

其中:

$$y_j = \max\{i \mid I(i,j) > 0, 1 \leqslant i \leqslant m\}$$

式中,$I(i,j)$——图像 I 在第 i 行第 j 列的像素值;

　　y——水位线的像素纵坐标;

　　n——图像的列数;

　　m——图像的行数;

　　y_j——第 j 列中最后一个像素值大于 0 的位置的行索引。

3 应用案例分析

以下通过在宽断面天然河道和窄断面人工渠道下开展的两组实验对本文方法的可行性和精度进行评估分析。

3.1 宽断面天然河道实验

本实验在攀枝花水文站搭建了在线视频测流系统,用于评估本文方法在天然河道的不规则地形、宽断面远距离探测及包含水面耀光、倒影及干湿分界线等复杂场景下的检测精度。

3.1.1 测站概况及实验设置

攀枝花水文站是国家重要的报汛站和水文站,位于长江上游的四川省攀枝花市金沙江。该站点所在的河段大断面宽约200m,受上游水电站发电影响水位变化较为频繁,为水边线检测研究提供了丰富的实验场景。此外,站点配备了缆道流速仪、双轨雷达流速仪、气泡式水位计等测流设备和人工校核的水位整编数据,为数据采集和后续分析提供了坚实的基础。测流断面见图6(a);摄像机采用悬臂支架固定在河流右岸一侧的混凝土边坡上,摄像机选用海康威视800万像素的枪式网络摄像机,位于缆道流速仪断面和水尺断面中间,对应起点距2.906m,高程1007.8m。河流断面地形见图6(b),攀枝花水文站水位高于994m为高水期,在988~994m范围内为中水期,在986.5~988m范围内为低水期,低于986.5m为枯水期。在实验室内通过张正友标定法对摄像机进行摄像机内参标定和畸变校正,用基于断面水边线定向的摄像机姿态角标定方法标定外参[20],标定结果见表1。

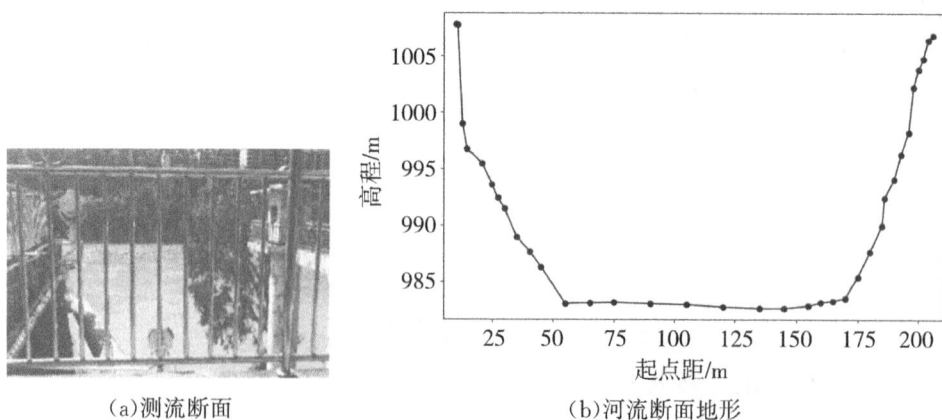

(a)测流断面　　(b)河流断面地形

图6　攀枝花测点视频测流系统安装及断面地形

表1   攀枝花测点摄像机标定结果

参数	图像宽	图像高	等效焦距		像主点坐标	
	m/pixel	n/pixel	f_x/(mm/pixel)	f_y/(mm/pixel)	C_x/pixel	C_y/pixel
标定结果	3840	2160	2876.507	2884.631	1947.382	1043.743
参数	径向畸变系数		切向畸变系数		俯仰角	横滚角
	k_1	k_2	p_1	p_2	ω/°	φ/°
标定结果	−0.407	−0.217	0.001	0.000	19.761	2.17

3.1.2 数据集构建和 PSPNet 模型训练

由于摄像机近岸(即右岸)的水边线轮廓过于曲折且在高水时超出视场不易观察,因此选用摄像机对岸(即左岸)的水边线区域进行检测。首先进行相机标定与图像畸变校正,根据测流断面在图像中的位置及测点的最大水位变幅,在畸变校正后图像像素坐标为(1720,170)处设置大小为 400pixels×50pixels 的矩形感兴趣区域(ROI)用于水位线检测。选取的 ROI 区域覆盖水位 983~999m,将水位高程每隔0.5m 带入倾斜视角下的免像控水位摄影测量模型中,可以换算为像素坐标,根据坐标画出虚拟水尺(图7)。

图7 攀枝花测点图像畸变校正及 ROI 选取

图像数据采集自攀枝花水文站,覆盖了 2021 年 1—4 月的多种水文条件,总计2874 张图像,按照 4∶1 的比例划分为训练集和测试集。训练集包含 2299 张图片,测试集包含 575 张图片,水位范围为 986.15~993.48m,涵盖中、低、枯水位,对应的起点距范围为 175~185m。本研究利用 Labelme 工具对图像进行了人工标注,精确标识出水边线区域,生成了用于模型训练和测试的标签图。对于那些干湿分界线不明

109

显的图像,标注时将其视为岸边的一部分,以保持标注的一致性,从而提升模型应对复杂环境的能力。网络训练基于 Pytorch 架构实现。对金字塔场景解析网络进行端到端的训练,输入为 400pixels×50pixels 的 jpg 图像,输出为 400pixels×50pixels 的二值图像,水岸与水体的灰度值分别设为 255 和 0。训练共迭代 100 次,前 50 次迭代时,学习率为 0.0001,Batch_size 为 16;后 50 次迭代时,学习率为 0.00001,Batch_size 为 8。

3.1.3 实验结果分析

选取攀枝花水文站 2021 年 2 月 28 日每隔 1h 的 24 组连续观测数据,该日干湿分界线特征明显,包括晴天、阴天和黑夜等多种光照变化,水位覆盖范围为 986.23~988.84m,包含了中、低以及枯水位。依据本文方法计算所得水位值与攀枝花水文站水位计实测值进行比较。检测精度通过计算每天测量数据的均方误差和误差数据量评价,均方误差的计算公式为(共有 N 组比测数据):

$$\text{RMSE} = \sqrt{\dfrac{\sum\limits_{i=1}^{N}(Y_i - Y'_i)^2}{N}} \tag{15}$$

式中,Y_i——第 i 个计算出的水位值;

Y'_i——第 i 个水位计测量值。

比测结果见图 8。

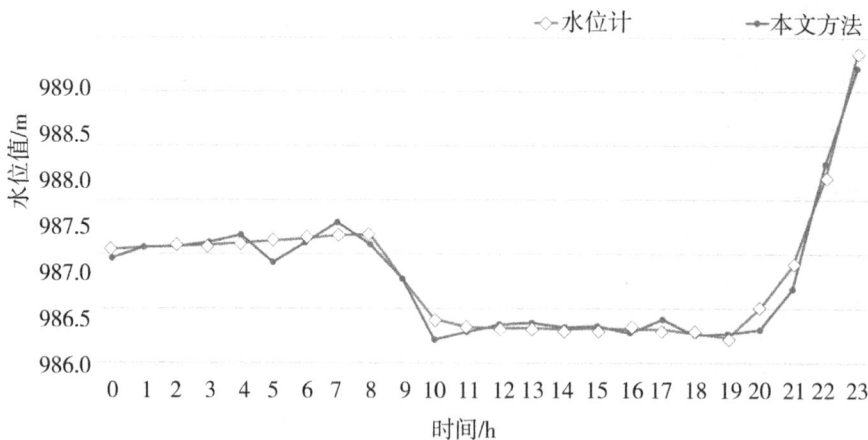

图 8　攀枝花测点水位比测折线

水位值解算误差分析见表 2。测量的均方误差为 10cm。根据水文观测标准,水位测量误差应小于 2cm,本次实验有效数据的测量个数为 6,占 25%,小于 10cm 的数据量为 70.83%,当前误差较大,因此需要进一步分析水位解算误差成因,以判断误差过大的原因。

表 2　　　　　　　　　　　　　　　　攀枝花测点水位值解算误差分析

RMSE/m	$N_E > 0.1$	$0.1 > N_E > 0.02$	$0.02 > N_E > 0$
0.10	7	11	6

注：$N_E > 0.1$ 为测量误差大于 0.1m 的测量数；$0.1 > N_E > 0.02$ 为测量误差大于 0.02m 小于 0.1m 的测量数；$0.02 > N_E > 0$ 为测量误差大于 0m 小于 0.02m 的统计测量数。

（1）水边线检测误差

PSPNet 模型检测水边线存在一定的误差。水边线区域图像分割可视化结果见图 9。分析发现，夜间光照昏暗时段(前夜 17—21 时，次日 4—7 时)，以及白天存在耀光或强烈倒影时段(9—11 时)的水位线检测误差较大，由于水涨水落及光照变化导致干湿分界线场景复杂多变，加之标注数据集有限，人眼标注可能存在误差，因此该时段的测量随机误差较大，难以有效控制。人眼目测获取水边线像素坐标，在没有水边线像素坐标真实值的情况下，水边线像素坐标的人眼目测值与 PSPNet 模型检测值的误差具有重要的参考意义。均方误差计算公式见式(15)，其中 Y_i 表示第 i 个检测出的水边线像素坐标，Y'_i 表示第 i 个人眼目测值。水边线检测的均方误差为 1.69pixels，在 2pixels 内。当夜间光照严重不足且存在干湿分界线、曝光严重或者存在明显的沙石倒影干扰人眼难以辨识水边线所在位置时，人眼难以正确识别水位线位置，以人眼目测的水边线像素坐标作为真值也会带来一定误差。

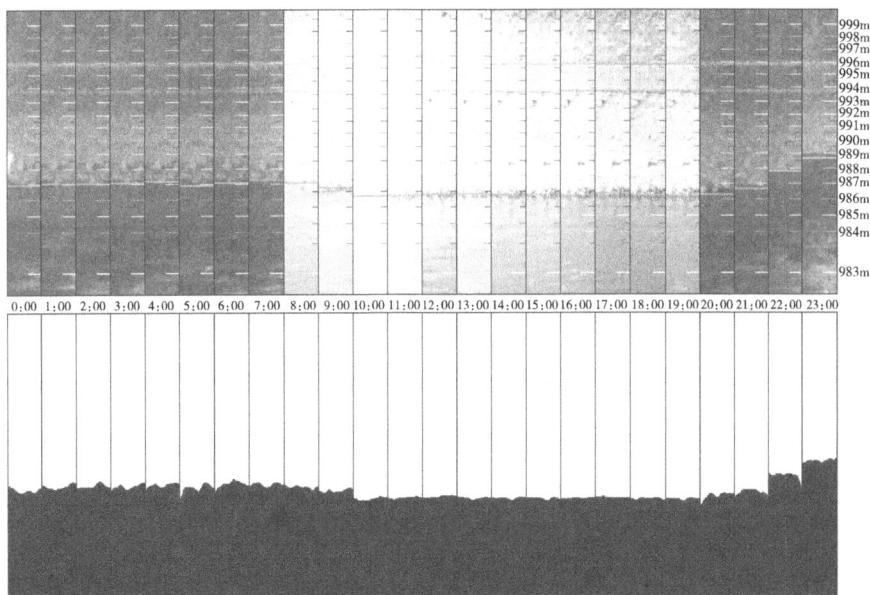

图 9　攀枝花测点水边线区域图像分割可视化结果

（2）断面地形的限制

水位观测通常要求控制测量误差在 2cm 内。在攀枝花测站坡度变化处对其进行水位级的划分,将比测时的水位覆盖范围共划分为两个水位级,987.67～989.97m 为水位级 1,985.44～987.67m 为水位级 2。通过本文方法计算不同水位级下水位变化 2cm 对应的像素变化范围,该像素变化区间定义为水边线检测容差。可知将水位误差控制在 2cm 时对应的水边线检测容差见表 3。

表 3 攀枝花测点水位误差控制在 **2cm** 时对应的水边线检测容差

水位级	起点距/m	水位/m	水边线检测容差/ pixels
1	180～185	987.67～989.97	0.41
2	175～180	985.44～987.67	0.43

在攀枝花水文站场景下,比测时段的水位解算值若要保持误差在 2cm 内,水边线检测容差需要在 0.43pixels 范围内,而 PSPNet 模型最终的水边线实际检测精度为 1.69pixels,未达到精度要求,基于断面地形因素考虑,攀枝花测站断面宽度过大,水边线检测精度要求过高,导致最终水位解算误差较大。在检测精度无法进一步提升的条件下,分析在 2pixels 水边线检测精度下,断面地形起点距在何种情况下能有效地控制水位误差在 2cm 范围内。以攀枝花测站实验场景为依据,在断面地形高程及其他实验条件不变(相机像素、焦距、位置,图像分辨率等)的情况下,改变起点距大小,以 10m 为步进逐渐缩小起点距大小,计算不同起点距下控制水位误差为 2cm 所对应的水边线检测容差,以此找到适合的起点距范围,结果见表 4。在相机像素为 800 万,焦距为 4.2718mm,拍摄图像分辨率为 3840pixels×2160pixels 的情况下,当高程不变,起点距在 45m 以内时,空间分辨率小于 0.8cm/pixel,水边线检测容差大于 2pixels,可以达到水位解算精度在 2cm 之内的要求。

表 4 攀枝花测点起点距变化时的水边线检测容差

水位级	起点距区间/m	高程/m	水边线检测容差/ pixels
1	40～45	987.67～989.97	2.44
2	35～40	985.44～987.67	3.00
1	30～35	987.67～989.97	3.49
2	25～30	985.44～987.67	4.54

3.2 窄断面人工渠道实验

选择河海大学金坛校区内的人工渠道作为实验场地进行实验,用于验证本文方法在干湿分界线场景下窄断面测量的可行性。

(1)测站概况及实验设置

该测点位于河海大学金坛校区内,断面垂直,含有明显的干湿分界线,现场的测量系统布设见图10(a)。在本实验中,相机高程为8.40m。相机起点距为0m。靠近相机的一侧为河流的右岸,远离相机的一侧为左岸,鉴于该场景为垂直断面,经测量获取离左岸处起点距Y为5.51m。断面地形图见图10(b)。

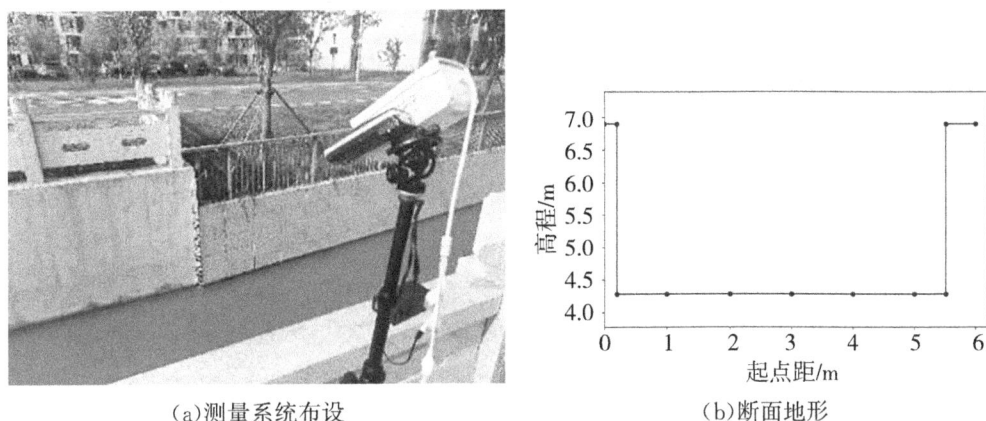

(a)测量系统布设　　　　　　　　　(b)断面地形

图10　河海大学测点测量系统布设及断面地形

在实验室内通过张正友标定法对网络摄像机进行相机内参标定和畸变校正,用基于断面水边线定向的摄像机姿态角标定方法标定外参[20],标定结果见表5。

表5　　　　　　　　　　　河海大学测点标定结果

参数	图像宽	图像高	等效焦距		像主点坐标	
	m/pixel	n/pixel	f_x/(mm/pixel)	f_y/(mm/pixel)	C_x/pixel	C_y/pixel
标定结果	2560	1440	4201.030	4150.197	1322.558	813.354
参数	径向畸变系数		切向畸变系数		俯仰角	横滚角
	k_1	k_2	p_1	p_2	ω/°	φ/°
标定结果	−0.246	−3.948	0.002	0.001	35.45	−1.548

(2)数据集构建和PSPNet模型训练

在畸变校正后图像中间即像素坐标为(1280,330)处设置大小为400pixels×50pixels的矩形感兴趣区域(ROI)用于水位线检测。选取的ROI区域覆盖水位4.41～5.15m,将水位高程每隔0.01m带入倾斜视角下的免像控水位摄影测量模型中,可以换算为像素坐标,根据坐标画出虚拟水尺(图11)。由于该测点是临时搭建,且水位变化较小,垂直上下平移ROI区域模拟中低高水位,采集了64张包含水边线的图像进行人工标注。网络训练基于Pytorch架构对金字塔场景解析网络进行端到端的训练,输出为400pixels×50pixels的二值图像。训练共迭代100次,学习率为0.0001,Batch_size为8。

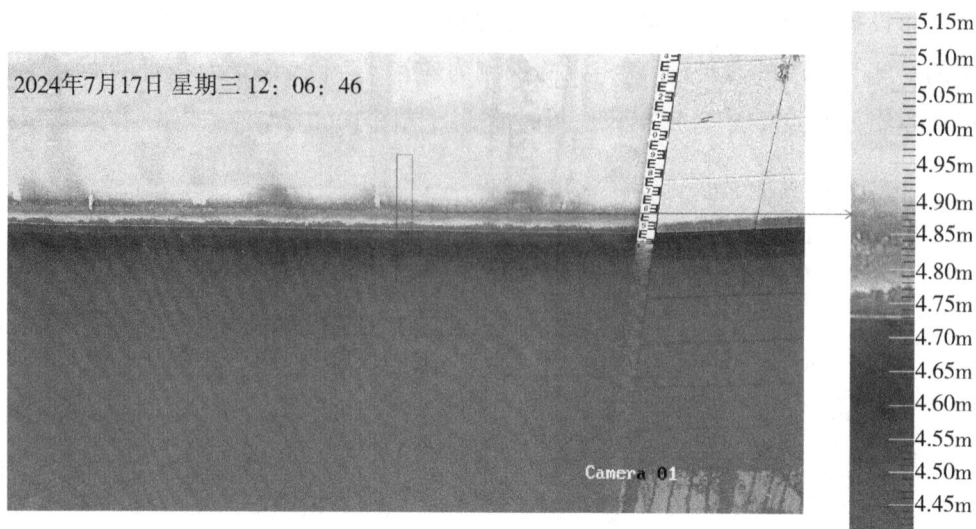

图 11　河海大学测点图像畸变校正及 ROI 选取

（3）实验结果分析

选取该测点 2024 年 7 月 17 日 13—17 时每隔 0.5h 的 9 组连续观测数据。人工目测水尺读数，该时段水位高程保持 4.73m 不变。水边线区域图像分割可视化结果见图 12。水边线检测的均方误差为 1.20pixels，水位值测量的均方误差为 0.4cm。

水位观测通常要求控制测量误差在 2cm 内。该测点从水位高程 4.41m 起，每 0.05m 划分一个水位级，水位范围为 4.41～5.15m，划分为 15 个水位级。通过物像尺度变换计算不同水位级下水位变化 2cm 对应的像素变化范围，解算得到每个水位级下将水位误差控制在 2cm 时的水边线检测容差。由于物像尺度因子不均匀，起点距不变时，随着高程的增大，图像分辨率变小，物像尺度因子逐渐变大，水边线检测容差越大。若水边线检测误差小于水边线检测容差，则水位解算误差将小于 2cm，对于该测点所有水位级来说只需要水边线检测误差小于 11.3855pixels 即可，见表 6。而该测点水边线检测误差在 2pixels 内，因此本文方法在该测点全部水位级均可达到 2cm 的测量精度。

表 6　　　　　河海大学测点不同水位级下水边线检测容差

水位级	起点距/m	高程/m	水边线检测容差/pixels
1	5.51	4.41～4.45	9.9735
15	5.51	5.11～5.15	11.3855

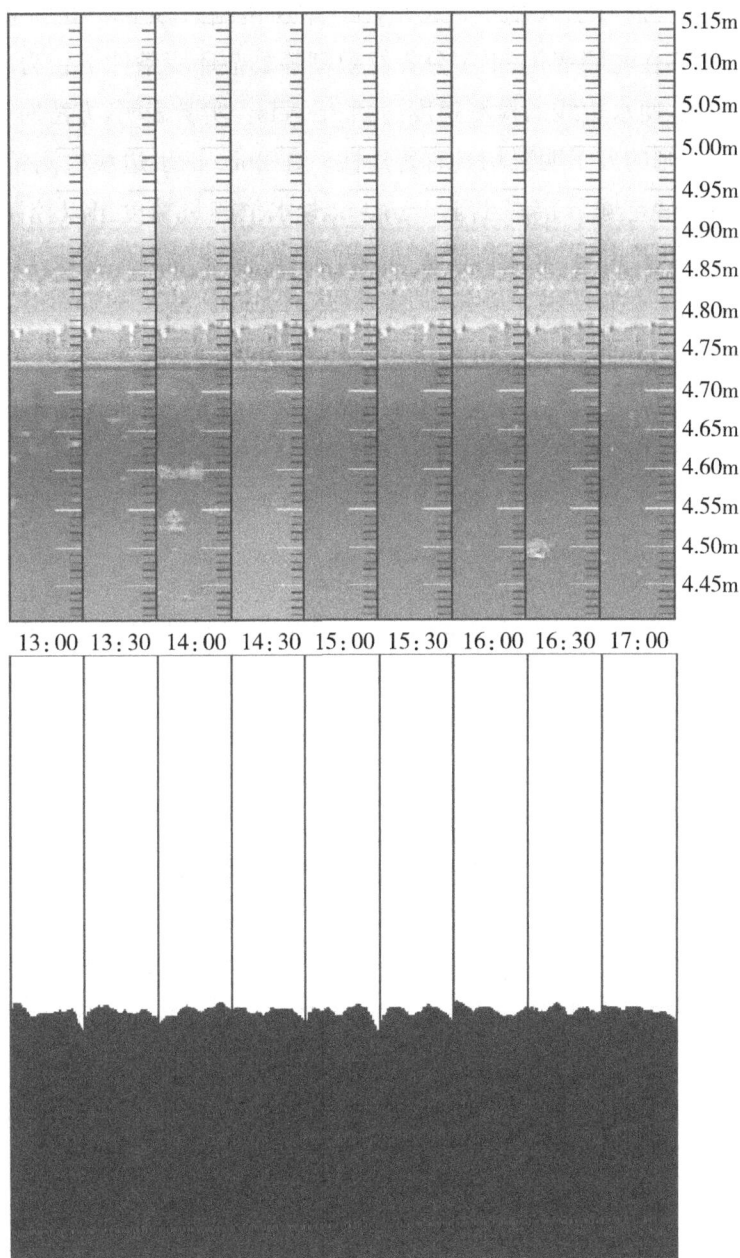

图 12　河海大学测点水边线区域图像分割可视化结果

4　总结

为解决现有图像法水位测量技术依赖于水尺等人工布设参照物的局限,本文基于单目视觉测量原理,提出了一种基于断面水边线的水位视觉测量方法。方法通过水边线在图像中的像素坐标,结合断面地形信息,建立像素坐标与水位之间的免像控水位摄影测量模型。通过引入基于金字塔场景解析网络(PSPNet)的深度学习图像语义分割方法,能够在光照变化、干湿分界线模糊等复杂环境条件下较为准确地区分出河岸及水面区域,使水边线的检测精度达到 2pixels。实验表明,方法对于断面不规则的天然河道和规则的人工明渠均具有普适性。在 2pixels 水边线检测精度下,通过合理布设测量系统使空间分辨率小于 1cm/pixel,水位测量精度可以控制在 2cm 以内。本方法可与大尺度粒子图像测速法(LSPIV)、时空图像测速法(STIV)结合,基于单台摄像机实现完全非接触式的水位、流速、流量在线监测。未来研究将进一步优化水位线检测模型,并对本方法涉及的误差来源(如断面高程梯度,起点距,内外参测量,河流比降,摄像机焦距,图像分辨率)的敏感性进行评估,进而评估不同水位级下的测量不确定度。

参考文献

[1] 陈顺胜,周珂,吕忠烈.浮子式水位计进水口改良研究[J].安徽农业科学,2014(10):3103-3104.

[2] 冯能操,黄华.气泡式水位计测量误差成因分析[J].水利信息化,2018(1):41-45.

[3] 丰建勤.压力式水位计应用及精度分析[J].海洋测绘,2002(2):52-54.

[4] 许笠,王延乐,华小军.雷达水位计在水情监测系统中的应用研究[J].人民长江,2014,45(2):74-77.

[5] 周杰.浅谈超声波水位计在水闸工程中的应用[J].治淮,2022(3):36-38.

[6] 张衍,王剑平,张果,等.图像法水位检测研究进展[J].电子测量技术,2021,44(13):10.

[7] 陈金水.基于视频图像识别的水位数据获取方法[J].水利信息化,2013,(1):48-51+60.

[8] 仲志远.一种基于图像识别的水位测量算法[J].国外电子测量技术,2017,36(6):96-99.

[9] 陈翠,刘正伟,陈晓生,等.基于图像处理的水位信息自动提取技术[J].水利信息化,2016(1):48-55.

[10] Lin F, Chang W Y, Lee L C, et al. Applications of image recognition for real-time water level and surface velocity[C]//2013 IEEE International Symposium on Multimedia. IEEE, 2013:259-262.

[11] 张振,周扬,王慧斌,等.标准双色水尺的图像法水位测量[J].仪器仪表学报,2018,39(9):236-245.

［12］ Kim J，Han Y，Hahn H. Image-based Water Level Measurement Method under Stained Ruler［J］. Journal of Measurement Science and Instrumentation，2010(1)：7.

［13］ Lin Y T，Lin Y C，Han J Y. Automatic water-level detection using single-camera images with varied poses[J]. Measurement，2018,127：167-174.

［14］ 张文静,张振,黄剑,等.基于图像语义分割的水位智能监测方法［J].河海大学学报(自然科学版),2023,51(5):24-30.

［15］ Yu J，Hahn H. Remote Detection and Monitoring of a Water Level Using Narrow Band Channel[J]. J. Inf. Sci. Eng.，2010，26(1)：71-82.

［16］ Ridolfi E,Manciola P. Water level measurements from drones：A pilot case study at a dam site[J]. Water，2018，10(3)：297.

［17］ 石晗耀,陶青川.基于双目视觉的水位测量算法［J]. 现代计算机(专业版),2017(8):55-59.

［18］ 马洋洋.基于视频数据的水位测量关键技术研究及应用［D].西安:西安理工大学,2016.

［19］陈澎祥,李森,肖萌璐,等.一种基于视频的无水尺水位读数方法:CN111008614A［P].2020-04-14.

［20］张振,姜天生,赵丽君,等.基于断面水边线定向的视频测流摄像机标定［J].电子与信息学报,2024,46(4):1428-1437.

不同机组组合工况下邓楼泵站
超声流量计测量准确度评估

陈梦婷　钟　强

(中国农业大学,北京　100091)

摘　要:针对南水北调各大泵站边机组超声流量计测量准确度受泵站开机机组组合影响的问题,本文通过相应的超声流量计实流测量实验,提出在不同开机组合条件下的最优声路积分系数,在不改变现有超声流量计安装条件的基础上,提高泵站边机组超声流量计测流准确度。以南水北调东线邓楼泵站为例,根据其边机组多声路超声流量计的换能器测点布置及声路形式,搭建邓楼泵站模型试验台,开展超声流量计测量实验。结果表明,在非对称开启机组的运行工况下,固定声路积分系数的流量积分方法导致边机组超声流量计测量误差可高于5%。基于泵站开机机组组合分类的可变声路积分系数的流量积分方法可将测量误差控制在1%以下。

关键词:南水北调;超声波流量计;测量精度;泵站

1　前言

南水北调东线工程是由梯级泵站群、闸群和河渠构成的多维度特大型跨流域调水工程。该工程从江苏扬州江都水利枢纽提水,途经江苏、山东、河北三省,向华北地区输送生产、生活用水,解决了京、津、冀、鲁地区和淮河流域日益恶化的生态环境和连年发生的严重干旱缺水问题,属于国家级跨省界区域工程[1]。

南水北调东线的泵站调度方案是以旬或日总水量为调度目标,以泵站下游水位调节范围为约束条件,默认各台泵按照最优工况点运转,调度参数为开启水泵台数。

基金项目:南水北调东线泵闸工程多维输水安全与经济运行模型(2022YFC3204604)。

作者简介:陈梦婷(1999—　),女,福建人,中国农业大学在读硕士,研究方向为新型水利量测技术。

要制定合适的方案精准把握调水量,就需要对泵站运行实时流量进行精准测量。超声流量计具有量程比大、可测管径范围大、无压损、可测双向流等优点,近年来迅速发展,被广泛应用于南水北调东线各大泵站工程的流量测量[2]。超声流量计为速度式流量计,测得的流速为流体在超声路径上的平均流速,需要根据超声路径平均流速推算待测断面平均流速,进而获得待测流量[3]。南水北调东线各大泵站目前均采用安装于进口矩形收缩断面的交叉布置多声路时差法超声流量计,安装完成的超声流量计以标准顺直矩形管道内充分发展的流动为标定状态,与泵站实际运行过程中管道内流态差异较大,东线实际运行过程中发现泵站边机组与中间机组超声流量计读数最大误差可达30%。大型泵站肘型进水流道水流速度大小与方向均沿程变化,流体流动无法得到充分发展,而边机组作为泵站不同机组组合运行工况下最边侧运行机组,其非对称入流的特性将导致肘型进水流道进口流速呈非对称分布,现有的超声流量计均采用固定的积分权函数,无法适应边机组复杂的进流条件,一定程度上降低了超声流量计测量准确度。流量测量导致的误差将直接影响各级调度决策的合理性。为实现泵闸群安全经济运行,首先要解决泵站实际流量的精准测量问题。

经实地调研并综合分析后,本文选取邓楼泵站作为南水北调东线典型泵站开展研究工作,通过搭建邓楼泵站模型试验台,开展不同机组组合运行工况下泵站边机组超声流量计测流实验,评估不同机组组合运行工况对边机组超声流量计测量准确度的影响。

2 邓楼泵站模型试验台

2.1 邓楼泵站

邓楼泵站工程是南水北调东线第十二级抽水梯级泵站,山东境内的第六级抽水泵站,处于两湖(微山湖、东平湖)之间的长沟泵站、邓楼泵站、八里湾泵站3个梯级泵站的中间位置,地理位置具有代表性。泵站设计扬程3.57m,最大扬程3.57m,最小扬程1.57m,单泵设计流量33m³/s,安装4台(套)立式机械全调节轴流泵(含备机1台套),总装机流量133.5m³/s,设计年运行时间3770h,设计调水流量100m³/s,设计年调水量13.60亿 m³。邓楼泵站采用典型肘型流道进水,虹吸式流道出水,真空破坏阀断流,其超声流量计测流精度的评估,对整个南水北调东线工程乃至全国范围内其他低扬程大流量泵站的超声流量计精度评估具有重要意义。

2.2 模型试验台

南水北调东线邓楼泵站原型系统与模型系统的流动相似必须满足几何相似、运

动相似和动力相似,以使得实验得到的规律可换算到实型上[4]。按照模型比 λ＝
1∶20,严格复现南水北调邓楼泵站肘型进水流道和三用一备机组配置,整个试验台
长 8m,宽 4.8m,流量范围 0～320m³/h,对应流速范围 0～5m/s。水泵连续通过实验
观察段全透明肘型流道区域从前池抽水,依次流经对应出水支管上的电磁流量计后,
汇入出水母管,最终回到前池,这样就形成了一套循环。在实验过程中,通过手动调
整控制柜水泵运转频率来调节流量,邓楼泵站模型实验台见图 1。

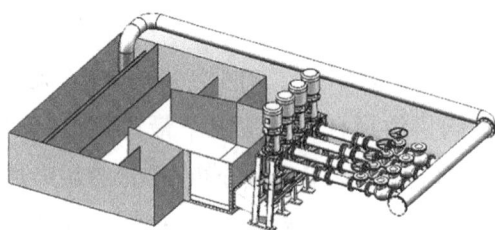

(a)邓楼泵站模型实验台示意图　　　　　　(b)邓楼泵站模型实验台实物图

图 1　邓楼泵站模型实验台

为了便于搭建进水流态 PIV 试验台更好地观测肘型流道内部流态,4 个肘型进
水流道均采用全透明有机玻璃制作,严格复现其沿程变矩形收缩的实际情况,邓楼泵
站肘型流道模型见图 2。

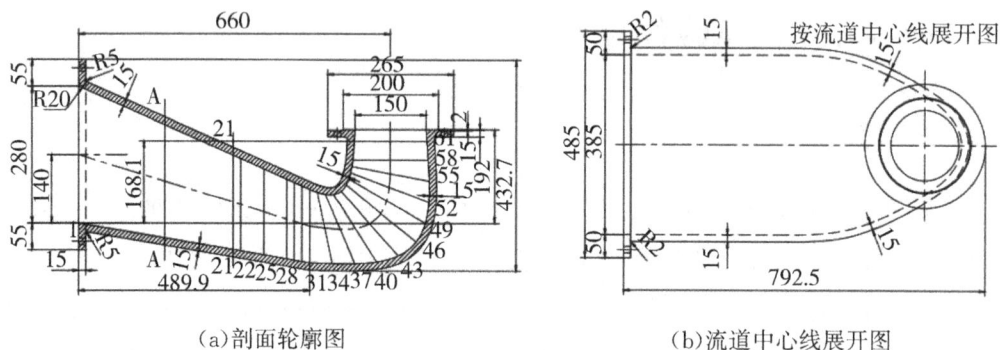

(a)剖面轮廓图　　　　　　　　　　　(b)流道中心线展开图

图 2　邓楼泵站模型实验台肘型流道模型(单位:mm)

依据实流流道交叉 8 声路布置方式和超声流量计覆盖的流道段,将泵站模型实
验台计划安装超声换能器的机组 4 肘型进水流道开 16 个孔,超声波流量计采用清万
水 Qwsonic 5317 型多声路超声流量计,超声换能器测点布置见图 3。

本次模型试验是在中国农业大学水利实验大厅完成,考虑边机组与中间机组的
实际情况,每台泵对应的出水支管上均安装有 LDG-SUP-DN150 型电磁流量计作为
标准流量计,精度为±0.5%。电磁流量计测量比对实验与超声流量计测流实验同时

进行,可更加客观地评价各运行工况下超声流量计测量准确度。

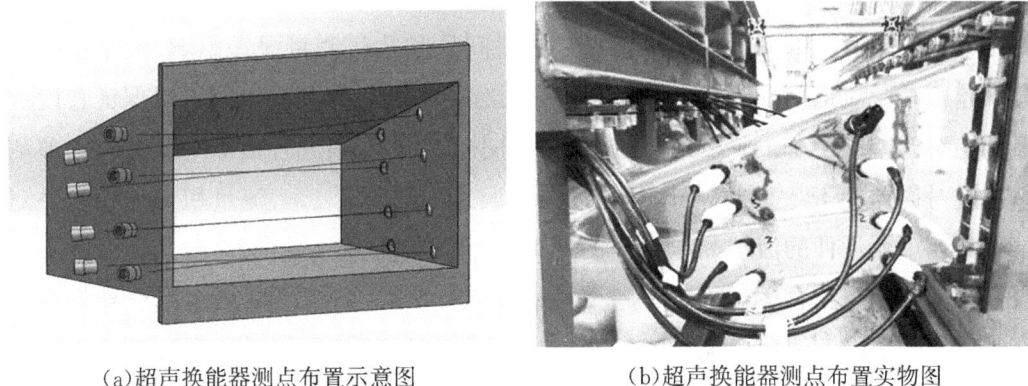

(a)超声换能器测点布置示意图　　　　　　　　(b)超声换能器测点布置实物图

图3　超声换能器测点布置

3　超声流量计测流实验

3.1　超声流量计测量原理

多声路时差法超声流量计,其测流基本原理为"流速－面积法",流速计算公式见式(1)。

$$v = \frac{L}{2\cos\theta}(\frac{1}{t_d} - \frac{1}{t_u}) \tag{1}$$

式中,L——声路长度;

θ——声路角;

t_d、t_u——超声顺流传播、逆流传播对应的渡越时间。

如图1所示,多声路时差法超声流量计通过在进水流道内部布设的多对超声传感器,将过流断面分为若干流层,每一个流层的平均流速都由该流层对应的超声传感器输出信号读取,通过积分推算待测断面流量,n个声路的流量积分计算公式如下:

$$Q = A\sum_{i=1}^{n} w_i v_i \tag{2}$$

式中,A——测量面面积;

n——测量面内声路数量;

w_i——各声路积分系数;

v_i——各声路测得流速。

传统的多声路时差法超声流量计流量积分往往基于高斯数值积分原理,针对不

121

同的流道布置型式,选择合适的流量积分方法确定各声路最优积分系数 w_i。根据多声路时差法超声流量计测量原理,流量测量的误差来源可分为流速测量误差与流量加权积分误差两大部分。流速测量误差受时间量和几何测量误差影响,流量加权积分误差则是受流道内部流场分布影响[5]。现有高精度几何测量仪器可以保证长度测量的绝对误差小于 1mm,声路角的绝对误差小于 0.03°,高频计数器对渡越时间差测量的绝对误差小于 $0.001s^{-1}$,因此流速测量误差一般小于 1‰,流量积分加权误差对多声路超声流量计的流量测量误差的影响远远大于流速测量误差[6]。因此,本文通过开展不同机组组合运行工况下超声流量计测流实验,分析不同机组组合导致安装有超声换能器的测流段内流场扰动,产生的流量加权积分误差对超声流量计精度的影响。

3.2 测流实验方案

保证进水池水位满足实际工程中淹没肘型进水流道的最低水位要求,水泵转速调至额定转速,出水支管逆止阀完全打开,仅通过设置 4# 机组运行基础上不同机组组合的情况作为变量,开展超声流量计测流实验。不同工况的机组运行组合见表1,机组示意图见图4。

表1　　　　　　　　　　　不同工况的机组运行组合

运行工况	开机台数	详细说明
1	1	4# 机组开
2	2	1#、4# 机组开
3	2	2#、4# 机组开
4	2	3#、4# 机组开
5	3	1#、2#、4# 机组开
6	3	1#、3#、4# 机组开
7	3	2#、3#、4# 机组开

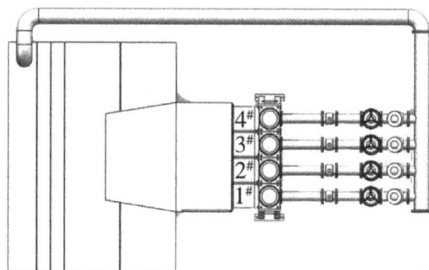

图4　机组示意图

4 不同机组组合工况对边机组超声流量计准确度影响

各运行工况下超声流量计示数稳定后,同时读取此时 $4^{\#}$ 机组超声流量计示数以及 $4^{\#}$ 边机组电磁流量计示数。各运行工况重复 5 次超声流量计测流实验,将 5 次重复实验获得的超声流量计示数、电磁流量计示数取平均值。取平均值后的流量测量实验数据见表 2,各声路积分系数 w_i 见表 3。分析实验数据可知,$4^{\#}$ 机组作为边机组单独运行工况下,超声流量计测量误差约为 -2%;非对称开启两台机组同时运行(工况 2、工况 3)条件下,超声流量计测量误差约为 -3%;同时开启 $1^{\#}$ 机组、$2^{\#}$ 机组、$4^{\#}$ 机组运行工况下,超声流量计测量误差约为 -5%。工况 2、工况 6、工况 7 运行条件下,现有超声流量计测流误差均在 $\pm 1.0\%$ 左右。

表 2 流量测量实验数据

运行工况	试验台流量/(m^3/h)	电磁流量计流量/(m^3/h)	相对误差/%
1	370.584	377.89	-1.933
2	365.574	363.26	0.637
3	355.781	367.56	-3.205
4	355.608	367.86	-3.331
5	340.081	359.027	-5.277
6	344.761	342.53	0.651
7	341.235	344.12	-0.838

表 3 各声路积分系数 w_i

所属流层	声路	积分系数 w_i	声路	积分系数 w_i
1	1	0.331892	5	0.331892
2	2	0.668108	6	0.668108
3	3	0.668108	7	0.668108
4	4	0.331892	8	0.331892

在上述运行工况条件下,对 $4^{\#}$ 机组的肘型流道进行了 PIV 进水流态实验。通过分析流道内的流速矢量分布,不难发现在不同机组组合条件下,肘型流道内部的流态分布存在差异。在工况 2 的运行条件下,肘型流道内部的流场较为平顺;而在工况 5 的运行条件下,肘型流道内部的流场则较为混乱(图 5)。目前使用的多声路超声流量计采用固定声路积分系数的流量积分方法,无法有效应对不同运行工况下的流态变化。

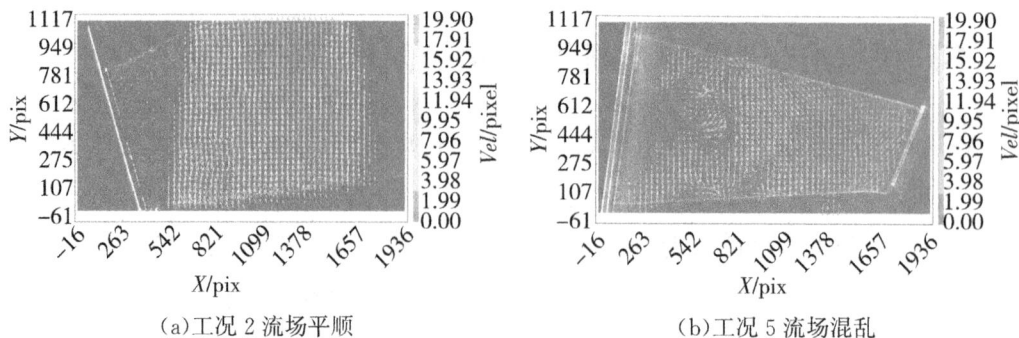

(a)工况 2 流场平顺　　　　　　　　　　(b)工况 5 流场混乱

图 5　实测不同工况流场分布

基于上述超声流量计实流测量实验数据,获得多声道超声流量计各声道流速加权求和得到的待测截面平均流速 v,以及待测截面实际平均流速 v_t:

$$v = \sum_{i=1}^{n} w_i v_i \tag{3}$$

$$v_t = \frac{Q_t}{A} \tag{4}$$

式中,n——流层数量。

则超声流量计测量误差为:

$$\sigma = |v - v_t| \tag{5}$$

使用非线性最小二乘法将多声路超声流量计各声道流速加权求和得到的待测截面平均流速 v 拟合到待测截面的实际平均流速 v_t,误差为测量误差的平方和。

$$S = (v_{tj} - \sum_{i=1}^{n} w_i v_{ij})^2 \quad (j = 1, 2, \cdots, m) \tag{6}$$

式中,v_{tj}——第 j 次工况待测截面的实际平均流速;

v_{ij}——第 j 次工况第 i 个流层超声换能器测得的流层平均流速。

通过对上式进行非线性最小二乘法拟合计算,可获得误差平方和最小时的一系列积分权重 $w_i(i = 1, 2, \cdots, n)$,即为所分析工况类型下最优积分权重。对不同机组组合运行工况下边机组超声流量计各声路流量积分系数进行修正,各工况修正后的声路积分系数见表 4。

表 4　　　　　　　　　　　各工况修正后的声路积分系数 w_i

运行工况	所属流层	声路	积分系数 w_i	声路	积分系数 w_i
1	1	1	0.338434	5	0.338434
	2	2	0.681277	6	0.681277
	3	3	0.681277	7	0.681277
	4	4	0.338434	8	0.338434

运行工况	所属流层	声路	积分系数w_i	声路	积分系数w_i
2	1	1	0.331892	5	0.331892
	2	2	0.668108	6	0.668108
	3	3	0.668108	7	0.668108
	4	4	0.331892	8	0.331892
3	1	1	0.342881	5	0.342881
	2	2	0.690230	6	0.690230
	3	3	0.690230	7	0.690230
	4	4	0.342881	8	0.342881
4	1	1	0.343328	5	0.343328
	2	2	0.691130	6	0.691130
	3	3	0.691130	7	0.691130
	4	4	0.343328	8	0.343328
5	1	1	0.350382	5	0.350382
	2	2	0.705328	6	0.705328
	3	3	0.705328	7	0.705328
	4	4	0.350382	8	0.350382
6	1	1	0.331892	5	0.331892
	2	2	0.668108	6	0.668108
	3	3	0.668108	7	0.668108
	4	4	0.331892	8	0.331892
7	1	1	0.331892	5	0.331892
	2	2	0.668108	6	0.668108
	3	3	0.668108	7	0.668108
	4	4	0.331892	8	0.331892

　　重复 3.2 节中超声流量计测流实验，并导出不同运行工况下各声路线平均流速，采用基于泵站开机机组组合分类的可变声路积分系数的流量积分方法计算流量，具体数据情况见表 5。在泵站各运行工况下，基于泵站开机机组组合分类的可变声路积分系数的流量积分方法最大误差绝对值为 0.978%，可满足工程 ±1.0% 精度要求。

表5   各工况修正后流量误差

运行工况	电磁流量计流量/(m³/h)	所属流层	声路	声路线平均流速/(m/s)	声路	声路线平均流速/(m/s)	误差/%
1	377.89	1	1	1.443	5	0.584	−0.119
		2	2	1.395	6	1.354	
		3	3	1.146	7	1.442	
		4	4	1.099	8	1.477	
2	363.26	1	1	1.057	5	0.926	0.637
		2	2	1.276	6	1.320	
		3	3	1.250	7	1.421	
		4	4	1.178	8	1.524	
3	367.56	1	1	0.436	5	1.015	−0.978
		2	2	1.185	6	0.98	
		3	3	1.617	7	1.27	
		4	4	1.319	8	1.726	
4	367.86	1	1	0.436	5	1.015	−0.095
		2	2	1.185	6	0.980	
		3	3	1.617	7	1.270	
		4	4	1.319	8	1.726	
5	359.03	1	1	1.114	5	0.738	0.909
		2	2	1.535	6	1.123	
		3	3	1.268	7	1.057	
		4	4	0.948	8	1.365	
6	342.53	1	1	0.163	5	1.765	0.651
		2	2	1.142	6	1.171	
		3	3	1.624	7	0.917	
		4	4	1.418	8	1.132	
7	344.12	1	1	0.169	5	1.763	−0.838
		2	2	1.071	6	1.203	
		3	3	1.645	7	0.854	
		4	4	1.463	8	1.106	

5 结论

本研究搭建南水北调东线邓楼泵站模型试验台,在泵站模型试验台肘型流道内部安装交叉4声路(8声路双声道面)超声流量计,通过开展不同机组组合运行工况下边机组（4#机组）超声流量计测流实验，评估超声流量计在不同机组组合运行工况下测流精度。试验结果表明，肘型流道断面形状与尺寸均沿程不断发生变化，引入了除主流外额外的流动复杂性和扰动。泵站目前采用的超声流量计交叉双声道面的超声换能器布置型式，以及基于高斯积分的传统固定积分系数的流量积分方法，可在部分机组组合条件下满足工程±1.0%的精度要求，但无法适应所有机组组合运行工况下流量测量精度要求，流量测量导致的误差将直接影响各级调度决策的合理性。

对于南水北调东线各大泵站不同机组组合运行工况，应通过更加全面的超声流量计实流测量工作，提出不同机组组合运行工况下的各声路最优积分系数，在不改变现有超声换能器布置条件下，提高各机组组合条件下超声流量计测量精度。

参考文献

［1］水利部发展研究中心课题组.深刻认识南水北调工程重大意义筑牢"四条生命线"［J］.中国水利，2022(11):4-9.

［2］朱正伟，夏洲.超声波流量计在南水北调东线泗阳站的应用［J］.水电自动化与大坝监测，2011,35(4):81-83.

［3］余嘉芸，娄倩男，丁优婷，等.超声波流量计误差因素与技术研究进展［J］.计量科学与技术，2024,68(4):50-59.

［4］何川.流体力学［M］.北京:机械工业出版社，2020.

［5］Suna G ,Nuolin X ,Baonan L , et al. Integration method of multipath ultrasonic flowmeter based on velocity distribution［J］. Measurement,2023,207.

［6］段炎冲，杨郁挺，王忠静，等.明渠含沙水流流量测量精度分析——以超声时差法测流为例［J］.水力发电学报，2023,42(3):1-12.

多波束测量系统的倾斜优化
在码头下水下地形测量中的应用

高 尚 郭 凯 何 良

(长江水利委员会水文局长江下游水文水资源勘测局,江苏南京 210011)

摘 要:本研究针对传统多波束测量系统在码头下方无 GNSS 信号的水下地形测量的难题,设计并实施了 3 种不同倾斜角度(30°、45°、60°)的多波束测量支架。通过对比分析,发现 45°倾斜安装方式在测量效率和精度上表现最优。该方法显著提升了多波束测深系统在码头、桥墩、丁坝等特殊区域水下地形测量能力,尤其是在水深小于 3m 的区域,确保了测量数据的有效性和船舶作业的安全性。本文详细阐述了多波束倾斜安装支架的设计、实验方法和结果分析,为水下工程测量提供了一种高效、精确的新技术方案。

关键词:多波束测量;倾斜安装;水下地形测量;测量精度

1 前言

水下地形测量是海洋工程、环境监测和资源勘探等领域的基础。随着科技的进步,多波束声呐技术已成为获取高精度水下地形数据的重要工具。尽管多波束声呐系统在深水区域的应用已经相当成熟,但在靠近岸边的斜坡和结构物时,尤其是码头下方地形等,受限于多波束开角的问题,其测量精度和效率仍面临挑战。近年来,研究者们通过创新的安装方法和数据处理技术,如倾斜安装多波束声呐头,以期提高岸

基金项目:长江水利委员会水文局科技创新基金项目(SWJ-24CJX01)。

作者简介:高尚(1991—),男,河南洛阳人,硕士研究生,工程师,注册测绘师,主要从事河道勘测等工作。E-mail:976514726@qq.com。

坡区域的测量覆盖率和精度。

Song 等[1]研究提出了一种基于倾斜多波束声呐头的测量方法,并在我国台湾 Wushe 水库进行了实验验证,Park 等[2]通过实际案例展示了倾斜多波束回声探测器在提高测量覆盖率方面的有效性。王天文等[3]提出了一种多波束倾斜安装方法,并在海南某人工岛的水下界址测量中验证了其有效性。周林等[4]在孟加拉国帕德玛大桥河道整治项目中,应用多波束倾斜安装技术提高了测量的覆盖范围和安全性。Gonsalves 等[5]研究在珍珠河的超浅水环境中实施了倾斜多波束换能器的测量,展示了非传统安装方式的优势。王小龙等[6]提出了多波束倾斜安装技术,并在水下检测工程中验证了其有效性。但在已知研究文献中对于倾斜安装技术为何选择默认的安装角度并未说明原因,且没有经过多种安装角度数据进行对比验证。

本研究旨在填补现有文献的不足,通过综合分析多波束声呐技术在岸坡水域的应用现状,设计制作了 30°、45°和 60°3 种不同倾斜角度的安装方式,通过实验对比研究了 3 种方式的不同效果。

研究结果表明,45°倾斜安装方式在提高测量精度和效率方面具有显著优势,尤其是在水深小于 3m 的浅水区域,能够有效地覆盖水下界址线,同时保证了船舶测量设备的安全性与测量精度。本文的研究不仅为解决传统多波束测量系统的局限性提供了新的视角,而且为水下工程的精确施工和安全监测提供了有力的技术支持。通过对多波束倾斜安装支架的深入分析,本文旨在推动水下工程测量技术的发展,满足高精度测量的日益增长需求。

2　多波束测深系统组成

多波束测深系统主要由以下部分组成:

①多波束换能器:声学探头。

②多波束甲板单元:控制、信号处理和计算。

③GNSS:位置和时间信息。

④罗经和运动传感器:方向和姿态。

⑤表面声速仪。

⑥声速剖面仪。

⑦潮位仪/水位计。

⑧工作站。

本文主要采用的多波束仪器组成见图 1,其工作频率常规是 400kHz,可以 200～

700kHz 调节,有 FM 和 CW 脉冲信号,波束数量最大为 512 个,波束分辨率为 $0.9° \times 1.9°$,最大 ping 率输出为 50Hz,内置表面声速仪。

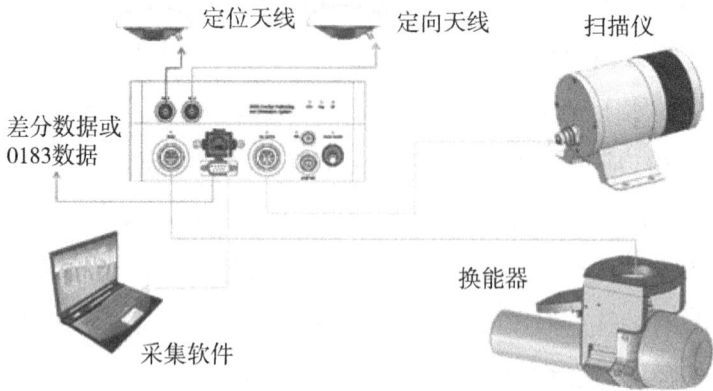

图 1　多波束仪器组成

该仪器为集成 ins(惯性导航系统)(图 2),主要特点为出厂集成重要传感器为船上的测量员提供了一个宽容的采集经验。声呐测量基准和惯性运动单元基准中心之间的偏移量在系统设置中是固定和预定义的。用户只需测量从声呐支架顶部中心到主天线底座底部的距离。

定位、航向状态、表面声速探头之间的连线和软件都集成在内部处理。船体上测量员只需通过一根电缆将湿端连接到平台顶部,然后连接两端的 GNSS 电缆(每根电缆的两端都贴有标签,以消除设置不确定性)。

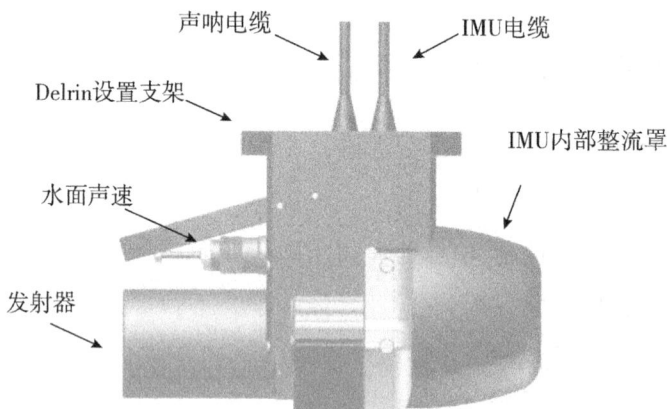

图 2　换能器构造

3 设计与安装

3.1 多波束倾斜测量思路

多波束正常测量时由于扫宽有限,在靠近码头或浅水等区域时,多波束测量会有较多死角无法采集到数据。岸坡部分一般都是斜坡或陡坎,将探头旋转一定角度后,便可采集到尽可能多的数据,与陆域部分有更好的拼接(图3)。

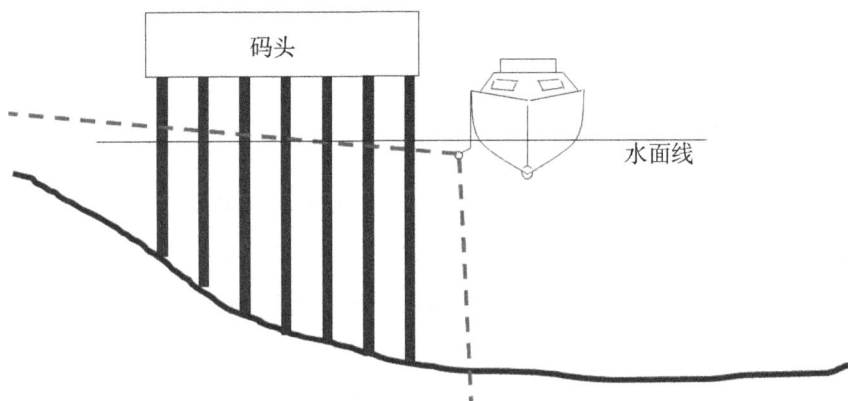

图3 多波束倾斜安装后测量范围示意图

3.2 设计与制作

本文设计了3种倾斜安装角度。倾斜角度分别为30°、45°、60°,来分别研究各自的角度安装取得不同的效果。经过图纸设计后,采用精密数字机床加工技术,倾斜支架采用材质为SUS304材质不锈钢钢管制作,设计制作的多波束倾斜支架设备见图4。

图4 设计制作的多波束倾斜支架

3.3 参数的量取

设备安装完毕后,需要精确量取相对位置关系,通常采用人工多次量取求平均值的方法。本文使用的多波束仪器设备主要的参考点分别为测量中心、声呐中心、ins惯导中心,在一般情况下测量时只需量取至测量中心即可,其余参数均内置在软件内部。经过倾斜一定角度后,在三维视角内,所有的相关参数都经过了改变,必须重新量取计算,本次坐标原点设置为探头顶部的测量中心,所有的相对位置关系都以该点为准,相对位置关系见图5。

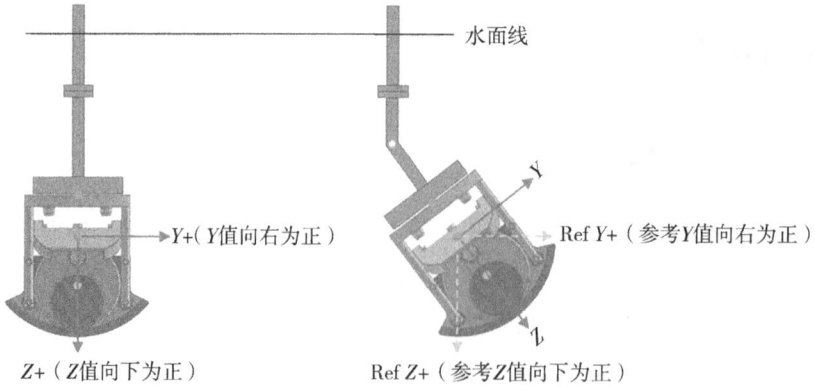

图5　各个参考点的相对位置关系

3.4　安装与校准

项目选用专用的测量船,多波束换能器由导流罩固定好后经倾斜弯头与支架连接固定安装在船体中部右舷位置,用钢丝绳在船前、船底、船后 3 个方向将支架固定牢固,支架与船只之间的缝隙用木块支撑;GNSS 天线安置在一个稳定的结构上,保持刚性连接,在测量期间不会摇晃或弯曲,且上空无遮挡。安装时将天线定向为平行于或垂直于船只中心线,主天线尽量接近 IMU,以便将偏移测量误差降至最低[7,8]。辅助天线应与主天线保持固定距离,天线间距至少为 2m。主天线和辅助天线尽量在同一水平面上,高差不宜超过 3cm。

姿态航向校准 POS MV 设备要求在水域中进行八字跑线校准,船只在水中尽量按控制软件中的显示界面行进,Heading Error RMS 值会逐渐降低,低于 0.5°即可完成校准。校准过程按提示有两次点击继续的过程,校准完成之前,软件会计算出当前偏差值和上次偏差值的偏差,以及前后天线的间距。如遇校准过程 Heading Error RMS 值持续不动情况,尝试加快速度或者增大拐弯半径或寻找更开阔的水域进行校准,校准结果见图 6。

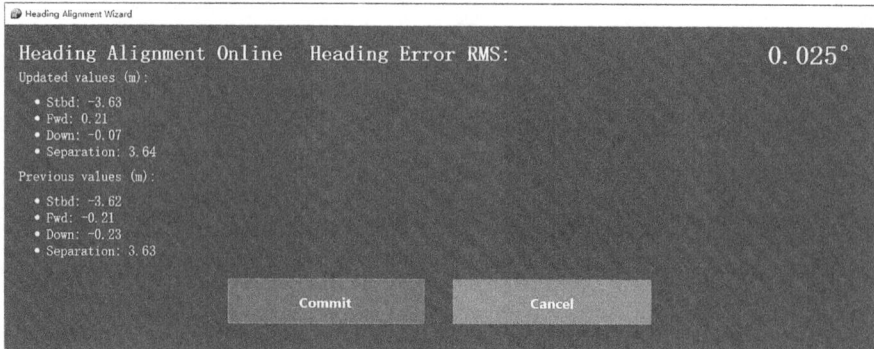

图6　30°倾斜安装的校准结果

4 应用与对比分析

在扬中市某长江水域,选取一处码头作为研究区域。该码头尺寸约为 470m×28m,码头前沿水深约为 10m,内测水深平均为 0.3m,岸边到深水侧整体呈坡状。常规测量方式为多波束沿码头前沿进行上下游测量,码头内部用单波束补充测量的方式,但是多波束开角有限,单波束测量时在码头下方无 GNSS 定位,误差较大。故本次多波束先以正常测量的方式测量,然后分别以常规竖直安装、30°倾斜、45°倾斜、60°倾斜 4 种测量方式,再分别沿码头前沿进行上下游的测量(图 7),测量后经处理的效果见图 8。

对于 4 种测量方式,数据经统一处理后,选择同一片区域进行叠加分析[9]。其中,3 种倾斜方式分别与常规竖直测量对比,然后 3 种倾斜安装方式分别进行互相对比,统计后绘出水下冲淤图(图 9)。经图中可以看出,4 种测量方式经相互对比,数据整体较为吻合,冲淤整体平衡,冲刷厚度平均在 0.2m 左右。

图 7 沿码头前沿进行扫测

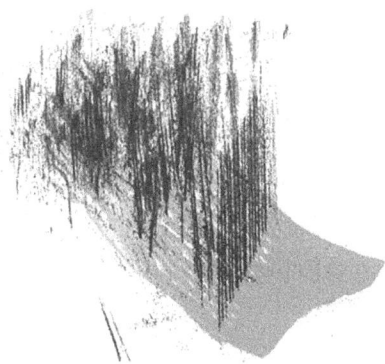

图 8 码头下方多波束扫测区域

将所有对比的数据进行综合分析,绘制出带箱线图的小提琴图(图 10),其中每个小提琴图都包含了以下信息:

①中位数(黑色竖线),表示数据集中的中间值;

②四分位范围(黑色矩形),表示数据集的第 25 百分位数至第 75 百分位数区间;

③数据分布密度(曲线),描绘了数据的频率分布情况。

通过对这些小提琴图的观察,我们可以得出以下结论:

①在所有比较组合中,正常竖直安装与其他倾斜安装方式相比,其数据分布通常更集中在中位数附近,表现出较小的变异幅度。

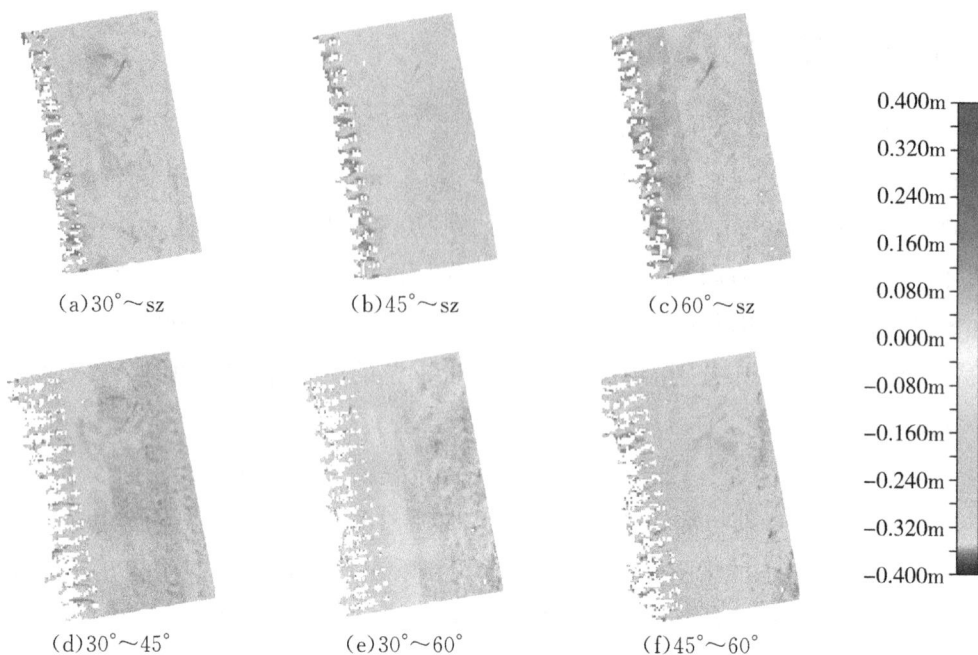

图9　4种安装方式的冲淤对比分析

（sz代表多波束正常竖直安装，30°、45°、60°代表多波束按照该角度倾斜安装）

②当倾斜角度增加时，数据分布的变异幅度也有所增大。例如，30°和45°倾斜安装的数据分布比60°倾斜安装的数据分布更为集中。

③不同倾斜角度之间的比较显示出一定的差异性。例如，30°和45°倾斜安装与正常安装时的数据分布较为接近，而60°倾斜安装与正常安装的数据分布则存在较大的差异。

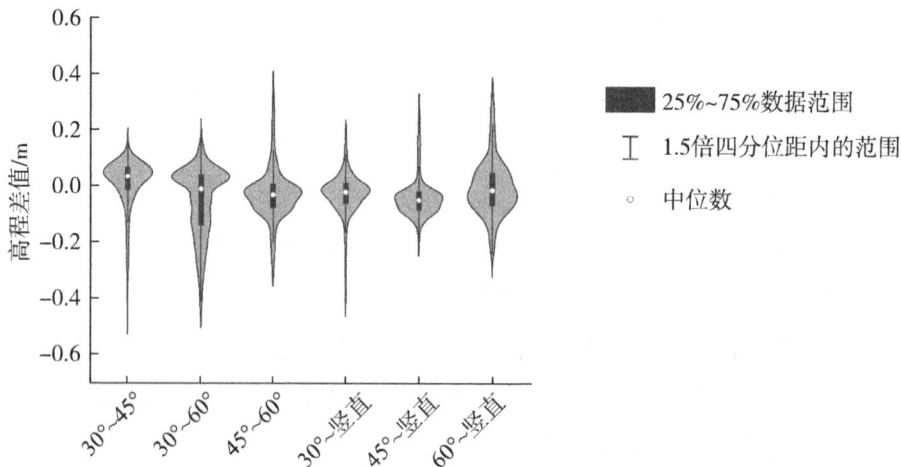

图10　四种安装方式的数据相互对比分布

在码头附近一定范围内,对 4 种安装方式的测量范围进行对比分析(图 11),其中明显可见多波束正常安装的时候测量范围较小,30°、45°、60°倾斜安装测量范围依次增大。但是倾斜角度过大的话,数据的误差会变大,精度降低。综合对比来看,45°倾斜安装测量的时候,既能在浅水部分测量较大的范围,又能保证符合规定内的精度,提高效率明显。

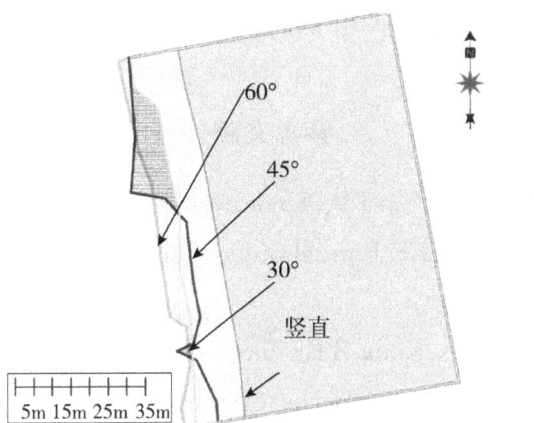

图 11　4 种安装方式的测量范围对比

5　结语

本研究通过创新性地设计并测试了 3 种不同倾斜角度(30°、45°、60°)的多波束测量支架以提高无 GNSS 信号区域如码头下方及超浅近岸区域的测量精度和效率。经过详细的实验对比分析,得出以下结论。

(1)倾斜角度的优化

在三种测试的倾斜角度中,45°倾斜安装方式在测量精度和覆盖范围上表现最佳。该角度不仅扩大了波束对水下地形的覆盖,提高了数据采集的效率,而且确保一定的精度。

(2)码头及岸坡水域的适用性

45°倾斜安装的多波束系统在岸坡水域显示出卓越的性能,能够较好地测量到浅水区域的水下界址线,解决了传统垂直安装方式无法触及的问题。

(3)安全性提升

倾斜安装方式减少了船只在测量过程中过于靠近岸边的风险,从而提高了作业的安全性。

(4)经济效益

相较于设备升级或增加新设备,45°倾斜安装支架提供了一种成本效益更高的解决方案,使得现有多波束测量系统能够发挥更大的作用。

(5)技术应用前景

本研究验证了45°倾斜安装支架在码头下方区域和水下地形测量中的应用潜力,为水下工程测量提供了一种新的技术途径,具有广泛的应用前景。

综上所述,45°倾斜安装支架为码头等岸坡浅水区域的多波束测量提供了一种高效、精确且安全的解决方案,值得在相关领域进一步推广应用。

参考文献

[1] Song G S, Lo S C, Fish J P. Underwater slope measurement using a tilted multibeam sonar head[J]. IEEE Journal of Oceanic Engineering,2014,39(3):419-429.

[2] Park Y, Hong J P, Kong S K. Increasing surveyed area using tilted multi beam echo sounder[J]. KSCE Journal of Civil and Environmental Engineering Research,2011,31(5D):739-747.

[3] 王天文,买小争,颜振能. 多波束倾斜安装方法在极浅水界址测量中的应用[J]. 测绘与空间地理信息,2024,47(2):219-221.

[4] 周林,任皓,付栋. 多波束倾斜安装在浅水区域中的测量应用[J]. 港工技术,2021,58(5):115-117.

[5] Gonsalves M O, Battilana D J. Surveying on the Side:A study in the implementation of a tilted multibeam transducer in an ultra-shallow riverine environment[J]. International Hydrographic Review,2009(1).

[6] 王小龙,李韬. 多波束倾斜安装技术在水下检测工程中的应用[J]. 水运工程,2020(S1):30-34.

[7] 丰启明,邓志军,葛健,等. 双头多波束测深系统的参数校准[J]. 海洋测绘,2012,32(1):25-27+31.

[8] 贾德康,李志. 非掩埋海底管道应用多波束系统双探头检测方法研究[J]. 山西建筑,2019,45(12):164-165.

[9] 周天,欧阳永忠,李海森. 浅水多波束测深声呐关键技术剖析[J]. 海洋测绘,2016,36(3):1-6.

基于变焦摄像机的图像法测流系统标定

王嘉诚　张　振　程　泽　彭欣雨　郭　俊

（河海大学信息科学与工程学院,江苏常州　213000）

摘　要: 河流流速、流量是水文基本监测要素,是水资源高效利用、水灾害预警预报、水利工程科学规划、水生态保护不可或缺的基础数据资料。以大尺度粒子图像测速法(LSPIV)、时空图像测速法(STIV)及光流跟踪测速法(OTV)为代表的图像法测流技术具有非接触式全场流速测量的特点,越来越多地被应用于河流水面流场及断面流量的监测。然而目前普遍适用的定焦摄像机尽管标定简单,但在测量宽断面、低流速等天然示踪物弱小的场景下存在空间分辨率不足的问题,导致有效示踪物在图像中的可见性差,引起较大测量误差。本文针对变焦摄像机的特点设计一种大视场下标定、小视场下测量的工作模式。内参标定采用多焦段分组拟合标定法建立摄像机内参与变倍次数的分段线性拟合关系。外参标定利用距离已知的河道水边线或现场布设的平行线代替地面控制点标定摄像机俯仰角。初步实验表明,内参标定相对误差小于±5%,俯仰角差绝对误差为±1°左右,表面流速标准偏差为8.76%。

关键词: 时空图像测速,变焦,摄像机标定,流速修正

1　前言

流速作为一种重要的水文要素,其准确测量关系到水资源的有效管理、水利工程

基金项目:国家自然科学基金青年基金项目(51709083)资助;国家重点研发计划项目(2017YFC0405703)资助;江苏省水利科技项目(2021070)资助。

作者简介:张振(1985—),男,江苏武进人,副教授,博士,主要从事光电成像与多传感器系统、图像法测流技术研究。

的合理建设，以及水灾害的预防等多个方面。传统的流速测量方法包括超声波流速测量仪、转子式流速仪、多普勒流速剖面仪（ADCP）等，它们都属于接触式测量技术，其测量结果具有高可靠性，但由于其依赖人工操作，在部分极端场景如高洪期下难以得到应用。近年来，图像法测流技术因其具有非接触式测量和易于获取全场流速的特点，得到了广泛的应用。目前，图像法河流流速测量技术主要包括大尺度粒子图像测速技术（LSPIV）、光流跟踪测速技术（OTV）和时空图像测速技术（STIV）。时空图像测速技术相较于其他两种图像测流方法，具有空间分辨率较高、时间复杂度较低、无需提前播撒示踪粒子等特点，在实际水文测量中具有广泛的应用。不论采用何种光流估计方法获取水面漂浮物、波纹等示踪物在图像坐标系下的运动矢量，都需要通过摄影测量原理将其转换到世界坐标系下才能获得真实的水面流速场，因此摄像机标定是决定视频测流系统能否正常施测及测量精度是否满足要求的关键。

为了同时测量完整河流断面的表面流速分布，现有岸基式的在线视频测流系统通常采用广角定焦镜头的摄像机以小倾角拍摄上百米宽断面的大视场，产生严重的图像透视畸变，导致远场的空间分辨率损失严重，无法有效辨识具有良好跟随性的小尺度天然示踪物，引起相关峰信噪比等检测指标的显著恶化，极易造成测量粗大误差。采用可远程控制云台方位角（Pan）、俯仰角（Tilt）及镜头变焦倍率（Zoom）参数的PTZ摄像机可灵活地调节观测视场和尺度，有助于降低摄像机的现场安装要求并改善测量空间覆盖率与分辨率的矛盾，但内外参数的可变性也给PTZ摄像机的现场标定带来极大挑战。

近景摄影测量领域经典的直接线性变换法（Direct Linear Transformation，DLT）需要在河流两岸布设6个以上非共面的地面控制点，并采用全站仪等专业设备勘测其世界坐标。对于宽断面河流，对岸使用的地面控制点需要制作得很大，否则其可见性及定位精度难以保证。考虑到山区河流岸坡不稳定，在汛期可能存在崩岸风险，跨河作业不仅费时费力，而且对人员的安全构成严重威胁。此外，由于DLT是一种整体解算方法，各参数无物理意义且相互耦合，一旦摄像机的某个内外参数发生变化，已有标定结果将不再适用，即需要重新标定所有参数，而野外临时布设的控制点往往不可能长期稳定存在，导致实际操作难度大。

计算机视觉领域用于摄像机标定的两步法为减小现场测量对地面控制点的依赖提供了新的解决思路。其考虑了镜头的非线性畸变，并将单应矩阵分解为内、外参数矩阵，将摄像机标定任务分解成室内的内参标定和测量现场的外参标定两步执行，使得其中外参数所需的地面控制点减少到 4 个。其中内参包括摄像机的焦距、像主点坐标及径向、切向畸变系数等内方位元素,外参包括摄像机的三维世界坐标及三轴姿态角组成的 6 个外方位元素。Bechle 等和 Huang 等设计了一种基于二维精密云台的旋转标定法,可利用地面控制点标定摄像机外方位参数的初值,并通过云台上的刻度盘测量摄像机方位角和俯仰角的变化进行补偿,该方法需要人工调整摄像机的姿态角。另一种改进的方法是将摄像机与姿态传感器固连构成直接传感器定向(Direct Sensor Orientation,DSO)的摄影测量系统,即采用传感器直接获取摄像机的姿态角。以上两种方法对姿态传感器的测量精度要求较高,而且由于不可避免地存在安装误差,需要在系统集成时对传感器和摄像机的偏心角进行严格检校,否则未经补偿的实验室小尺度下的检校结果在现场大尺度测量中会引起较大偏差。张振等认为河道水边线与测流断面地形及水位相关,其在水面和图像坐标系下的位置能够直接反映水面的变高单应关系,且在宽断面下相比地面控制点更易于观测,进而基于测流河段通常满足河道顺直、断面高程及水位可精确测量的假设,提出了一种基于断面水边线定向的摄像机姿态角标定方法,并结合频域时空图像测速法实现了免像控、免传感器的宽断面河流表面流速测量,但目前该方法尚未应用于变焦摄像机。

本文针对图像法测流技术在宽断面、低流速等场景应用中存在的成像空间分辨率不足问题,探索采用变焦摄像机拍摄天然示踪物较为丰富、流动特征较为显著的局部水面区域(如中泓)代替完整断面。首先以倾斜视角下免像控的变高水面摄影测量模型和两步法标定为基础,研究适用于变焦摄像机的多焦段分组拟合内参标定法和像差修正平行线的外参标定法。然后结合时空图像测速法将其应用于低流速场景下明渠测流,并针对示踪物缺失引起的无效流速矢量及视场盲区引起的缺失流速进行插值修正以获得全断面的流速分布。最后形成一种基于变焦摄像机的大视场标定、小视场测量的新模式,可应用于水面无任何标定参照物的测流。

2 研究方法

本研究中使用的方法包括摄影测量模型、变焦摄像机内参标定、外参标定和频域时空图像测速法(FFT-STIV),整体流程见图 1。

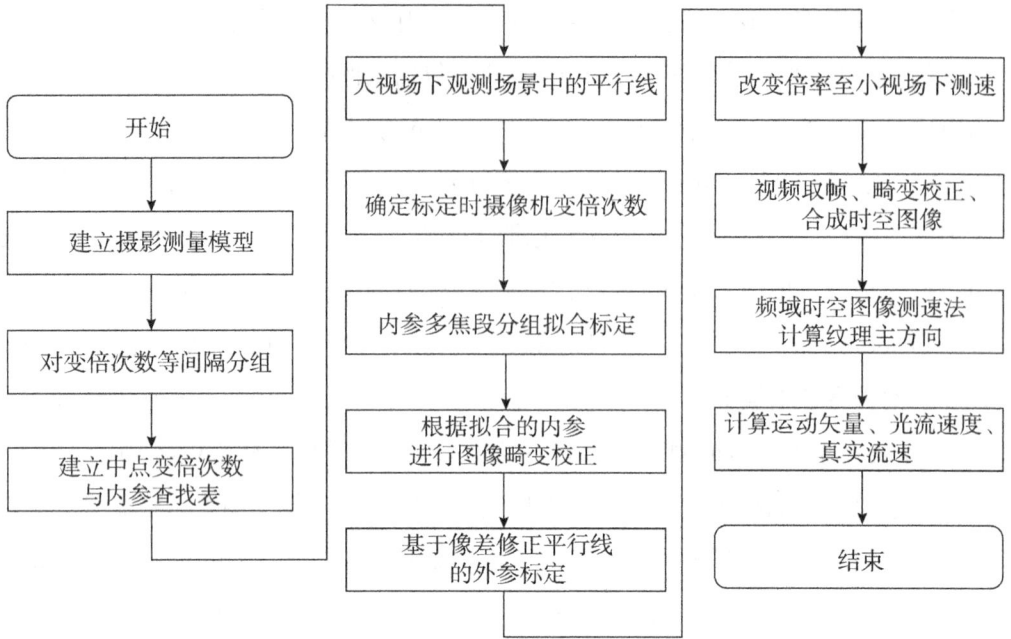

图 1   方法整体流程

2.1   摄影测量模型

以水流方向为 X 轴、断面方向为 Y 轴、高程为 Z 轴建立世界坐标系(图 2),将断面参考点(起点桩)作为 X 和 Y 轴的零点,水位计零点(黄海高程)作为 Z 轴零点。世界坐标系下摄像机的位置表示为 $P_C(X_C, Y_C, Z_C)$。定义俯仰角 θ 为绕 X 轴旋转所形成的角度,横滚角 φ 为绕 Y 轴旋转的角度,方位角 κ 为绕 Z 轴旋转的角度。o、O 分别为投影中心在像平面和水平面上的投影点。对于理想无畸变的小孔成像系统,像主点 o 位于图像中心,其像平面坐标(mm)为:

$$\begin{cases} x_0 = s \cdot m/2 \\ y_0 = s \cdot n/2 \end{cases} \tag{1}$$

式中,s——图像传感器的像元尺寸;

$m \times n$——图像分辨率。

像平面坐标(x, y)可由对应的像素坐标(i, j)(pixel)表示为:

$$\begin{cases} x = s \cdot i \\ y = s \cdot j \end{cases} \tag{2}$$

根据摄影测量学中的中心透视投影模型(图 2),物平面上的坐标点、投影中心和像平面上的坐标点满足共线方程:

$$\begin{cases} X = \dfrac{a_1(x-x_0)+a_2(y-y_0)+a_3(-f)}{c_1(x-x_0)\cdot s+c_2(y-y_0)+c_3(-f)}(Z-Z_C)+X_C \\[3mm] Y = \dfrac{b_1(x-x_0)+b_2(y-y_0)+b_3(-f)}{c_1(x-x_0)+c_2(y-y_0)+c_3(-f)}(Z-Z_C)+Y_C \end{cases} \quad (3)$$

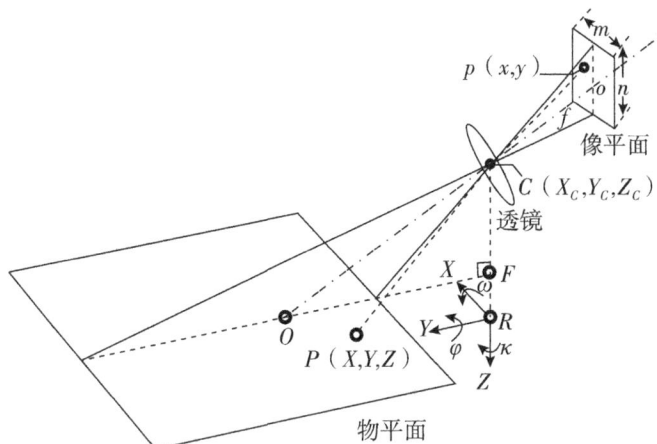

图 2　系统布设方案

其中系数构成的旋转矩阵可用摄像机相对于物平面的方位角 κ、俯仰角 θ 和横滚角 φ 表示：

$$\mathbf{R}^{\mathrm{T}} = \begin{bmatrix} a_1 & b_1 & c_1 \\ a_2 & b_2 & c_2 \\ a_3 & b_3 & c_3 \end{bmatrix} =$$

$$\begin{bmatrix} \cos\kappa\cos\varphi-\sin\kappa\sin\theta\sin\varphi & \cos\theta\sin\varphi & \sin\kappa\cos\varphi+\cos\kappa\sin\theta\sin\varphi \\ -\cos\kappa\sin\varphi-\sin\kappa\sin\theta\cos\varphi & \cos\theta\cos\varphi & -\sin\kappa\sin\varphi+\cos\kappa\sin\theta\cos\varphi \\ -\sin\kappa\cos\theta & -\sin\theta & \cos\kappa\cos\theta \end{bmatrix} \quad (4)$$

由此建立了世界坐标系和像素坐标系之间的转换关系。

2.2　基于多焦段分组拟合的内参标定

将上述转换关系中的物点和像点分别用齐次坐标表示，即 $\tilde{P}=(X,Y,Z,1)^{\mathrm{T}}$ 和 $\tilde{p}=(x,y,1)^{\mathrm{T}}$，则两者之间的变换关系可以通过如下矩阵来表示：

$$s\tilde{p}=\mathbf{A}[\mathbf{R},t]\tilde{P} \quad (5)$$

式中：s——像元尺寸；

$\mathbf{A}$——内参矩阵，$\mathbf{A}=\begin{bmatrix} f_x & 0 & c_x \\ 0 & f_y & c_y \\ 0 & 0 & 1 \end{bmatrix}$;

$[R,t]$——外参矩阵；

f_x、f_y——x 和 y 方向上的等效焦距；

(c_x,c_y)——像主点坐标。

由于镜头的径向曲率不够理想，以及光学镜头的光心与物体几何中心不完全一致，实际图像坐标点和理想图像坐标点产生一定程度的非线性光学畸变（包括切向和径向畸变），为了减小这种非线性畸变需要引入畸变系数 k_1、k_2、p_1、p_2 来进行校准：

$$\begin{cases} x' = x(1 + k_1 r^2 + k_2 r^4) + 2p_1 y + p_2(r^2 + 2x^2) \\ y' = y(1 + k_1 r^2 + k_2 r^4) + 2p_2 x + p_1(r^2 + 2y^2) \\ r^2 = x^2 + y^2 \end{cases} \tag{6}$$

式中，k_1、k_2——径向畸变系数；

$\quad p_1$、p_2——切向畸变系数；

$\quad (x',y')$ 和 (x,y)——畸变和无畸变的相机坐标。

变焦摄像机由于其倍率可以改变，此时的内参数不再是一个固定值，可以看成一个随倍率变化的函数，则将内参矩阵修改为：

$$\mathbf{A}(z) = \begin{bmatrix} f_x(z) & 0 & c_x(z) \\ 0 & f_y(z) & c_y(z) \\ 0 & 0 & 1 \end{bmatrix} \tag{7}$$

故变焦摄像机倍率变化后，其内参矩阵也会随之变化，因此测量过程中需要根据实际倍率现场进行标定，这造成了标定的困难。为了实现变焦摄像机的快速标定，提出多焦段分组拟合标定。建立组内中点变倍次数与焦距、像主点坐标和畸变系数之间的查找表，并在每组之间采用线性插值拟合得到实际的摄像机内参值。

设现场实测变倍次数为 m 时的 x 方向的等效焦距为 f_{xm}，且 m 位于第 n 组分组，第 n 组第一个和最后一个 f_x 分别记为 f_{xn1} 和 f_{xn2}，则 f_{xm} 的计算公式为：

$$f_{xm} = \frac{f_{xn2} - f_{xn1}}{n_2 - n_1}(m - n_1) + f_{xn1} \tag{8}$$

同理可得现场实测变倍次数为 m 时的 y 方向等效焦距 f_y，像主点坐标 c_x、c_y，径向畸变系数 k_1、k_2，切向畸变系数 p_1、p_2。

2.3 基于像差修正平行线的外参标定

传统的外参标定依赖实际布设的像控点，然而常见的明渠大多存在垂直边坡使得布设像控点困难，因此可以利用场景中天然存在的一组距离已知的平行线代替地面控制点进行俯仰角的计算。由于不考虑畸变会使得标定出现较大的误差，因此提出基于像差修正平行线的外参标定模型，即在外参标定前需要将 2.2 节所求出的内参代入 OpenCV 畸变校正函数对所拍摄的图像进行畸变校正。

建立世界坐标系 $O_w-X_wY_wZ_w$ 和像素坐标系 $O-XY$(图 3)。假设水面为一平面,则 $Z_w=0$,X_w 轴定义为透镜中心位置垂直于摄像机光轴平面与地面的交线,其方向水平向右;Y_w 轴为摄像机光轴所在的且垂直于地面的平面与地面的交线,其方向垂直于河流断面方向。在像素坐标系中,假设图像大小为 $M \times N$,原点定义为图像几何中心 $[(M-1)/2,(N-1)/2]$。摄像机光轴与水平面的夹角为摄像机俯仰角 θ,β 为平行线与世界坐标系 X_w 轴的夹角。

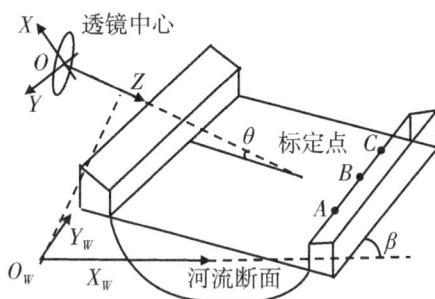

图 3　摄像机架设位置示意图

本文根据测流应用场景,假设在系统架设时已将摄像机横滚角和方位角调零,因此仅需考虑俯仰角 θ 的解算。已知平行线上的 A、B、C3 点的世界坐标分别为 (X_A, Y_A, Z_A)、(X_B, Y_B, Z_B)、(X_C, Y_C, Z_C),其像素坐标分别为 (x_a, y_a)、(x_b, y_b)、(x_c, y_c),记 $|AB|=h_1$,$|AC|=h_2$。过 A 点作与 X_w 轴平行的直线交另一条平行线于 E 点,设两条平行线的间距为 d(图 4)。记 $\Delta Y_{BA}=Y_B-Y_A=h_1\sin\beta$,$\Delta Y_{CA}=Y_C-Y_A=h_2\sin\beta$。

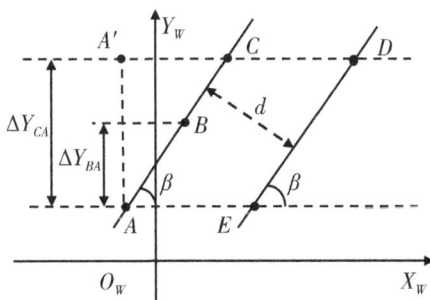

图 4　选定平行线结构示意图

由相似三角形关系并经过整理可得:

$$\begin{cases} Y_A = \dfrac{h_1 h_2 (y_b - y_c)}{(y_a - y_b)h_2 - (y_a - y_c)h_1}\sin\beta \\ \lambda = \dfrac{\sin\theta}{\cos\theta}f = \dfrac{Y_A + \Delta Y_{BA}y_b - Y_A y_a}{\Delta Y_{BA}} \end{cases} \qquad (9)$$

令

$$Y'_A = \frac{h_1 h_2 (y_b - y_c)}{(y_a - y_b)h_2 - (y_a - y_c)h_1} \tag{10}$$

则中间变量 λ 为：

$$\lambda = \frac{(Y'_A + h_1)y_b - Y'_A y_a}{h_1} \tag{11}$$

两平行线间的距离 d 为：

$$d = (X_E - X_A)\sin\beta \tag{12}$$

其中

$$X_E = \frac{Y_E}{Y_C} \cdot \frac{h_2 \cos\beta}{x_c - x'_a} x_e \tag{13}$$

$$X_A = \frac{Y_A}{Y_C} \cdot \frac{h_2 \cos\beta}{x_c - x'_a} x_a \tag{14}$$

经过整理得：

$$\sin2\beta = \frac{\lambda - y_a}{\lambda - y_c} \cdot \frac{2d(x_c - x'_a)}{h_2 \mid x_e - x_a \mid} \tag{15}$$

由公式(9)并结合几何关系，可得：

$$\sin\theta = \lambda\frac{\cos\theta}{f} = \frac{d\lambda}{Y'_A(x_e - x_a)\sin^2\beta} \tag{16}$$

因此，摄像机俯仰角 θ 的计算公式为：

$$\theta = \arcsin\left[\frac{d\lambda}{Y'_A(x_e - x_a)\sin^2\beta}\right] \tag{17}$$

完成摄像机标定后，可根据 x 或 y 方向对应换算关系求出物像尺度转换因子 Δs：

$$\Delta s = \frac{H \cdot s/\sqrt{[(n/2 - j) \cdot s]^2 + f^2}}{\sin[\theta + \arctan(n/2 - j) \cdot s/f]} \tag{18}$$

式中，H——当前摄像机的水面高程。

2.4 频域时空图像测速法(FFT-STIV)

频域时空图像测速法是一种基于视频图像对水体表面流速进行测量的方法。选择适当的时间间隔 t 采集 M 帧图像序列，以水流方向设置一条长度为 L 像素的测速线，在整个测流断面布设 x 条测速线，每条测速线对应于一个时均流速矢量。以 $x-t$ 为直角坐标系合成大小为 $L \times M$ 像素的时空图像(图5)。在时空图像上定义纹理角 δ 为示踪物形成的纹理与纵坐标之间的夹角，其正切值反映了测速线上时均光流运动矢量的大小。设示踪物在摄像机坐标系下在时间 T 内沿测速线方向运动了

D_m,在图像平面坐标系下表现为τ帧内产生d像素的位移,则该测速线对应的流速矢量V表示为:

$$V = \frac{D}{T} = \frac{d \cdot \Delta s}{\tau \cdot \Delta t} = \tan\delta \cdot \frac{\Delta s}{\Delta t} = v \cdot \Delta s \tag{19}$$

式中,Δt——帧间隔;

$\quad\quad v$——光流运动矢量(pixel/s);

$\quad\quad \Delta s$——测速线上的物像尺度转换因子(m/pixel)。

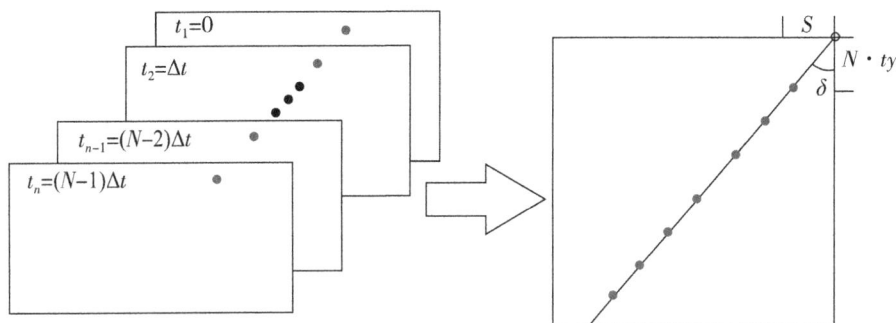

图5 时空图像的合成示意图

明渠大多存在垂直边坡使得摄像机出现断面盲区,难以布设像控点,需要利用场景中存在的平行水边线或现场布设平行线代替像控点标定摄像机外参数。利用变焦摄像机的特点,在大视场下观察场景中的平行线并进行外参数的标定,标定完成后,调整倍率至小视场下进行流速的测量。然而,在小断面低流速情况下,示踪物受干扰严重,跟踪准确率低,需要对错误流速矢量进行识别和修正,将断面盲区流速矢量及错误矢量插值得到整个断面的流速分布,根据水力学中明渠的流速分布规律,流速与位置的关系如下:

$$\frac{v}{v_m} = n\left[\frac{(B/2) - z}{B/2}\right]^m \tag{20}$$

式中,B——水面宽度;

$\quad\quad v_m$——中垂线流速;

$\quad\quad v$——插值流速;

$\quad\quad z$——测速线到中垂线的距离;

$\quad\quad m$、n——待定系数,将其称为流速横向分布系数,需要通过后续的流速拟合得到具体数值。

3 应用案例分析

3.1 测点及系统

选取江苏省扬州市高邮灌渠第一支渠作为实验地点。仪器施测河段呈南一北走向,在摄像机拍摄画面中水流自左向右,渠道顺直,断面稳定,流态规则,紊流和涡流少,无顶托回流现象。测流系统包含变焦摄像机、姿态传感器、串口服务器,系统结构框图见图 6,其中变焦摄像机的光学镜头的主要参数如下:焦距范围为 2.7~12mm,接口尺寸为 1/3",最大光圈系数为 1.6,选用了 Progressive Scan CMOS 传感器,最大显示分辨率为 2560pixel×1440pixel。在实验地点进行了变焦摄像机的标定和利用频域时空图像测速法测量流速,测流系统布设见图 7。

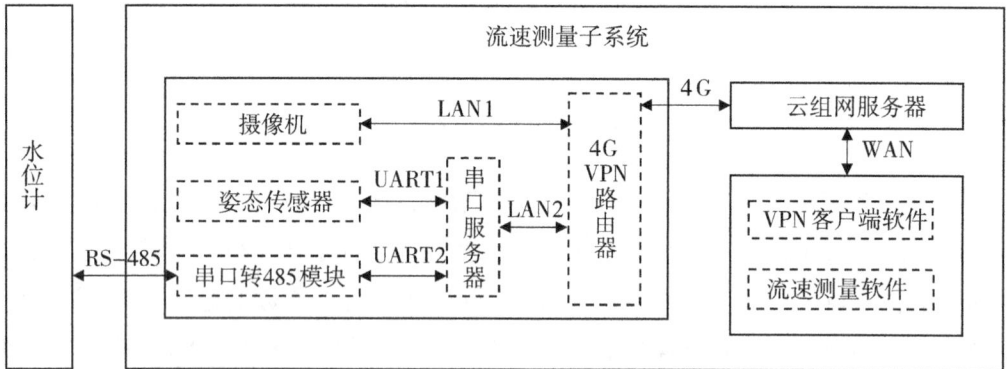

图 6 硬件系统结构框图

(a)测流设备   (b)水尺

图 7 测流系统布设

3.2 内参标定结果

在实验室使用张正友标定法对摄像机进行离线标定得到不同变倍次数与摄像机内参之间的关系,得到内参与变倍次数间的拟合关系(图 8)。根据 2.2 节所述,建立的中点变倍次数与对应内参的查找表见表 1。

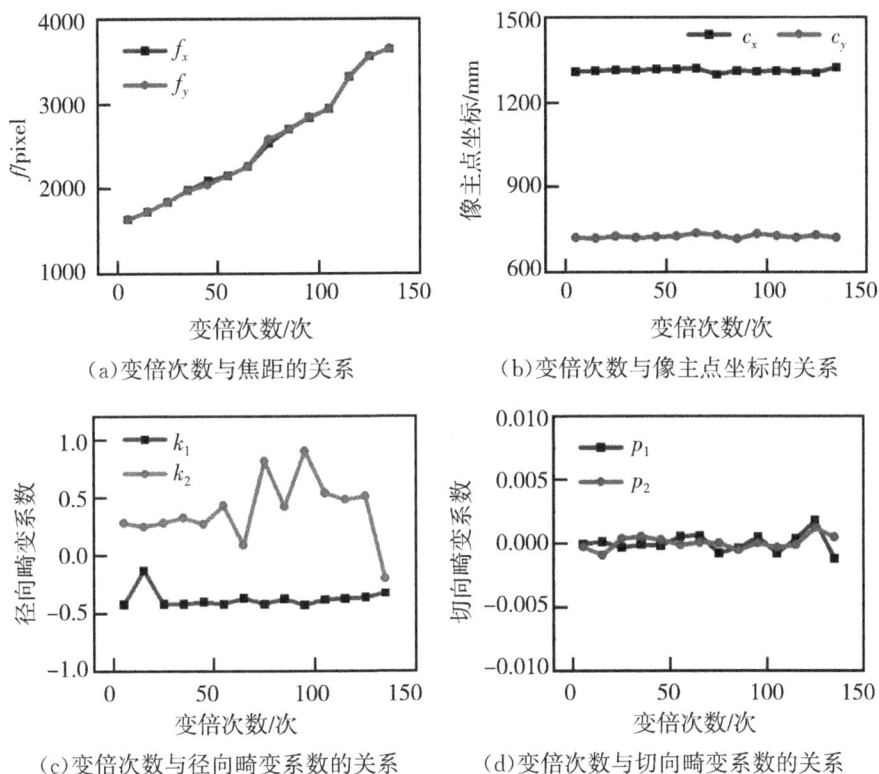

(a)变倍次数与焦距的关系   (b)变倍次数与像主点坐标的关系

(c)变倍次数与径向畸变系数的关系   (d)变倍次数与切向畸变系数的关系

图 8 变倍次数与焦距、像主点坐标、畸变系数的关系

表 1   中点变倍次数与对应内参的查找表

变倍次数	f_x	f_y	c_x	c_y	k_1	k_2	p_1	p_2
5	1638.166	1638.114	1307.547	721.4837	−0.423912	0.28321	−0.000009	−0.000261
15	1732.084	1732.146	1311.351	720.3298	−0.126709	0.248925	0.000156	−0.000891
25	1843.595	1843.918	1315.041	726.4650	−0.416451	0.279525	−0.000291	0.000395
35	1980.630	1981.044	1313.286	722.3103	−0.417164	0.327143	−0.000042	0.000567
45	2093.971	2049.949	1317.370	725.4689	−0.400286	0.272609	−0.000137	0.000298
55	2155.854	2152.230	1317.044	727.3550	−0.419486	0.432142	0.000591	−0.000106
65	2263.334	2265.740	1320.641	738.4847	−0.367112	0.090514	0.000651	0.000093

续表

变倍次数	f_x	f_y	c_x	c_y	k_1	k_2	p_1	p_2
75	2538.997	2585.433	1298.012	730.6926	−0.420747	0.812480	−0.000744	0.000063
85	2703.862	2703.720	1311.936	718.5410	−0.372311	0.419983	−0.000314	−0.000482
95	2841.318	2843.845	1309.236	736.1319	−0.428864	0.902206	0.000516	0.000073
105	2944.237	2942.268	1311.119	729.6750	−0.382210	0.535003	−0.000732	−0.000284
115	3319.259	3321.078	1309.240	722.5484	−0.372405	0.480283	0.000425	−0.000097
125	3561.259	3562.883	1305.207	732.4661	−0.362587	0.507481	0.001821	0.001261
135	3643.446	3644.018	1323.776	722.4444	−0.326516	−0.198912	−0.001161	0.000520

现场调节摄像机的变倍倍率,使得摄像机视场可以包含完整的测流断面,此时的变倍次数为 7,其相邻的中点变倍次数为 5 和 15,由表 1 可查到对应的焦距、像主点坐标和畸变系数,从而计算出此时的内参。为了验证分组内参标定的精确度,在现场使用张正友标定法进行当前倍率下内参的标定。选用的棋盘格规格为 12×9 个边长 40mm 正方形网格,采用不同姿态角度拍摄,通过 OpenCV 中的标定函数进行计算得到内参。

将现场标定出来的内参作为参考,计算所提出的分组拟合标定方法的相对误差见表 2。从表 2 中可以看出,焦距与像主点的标定误差在 ±1% 左右,畸变系数标定误差在 ±5% 以内。在内参标定中通常采用重投影误差来评估标定的准确性。用 OpenCV 所带函数 projectPoints() 对所标定出的数值进行重投影误差计算,其中分组拟合标定法的重投影误差为 0.567pixel,在现场使用张正友标定法进行标定的重投影误差为 0.334pixel。综合以上结果可知,本文所提出的多焦段分组拟合标定方法与现场采用张正友标定法所得结果接近。但是与现场采用张正友标定法相比,多焦段分组拟合标定方法大大简化了标定流程,提高了效率。

表 2   内参标定结果

内参	分组拟合标定	现场标定	相对误差/%
f_x	1656.950	1635.939	1.28
f_y	1656.910	1636.253	1.26
c_x	1308.308	1323.899	−1.18
c_y	721.253	729.207	−1.09
k_1	−0.364471	−0.382172	−4.63
k_2	0.276353	0.267495	3.31
p_1	0.000024	0.000025	−4.00
p_2	−0.000387	−0.000407	−4.91

3.3 外参标定结果

为了评估本文所提出的外参标定方法的适用性,选取了3组不同的平行线设置场景进行分析(图9)。其中场景1中可以拍摄到两条清晰的水边线;场景2中存在垂直边坡使得出现近场断面盲区,故选用对岸水边线及岸边护栏底部作为一组平行线;场景3中明渠左岸植物的干扰使得摄像机无法拍摄到左侧渠边界或左侧水边线,故采用带有刻度线的测距绳与桥面边沿人工构造出一组平行线。

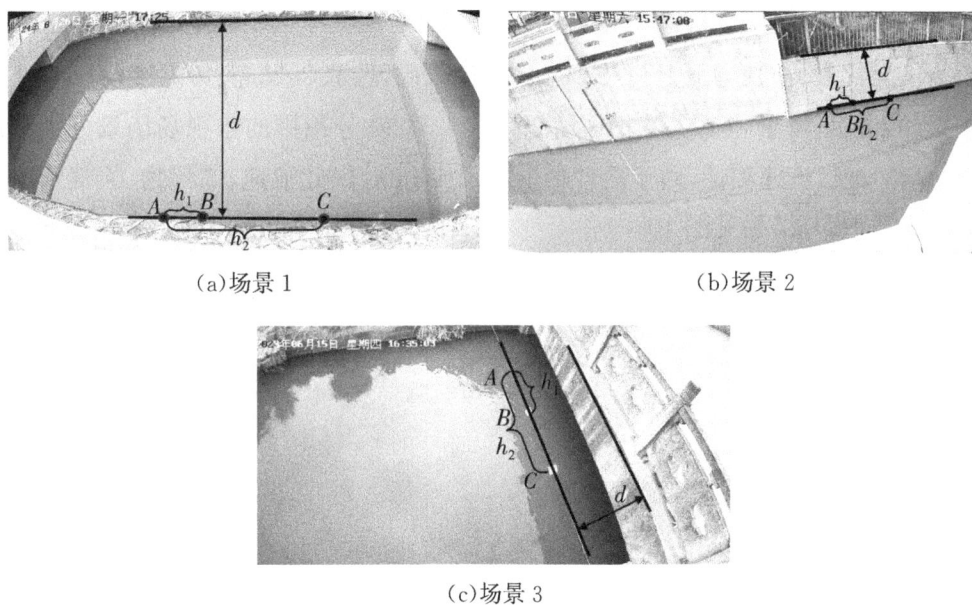

（a）场景1

（b）场景2

（c）场景3

图9　不同场景下选定平行线及其线上三点示意图

对上述3种不同场景完成畸变校正后,采用式(14)完成俯仰角的解算,结果见表3。其中的距离数据可以通过卷尺或者激光测距仪进行测量,三点的像素坐标通过手工标注。为了获得俯仰角的对比值,在变焦摄像机的顶部安装有型号为WT31N型的姿态传感器,可以得到俯仰角的数据θ_0。其中Δ为标定值与传感器实测值之间的绝对误差。

表3　外参(俯仰角)标定结果

场景	变倍次数	h_1/mm	h_2/mm	d/mm	$\theta/°$	$\theta_0/°$	$\Delta/°$
1	1	1350	5380	6550	−50.15	−48.50	1.65
2	10	600	1800	1500	−46.88	−47.30	−0.42
3	7	1000	2000	918	−51.53	−52.39	−0.86

本文提出的模型假设摄像机的横滚角和方位角均置零,若实际场景下两者未完

全置零则会出现误差。可以看出在不同的应用场景下采用基于像差修正平行线的模型标定的俯仰角结果与传感器所测的俯仰角结果均较为接近。考虑到姿态传感器模块与摄像机集成工艺的限制,两者坐标轴实际也存在 1°左右的偏心角,因此上述偏差在合理范围内,说明本方法在不同平行线设置的场景下均具有良好的适用性。

3.4 FFT-STIV 流速测量结果

该组实验用于验证本文的标定方法在表面流速测量中的效果。

(1)大、小视场测速分析

为了对比大、小视场下 FFT-STIV 的测流效果,选取 2023 年 10 月 20 日 15 时 40 分拍摄的大视场场景和 2023 年 10 月 20 日 15 时 30 分拍摄的小视场场景分别利用 FFT-STIV 进行流速测量,由于两种场景间隔 10min,因此流速、漂浮物、天气情况等外界因素类似,其结果见图 10。

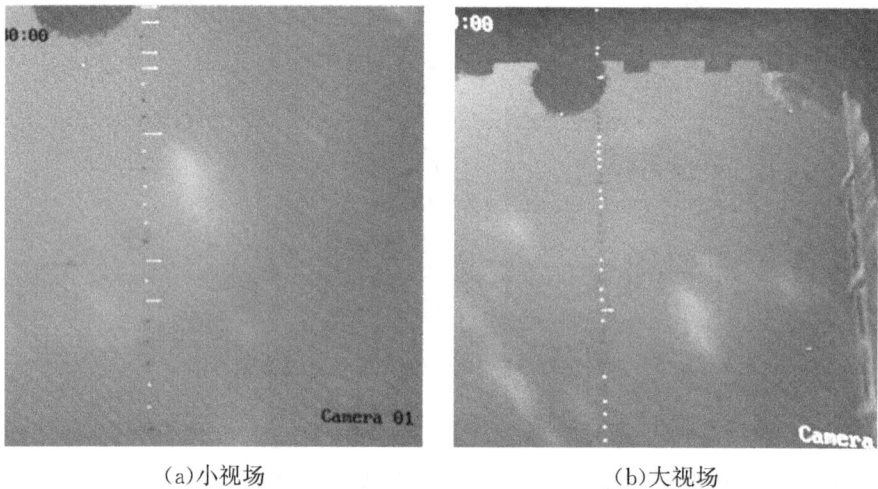

(a)小视场   (b)大视场

图 10　大、小视场下的水面流场

在图 10(b)中大视场($f=2.7$mm)下视场覆盖整个断面出现空间分辨率不足的问题,导致有效示踪物在图像中的可见性差,从而测速结果大部分为错误和不可靠矢量。通过调节倍率($f=12$mm)转换为图 10(a)的小视场,空间分辨率提高,可以观察到中泓区域细小的示踪物,相同区域的流场有效数据率得到明显提高。

(2)流速比测实验

由于高邮灌渠第一支渠存在垂直边坡,在小视场下测速会出现视场盲区,则需要对视场盲区利用式(19)进行插值,以得到完整的断面流速分布。以 2023 年 10 月 20 日 15 时 30 分的场景为例,该场景中自然条件较好,在中泓区域可以观察到较多的示踪物见图 11(a),因此图 11(b)中实测表面流速中大部分测速线都被判为正确,而其中在靠近近岸的地方出现流速突变式下降,被判为错误。中间的错误流速出现原因是测速线上没有示踪物流过,使得频谱主方向的检测定位到了毛刺上。通过基于矩形明渠流速分布律插值后得到插值表面流速,见图 11(c)。

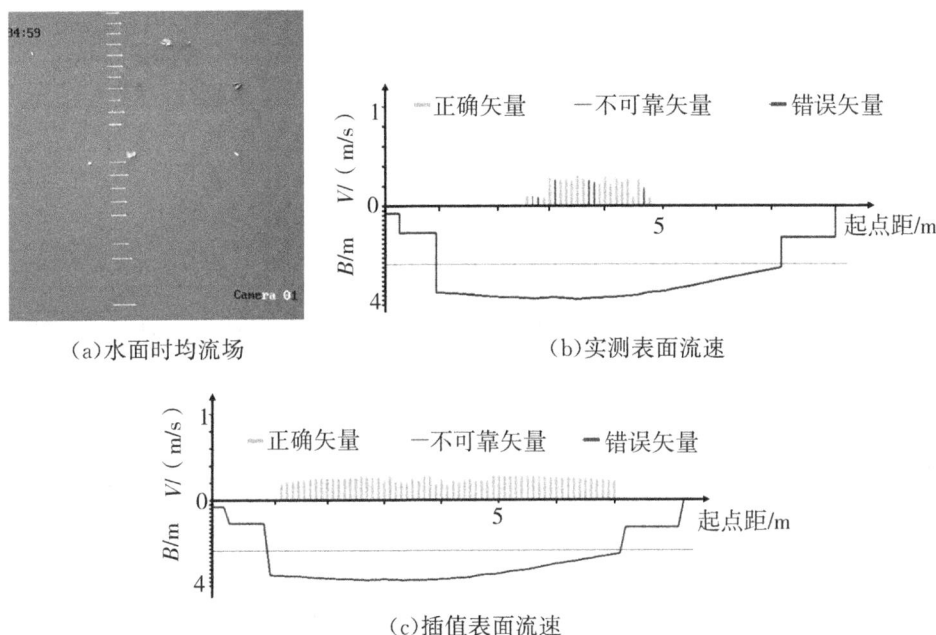

(a)水面时均流场

(b)实测表面流速

(c)插值表面流速

图 11 水面流场及表面流速分布

采用 FFT-STIV 测速时,首先得到光流运动矢量,再根据标定结果得到的物像尺度转换因子 Δs,转换为真实的流速。选取了 2024 年 3 月 19 日 10 时 50 分、11 时 40 分和 12 时 30 分 3 个测次,比测期间水位保持 1.73m 不变。同时,采用人工手持转子流速仪的方式在固定的起点距测量流速,每个起点距测量 5 组然后取平均值作为该起点距的流速真值。流速测量结果见表 4,其中的 STIV 流速指插值表面流速。

表 4 　　　　　　　　　　　　　　　　流速测量结果

序号	起点距/m	测次 1			测次 2			测次 3		
		转子流速仪/(m/s)	STIV/(m/s)	相对误差/%	转子流速仪/(m/s)	STIV/(m/s)	相对误差/%	转子流速仪/(m/s)	STIV/(m/s)	相对误差/%
1	1.5	0.168	0.172	2.38	0.179	0.173	3.35	0.172	0.178	3.49
2	2.0	0.172	0.176	2.33	0.181	0.182	0.55	0.178	0.184	3.37
3	2.5	0.187	0.200	6.95	0.232	0.191	−17.67	0.180	0.192	6.67
4	3.0	0.170	0.183	7.65	0.204	0.198	−2.94	0.195	0.202	3.59

续表

序号	起点距/m	测次 1			测次 2			测次 3		
		转子流速仪/(m/s)	STIV/(m/s)	相对误差/%	转子流速仪/(m/s)	STIV/(m/s)	相对误差/%	转子流速仪/(m/s)	STIV/(m/s)	相对误差/%
5	3.5	0.178	0.195	9.55	0.205	0.203	−0.98	0.194	0.196	1.03
6	4.0	0.198	0.198	0.00	0.217	0.206	−5.07	0.219	0.197	−10.05
7	4.5	0.228	0.199	−12.72	0.211	0.232	9.95	0.192	0.208	8.33
8	5.0	0.183	0.182	−0.55	0.177	0.202	14.12	0.184	0.204	10.87
9	5.5	0.173	0.183	9.25	0.172	0.189	9.88	0.179	0.189	5.59
10	6.0	0.168	0.189	8.93	0.169	0.183	8.28	0.164	0.178	8.54

对 3 个测次的每一个起点距采用时空图像测速的结果与转子流速仪得到的结果采用定量的相对误差的计算,可以看出采用 STIV 得到的流速结果与转子流速仪得到的真值误差在 ±10% 左右。

同时,《河流流量测验规范》中对于平均流速的误差分析也常使用标准偏差来衡量所测流速的可靠性,计算得到上述 3 个测次得到的流速值的标准偏差为 8.76%,证明了本文提出的多焦段分组拟合标定和基于像差修正平行线标定方法用于 FFT-STIV 是合理的,并且通过有效流速矢量的识别和视场盲区流速插值,进一步提高了 FFT-STIV 的适用场景。

4 结论

河流的流速是水文测量的重要数据,基于变焦摄像机的 STIV 具有高空间分辨率和测速精度,然而焦距的变化导致内参矩阵发生变化,在实际测量中需要根据倍率现场标定。本文针对变焦摄像机的特点设计一种大视场下标定、小视场下测量的工作模式,内参数使用多焦段分组拟合标定方法,通过建立变倍次数与内参之间的查找表,采用线性插值拟合得到内参矩阵,将插值拟合得到的内参与在现场使用张正友标定法进行比较,误差均在 ±5% 以内;外参数使用像差修正平行线标定方法,通过观察到场景中所包含的一组平行线,实现俯仰角的精确标定,标定结果与传感器测得结果绝对误差在 ±1° 左右。进一步将本文提出的标定方法的结果用于 FFT−STIV,将流速测量结果进行有效性识别与盲区插值,并将结果与转子式流速仪测得的真值进行对比,标准偏差为 8.76%。

然而,本文提出的观察视场中存在的一组平行线及其线上 3 点实现俯仰角的标定,对于 3 点距离的精确测量提出了较高的要求,否则外参的解算可能存在偏差。后续考虑尽可能利用场景中存在的平行线而不依赖平行线上的点进行标定,如利用平行直线形成的消失点进行自标定,通过建立摄像机参数与平行线所形成的消失点之间的关联方程,求解方程得到摄像机的参数。

参考文献

[1] 徐立中,张振,严锡君,等. 非接触式明渠水流监测技术的发展现状 [J]. 水利信息化,2013(3):37-44+50.

[2] 王新,张博. 便携式超声波流量计的设计及实现 [J]. 现代制造技术与装备,2023,59(11):70-72.

[3] 彭丽,刘鹏翼. 水文流量测验设备转子式流速仪数字信号通讯研究 [J]. 湖南水利水电,2022(1):56-58.

[4] 周凯,孙云鹏,赵士伟,等. 声学多普勒流速剖面仪海上比测试验研究 [J]. 海洋技术学报,2023,42(6):35-41.

[5] 黄炜,王丽,王聪聪. 非接触式河流流量监测技术研究 [J]. 江苏水利,2022(9):19-22.

[6] Hou J, Yang L, Wang X, et al. Adaptive large-scale particle image velocimetry method for physical model experiments of flood propagation with complex flow patterns [J]. Measurement,2022,198.

[7] Liu W-C, Huang W-C. Development of a three-axis accelerometer and large-scale particle image velocimetry (LSPIV) to enhance surface velocity measurements in rivers [J]. Computers & Geosciences,2021,155.

[8] Cao Y, Wu Y, Yao Q, et al. River Surface Velocity Estimation Using Optical Flow Velocimetry Improved With Attention Mechanism and Position Encoding [J]. IEEE Sensors Journal,2022,22(16):16533-16544.

[9] Schmidt B E, Skiba A W, HAMMACK S D, et al. High-resolution velocity measurements in turbulent premixed flames using wavelet-based optical flow velocimetry (wOFV) [J]. Proceedings of the Combustion Institute,2021,38(1):1607-1615.

[10] Fujita I, Watanabe H, Tsubaki R. Development of a non-intrusive and efficient flow monitoring technique: The space-time image velocimetry (STIV) [J]. International Journal of River Basin Management,2007,5(2):105-14.

[11] Zhao H, Chen H, Liu B, et al. An improvement of the Space-Time Image Velocimetry combined with a new denoising method for estimating river discharge [J]. Flow Measurement and Instrumentation,2021,77:101864.

[12] 江赛男,刘德地,徐永新,等. 基于时空图像法监测流量的测量误差分

析[J]. 中国农村水利水电，2024(3)：62-68.

[13] 张振，徐枫，王鑫，等. 河流水面成像测速研究进展[J]. 仪器仪表学报，2015，36(7)：1441-1450.

[14] 曹列凯，Martin D，李丹勋. 基于无人机的长河段表面流场测量系统与应用[J]. 清华大学学报(自然科学版)，2022，62(12)：1922-1929.

[15] 杨聃，邵广俊，胡伟飞，等. 基于图像的河流表面测速研究综述[J]. 浙江大学学报(工学版)，2021，55(9)：1752-1763.

[16] Tsai R. A versatile camera calibration technique for high-accuracy 3D machine vision metrology using off-the-shelf TV cameras and lens[J]. IEEE Journal of Robotics and Automatics，1987，3(4)：323-344.

[17] Holland K T H R A，Lippmann T C. Practical use of video imagery in nearshore oceanographic field studies[J]. IEEE Journal of Oceanic Engineering，1997，22(1)：81-92.

[18] Bechle A J，Wu C H，Liu W-C，et al. Development and Application of an Automated River-Estuary Discharge Imaging System[J]. Journal of Hydraulic Engineering，2012，138(4)：327-359.

[19] Huang W-C，Young C-C，Liu W-C. Application of an Automated Discharge Imaging System and LSPIV during Typhoon Events in Taiwan[J]. Water，2018，10(3)：280.

[20] Zhang Z，Zhao L，Liu B，et al. Free-Surface Velocity Measurement Using Direct Sensor Orientation-Based STIV[J]. Micromachines，2022，13(8)：1167.

[21] 张振，吕莉，石爱业，等. 基于物像尺度变换的河流水面流场定标方法[J]. 仪器仪表学报，2017，38(9)：2273-228.

[22] Wu Z，Radke R J. Keeping a Pan-Tilt-Zoom Camera Calibrated[J]. IEEE Transactions on Pattern Analysis and Machine Intelligence，2013，35(8)：1994-2007.

[23] Zhang Z. A flexible new technique for camera calibration[J]. IEEE Transactions On Pattern Analysis And Machine Intelligence，2000，22(11)：1330-41334.

[24] 水利部水文局(水利部水利信息中心). 河流流量测验规范[Z]. 中华人民共和国住房和城乡建设部，中华人民共和国国家质量监督检验检疫总局. 2015：206.

无人机航空摄影测量技术
在河流监测中的应用研究进展

闵凤阳[1,2]　邱名松[3]　丁　兵[1,2]

（1.长江水利委员会长江科学院,湖北武汉　430010;

2.水利部长江中下游河湖治理与防洪重点实验室,湖北武汉　430010;

3.三峡大学水利与环境学院,湖北宜昌　443002;）

摘　要:作为一项新兴的遥测技术,无人机航空摄影测量技术因其数据获取时效高、机动灵活、时空分辨率高、成本低、安全性好等优势,在各行各业已得到了广泛应用。河流监测是水利研究领域内一项重要工作。本文回顾了无人机系统的组成及关键技术,阐述了其在河流监测中河岸地形测绘测量、河道水下地形测量、河道表面流场观测、河道流量估测、河道水质监测、河岸带植被监测和河道巡查、应急管理等方面的应用情况。在此基础上,分析了无人机航空摄影测量技术在上述应用方面存在的问题及发展趋势,以期为今后基于无人机航空摄影测量技术的河流监测管理工作提供借鉴和参考。

关键词:无人机;航空摄影测量;河流监测

1　前言

无人机航空摄影测量技术是一种利用无人机作为航空遥感平台,通过搭载数字

基金项目:国家重点研发计划课题(2022YFC3202601)、中央级公益性科研院所基本科研业务费项目(CKSF2024326/HL)资助。

作者简介:闵凤阳,硕士,正高级工程师,主要从事河流生态等研究,E-mail:minfengyang1983@163.com。

通信作者:丁兵,博士,正高级工程师,主要从事河流规划与治理等研究,E-mail:dingbing@mail.crsri.cn。

相机或其他传感器,进行低空航拍,获取高分辨率的影像数据,进而提取地物的几何、属性及光谱等信息的技术[1]。作为一种先进的航空摄影技术,它具有灵活、高效、成本低廉等优势,为各个领域带来了许多新的应用和可能性。河流监测是水利研究领域内一项重要工作。利用无人机航测,可以大大提高河流监测的时效性和安全性,目前该技术在河岸地形测绘测量、河道水下地形测量、河道表面流场观测、河道流量估测、河道水质监测、河岸带植被监测和河道巡查、应急管理等方面得到了广泛应用。本文综述了无人机航空摄影测量技术在上述方面的应用情况中存在的问题及发展趋势,以期为今后基于无人机航空摄影测量技术的河流监测管理工作提供借鉴和参考。

2 无人机航空摄影测量系统组成及关键技术

无人机航空摄影测量系统主要分为硬件和软件两个部分。硬件是指无人机飞行平台、荷载系统(搭载的多种传感器)和地面对无人机进行的遥测监控硬件等系统;软件包括负责对无人机的航道进行设计,对航空中产生的摄影进行检查,对无人机进行远程监控,以及进行数据后处理分析等系统。整个软硬件系统联合应用,形成了整套的工作系统,并且各个系统之间配合紧密,才能够切实发挥出无人机航空摄影测量技术的优势[2]。

无人机航空摄影测量关键技术主要涉及以下几个方面[3]。

(1)飞行平台与控制技术

飞行平台与控制技术保证了无人机飞行的稳定性和航迹控制,具备高精度定位能力和自动飞行功能,与摄影测量软件系统集成以实现航线规划和航点控制等功能。同时,实时摄影测量工作中通常需要搭载光学相机、多光谱传感器、热红外传感器等进行数据采集。因此,无人机平台技术需要支持多种传感器的集成和协同工作,以实现多源数据的同时获取和处理[4]。

(2)航线规划与导航技术

航线规划与导航技术能保证无人机按照预定规划的航线自主飞行,并在指定位置进行影像采集,保障数据采集的准确性和完整性。同时无人机还需要具备避障能力,通过视觉传感器、激光雷达、超声波传感器等感知设备识别和规避潜在障碍物,保证飞行安全和数据采集质量[5]。

(3)影像处理与提取技术

在摄影测量中,需要对无人机采集的影像进行预处理,包括图像去噪、几何校正与辐射校正等步骤,提高影像数据的质量和准确性。在此基础上,采用目标检测、分类识别、边缘提取、纹理分析等技术提取影像数据中的地物特征信息。最后,无人机采集的影像数据与其他传感器的数据等融合,以实现更深层次的信息挖掘和应用[6]。

(4)三维建模与应用技术

三维建模与应用技术是利用无人机获取的影像数据通过立体匹配、结构光扫描等技术进行三维模型的构建,生成数字地形模型(DTM)、数字表面模型(DSM)等三维地图模型,实现对自然资源和环境变化的监测和预测[7]。

3 无人机航空摄影测量在河流监测方面的应用

3.1 河岸地形测绘测量

河岸地形测绘测量是无人机航空摄影测量技术在河流监测中应用得最为广泛的领域。通过布置外业像控点、航空摄影、空中三角测量、数字正射影像制作、数据处理及精度评估等,可以获得高精度、高质量河岸地形测量数据[8]。与传统的 GPS-RTK人工测量相比,大大提高了河道地形测量的工作效率,节省了人力、物力、财力等费用。同时通过三维点云建模等空间处理,可以对河道崩岸、滑坡变形等进行检测,与地面变形等其他监测手段相比,无人机摄影测量技术拥有更广的观测范围和更灵活的观测角度[9]。

3.2 河道水下地形测量

以往无人机航测搭载的传感器无法获取水底高程,河道水下地形需要通过船载测深仪、单波束或多波束测深系统进行补充测量,而搭载固态激光雷达传感器(LiDAR)无人机的出现则为水下地形测量提供了新的可能。夏波等[10]探讨了无人机机载激光测深技术在金沙江、岷江、嘉陵江等航道滩险水深测量的可行性,发现无人机搭载轻小型水深激光雷达的测深可达 5m 左右。宋富春等[11]分析了无人机搭载激光雷达在长江干流安徽中段水下地形的适用性。首先,根据 LiDAR-DEM 通过折射校正获得断面河流水深;然后,利用水色反演从 RGB 正射影像获取水下 DEM 地形。上述研究发现,在河道水深较浅、透明度较高、水质较好的水域进行水下地形的测量是可行和有效的,但该技术仍值得进一步研究和发展。

3.3 河道表面流场观测

天然河道表面流场目前主要采用非接触式方法进行测量[12],主要包括电磁波测速法和光学测速法,但存在着测量设备价格昂贵、空间分辨率和测量范围不足等问题[13-14]。近年来,一些研究者提出利用无人机在空中俯视拍摄,对河道河流表面流速的测量进行了探索[15-16]。陈诚等[17]利用无人机和三维重建技术等对南京外秦淮河入江口的三汊河河口闸附近(河长约 70m)的流场进行了获取,结果较好。为了获取更长距离的河道流场,曹列凯等[18]采用运动恢复结构方法、粒子图像测速技术等,搭建长河段高空间分辨率表面流场测量系统,实现长距离高空间分辨率的全河段流场重构,成功用于瑞士苏黎世州巴登市利马特河的 Schiffmühle 水电站引水渠(河长约 500m)及水电站引水渠和苏黎世城区的 Unterhard 河段城市河流表面流场测量(河长 350m)。

3.4　河道流量估测

在水文测验工作中,常规的河道流量的测量方法主要有浮标法、流速仪法等,其中以流速仪法应用最为广泛[19],如实际工作中多使用 ADCP、旋桨式流速仪、转子式流速仪进行流量测量,但传统定点或走航式的河道测流方法人财物耗费较大。随着无人机遥测技术的快速发展,非接触式的无人机遥测测流技术在水文测量中已得到了应用,目前主要有以下两种。

①通过无人机搭载雷达测流仪,或在水面施放示踪颗粒,利用无人机航拍分析确定河道在断面水平方向的表面流场,建立水面表面流速分布与断面流速的定量关系,进而分析获得河道断面流量[20-21]。赵建华等[19]通过无人机结合在水上抛投示踪微粒的方法对长江干流的流量进行了测量,与走航式 ADCP 相比,流量测量的相对误差为 4.3%。李明亮等[20]通过无人机结合在水上抛浮标的方法对章江坝上的断面流量进行了测量,与旋桨式流速仪相比,决定系数 R^2 为 0.9958,标准差为 4.3%,效果较好,符合《河流流量测验规范》要求。

②利用无人机测量获取河段高精度的数据,依据 DOM 与 DSM 数据处理的结果,获取据曼宁公式等的计算分析水力学相关参数,进而通过分析计算得到研究河段的流量,这种方法在无资料、无测站等中小河流流量获取时有着良好的应用前景[22-24]。赵长森等[22]采用无人机航测结合和水力学公式计算等,对比分析了济南—小清河流域 23 个断面的流量,发现该方法反演的河道流量在高值区略高于实测流量,决定系数 R^2 为 0.997,平均相对误差小于 5%,可为灾害应急监测提供快速流量监测的新途径,也可为无资料地区遥感水文测站的建立提供重要参考依据。

3.5　河道水质监测

传统水质监测方法以现场采集水样后进行实验室检测分析为主。该类方法的优势是精度高,在局部和小区域应用效果好,但费时费力,难以全面反映水体总体时空变化特征[25]。随着无人机航空摄影技术的不断发展,大量的研究实践均表明了无人机运用于水质环境监测的可行性。目前,应用广泛的是通过无人机搭载多光谱或高光谱平台,获取研究河段的光谱数据,结合现场采样水质分析结果,构建无人机水质遥感反演的相关模型,并对其精度进行评价。该方法目前已在太浦河[26]、溇阳河[27]、桃浦河[28]、椒北干渠、三条河[29]、沙坪河[30]、茅洲河[31]等多条河流中得到了应用,涉及的水质参数包括悬浮物浓度、透明度、浊度、化学需氧量、氨氮、总氮、总磷、叶绿素 a 等。在对水质参数进行反演时,采用的光谱波段有单波段、两波段和多波段组合等,在实际应用时可根据具体情况选用。无人机遥测反演水质的核心在于获取高精度的水质参数反演模型,常见的构建分析方法有一元线性回归、多元线性回归、多项式回归、指数回归等。此外,一些学者也将分类回归树、随机森林、神经网络等方法引入到水质反演中来[32-34],也有一些学者采用多种统计方法进行水质反演,从中选择最优的反演模型进行区域水质的分析[35]。

3.6　河岸带植被监测

以往的河岸带植被监测多采用目估法、样方法和摄影法等地面实测方法[36],这些方法精度高,但是受人力物力等条件的制约,难以获取区域尺度上的植被特征信息。利用遥感卫星影像对植被特征进行反演,逐渐演化为河岸带植被监测的重要手段。但卫星遥感无法同时满足高空间分辨率与高时间分辨率的要求,无人机航空摄影测量技术的出现则有效缓解了这一矛盾[37]。

通过无人机搭载可见光数码相机、多光谱相机、高光谱成像仪、热红外相机和激光雷达等,可以获得河岸带植被不同波段光谱信息对河道植被特征进行分析[37]。高敏等[38]通过无人机高像素多光谱相机,并结合现场调查,获取河北省固安县境内的白沟河多光谱影像,基于 3 种监督分类法对影像内白沟河的芦苇、荇菜和金鱼藻等水生植被物种进行分类,效果较好。江维薇[39-40]等利用无人机搭载可见光传感器,结合现场调研,采用神经网络模型、空间叠加分析和典型相关性分析等方法,获取了澜沧江糯扎渡水库和小湾水库典型消落带植被分类图及地形数据,定量分析了研究区本土物种组成、面积、覆盖率、分布特征、景观空间格局及地形解释。左萍萍等[41]利用无人机多光谱遥感,对黑龙江洪河湿地的沼泽植被进行了航测,并结合现场调查,利用光谱波段、植被指数、位置特征、纹理特征和几何特征等作为多维数据集输入变量,构建沼泽植被群丛尺度识别模型,获得稳定的、高精度的沼泽植被群丛分类结果。总体来看,目前我国利用无人机在河岸带植被监测方面的应用尚处于兴起阶段,随着无人机遥感摄影技术的发展,无人机用于河岸带植被监测的应用将日趋增多。

3.7　河道巡查、应急管理

近年来,随着无人机航空摄影测量技术的发展,其在河道巡查、应急及救援管理等方面得到了越来越为广泛的应用。无人机及其搭载平台可将采集的现场影像和监测数据通过无线传播方式传输至接收系统,能准确侦测出河道管理范围内的违章建筑、水面漂浮物、岸坡损坏、非法采砂、河岸围垦、乱堆垃圾等情况,大大提高了河流的巡查管理工作效率[42-43]。同时,利用无人机航空摄影测量测绘的地形数据可精确生成河道正射影像及数字高程模型,建立河道地理信息数据库,并合成实景三维模型,生成河道水域岸线三维信息,以明确河长管理权责范围、河道状况,为制定"一河一策"方案提供基础数据。日常可通过无人机遥感系统巡查对比反映河道整治措施,深度发掘管理漏洞,反馈形成机制问题,为河长制进一步管理决策提供依据[44]。

此外,无人机航空摄影测量技术在河道防洪抢险方面也得到了广泛应用。如2021年7月河南郑州附近地区暴雨引发的洪涝灾害、2023年7月海河流域性特大洪水、2024年7月湖南岳阳市华容县团洲垸溃堤等特大灾害事件中,无人机防洪抢险频现身影。利用无人机搭载的摄像、红外、激光雷达、多光谱设备等平台模块,可实现在空中对复杂地形进行全方位、多角度、立体式侦查,实时掌握河道及周边淹没情况,并通过连接视频一体化系统传递现场影像,防汛控制中心及现场救援人员可据此实时掌握灾情态势、险情位置等重要信息[45-46],为抗洪救灾快速反应提供信息保障,提高现场救援指挥、灾情侦测及防汛抢险反应能力。在泥石流监测预警方面,通过无人机航空摄影测量技术,可以高精度地勘查泥石流易发区域的现场及周围环境,从宏观到局部为监测预警过程提供科学精确的感知信息,快速确定灾害体几何参数,预估泥石流的体积方量,评估灾情、险情严重程度以及次生灾害的影响,对其中发现的威胁的重点区域,开展不间断连续监测,为泥石流的防灾救灾工作做好全方位的技术支撑[47-49]。

4 无人机航空摄影测量在河流监测方面的不足

虽然无人机航空摄影测量在河流监测方面得到了广泛应用,但存在着以下不足:

①受制于无人机本身的特性,常用的电动多旋翼无人机存在电力续航有限的问题,一次路径规划无法实现大面积的影像获取;一些固定翼无人机虽然飞行时间较长,但稳定性差,无法保证拍摄图像的质量。

②受气象条件的影响,在暴雨、大风等极端恶劣天气情况下,无人机可能无法使用。

③在部分航空管制限制的区域(如机场、边境线、重要的设施等附近),无人机无法正常起飞,需申请民航局开放权限,影响了测量效率。

④无人机航空摄影测量获取的遥感图像预处理过程较复杂、烦琐,在飞行过程中获取的影像会受到天气、大气散射、光照强度、信号干扰等外界因素的影响,导致图像

产生变形、缺失或失真,对后续的应用产生影响。

⑤在河道水深测量方面,受探测能力、水质条件、回波信号处理技术、水面大比降等影响,无人机航测测深结果的准确度和可靠度方面应进一步提高与改善[10]。

⑥在河道流场测量方面,在利用无人机拍摄示踪粒子测量流场时,若河道流速小、水面清澈,无人机搭载的平台系统无法识别,河道流场测量会不准确,在夜晚无灯光时其应用也将受到限制[20]。

⑦在河道水质监测方面,目前遥感反演水质的一些方法和理论尚未成熟,现有的水质反演大多依赖于统计分析,且受河道含沙量、漂浮物、浮冰及季节等影响,限制了其在水质监测中的应用[35]。

⑧在河道植被监测方面,现有的监测大多采用低成本的可见光或可见光—近红外传感器,光谱范围有限,在提取植被覆盖度时具有一定的局限性。此外,采用的可见光植被指数不能有效区分部分植被类型与背景,不同植被指数对不同植被类型的适用性有待于进一步探究[37]。

5 展望

随着无人机航空摄影测量技术的不断发展和河流监测领域需求的不断增长,无人机航测在河流监测方面的应用前景将会更加广阔,今后将朝着智能化、集成化及算法更优化等方向发展。

(1)智能化

在保证无人机飞行安全的同时,研发无人机智能系统,根据预设的任务要求和环境条件,实现自动规划最佳航线和选择飞行方案,提高飞行效率和数据采集质量;通过智能图像处理算法,在影像数据质量检查中能够自动纠正图像畸变问题,自动增强图像的质量和几何精度,提高对地面目标的识别和重建能力;实现无人机或无人机机群自主起降、规避障碍物、智能跟踪等能力,确保飞行安全和数据采集的连续性,大大节省人力、物力和时间。

(2)集成化

随着高质量的分析仪器、专用监测仪器和自动检测系统等高精尖设备向轻量化、减量化和高强度化等方向的发展,无人机可集成搭载更多监测设备,集成多种技术进行多尺度(从微观到宏观)和多时相的数据采集,以满足不同尺度和时间分辨率的监测需求,提高河流监测的效果。此外,无人机航测技术与其他多源数据融合技术结合,如卫星遥感、地面监测等,形成更加全面、精确、及时的河道监测数据,为河流监测管理领域的决策提供更为全面的支持。

（3）算法更优化

随着传感器和飞行控制系统的不断进步，无人机可以高效获取大量的地面影像数据，需要开发更为先进的算法，提高数据处理的精度和稳定性，从而获得更加真实和准确的三维模型。同时，影像融合算法优化也是非常重要的环节，可以实现无人机影像数据和其他传感器数据等多源数据的融合，以减少数据处理误差并提高模型质量。数据处理与分析算法的优化对于无人机实时摄影测量技术的发展具有重要意义，可以提升处理效率、质量和实时决策支持能力，推动无人机在各种应用领域的广泛应用和发展。

随着无人机搭载传感器技术的进步，无人机航空摄影测量技术测量的数据精度和可靠性将进一步提高，满足更高精度的河流监测方面的研究需求。同时，随着无人机航空摄影测量技术的普及，其在河流监测管理领域的应用前景也更为广阔，无人机航空摄影测量技术发展将为未来河流水资源管理、水生态环境保护和水灾害防治提供更加高效、精准的技术支持。

参考文献

［1］吕翠华，杜卫钢，万保峰，等.无人机航空摄影测量［M］武汉：武汉大学出版社，2022.

［2］王启龙.无人机倾斜摄影测量技术在水利工程中BIM建模的应用［J］.水利技术监督，2020(4)：61-63＋154.

［3］黄立鑫，苏建龙，李小军，等.无人机实时摄影测量技术的应用研究与展望［J］.有色金属（矿山部分），2024，76(3)：1-6.

［4］Reid C R，Thomas S M，Yang S，et al. Perception，path planning，and flight control for a Drone-Enabled Autonomous Pollination System［J］. Robotics，2022，11(6)：144-176.

［5］Wu H L，Cai M X，He Z K. Research on flight control system hardware based on NI hardware platform for Unmanned Aerial Vehice［J］. Journal of Physics，Conference Series，2022，2366(1)：12-21.

［6］白阳，王雷.无人机多光谱影像土地利用信息提取方法研究［J］.测绘与空间地理息，2023，46(5)：29-33.

［7］周林辉.基于无人机影像建模的危岩体信息提取与风险评估研究［J］.工程勘察，2023，51(6)：66-72.

［8］张中.无人机航空摄影测量技术在水利工程中的运用思考［J］.城市建设理

论研究，2022,(35):152-154.

[9] 孔嘉旭,谷天峰,孙彬,等.基于无人机摄影测量技术的滑坡变形研究进展[J].科学技术与工程,2020,20(28):11391-11399.

[10] 夏波,朱运权.无人机机载激光测深技术在内河滩险测量中的应用[J].水运工程,2023(S1):133-137.

[11] 宋富春.基于无人机航测技术的水下DEM构建研究[J].地下水,2024,46(2):229-231.

[12] Welber M,Le Coz J,Laronne J B, et al. Field assessment of noncontact stream gauging using portable surface velocity radars(SVR)[J]. Water Resources Research,2016,52(2):1108-1126.

[13] 林思夏,曾仲毅,朱云通,等.侧扫雷达测流系统开发与应用[J].水利信息化,2019(1):31-36.

[14] Fujita I, Muste M, Kruger A. Large-scale particle image velocimetry for flow analysis in hydraulic engineering applications[J]. Journal of HydraulicResearch,1998,36(3):397-414

[15] Cao L K,Weitbrecht V, Li D X,et al. Airborne feature matching velocimetry for surface flow measurements in rivers[J]. Journal of Hydraulic Research,2021,59(4):637-650.

[16] Detert M, Johnson E D, Weitbrecht V. Proof-of-concept for low-cost and non-contact synoptic airborne river flow measurements [J]. International Journal of Remote Sensing,2017,38(8):2780-2807.

[17] 陈诚,王新,李子阳,等.基于无人机自标定的表面流场测量方法[J].水利水电科技进展,2020,40(4):39-42.

[18] 曹列凯,Martin Detert,李丹勋.无人机巡航测量河流表面流场的方法与应用[J].应用基础与工程科学学报,2020,28(6):1271-1280.

[19] 赵建华,叶文,阮哲伟,等.无人机视觉测流技术在河流流量监测中的应用[J].江苏水利,2022,(7):37-40.

[20] 李明亮,高云.无人机图像法流量测验技术及其应用[J].江西水利科技,2024,50(2):131-134.

[21] 刘望天,陈慧莎.基于无人机技术的航空水面流速法测流系统开发及应用研究[J].广东水利水电,2021(5):33-39.

[22] 赵长森,潘旭,杨胜天,等.低空遥感无人机影像反演河道流量[J].地理学报,2019,74(7):1392-1408.

［23］姜磊鹏,丁建丽,包青岭,等.低空遥感结合卫星影像的河道流量反演[J].干旱区地理,2023,46(3):385-396.

［24］王鹏飞,杨胜天,王娟,等.星—机—体的水力几何形态流量估算方法[J].水利学报,2020,51(4):492-504.

［25］张渊智,陈楚群,段洪涛,等.水质遥感理论、方法及应用[M].北京:高等教育出版社,2011.

［26］梁文广,吴勇锋,石一凡,等.基于无人机高光谱的太浦河水质反演[J].测绘通报,2024(4):29-34.

［27］侯毅凯,张安兵,吕如兰,等.基于多源数据的河道水质遥感反演研究[J].灌溉排水学报,2023,42(11):121-130.

［28］周源.基于低空遥感技术的河道水质监测方法[J].经纬天地,2022,2:23-25.

［29］章佩丽,宋亮楚,王昱,等.基于无人机多光谱的城市水体典型河道水质参数反演模型构建[J].环境污染与防治,2022,44(10):1351-1356.

［30］董月群,冒建华,梁丹,等.城市河道无人机高光谱水质监测与应用[J].环境科学与技术,2021,44(S1):289-296.

［31］黄宇,陈兴海,刘业林,等.基于无人机高光谱成像技术的河湖水质参数反演[J].人民长江,2020,51(3):205-212.

［32］Cococcioni M, Corsini G, Lazzerini B, et al. Approaching the ocean color problem using fuzzy rules[J]. IEEE Transactions on SystemsMan & Cybernetics Part B Cybernetics,2004,34(3):1360-1373.

［33］詹海刚,施平,陈楚群.基于遗传算法的二类水体水色遥感反演[J].遥感学报,2004,8(1):31-36.

［34］庞吉玉,张安兵,王贺封,等.基于无人机多光谱影像和 XGBoost 模型的城市河流水质参数反演[J].中国农村水利水电,2023(3):111-119.

［35］邹凯,孙永华,李小娟,等.基于无人机遥感的水质监测研究综述[J].环境科学与技术,2019,42(S2):69-75.

［36］Chen JJ, Yis H, Qin Y, et al. Improving estimates of fractional vegetation cover based on UAY in alpine grassland on the Qinghai-Tibetan Plateau[J]. International Journal of Remote Sensing,2016,37(8):1922-1936.

［37］刘琳,郑兴明,姜涛,等.无人机遥感植被覆盖度提取方法研究综述[J].东北师大学报(自然科学版),2021,53(4):151-160.

［38］高敏,谢娅,李潇屹,等.基于大面阵无人机多光谱遥感的水生植被精细分

类研究[J].南京信息工程大学学报 2024:1-17.

[39] 江维薇,李文涛,肖衡林.澜沧江流域糯扎渡水库消落带植被的物种组成、空间分布特征及地形解释[J].湖泊科学,2022,34(6):2025-2038.

[40] 江维薇,朱颂,肖衡林.干旱年澜沧江小湾水库典型消落带植被制图及其空间分布分析[J].水土保持通报,2022,42(1):240-249.

[41] 左萍萍,付波霖,蓝斐芜,等.基于无人机多光谱的沼泽植被识别方法[J].中国环境科学,2021,41(5):2399-2410.

[42] 陈华涛,王展,刘永理.无人机在河湖"四乱"巡查中的应用[J].河南科技,2021,40(11):76-78.

[43] 羊海东,邹宏亮.无人机和 GIS 技术在河道巡查中的应用[J].浙江水利科技,2019,47(4):46-48.

[44] 管文尧,潘盼.无人机遥感系统在河湖管理中的应用[J].中国水利,2021(10):60-61.

[45] 张世安,徐坤,吴嫡捷.无人机航测技术在水利领域的应用现状与发展方向分析[J].水利发展研究,2023,23(6):37-42.

[46] 王帅.无人机遥感技术在水利工程安全与灾害防治方面的应用[J].南方农机,2021,52(24):160-162.

[47] 周小龙,贾强,石鹏卿,等.免像控无人机航测技术在舟曲县立节北山滑坡-泥石流灾害应急处置中的应用[J].中国地质灾害与防治学报,2022,33(1):107-116.

[48] 杨晓琳,马海涛,王彦平,等.无人机与雷达监测排查救援隐患——中国安科院秦宁"5·8"泥石流灾害应急救援[J].劳动保护,2016(8):81-83.

[49] 邹杨,董秀军,张广泽,等.基于多目摄影精细化重构的无人机泥石流灾害探测技术[J].测绘通报,2024(1):1-5.

基于标记点和 RANSAC 算法的卵石识别方法研究

张燃钢[1]　杨胜发[2]　张　鹏[2]

（1. 重庆交通大学河海学院，重庆 400074；

2. 重庆交通大学国家内河航道整治工程技术研究中心，重庆 400074）

摘　要：河床表面的卵石粒径分布（CSD）是河流系统的重要组成部分，同时对河流生态和地貌研究有着重要的影响。本文提出了一种基于标记点和检测线的数字图像卵石边缘检测算法，以实现 CSD 的自动统计。结合 RANSAC 算法，优化了卵石边缘识别的准确性，剔除错误边缘点的同时复原被覆盖的卵石边缘。经过实验验证，本文算法估计的 D_{50} 和 D_{90} 相对误差分别为 4% 和 2%，且适用于粒径范围为 5～50cm 的卵石。本文方法对使用无人机遥感摄影进行河流地貌和卵石栖息地的研究有积极作用。

关键词：卵石粒径分布；图像处理；RANSAC 算法；边缘识别；无人机遥感

1　前言

卵石是河流地貌的重要组成部分[1-2]，河床卵石的粒径分布（CSD）是河流栖息地模型[3]的重要参数。此外，CSD 的异质性对于形成具有生物学意义的生境斑块具有重要意义，并影响着水生生物的栖息地分布[4]。例如，较小的卵石通常更有利于水生生物的产卵和生长[5-7]。

传统的 CSD 统计方法采用人工野外采样和筛选，可以在采样区域获得较高的估算精度。然而，由于 CSD 的局部异质性较高，单一采样区域的 CSD 很难代表整个区域的特征。需要更密集的采样区域来获得更广泛的 CSD 范围，但与此同时会显著增加成本[8]。此外，一些研究使用数字高程模型（DEM）实现了 CSD 的自动化统计分

作者简介：张燃钢（1995—　），男，博士研究生，主要研究方向为河流动力学及水沙运动。

析[9]。然而,建立一个能够区分单个卵石的大面积高分辨率 DEM 成本很高。使用无人机(UAV)进行遥感摄影,并结合图像处理算法实现 CSD 的自动化统计,可以大幅降低成本并提高效率。通过遥感技术对河床 CSD 进行估算对河流生态学和地质学的研究具有重要意义[10-12]。

目前,基于数字图像的 CSD 提取方法主要分为两类:基于自相关分析算法[13-14]和基于图像分割算法。其中,基于自相关分析算法的 CSD 提取主要应用在卵石密集堆积的远距离成像场景。在该场景下,卵石在图像中十分细小,无法对单个卵石进行分割。因此只能通过图像的自相关性进行标定和估算。其优点是可以对超大范围的 CSD 进行估算,但缺点是精度难以得到保障,并且无法得到单个卵石的分割结果,不能进一步分析卵石的空间排列状态。相比之下,基于图像分割算法的 CSD 估算方法,计算结果更为精准,且能够获取更多的卵石排列信息。虽然其需要更多的计算资源,但随着计算机的快速发展,计算成本在未来会不断降低。因此,本文主要采用图像分割来识别图像中的卵石大小。分水岭变换(WST)[15]是一种典型的图像分割算法,已有许多基于 WST 算法的 CSD 估算方法[16-18]。然而,WST 算法对噪声非常敏感,可能会导致过分割的结果。标记控制的分水岭(MCS)[19]算法是对 WST 的改进,其使用前景标记来抑制图像过度分割,但同时可能会导致结果的欠分割。简单线性迭代聚类(SLIC)算法[20]是另一种用于 CSD 估算的边缘分割方法[21]。它将图像划分为多个子区域,并根据相邻区域的相似特征,通过区域融合获得边缘分割图像。然而,它对噪声依然十分敏感并且有许多敏感参数需要调整。此外,还有基于数字图像的半自动或全自动粒径计算软件[22]。Schmitt 等[23]比较了各种 CSD 估算软件,并发现所有方法的计算值都低于实际值。此外,扁平卵石在床面上往往处于相互遮盖的姿态,导致图像分割后边缘不完整。一些研究使用最小二乘(LS)法进行椭圆拟合来恢复卵石边缘缺陷[22,24]。然而,这种方法效果往往并不理想。

本文提出了一种基于标记点和检测线的卵石边缘检测算法。该方法从标记点向外创建多条检测线来检测卵石边缘点,同时结合 RANSAC 算法优化了检测结果,提高了识别精度,能够在快速对床面卵石进行分割的同时修复所识别的卵石边缘缺口。

2 方法

2.1 图像预处理

使用无人机所搭载的 DJI-FC6520 相机拍摄了一张 1m×1m 区域的卵石图像,拍摄时无人机垂直于地面上方 2m 的高度(图 1)。无人机系统由大疆(DJI)公司开发,最大水平飞行速度为 21m/s,最大飞行时间为 46min,最大倾斜角度为 35°。定位系统基于 GPS、伽利略和北斗卫星导航系统。照片的最大尺寸为 5280×2970，图像格式为 JPEG，可以自动校正图像畸变。

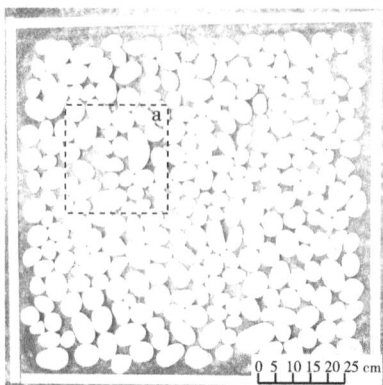

图 1　实验室拍摄的卵石图像

在进行边缘检测之前，需要将 RGB 图像转换为灰度图像，并使用图像引导滤波[25]方法在模糊纹理的同时增强原始图像的边缘。该预处理方法可以减少由卵石表面噪声引起的边缘检测误差。将图 1 中的矩形区域 a 作为示例区卵石域来展示本文方法的实现过程。区域 a 中采用引导滤波预处理后的结果见图 2。可以看出，卵石表面的纹理被大幅弱化，而边缘得到了很好的保留。

(a)原始图像　　　　　　　　　　(b)预处理后

图 2　图像预处理效果

2.2　卵石标记点和轮廓线

卵石标记是本文方法的实现基础，有两个方面的作用。一是确定卵石的平面位置；二是确定检测线的起始点，将在后文详细说明。本研究采用了 Rahman 和 Islam[26]提出的前景标记方法来获取卵石标记点。首先，设置形态学结构元素 se 作为形态学膨胀和腐蚀的基本单元。其次，通过形态学腐蚀和重建进一步过滤卵石的表面噪声。再次,通过形态学膨胀和重建在卵石表面创建较大的局部最大值区域。然后,将图像灰度矩阵中的局部最大值区域提取为卵石的前景标记区域,见图 3(a)。最后,通过计算标记区域的质心获得标记的位置,见图 3(b)。

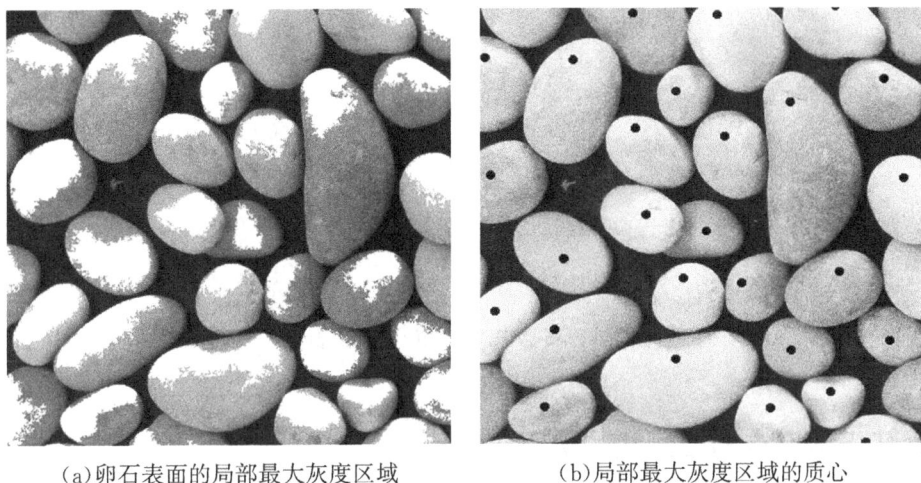

(a)卵石表面的局部最大灰度区域   (b)局部最大灰度区域的质心

图 3　卵石标记结果

标记的数量取决于结构元素 se 的大小。过大的 se 会产生更大的区域最大值和更少的区域数量,导致标记点数量的减少;而过小的 se 会产生更多的标记点,但同时可能导致同一卵石上出现多个标记点。因此,必须适当调整结构元素 se 的大小,以确保每个卵石内部只有一个标记。在进行 se 调整时,可以先目测图像中卵石的一般直径,并测量该长度在图像中所包含的像素点个数 N,并将 $N/10$ 结果的整数部分作为 se 的初始参考值,该值不必精准。随后,根据标记计算的结果,再对 se 进行大小调整。当 N 小于 10 时,此时卵石太小,则不适用于本文算法。

通常卵石边缘的灰度值变化较大,而内部的灰度值变化较小。因此,通过计算图像的灰度梯度幅值可以获取卵石的初始轮廓。差分形式下的灰度梯度幅值计算见式(1),其离散形式见式(2)和式(3)。

$$G(x,y)=\sqrt{\left(\frac{\partial I(x,y)}{\partial x}\right)^2+\left(\frac{\partial I(x,y)}{\partial y}\right)^2} \tag{1}$$

$$\frac{\partial I(x,y)}{\partial x}=I(x+1,y)-I(x,y) \tag{2}$$

$$\frac{\partial I(x,y)}{\partial y}=I(x,y+1)-I(x,y) \tag{3}$$

式中,$I(x,y)$ ——图像 I 在像素位置 (x,y) 处的灰度值。

标记点和初始卵石轮廓相组合,作为后续卵石边缘检测的基础(图 4)。

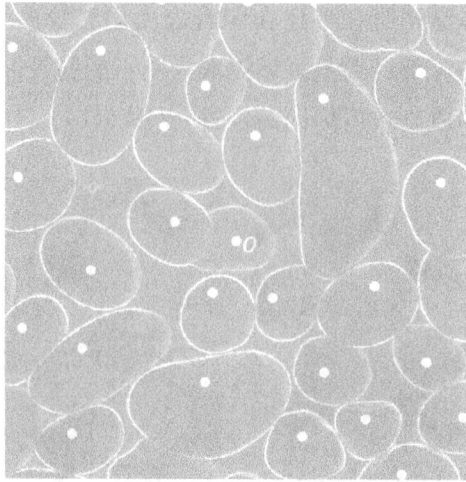

图4　卵石标记点和初始轮廓组合图

2.3　基于标记点和检测线的边缘识别

图4中的标记 O 被作为边缘检测的基点。通过从标记点向外以相等角度生成24条检测线，见图5(a)。边缘点到检测线上标记点的像素距离称为边缘标记距离（EM），见图5(b)。

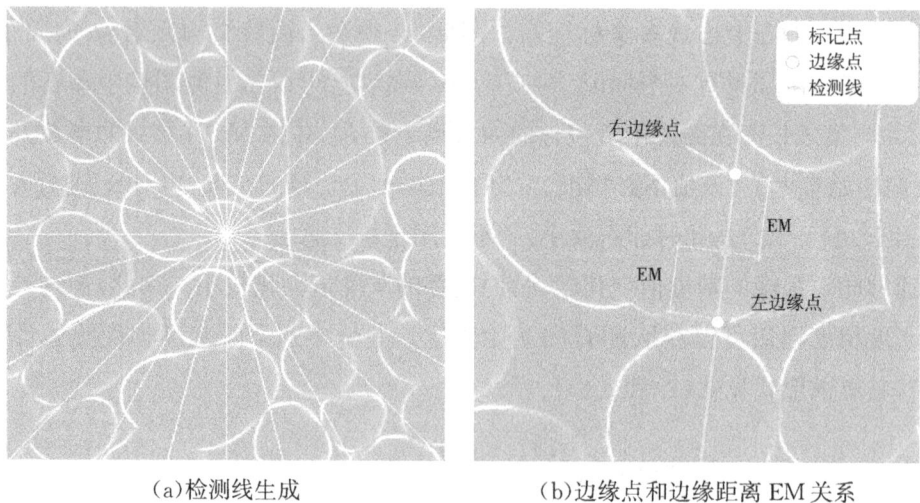

(a)检测线生成

(b)边缘点和边缘距离 EM 关系

图5　基于标记点的检测线和边缘点距离

将检测线作为掩模，统计了图5(b)中检测线覆盖的灰度值分布。其中横轴表示检测线上的像素位置，纵轴表示对应像素点的灰度值。垂直虚线表示标记点的位置(图6)。由于靠近卵石边缘点的灰度值往往表现出突变，而卵石表面区域的灰度值的变化则趋于平缓，因此可以根据灰度值的沿程变化特征，来提取卵石的边缘点。

大津法是一种常用的图像二值化方法,可以获取二维图像的分割阈值。在本文中,大津法被用来计算检测线所覆盖灰度值的分割阈值。通过寻找灰度值大于阈值且最接近标记的像素位置来确定卵石左右一维边缘点的像素位置。

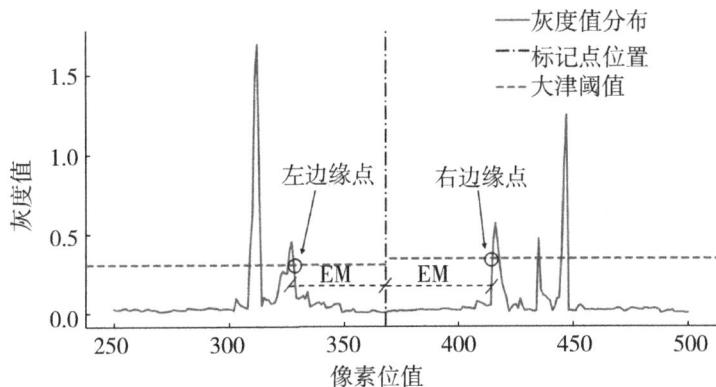

图 6   检测线所对应的灰度值分布情况

通过计算每条检测线上的大津阈值并基于阈值获取左右边缘点,进而可以得到基于标记点的所有卵石边缘点,见图 7(a)。然而,由于卵石相互覆盖以及图像灰度的不均匀分布,边缘点检测结果中包含有错误点(黑色点),需要对这些点进行剔除,见图 7(b)。

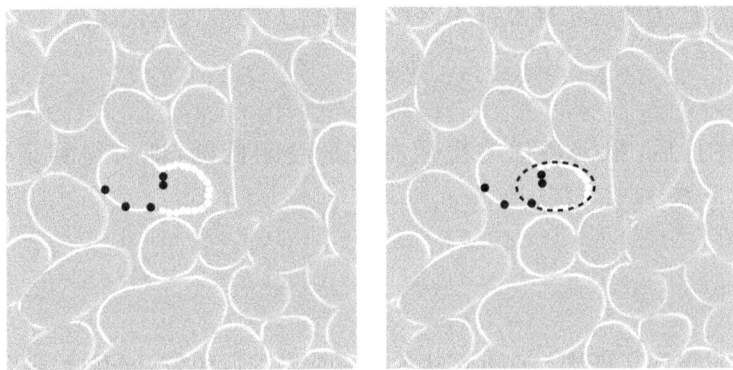

(a)原始边缘点   (b)采用 RANSAC 算法矫正后的椭圆拟合

图 7   基于标记点和检测线的卵石边缘点识别

其中黑色点表示错误识别的边缘点,白色点表示正确识别的边缘点。

2.4　基于 RANSAC 算法的边缘点矫正

RANSAC(Random Sample Consensus)算法是一种用于从带有大量异常数据中估计数学模型参数的迭代方法[27]。特别适用于那些异常值比例较高的情况,常用于计算机视觉匹配、运动估计、图像配准等任务中。RANSAC 算法的核心思想是通过不断随机选择最小数据子集来建立模型,然后评估该模型对所有数据的拟合度,以此来区分内点和外点。其中"内点"表示可靠的数据值,而"外点"表示错误或者离散的数据值。在本文中,"内点"表示正确识别的卵石边缘点,如图 7(a)中白色点所示。而"外点"则代表错误识别的卵石边缘点,如图 7 中黑色圆点所示。

本文中采用 RANSAC 算法实现卵石边缘点矫正的步骤如下。

①将图 7(a)中所有获取的边缘点作为数据集合 M,其数据形式为平面二维点集 (x,y)。

②采用椭圆参数方程作为计算模型,见式(4),其中 A、B、C、D、E、F 为椭圆参数。

$$Ax^2 + Bxy + Cy^2 + Dx + Ey + F = 0 \qquad (4)$$

③从数据集 M 中随机选取 N 组坐标点,并使用式(4)对其进行拟合,同时计算每个点到拟合函数代数距离。当代数距离大于最大代数距离时,则判定该点为"外点",反之该点为"内点"。

④若步骤③中所得到的内点数量比之前的更多,则更新保存对应的最优内点集合、模型参数。

⑤重复步骤②至④,直到达到最大迭代次数或是内点数量达到预期后停止迭代。其中,最大迭代次数可以采用式(5)来进行估计,其中 t 为内点占比,N 为每次拟合所使用的点数量,P 为所有采样点都为内点的概率,k 为最大迭代次数。

$$k = \frac{\log(1-P)}{\log(1-t_N)} \qquad (5)$$

当迭代终止后,根据最优的模型参数来绘制椭圆,即可得到最优拟合椭圆见图 7(b)。

3 结果

在本节中,将本文算法与现有算法的检测结果进行比较,同时验证了不同方法的计算误差。其中,SLIC 算法产生了较多的过分割和欠分割区域,并且对背景十分敏感,见图 8(b)。而 MCS 算法也存在许多欠分割区域,同时部分卵石边缘检测不完整,见图 8(c)。本文所提出的方法获得了较为完整的卵石边缘,见图 8(d)。

对不同方法的卵石边缘检测的计算值和实际值进行比较(图 9)。可以看出,本文算法的 D_{50} 和 D_{90} 的估计相对误差分别为 4%和 2%,而 MCS 算法的估计相对误差分别为 8%和 13%,SLIC 算法的估计相对误差分别为 13%和 6%。这些结果表明,本文算法的估计精度高于其他两种算法。此外,通过回归分析显示,本文算法的结果比其他两种算法更接近观测值。本文算法估计的粒径的 R^2、MSE、RMSE 和 MAE 值分别为 0.94、10.06、3.17 和 2.7,这些指标均优于现有的两种算法(表 1)。

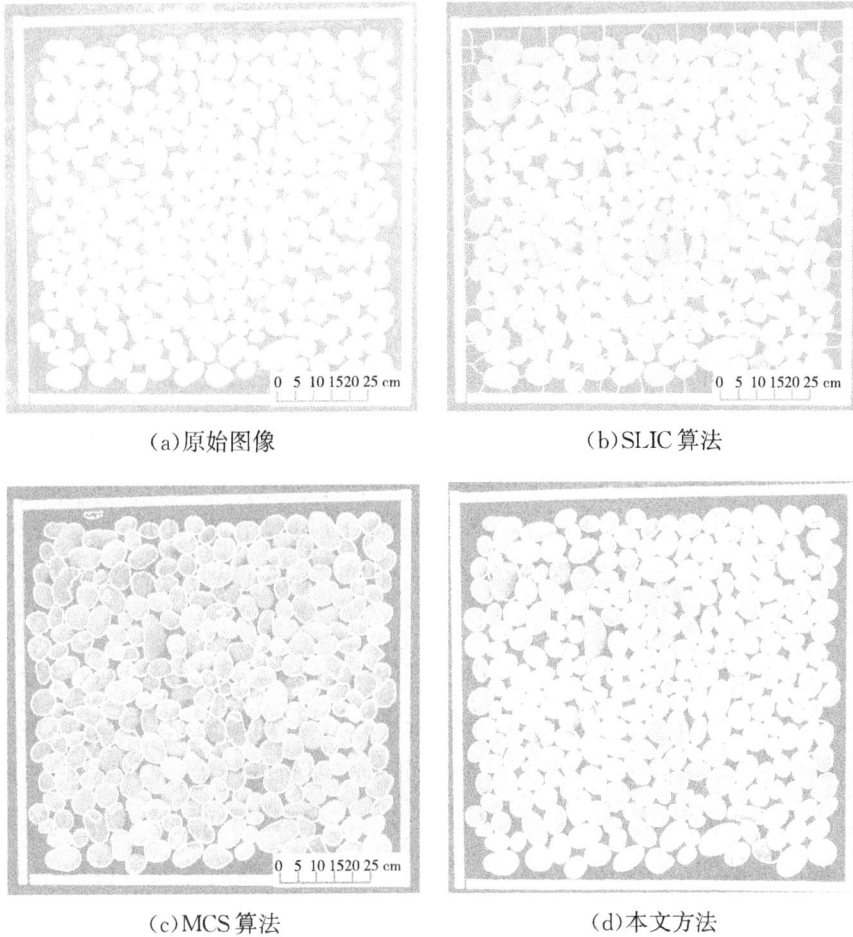

(a)原始图像   (b)SLIC 算法

(c)MCS 算法   (d)本文方法

图 8 使用不同方法检测卵石边缘的结果

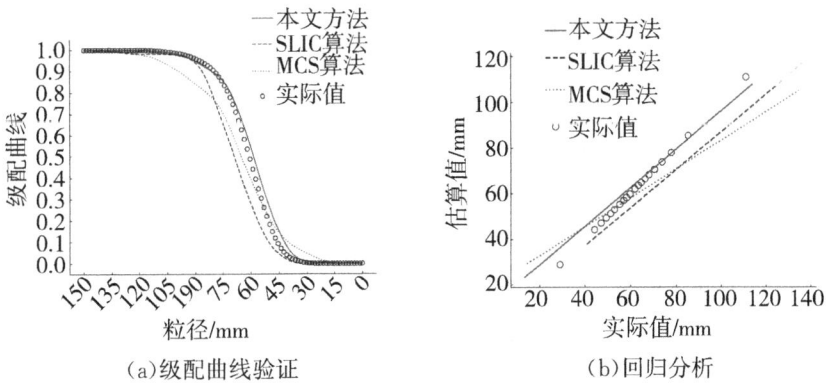

(a)级配曲线验证   (b)回归分析

图 9 不同方法在实验室估算的卵石粒径结果

表 1   不同方法的误差分析

方法	R^2	MSE	RMSE	MAE
本文方法	0.94	10.06	3.17	2.70
MCS 法	0.37	115.00	10.03	8.12
SLIC 法	0.55	65.67	8.10	7.27

4 讨论

MCS 算法是对传统分水岭分割算法的改进。与本研究中使用的算法类似,MCS 算法首先标记前景卵石。它不是选择局部最小值作为注水点,而是将标记点作为注水点。随着注水点向外扩张,最终会形成一个汇水盆,而盆的边缘就是卵石的边缘。MCS 算法可以抑制传统分水岭算法的过分割问题。然而,当标记点的位置不适当或卵石边缘模糊时,可能会过度扩张,导致欠分割。图 8(c) 中显示的不完整边缘是由于过度扩张造成的,这会导致卵石粒径被高估。因此,在 MCS 计算结果的粒径分级曲线中,结果比实际值偏大,见图 9(a)。

SLIC 算法的准确性高度依赖于超像素的数量。超像素过多会导致过分割,过少则会导致欠分割。为了获得大卵石更准确的分割结果,通常需要减少超像素的数量,但同时可能导致计算结果的欠分割,从而高估了小卵石的粒径,见图 8(b)。相反,为了获得更准确的小卵石分割结果,则需要更多的超像素,有可能会发生过分割,导致大卵石粒径的被低估。换句话说,SLIC 算法难以同时准确估计大卵石和小卵石。因此,估计值通常比实际值大或小。

本文算法的结果准确性主要受两个因素影响:标记的准确性和卵石表面的噪声。当标记点落在卵石边缘时,可能会检测到错误的边缘点。在卵石密集的情况下,大多数标记会落在卵石表面。少量的错误标记可以手动或根据标记位置对应的图像灰度值自动剔除。此外,随着参数 se 的减小,标记的数量会增加。因此,可以适当减小 se 来获得更多的卵石标记点。然而,这可能导致同一卵石上出现多个标记,从而增加计算时间。此外,本文算法的计算结果准确性还受到卵石内部噪声的影响。如果卵石内部有明显的纹理干扰,可能会被误检测为卵石边缘,这是在所有边缘分割算法中不可避免的问题。因此,图像预处理很重要。通过充分减弱卵石表面的噪声,同时尽可能保留边缘,可以显著提高计算结果的精度。此外,使用本文算法计算的粒径分级曲线略小于测量结果。这是因为垂直拍摄的卵石边缘点之间的最大距离可能小于实际卵石长轴,而另一个原因可能是卵石表面纹理的影响。

5 结论

河床表面的卵石粒径分布(CSD)特征对河流地貌和栖息地具有重要意义。利用数字图像处理技术实现 CSD 的自动统计和分析可以大幅提高工作效率并降低成本。本文提出了一种基于数字图像处理的卵石边缘检测算法,并通过实验验证了所提出算法的准确性。所提出方法在实验室估计的 D_{50} 和 D_{90} 的相对误差分别为 4% 和 2%,估计精度优于常规算法。本文方法适用于使用无人机遥感摄影进行河流地貌调查,特别是对于粒径为 5~50cm 的大面积卵石床的 CSD 估计,具有较高的估计精度和计算效率。然而,所提出的方法不太适用于非卵石颗粒床(如细沙)的 CSD 估计。在未来的研究中,将考虑颗粒颜色和粗糙度,从而实现更准确的粒径估计。

参考文献

[1] Carbonneau P, Fonstad M A, Marcus W A, et al. Making riverscapes real[J]. Geomorphology, 2012, 137(1): 74-86.

[2] Wheaton J M, Fryirs K A, Brierley G, et al. Geomorphic mapping and taxonomy of fluvial landforms[J]. Geomorphology, 2015, 248: 273-295.

[3] Wegscheider B, Linnansaari T, Curry R A. Mesohabitat modelling in fish ecology: A global synthesis[J]. Fish and Fisheries, 2020, 21(5): 927-939.

[4] Nelson P A, Bellugi D, Dietrich W E. Delineation of river bed-surface patches by clustering high-resolution spatial grain size data[J]. Geomorphology, 2014, 205: 102-119.

[5] Armstrong J D, Kemp P S, Kennedy G, et al. Habitat requirements of Atlantic salmon and brown trout in rivers and streams[J]. Fisheries Research, 2003, 62(2): 143-170.

[6] Reiser S, Pohlmann D M, Koops U, et al. Using gravel for environmental enrichment in salmonid hatcheries: The effect of gravel size during egg incubation, endogenous and first feeding in rainbow trout[J]. Journal of Applied Ichthyology, 2019, 35(2): 465-472.

[7] Robbins A, Griffiths C L, Nefdt L. Comparisons of macrofaunal communities occupying shores across the full particle-size spectrum reveals pebble beaches to be a distinct coastal habitat type[J/OL]. African Journal of Marine Science, 2022 [2023-03-07]. https://www.tandfonline.com/doi/abs/10.2989/1814232X.

2022. 2136243.

[8] Carbonneau P E，Lane S N，Bergeron N E. Catchment-scale mapping of surface grain size in gravel bed rivers using airborne digital imagery：Mapping grain size in gravel bed rivers[J/OL]. Water Resources Research，2004，40(7)[2022-05-27]. http：//doi. wiley. com/10. 1029/2003WR002759.

[9] Carbonneau P E，Bergeron N，Lane S N. Automated grain size measurements from airborne remote sensing for long profile measurements of fluvial grain sizes：Size measurements of fluvial grain sizes[J/OL]. Water Resources Research，2005，41(11)[2022-03-25]. http：//doi. wiley. com/10. 1029/2005WR003994.

[10] Engin I C，Maerz N H. Investigation on the processing of LiDAR point cloud data for particle size measurement of aggregates as an alternative to image analysis[J]. Journal of Applied Remote Sensing，2022，16(1)：16.

[11] Rice S P，Church M. Grain-size sorting within river bars in relation to downstream fining along a wandering channel：Scales of variability in river grain size[J]. Sedimentology，2010，57(1)：232-251.

[12] Wu F C，Wang C K，Lo H P. FKgrain：A topography-based software tool for grain segmentation and sizing using factorial kriging[J/OL]. Earth Science Informatics，2021[2022-09-15]. http：//link. springer. com/article/10. 1007/s12145-021-00660-z.

[13] Buscombe D. Estimation of grain-size distributions and associated parameters from digital images of sediment[J]. Sedimentary Geology，2008，210(1-2)：1-10.

[14] Cheng Z，Liu H. Digital grain-size analysis based on autocorrelation algorithm[J]. Sedimentary Geology，2015，327：21-31.

[15] Vincent L，Soille P. Watersheds in digital spaces：An efficient algorithm based on immersion simulations[J]. IEEE Transactions on Pattern Analysis and Machine Intelligence，1991，13(6)：583-598.

[16] Butler J B，Lane S N，Chandler J H. Automated extraction of grain-size data from gravel surfaces using digital image processing[J]. Journal of Hydraulic Research，2001，39(5)：519-529.

[17] Graham D J，Reid I，Rice S P. Automated sizing of coarse-grained sediments：Image-processing procedures[J]. Mathematical Geology，2005，37(1)：1-28.

［18］ Srisutthiyakorn N, Mavko G. Computation of grain size distribution in 2-D and 3-D binary images[J]. Computers & Geosciences, 2019, 126(MAY): 21-30.

［19］ Parvati K, Prakasa Rao B S, Mariya Das M. Image segmentation using gray-scale morphology and marker-controlled watershed transformation[J]. Discrete Dynamics in Nature and Society, 2008, 2008: 307-318.

［20］ Achanta R, Shaji A, Smith K, et al. slic superpixels compared to state-of-the-art superpixel methods[J]. IEEE Transactions on Pattern Analysis & Machine Intelligence, 2012, 34(11): 2274-2282.

［21］ Wang C, Yuan R, Sun Y, et al. Using multiple superpixel segmentation and merging of digital image method to auto-estimate gravel grain size[J]. Arabian Journal of Geosciences, 2019, 12(3): 90.

［22］ Detert M, Weitbrecht V. Automatic object detection to analyze the geometry of gravel grains - A free stand-alone tool[J]. River flow, 2012.

［23］ Chardon V, Piasny G, Schmitt L. Comparison of software accuracy to estimate the bed grain size distribution from digital images: A test performed along the Rhine River[J]. River Research and Applications, 2022, 38(2): 358-367.

［24］ Baptista P, Cunha T R, Gama C, et al. A new and practical method to obtain grain size measurements in sandy shores based on digital image acquisition and processing[J]. Sedimentary Geology, 2012, 282: 294-306.

［25］ He K. Guided Image Filtering[M]. IEEE © Transactions on Pattern Analysis and Machine Intelligence, 2013.

［26］ Rahman M S, Islam M R. Counting objects in an image by marker controlled watershed segmentation and thresholding[C/OL]//2013 3rd IEEE International Advance Computing Conference (IACC). Ghaziabad: IEEE, 2013: 1251-1256 [2022-08-21]. http://ieeexplore.ieee.org/document/6514407/.

［27］ Torr P H S, Zisserman A. MLESAC: A New Robust Estimator with Application to Estimating Image Geometry[J]. Computer Vision and Image Understanding, 2000, 78(1): 138-156.

文莱 PMB 岛石化工程
淡武廊(Temburong)引水项目水资源条件研究

王秀红[1]   黄海龙[1]   周彬瑞[2]

(1. 南京水利科学研究院,江苏南京   243102;

2. 南京水科院瑞迪科技集团有限公司,江苏南京   210029)

摘   要:石油化工行业的水资源耗费巨大,沿海的炼化项目供水如果得不到保证,往往就需要通过海水淡化或调水来解决生产需要。恒逸 PMB 石油化工项目年处理原油 800 万 t,目前的供水无法满足二期的发展需求,计划在 30km 外的淡武廊地区选择淡水取水点,建设泵站供应项目生产。本文介绍了该地区多条河流的水质的调查情况,对于计划取水点位置的流量进行了估算,提出了建议,相关数据可以为该地区的其他水利工程提供参考。

关键词:文莱;水资源;水质

1   前言

文莱(Brunei)位于加里曼丹岛西北部,文莱国土面积 5765km²。海岸线长约 162km,共有 33 个岛屿,东部地势较高,西部多沼泽地。文莱最高山峰是巴贡山,海拔 1841m。四大河流为文莱河、都东河、马来奕河和淡武廊河,其中文莱河、淡武廊河交汇入文莱湾。

恒逸 PMB 石油化工项目是恒逸集团和文莱政府合资建设的千万吨炼油化工一体化项目,一期项目设计年加工原油 800 万 t,已经全部投产;二期项目总投资估算为 989 亿元人民币,2023 年 11 月 8 日,中国企业对文莱最大投资项目——恒逸文莱大

作者简介:王秀红(1979—   ),女,天津人,硕士,高级工程师,主要从事水沙运动基础理论、航道治理及航运规划研究。E-mail:wangxiuhong@nhri. cn。

摩拉岛石化项目签署二期工程实施协议。二期项目主要包括"炼油、芳烃、乙烯、聚酯"四部分,计划需水量每年 3000 万 t,而目前的海水淡化无法满足要求。项目计划在淡武廊河流域两条主要干流河道合适的地点建造若干个泵站(包括蓄水加压池),将原水经陆地和海底管道输送至大摩拉岛(PMB)。原水要求水质电导率小于1000us/cm,氯离子含量小于 150mg/L,取水保证率需大于等于 95%,合适取水点的选择将是项目的核心工作内容。

2 基本情况

文莱属热带雨林气候,全年高温多雨,一年分为两季:旱季和雨季。年降雨量为2500~3500mm,每年 11 月至次年 2 月是雨季,12 月雨量最大;每年 3—10 月是旱季。近年来两季区分不是很明显,文莱旱季和雨季的变化逐渐模糊。文莱年平均气温27.1℃,平均湿度为 82%。文莱国际机场气象站 1996—2012 年的降雨量资料、世界银行气候变化知识门户、美国海洋与大气管理局的多年平均年降雨量数据,以及 Kilanas站 1936—2011 年降雨量成果,总体规律较为一致,2—4 月降雨量明显偏低(图 1)。

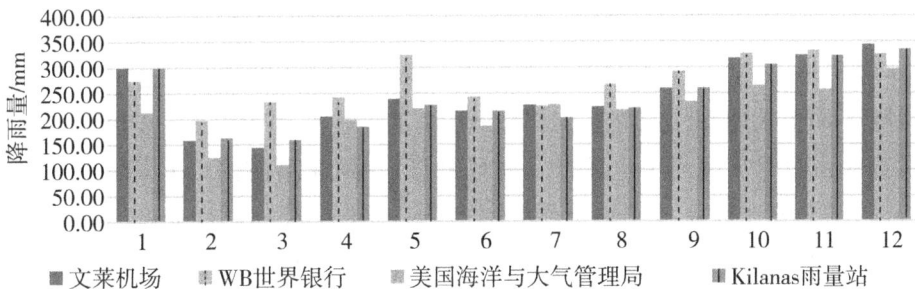

图 1 不同来源降雨量数据成果柱状图

淡武廊河流域总面积约 1100km²,淡武廊河穿越整个淡武廊县,由南向北注入文莱湾。整个流域水系分布较为广泛,支流较多,均汇流至淡武廊河,最后注入文莱湾。淡武廊河下游为感潮河段,河道比降较小,河道长度约 20km。从邦阿镇至上游河道长度约 90km,为山区河道,河道宽度一般 30~50m,局部较宽;河道比降较大,水深在1.0m 左右,水流较急。

3 现场调查

文莱界内淡武廊区域有数条河流,淡武廊区域内河流分布见图 3。其中 Sungai Kibi 是文莱和马来西亚的界河,文莱国境内有 Sungai Belayang、Sungai Temburong、Sungai Lamaling Besra 和 Sungai Labu 等。Sungai Labu 所处地势平缓,流域范围小,流量流速均不具备基本条件。Sungai Belayang 和 Sungai Kibi 相通,具备一定的流量,但是需要对水质,尤其电导率和氯离子情况进行检查。

2024 年 6 月 29 日(农历五月二十四小潮),对于 Sungai Belayang 区域进行了两次测量,分别是 10 时 30 分和 15 时 40 分,受潮位影响,同一位置电导率变化较大,且均超过 1000us/cm 取水要求(图 2)。

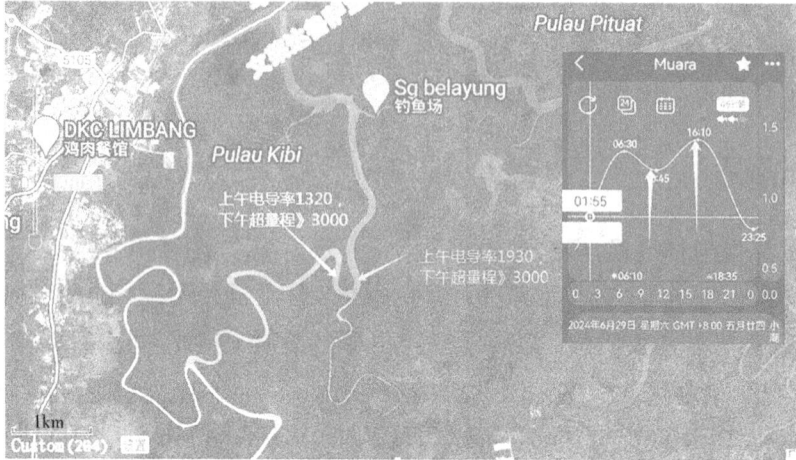

图 2 Sungai Belayang 河不同潮位时河水电导率变化

6 月 29 日 16 时在高潮时段附近,对该支流全程取水测量,电导率大部分超出量程(大于等于 3000us/cm),电导率小于 1000us/cm 的河道长度已经不足 900m,结合潮位过程和特征,可以认定,该支流的取水保障无法满足要求,放弃为了进一步论证的需求。

在高潮位时对其他河道也进行了现场测量,各河流下游河口段均无法满足取水水质要求,结合该地区大范围地形图,选择从 Sungai Temburong、Sungai Lamaling 两条河流的中游开始设立临时水文站点(图 3),对其流量、流速和水质进行长期监测。同时设立雨量站,以便利用长期气象资料进行径流量的分析和计算。

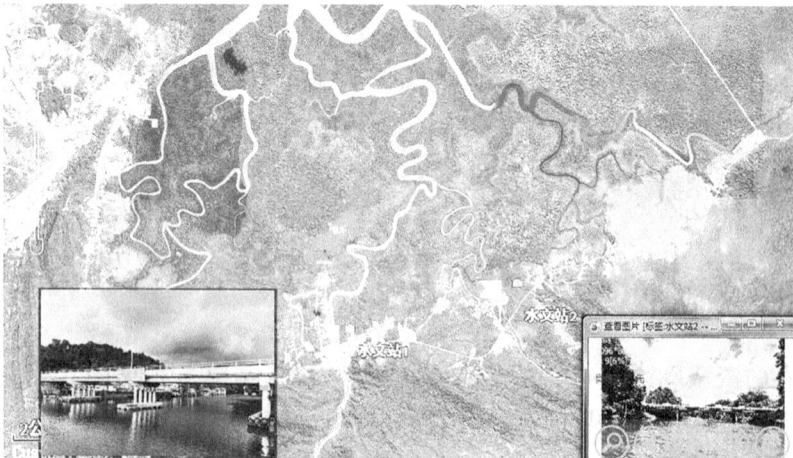

图 3 临时水文站点位置

同时为了评估原水水质,沿 Sungai Temburong 从 Banger 镇向上游约 15km 河段进行了现场查勘,见图4,在2024年7月30日同一时段对1#、2#、3#点的水质进行了现场取样,表1表明各项指标均能满足项目要求。

图4 Sungai Temburong 上游查勘点位置

表1 Sungai Temburong 上游河段水质沿程变化(2024年8月1日)

点位	pH 值	电导率 $\mu s/cm$	氯离子/(mg/L)	浊度/NTU	悬浮物/(mg/L)
1	7.10	176.7	55.6	3.36	3.5
	7.13	176.8		2.97	
2	7.03	28.8	≤5	7.29	10.5
	7.05	27.6	≤5	7.77	
3	7.12	29.6	≤5	4.78	5.5
	7.12	29.4	≤5	4.21	

2024年8月6日对1#、2#、3#点位利用ADCP进行了多次流速和流量观测,见图5和表2,同时通过数据可以发现,受潮水的影响(图6),下游位置测量所得的数据随着潮位过程变化较大(表3),未来1#点附近长期站点获得的数据,需要结合潮位过程进行再次分析,才能分离出潮流和径流的数据。

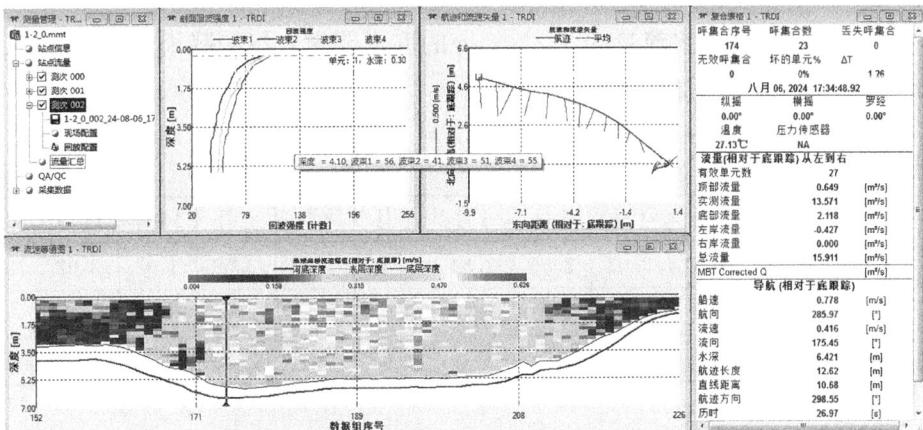

图5 1# 点位 ADCP 流速流量实测数据图(2024年8月6日15时)

表2   Sungai Temburong 上游河段 1# ~3# 断面流速流量（2024 年 8 月 6 日 14—17 时）

点位	Banger 距离/km	最大表层流速/(m/s)	断面平均流速/(m/s)	断面流量/(m³/s)
1#	0	0.20	0.06	18.5
2#	3	0.38	0.10	28.4
3#	9	0.85	0.21	14.5

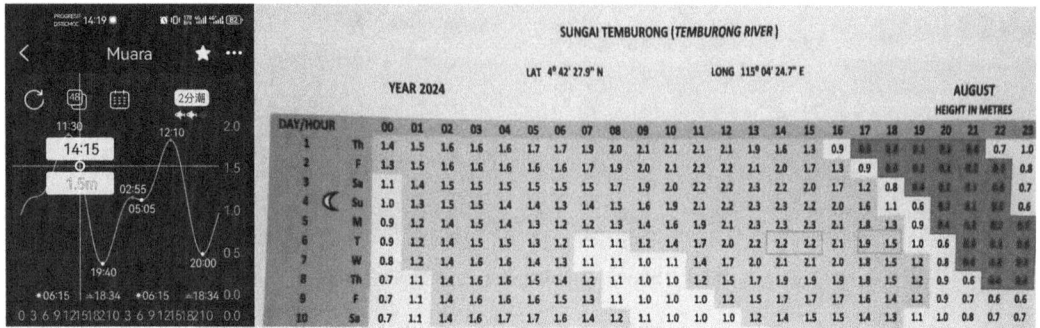

图 6   2024 年 8 月 6 日潮位变化

表3   潮位变化对于下游测量流量的影响

点位	测量时间	最大表层流速 m/s	断面平均流速 m/s	断面流量 m³/s
1#	14 时	0.20	0.06	18.50
	17 时 35 分	0.55	0.31	100.50

4   供需水量分析

在水质基本满足要求的前提下,利用收集的降水历史数据对于流量进行估算,流域径流量计算采用运用综合径流系数法和波罗洲最低流量方程方法进行计算。各点断面以上年径流量分别为 1.04 亿 m³、0.90 亿 m³、0.80 亿 m³,均能满足项目年需水量为 3000t,设计平均取水流量约 1.22m³/s 的取水要求。按照降雨量逐月过程系列分配取水点所在断面逐月平均流量见表4。

表4   各点位断面逐月平均流量   （单位:m³/s）

点位	1 月	2 月	3 月	4 月	5 月	6 月	7 月	8 月	9 月	10 月	11 月	12 月
1#	3.25	1.91	1.68	3.02	3.35	2.84	3.48	3.31	3.55	4.03	3.92	4.51
2#	2.82	1.66	1.46	2.62	2.91	2.47	3.02	2.87	3.08	3.50	3.40	3.92
3#	2.50	1.47	1.30	2.33	2.58	2.19	2.67	2.54	2.73	3.10	3.01	3.47

5   结论与建议

①依据目前已有资料,淡武廊(Sungai Temburong)河邦阿镇上段径流量、水质基本满足本项目需求,该工程的取水点可以在上游 1#、2#、3# 点位间进行选取。

②未来需要对临时水文站点的数据进行分析,尤其对于枯水季 2、3 月的流量水质数据进行评估,以确认供水保证率。

③该地区从未有历史实测资料,本次资料弥补了该区域的数据缺失,可以为其他工程提供参考。

参考文献

[1] 潘艳勤 云昌耀. 文莱:2019 年回顾与 2020 年展望[J],东南亚纵横,2020(2):12-21.

[2] 张立群,王玉东,齐勇,恒逸(文莱)项目二期模块化建造可行性分析[J],石油化工建设,2020,42(1):22-23.

[3] 中交上海港湾工程设计研究院有限公司,恒逸(文莱)PMB 石油化工项目二期全岛围堤工程可行性研究[R].上海:中交上海港湾工程设计研究院有限公司,2019.

[4] Nhri. Hydraulic Observation for Mathematical Model of Tidal current and sediment in the second Phase of Hengyi(Brunei)PMB Petrochemical Project[R]. NANJING. NHRI. 2019.

水情要素卫星遥感监测进展

吴剑平[1] 柘山川[1] 万 宇[2] 李文杰[2]

(1. 重庆交通大学水利水运工程教育部重点实验室,重庆 400074;

2. 重庆交通大学国家内河航道整治工程技术研究中心,重庆 400074)

摘 要:近年来,随着卫星遥感技术的迅速发展,基于遥感的河流水情要素监测在水资源管理与水利工程中发挥了重要作用。本文综述了近年来卫星遥感技术对河流水位、水深及流量等水情要素的监测进展。首先,详细介绍了卫星测高技术的发展及其在内陆水体水位监测中的应用,从早期的单任务测高到多任务测高技术的集成,显著提升了监测精度和时空分辨率。其次,对水深遥感监测方法进行了分类讨论,重点分析了基于光学影像、参数化模型和水力要素的不同技术路线,并比较了它们的应用场景与适用性。最后,总结了三类基于遥感的河流流量监测技术,探讨了如何通过监测水位、河宽等水力参数来估算流量的不同方法及其局限性。研究成果可以为无资料或者缺资料区域的河流水利要素监测提供新的解决思路。

关键词:卫星遥感;测高卫星;水位;水深;河流流量

1 前言

河流是地球水文系统中的重要组成部分,在水资源管理、环境保护和水利工程中发挥着至关重要的作用[1]。准确监测河流水位、水深及流量等水利要素,获取这些参数对于理解河流动态、预测洪水事件和可持续管理水资源具有基础性意义。传统的河流水利监测方法,如人工测量和现场调查,长期以来是数据收集的主要手段。尽管这些方法提供了有价值的数据,但也存在明显的局限性[2]。人工测量站点通常分布

基金项目:重庆交通大学研究生科创项目(CYB240255)。

作者简介:吴剑平(1999—),男,浙江丽水人,博士研究生,主要从事生态航道方面研究。E-mail:wjp325325@163.com。

稀疏,只能在特定地点提供数据,导致空间覆盖不全。现场调查虽然细致,但劳动强度大、耗时长,且受到物流条件的限制。此外,这些传统方法往往无法提供实时数据,对于偏远地区或地形复杂的区域,数据获取更加困难[3]。为了克服这些限制,卫星遥感技术作为一种有效的监测手段应运而生。卫星遥感技术能够提供全面、实时和空间覆盖广泛的河流水位、水深和流量数据。随着卫星测高技术和遥感方法的进步,研究人员和实践者能够突破传统监测方法的局限,实现更高的准确性和覆盖范围[4]。本文综述了近年来基于卫星遥感技术的河流水利要素监测进展,探讨了其相对于传统方法的优势,并提出了在缺乏地面测量数据的区域如何利用遥感技术填补数据空白的新思路。

2 河流水位、水深遥感监测

2.1 卫星测高原理

卫星测高技术使用雷达或激光来测量水面和卫星之间的距离,最初用于监测海平面。近年来,它被广泛应用于湖泊、水库及河流等内陆水体水位/水深检测研究中。卫星测高的基本原理是计算雷达测高计发射的微波脉冲信号与接收地面发射信号之间的往返时间间隔以测算星地之间的距离(h_{range}),并考虑脉冲信号传播过程受到的各种干扰因素进行修正(图1)。具体计算公式如下:

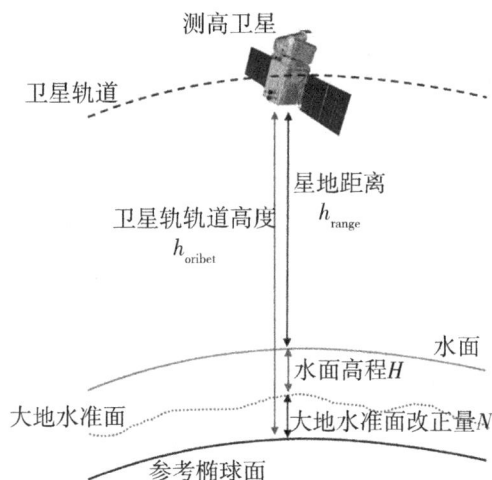

图1 卫星测高原理示意图

$$H = h_{\text{oribet}} - (h_{\text{range}} + Corr) - N \tag{1}$$

$$Corr = C_{\text{iono}} + C_{\text{dry\_trop}} + C_{\text{wet\_trop}} + C_{\text{earth\_tide}} + C_{\text{pole\_tide}} \tag{2}$$

式中,H——星下点高程;

h_{oribet}——卫星轨道高度;

$Corr$——修正项；

C_{iono}——电离层修正项；

C_{dry_trop}——干对流层修正项；

C_{wet_trop}——湿对流层修正项；

C_{earth_tide}——固体潮修正项；

C_{pole_tide}——极潮修正项；

N——大地水准面改正量。

对复杂的地物反射信号进行分析是准确计算星下点高程的关键，这依赖于波形重跟踪算法。波形重跟踪通过重新分析雷达测高计返回的波形数据，识别目标回波的关键特征（如首次回波、波形峰值等），并校正由于地形、反射面的不同性质或卫星姿态变化带来的误差。重跟踪后的波形可以更精确地反映雷达信号与地面之间的实际距离，从而提高高度测量的精度。目前主流的波形重跟踪算法可分为基于统计的重跟踪算法和基于物模的重跟踪算法。基于统计的重跟踪算法主要包括重心偏移算法（Offset Centre of Gravity，OCOG）、β—参数算法、阈值重跟踪算法（Threshold Retracker，TR）、改进阈值重跟踪算法（Improved Threshold Retracker，ITR）等。基于物模的重跟踪算法主要包括窄主峰重跟踪算法（Narrow Primary Peak Retracker，NPPR）、布朗模型重跟踪（Brown Model Retracker，BMR）、Ice－2重跟踪算法等。对于内陆水体主要采用重心偏移算法等基于统计的重跟踪算法。

卫星测高数据分为三级。一级数据产品是在卫星传感数据的基础上进行简单的仪器误差校正并增加时间标签和地理坐标后的原始数据，通常包含时间、经纬度、卫星高度、脉冲信号误差校正、反射回波波形等基础参数。二级数据产品是基于一级数据生成的传感器地球物理数据记录（Sensor Geophysical Data Record，SGDR），包括地球物理参数、环境参数、高程数据等，其经过了重跟踪算法校正是用于水位高程推断的主要数据。三级数据产品是开发后的内陆水体的水位时间序列数据集，可以直接下载特定地点的水位时间序列而无须烦琐的前期数据处理过程。目前，主流的数据集有以下几种：DAHITI数据集（https://dahiti.dgfi.tum.de/en/）、Hydroweb数据集（http://hydroweb.theia-land.fr/）、G-REALM数据集（https://ipad.fas.usda.gov/cropexplorer/global_reservoir/）、GRRATS数据集（https://doi.org/10.5067/PSGRA-SA2V1）等。

2.2 水位遥感监测

随着TOPEX/Poseidon、Jason－1、2和3、ERS-1/2、环境卫星（ENVISAT）、ICE-Sat、CryoSat－2、SARAL/AltiKa等测高卫星的陆续发射与应用，卫星测高监测大陆水体水位的潜力已在许多已发表的研究中得到证实。早期的研究主要利用Topex/

Poseidon 和 Geosat 等测高卫星监测湖泊或大型河流的水位变化。例如,Birkett 等[5]在 1995 年首次利用 Topex/Poseidon 测高数据评估了全球 21 个大型湖泊的水位变化。在亚马孙流域,Envisat 和欧洲空间局的 ERS-2 被用来推算水位,精度在 0.4m 左右。Koblinsky 等[6]对比了 Geosat 测高数据所估算水位与亚马孙流域水位实测数据,两者间误差为 0.2m。由于星下点足迹间距较大、轨道定位精度低、脉冲信号发射机功率较小、误差修正差等,早期的测高卫星反射信号常常受到植被、建筑等其他地物干扰,仅在大型水面的远离陆地部分能够获得较好的精度。但近年来,随着 Ice-2、Sentinel 3A 等测高任务的开始和波形分析技术的提高,测高数据不断丰富、精度显著改善。这扩展了卫星测高技术在内陆水体水位监测中的应用,尤其是对于小型河流而言。Jiang 等[7]利用 2010—2019 年的 CryoSate-2 数据获得了青藏高原 200 多个湖泊的水位时间序列,结果表明青藏高原湖泊群水位在过去 10 年间总体呈上升趋势,这揭示了全球气候变暖的水文影响。而在法国加龙河(Garonne River)上,ENVISAT 和 Jason-2 被用于 200m 宽河流的水位推断,ENVISAT 和 Jason-2 的估算精度分别为 0.5m 和 0.2m[8]。Lyu 等[9]验证了 ICESat-2 测高数据用于估计北京市永定河(宽度为 50～100m)水面坡度的有效性,水面坡度估计结果的相对误差范围为 0.13%～9.02%。测高卫星参数对比见表 1。

表 1 测高卫星参数对比

卫星名称	运行时间/年	发射机构	轨道高度/km	轨道倾角/°	重访周期/d	测距精度/cm
SKYLAB	1973—1974	NASA	435	50.2	1	100
GEOS-3	1975—1979	NASA	780	99.2	3	25～50
SEASAT	1978—1983	NASA	804	108.0	3	20～30
Geosat	1985—1990	US Navy	785	108.0	17	10～20
ERS—1	1991—2000	ESA	780	98.5	3	10
T/P	1992—2006	NASA/CNES	1336	66.0	10	6
ERS-2	1995—2000	ESA	780	98.5	3	10
GFO	2000—2008	US Navy	800	108	17	2.5～3.5
Jason-1	2001 2013	NASA/CNES	1336	66.0	10	4.2
ENVISAT	2002—2012	ESA	790	98.5	35	2.5
ICESat	2003—2009	NASA	600	94.0	91	10
Jason-2	2008—2019	NASA/CNES	1336	66.0	10	2.5～3.4
CryoSat-2	2010 至今	ESA	717	92.0	16	1～3
Jason-3	2016 至今	NASA/CNES	1336	66.0	10	2.5～3.4
Sentinel-3A	2016 至今	ESA	814	98.5	27	1

尽管这些测高卫星在内陆水体水位监测中显示出了其有效性,但是测高卫星轨道间距和轨道重复周期上仍然具有一定的局限性。受卫星轨道的限制,在赤道上 ENVISAT 的轨道间距约 80km,TOPEX/Poseidon 和 Jason 系列的轨道间距均为

315km，Sentinel-3A 的轨道间距约 104km，这意味着在河流中只有卫星轨道穿过的有限位置才能监测水位变化。一些可变轨道测高卫星如 ICESat-2、CryoSat-2 和 SWOT 等可以改变卫星运行轨道以提高轨道的重复率，为全球河流的水位提供了更加精细的空间监测。此外由测高卫星获取的水位时间序列的时间分辨率取决于卫星轨道重复周期，TOPEX/Poseidon 和 Jason 系列的轨道重复周期为 10d，Sentinel-3 为 27d，ERS 系列和 ENVISAT 为 35d，ICESat-2 为 91d，CryoSat-2 甚至达到了 369d。基于上述的局限性，近年来多任务测高技术被广泛应用。多任务测高技术通过将同一研究区域内的不同测高任务的监测结果整合起来以解决单个测高卫星监测时空分辨率不足的问题。由于不同测高卫星的处理方法和轨道基准不同，其所获得水位高程往往相差巨大（图 3），因此多任务测高技术的关键是统一不同检测结果至相同标准。多任务测高技术首次被 Tourian 等[10] 应用于波河、刚果河、密西西比河和多瑙河。Tourian 等[10] 提出了一种通过水力和统计方法将 TOPEX/Poseidon、Envisat、Jason-2、CryoSat-2 和 SARAL 测高任务的所有水位监测数据连接起来以获得河流沿线任意位置的水位时间序列的方法，在波河、刚果河、密西西比河和多瑙河的验证结果的相关性系数>0.75，显示了该方法的有效性。Boergens 等[11] 采用时空克里金插值方法将 Envisat、Jason-2 和 SARAL 的测高水位相结合，以获得湄公河上更高的时间分辨率。Nielsen 等[12] 则通过建立一个包含一阶自回归过程的状态空间模型以整合来自多个测高卫星任务的水位数据，并在勒拿河、索利蒙斯河、密西西比河、多瑙河、波河和红河采用了该模型，这些河流的宽度从 3km 到几百米不等，与原位观测数据的验证结果表明均方根误差在 0.34～2.53m。

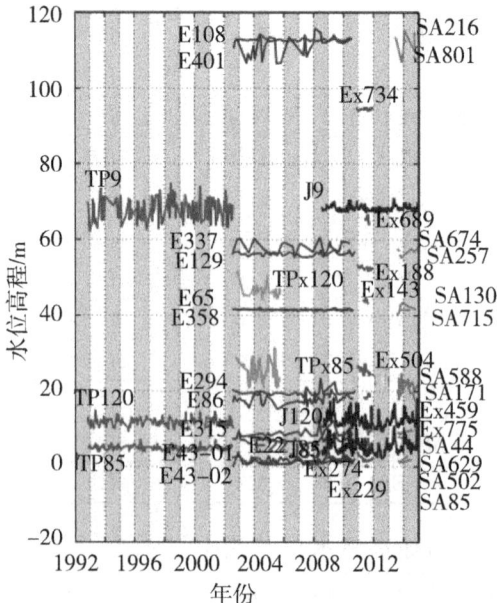

图 3　意大利 Po River 不同测高卫星水位监测结果对比[10]

2.3 水深遥感监测

水深是指水面距河床底部的距离。水深测量是水利、航运和水资源开发利用等方面的一项关键工作,对于理解河流三维特征具有重要意义。传统的水深测量方法主要依靠测深杆、测深锤、声学多普勒流速仪和多波束声呐等设备进行,这在经济性、安全性和灵活性等方面都存在一定的局限。在河底地形确定时,河流的水位与水深具有直接对应的关系,因此利用遥感技术也可以估算得到河流水深,遥感技术的发展为水深测量提供了新的思路。目前利用遥感监测河流水深主要有以下三大类方法:基于光学遥感图像的水深监测方法、基于参数化的水深监测方法和基于水力要素的水深监测方法。

基于光学遥感图像的水深监测方法的基本原理是利用传感器获取太阳光受水体影响后的水体光谱特征,根据相关水深模型反演计算得到水深数据。该方法最初应用于海洋环境中后逐渐拓展至内陆水体中。Legleiter 等[13] 提出了一种称为最佳频带比分析(OBRA)的方法来建立图像衍生量与水深之间的关系,利用高光谱遥感图像数据对砾石河床河流的水深进行估计,验证了遥感监测河流水深的可行性。Williams 等[14] 将地面激光扫描和航空遥感影像相结合,从光学遥感图像中反演了新西兰 2.5km 宽的辫状河流水下地形,得到水深的估算精度为 0.03~0.12m。然而,上述方法依赖于野外测深数据作为先验信息,仅限于可见光可以穿透水柱到达河底的浅水河流,并且受水中沉积物和河底反射特性的影响[13]。为此,Legleiter 等[15] 进一步提出了一种图像到深度的分位数变换(IDQT)框架,以减少对水深估算对现场实测水深数据的需求。此外一些研究者尝试将机器学习与光学图像结合起来估算河流水深。例如,Pan 等[16] 利用支持向量机从高光谱图像中推断水深的空间分布。Mandlburger 等[17] 提出了一个 BathyNet 卷积神经网络,结合摄影测量和辐射测量方法,从高光谱图像中推断德国奥格斯堡附近的 4 个湖泊的水深。尽管如此,基于光学遥感图像的水深监测方法受浊度、河床反射率和水柱光学性质的限制,只能在清澈浅水中提供可靠的水深监测。

基于参数化的水深监测方法相较于上述方法往往具有更高的精度。Andreadis 等[18] 和 Durand 等[19] 使用基于 LISFLOOD-FP 模型的数据同化(Data assimilation,DA)方法估计河流水深。Biancamaria 等[20] 开发了一种结耦合水文/水力建模和局部集合卡尔曼滤波数据同化的方法,以估算北极河流水深。类似地,Brêda 等[21] 引入了一种基于水力方差和协方差的自适应卡尔曼滤波数据同化方法。Moramarco 等[22] 则提出了一种基于最大熵理论构建水深测量的方法,利用河床高程的先验信息重建了意大利 3 条主要河流的水深。Legleiter 和 Kinzel[23] 引入了一种新的框架

(DIVERS),利用流阻方程从遥感观测中估计速度进而推断河流水深。虽然上述的各类基于参数化的水深监测方法提供了较高的估计精度,但其在全球尺度河流水深监测中的实现受到计算成本的阻碍,并且这些方法依赖于河流水深、粗糙度或流量等参数的先验分布。

基于水力要素的水深监测方法是一种利用水力要素之间的经验关系来反演河流水深的简便方法。Dingman 和 Bjerklie[24]基于大型河流数据集的统计分析所建立水位、河宽经验关系,首次提出了一种利用连续同时观测水位和河宽来估计水深的方法。这种方法的基本前提是通过遥感监测水位和河宽的长时序数据,建立水位和河宽之间的经验关系,然后外推得到河底高程(即河宽等于 0 时的水位)。Mersel 等[25]则进一步提出了水位与河宽之间具有线性关系,并利用遥感观测数据估算了密西西比河上游的河流水深。Schaperow 等[26]则假设水位与河宽之间具有非线性的经验关系方法,并使用来自密西西比河上游实测地形数据多获得的水位和河宽数据来验证了这种方法的有效性。Wu 等[27]基于典型河道断面形状推导得到了水位与河宽之间的理论关系式,并利用遥感观测的水位和河宽数据估算了长江上游的河流水深。相较于其他两种方法,基于水力要素的水深监测方法无需任何先验信息,并且计算成本低,更适合在大范围进行水深监测。

3 河流流量遥感监测

河流流量是河流流量面积和流速的乘积,是水利研究中最重要、最常见的目标之一。传统的流量监测主要依靠河流网络中布设的水文站点,但由于经济和政治等原因,过去十几年间公开可用的原位河流流量数据库一直在下降[28]。公开可用的流量监测站数量从 1970 年以前的 8000 个减少到 2015 年左右的 1000 个,受监测的年总流量也相应下降了约 75%(图 4)。此外现有的监测站点主要集中在发达国家地区而在非洲等不发达国家或者是偏远山区流量监测情况更为糟糕。因此,从太空中直接监测河流流量成为发展趋势。目前基于遥感的河流流量监测方法一般可分为三类。

第一类是直接估算对河流流量敏感的指标并建立指标与流量的经验关系以估算流量。Brakenridge 等[30]计算微波扫描辐射计波段中的陆地像元面积(校准面积)与水面像元(测量面积)之比作为敏感指标。通过将敏感指标与实测流量拟合得到经验公式。但该方法适用于植被稀疏和河流宽度大于 1km 的地区。Ling 等[31]利用遥感数据计算长江江心洲面积变化,构建江心洲面积与流量的关系曲线估算流量变化。除此之外,也有研究者尝试建立水位与流量的额定关系曲线对流量进行估算。Rai 等[32]利用来自多个卫星测高任务的水位监测数据与实测流量建立水位—流量额定关系曲线,估算了印度恒河不同河道宽度(0.13m~2km)河段的流量,纳什效率系数

为 0.86～0.98,取得了较好的流量估算精度。类似的,Garkoti 等[33]利用 2018—2019
年的 3 个卫星测高任务(即 Jason-3、Sentinel-3A 和 Sentinel-3B)获得水位时序数据建
立额定关系曲线,并在克里希纳河进行验证。上述方法简单高效,在特定地点可以取
得较好的效果,但是其准确性取决于不同的流态和地貌环境所建立的敏感指标与流
量的经验关系,只适用于特定区域无法推广,并且这类方法依赖于实测流量数据作为
先验信息。

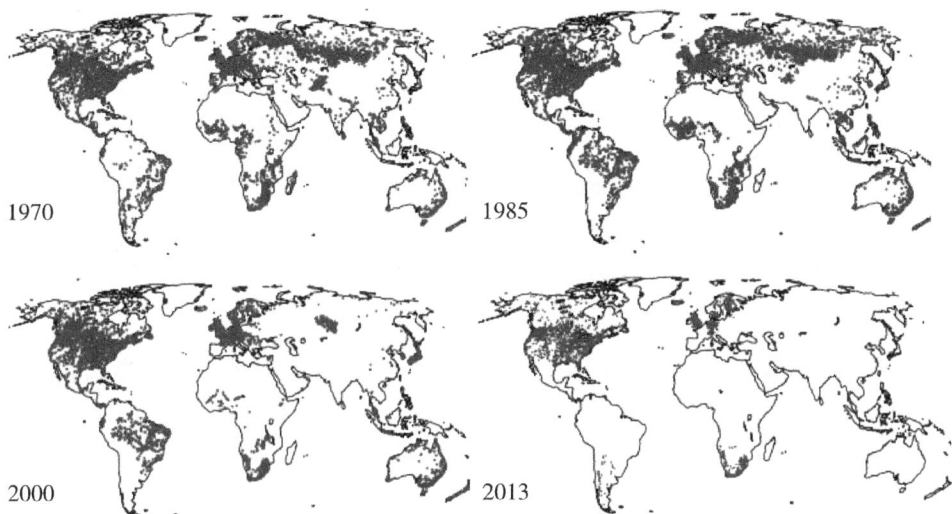

图 4 1970—2013 年 GRDC 数据库可用流量监测站点数量[29]

第二类是利用水力方程如曼宁方程等,通过卫星监测水力变量以估计流量。
Huang 等[34]利用遥感观测水深与河宽,通过改进后的曼宁方程计算了雅鲁藏布江上
游河段的 2000—2017 年的断面流量,纳什效率系数为 0.68～0.98。Sichangi 等[35]基
于曼宁方程,提出了水位、河宽与流量的关系公式(即 $q = aWD^{5/3} + b$),根据 ENVI-
SAT、MODIS 等多个卫星任务获取亚马孙河和内格罗河等大陆河流的水位、河宽以
估算流量。Kebede 等[36]则基于由 Landsat 卫星遥感图像和 SRTM DEM 数据中所
获取河宽、流速、坡度等水力变量,使用曼宁方程和 Bjerklie 方程估算拉萨河的流量,
发现两种模型均高估了中、高流量时期的河流流量。Durand 等[37]研究提出了 Me-
tropolis-manning(MetroMan)算法,该算法基于输入的河流水面高程和坡度,基于贝
叶斯马尔可夫链蒙特卡罗方法使用 Metropolis 算法估计河流水深、粗糙度系数和流
量。但是基于水力方程的流量监测方法仍然需要实测流量以估算方程中的系数,这
限制了其在无流量监测站点区域的使用。

第三类是利用遥感获取河流宽度以近似特征标度律,称为多站水力几何
(AMHG)。AMHG 是由 Gleason 等[38]首次提出的,揭示了来自给定河段的不同断
面的单站水力几何(AHG)的成对系数和指数遵循对数线性关系,这种特征标度律可

191

以仅根据河流宽度的时空变对流量进行估算。Gleason 等[38] 在美国、加拿大和中国的 34 条河流中进行了验证,这些河流跨越了不同的地貌和气候环境。白娟等[39] 则利用 RivWdith_v04 工具提取不同时相遥感影像的河流宽度,分析了 AMHG 方法在黄河源区的适用性和估计精度。这种方法可以在不需要任何现场测量或先验信息的情况下利用遥感进行流量监测,但是在包括辫状河和干旱气候河流等流量极端变化的河流中,基于 AMHG 的流量监测方法的估算精度较差,因此仍需不断探索新的流量监测技术。

4 结论

本文归纳了当前基于遥感技术进行水利要素监测的研究进展,并对不同遥感技术在河流水位、水深及流量等水情要素监测中的应用进行了详细分析。通过对现有遥感监测技术在提取河流水位、水深和流量等方面的优势与不足进行比较,总结得出以下主要结论。

①新型遥感数据在水位监测中的应用不断扩展。多任务测高技术的发展显著提高了水位监测的时空分辨率,尤其是在小型河流及复杂地形中的应用逐渐成熟。结合重跟踪算法的改进,这一技术在内陆水体中的应用表现出较好的精度,但在精细化监测中仍需进一步提升。

②水深监测技术有待在复杂环境中优化。光学遥感、参数化模型及水力要素方法为水深监测提供了多种技术路线,但在浑浊水体、细小河流等复杂环境中的监测精度仍不理想。未来研究应致力于提高这些方法在不同环境中的适用性,特别是在结合多源数据和提高算法自动化方面。

③流量遥感监测方法的发展仍面临挑战。基于遥感的流量监测技术已在大河流域中取得一定成果,尤其是通过水力方程和经验关系估算流量的方式具有广泛应用前景。然而,流量监测在非开阔河段及极端条件下仍存在较大误差,未来需要进一步优化流量反演算法及其适用性。

综上所述,遥感技术在河流水情要素监测中具有广阔的应用前景,但在提高监测精度、算法优化、数据集成及应用扩展等方面仍有诸多挑战。通过进一步推动遥感技术的创新与跨学科融合,本领域的研究与应用将持续深入,为未来的水资源管理和水利工程提供更加科学的支持。

参考文献

［1］ Palmer M，Ruhi A. Measuring Earth′s rivers［J］. Science，2018，361 (6402)：546-547.

［2］ 史卓琳,黄昌.河流水情要素遥感研究进展[J].地理科学进展,2020,39(4)：670-684.

［3］ 王鹏飞,杨胜天,王娟,等.星—机一体的水力几何形态流量估算方法[J].水利学报,2020,51(4):492-504.

［4］ 吴剑平,杜洪波,李文杰,等.基于遥感数据的山区河流测深反演方法与应用[J].水科学进展,2023,34(5):766-775.

［5］ Birkett C M. The contribution of TOPEX/POSEIDON to the global monitoring of climatically sensitive lakes［J］. Journal of Geophysical Research：Oceans，1995，100(C12)：25179-25204.

［6］ Koblinsky C J，Clarke R T，Brenner A C，et al. Measurement of river level variations with satellite altimetry［R］. 1993.

［7］ Jiang L，Nielsen K，Andersen O B，et al. A bigger picture of how the Tibetan lakes have changed over the past decade revealed by CryoSat-2 altimetry［J］. Journal of Geophysical Research：Atmospheres，2020，125(23)：e2020JD033161.

［8］ Biancamaria S，Frappart F，Leleu A S，et al. Satellite radar altimetry water elevations performance over a 200m wide river：Evaluation over the Garonne River［J］. Advances in Space Research，2017，59(1)：128-146.

［9］ Lyu H，Tian F. Satellite-based water surface slope over a small mountain river in northern China［J］. Journal of Hydrology，2024，639：131576.

［10］ Tourian M J，Tarpanelli A，Elmi O，et al. Spatiotemporal densification of river water level time series by multimission satellite altimetry［J］. Water Resources Research，2016，52(2)：1140-1159.

［11］ Boergens E，Buhl S，Dettmering D，et al. Combination of multi-mission altimetry data along the Mekong River with spatio-temporal kriging［J］. Journal of Geodesy，2017，91：519-534.

［12］ Nielsen K，Zakharova E，Tarpanelli A，et al. River levels from multi mission altimetry，a statistical approach［J］. Remote Sensing of Environment，2022，270：112876.

［13］ Legleiter C J，Roberts D A，Lawrence R L. Spectrally based remote sensing of river bathymetry［J］. Earth Surface Processes and Landforms，2009，34(8):1039-1059.

［14］ Williams R D，Brasington J，Vericat D，et al. Hyperscale terrain modelling of braided rivers: fusing mobile terrestrial laser scanning and optical bathymetric mapping［J］. Earth Surface Processes and Landforms，2014，39(2): 167-183.

［15］ Legleiter C J. Inferring river bathymetry via image-to-depth quantile transformation (IDQT)［J］. Water Resources Research，2016，52(5): 3722-3741.

［16］ Pan Z，Glennie C，Legleiter C，et al. Estimation of water depths and turbidity from hyperspectral imagery using support vector regression［J］. IEEE Geoscience and Remote Sensing Letters，2015，12(10): 2165-2169.

［17］ Mandlburger G，Kölle M，Nübel H，et al. BathyNet: A deep neural network for water depth mapping from multispectral aerial images［J］. PFG-Journal of Photogrammetry，Remote Sensing and Geoinformation Science，2021，89 (2): 71-89.

［18］ Andreadis K M，Clark E A，Lettenmaier D P，et al. Prospects for river discharge and depth estimation through assimilation of swath-altimetry into a raster-based hydrodynamics model［J］. Geophysical Research Letters，2007，34 (10): 265-278.

［19］ Durand M，Rodriguez E，Alsdorf D E，et al. Estimating river depth from remote sensing swath interferometry measurements of river height，slope，and width［J］. IEEE Journal of Selected Topics in Applied Earth Observations and Remote Sensing，2009，3(1): 20-31.

［20］ Biancamaria S，Durand M，Andreadis K M，et al. Assimilation of virtual wide swath altimetry to improve Arctic river modeling［J］. Remote Sensing of Environment，2011，115(2): 373-381.

［21］ Brêda J，Paiva R C D，Bravo J M，et al. Assimilation of satellite altimetry data for effective river bathymetry［J］. Water Resources Research，2019，55(9): 7441-7463.

［22］ Moramarco T，Barbetta S，Bjerklie D M，et al. River bathymetry estimate and discharge assessment from remote sensing［J］. Water Resources Research，2019，55(8): 6692-6711.

［23］ Legleiter C，Kinzel P. Depths inferred from velocities estimated by remote sensing: A flow resistance equation-based approach to mapping multiple river attributes at the reach scale[J]. Remote Sensing, 2021, 13(22): 4566.

[24] Dingman S L, Bjerklie D M. Estimation of river discharge[J]. Encyclopedia of hydrological sciences, 2006.

[25] Mersel M K, Smith L C, Andreadis K M, et al. Estimation of river depth from remotely sensed hydraulic relationships[J]. Water Resources Research, 2013, 49(6): 3165-3179.

[26] Schaperow J R, Li D, Margulis S A, et al. A curve-fitting method for estimating bathymetry from water surface height and width[J]. Water Resources Research, 2019, 55(5): 4288-4303.

[27] Wu J, Li W, Du H, et al. Estimating river bathymetry from multisource remote sensing data[J]. Journal of Hydrology, 2023, 620: 129567.

[28] Lorenz C, Kunstmann H, Devaraju B, et al. Large-scale runoff from landmasses: A global assessment of the closure of the hydrological and atmospheric water balances[J]. Journal of Hydrometeorology, 2014, 15(6): 2111-2139.

[29] Tourian M J, Elmi O, Mohammadnejad A, et al. Estimating river depth from SWOT-type observables obtained by satellite altimetry and imagery[J]. Water, 2017, 9(10): 753.

[30] Brakenridge G R, Nghiem S V, Anderson E, et al. Orbital microwave measurement of river discharge and ice status[J]. Water Resources Research, 2007, 43(4):576.

[31] Ling F, Cai X, Li W, et al. Monitoring river discharge with remotely sensed imagery using river island area as an indicator[J]. Journal of Applied Remote Sensing, 2012, 6(1):063564.

[32] Rai A K, Beg Z, Singh A, et al. Estimating discharge of the Ganga River from satellite altimeter data[J]. Journal of Hydrology, 2021, 603: 126860.

[33] Garkoti A, Kundapura S. Deriving water level and discharge estimation using satellite altimetry for Krishna River, Karnataka[J]. Remote Sensing Applications: Society and Environment, 2021, 22: 100487.

[34] Huang Q, Long D, Du M, et al. Discharge estimation in high-mountain regions with improved methods using multisource remote sensing: A case study of the Upper Brahmaputra River[J]. Remote sensing of environment, 2018, 219: 115-134.

［35］ Sichangi A W，Wang L，Yang K，et al. Estimating continental river basin discharges using multiple remote sensing data sets[J]. Remote Sensing of Environment，2016，179：36-53.

［36］ Kebede M G，Wang L，Yang K，et al. Discharge estimates for ungauged rivers flowing over complex high-mountainous regions based solely on remote sensing-derived datasets[J]. Remote Sensing，2020，12(7)：1064.

［37］ Durand M，Neal J，Rodríguez E，et al. Estimating reach-averaged discharge for the River Severn from measurements of river water surface elevation and slope[J]. Journal of Hydrology，2014，511：92-104.

［38］ Gleason C J，Smith L C. Toward global mapping of river discharge using satellite images and at-many-stations hydraulic geometry[J]. Proceedings of the National Academy of Sciences，2014，111(13)：4788-4791.

［39］ 白娟,张亦弛,甘甫平,等.基于多站水力几何法的黄河源区河流流量估算研究[J].地理与地理信息科学,2023,39(1):15-22.

不同量测设施的人工渠道流量测验分析

石浩洋[1]　徐进忠[2]　杨　伟[1]　黄明海[1]　丁　浩[2]　王　杨[2]

(1. 长江科学院水力学研究所，湖北武汉　430010；

2. 新疆水发水务集团有限公司，新疆乌鲁木齐　830000)

摘　要：在渠道输水运行中，控制断面流量的准确且高效测验至关重要。本文通过走航式声学多普勒流速剖面仪（Acoustic DopplerCurrent Profiler，ADCP）和点式流速仪在新疆某供水工程3个典型断面进行流量比测，根据测试资料，分析两者测得流速、流量之间的差异性。本测验分析验证了走航式ADCP与多点法流量测验在精确度上均展现出较高水平；走航式ADCP凭借其庞大的数据采集量、快速的采集速度以及卓越的精度，在水文流量测验领域展现出了显著的优势。

关键词：ADCP；点式流速仪；流量测验；人工渠道

1　前言

河道流量测验作为水文工作的基石，其重要性不言而喻。流量数据的精确获取，为涉水工程建设的科学规划、水利工程管理运行的高效实施、水资源的合理调度与优化配置，乃至国民经济的稳健发展，提供了坚实可靠的数据支撑与决策依据。传统的河流流量测量方法是在测流断面上布设多条垂线，在每条垂线处测量水深并用点式流速仪测量一至多点的流速，从而得到垂线平均流速，流量则由各部分面积和部分流速乘积之和计算获取[1]。随着水文行业科学技术的发展及各类先进仪器设备的使用，水文部门开始大量采用ADCP实现流量的快速测验，大大提高了测验效率。AD-

基金项目：此成果由新疆水利发展投资（集团）有限公司资助（JWYX46/2022）。

作者简介：石浩洋（1996—　　），男，辽宁人，博士研究生，工程师，主要从事生态水力学研究。E-mail：shihy@mail. crsri. cn。

CP 是一种基于多普勒效应的超声波测流设备,同时具备水流剖面测量、对地速度测量、对地深度测量及流量测量的功能,目前在水文测区流量测验中的应用范围广泛,应用技巧与方式相对多样化。

ADCP 通过换能器向目标水体发射声脉冲,当散射回波被换能器接收时,通过比较发射波与散射回波之间的频率差,可计算出沿声束方向的水流速。水流相对于 ADCP 的速度在除去走航船速后,即可得到水流绝对速度,再通过计算过水断面面积及流速大小,计算测验断面的流量。由于走航式 ADCP 具有便捷、高效、测量范围大等优势,国内外已普遍使用走航式 ADCP 进行河流和海洋的流速观测[2]。ADCP 观测结果受很多因素的影响,未经处理的观测资料可能存在误差。这些误差将影响真实的流场情况,从而导致观测资料价值下降,所以,若要得到真实合理的流速,需要对最原始的观测资料进行质量控制[3-5]。近 30 年来,国内外学者对走航式 ADCP 观测资料质量控制技术展开了研究:参考层法和基准流速法可有效地处理走航式 ADCP 观测资料的船速数据[6-7];经过高频的回波信号平滑处理前后流速结果的对比,发现数据平均可有效地优化流速结果[8-9]。

本研究以新疆某供水工程的典型断面为研究对象,利用 RDI ADCP("瑞谱"声学多普勒流速剖面仪)进行了与点式流速仪之间的多组次性能比测工作。通过在同一断面、同一时刻的同步测验与数据采集,详细分析了 ADCP 与点式流速仪之间的误差差异。基于比测实验数据分析,对 ADCP 的工作性能特点、测量精度及适用范围进行了全面而深入的探讨。此研究不仅为 ADCP 在水利工程中的实际应用提供了宝贵的数据基础,更为未来不同特性渠道及天然河流的流量测验工作提供了重要参考,促进了水利测量技术的精准化发展。

2 测验对象及方案

2.1 测验对象

新疆某供水工程坐落于阿尔泰山脉与天山山脉之间,其输水路径自北向南穿越荒漠与戈壁地带。作为一条典型的长距离明渠输水工程,该供水系统每隔一段距离设有测桥与公路桥。本文以该供水工程为研究对象,以干渠断面、某支渠断面和 SM 处断面为测验断面,同时采用 RDI ADCP 及点式流速仪进行比测。因涉及工程保密信息,测验断面及供水工程概况做简化处理(图 1)。

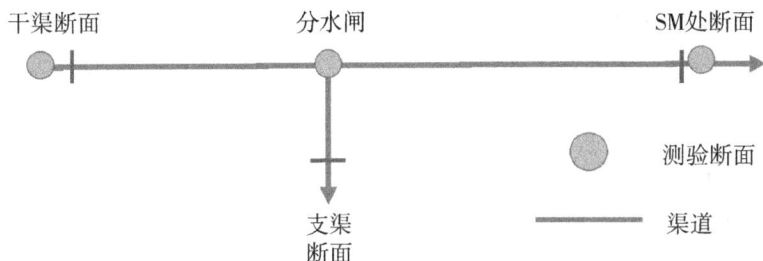

图 1　新疆某工程输水线路概化图

2.2　比测实施方案

2022 年 5 月至 2023 年 8 月分别在渠道高、中、低水位比测流量,现场测验共获取走航式 ADCP 数据 54 测次,点式流速仪在不同垂线及不同水深测点约 720 个。比测断面共设置干渠、支渠及 SM 处 3 个断面,3 个断面位于该工程的重点测验断面上,并分别代表了窄深、中等、宽浅 3 类渠道类型,有利于研究人员进行流量测验。测验时间选取供水工程输水流量稳定期,可以避免输水不稳定产生的脉冲流速带来的测量误差。比测设备主要使用 LS25-1 型流速仪、"瑞谱"牌走航式河流 ADCP。

其中,LS25-1 旋桨流速仪是一种中小量程的流速仪,用于低流速河道、中小流量渠道流速测量,以及浅水湖库的中、低速测量。ADCP 测验一般分为底跟踪(BTM)和水跟踪(GGA)两种模式,底部走沙不明显的情况下,BTM 的精度要高于 GGA 的精度,因此在本研究中使用 BTM 模式进行测验。"瑞谱"牌走航式 ADCP 的 5 个探头可以发射不同频率的波束信号,同时进行智能设置采样,信号接收按波束独立处理,并转换成波束相对速度从而计算测验断面流速。

3　测验方法与质量控制

3.1　ADCP 测验方法

ADCP 是利用多普勒效应原理进行流速测量,主要测量的是在水流层面当中的三维流速及其具体的流向。这些由悬浮颗粒形成的回波也可以再次反馈给 ADCP 换能器和被接收器,产生的颗粒运动就会形成特定的多普勒平移[10]。根据这些平移获得声波频率,进而计算出相应的频率参数,可以获得更加精准的水流速度[11]。根据多普勒频移方程:

$$F_d = 2F\frac{V}{C} \tag{1}$$

式中,F_d——声学多普勒频移;

F——发射波频移；

V——沿声束方向的水流速度；

C——声波在水中的传播速度。

3个测验断面水深范围在0～6.00m，处在底跟踪(BTM)可使用的深度范围内，同时此供水工程渠道底质为浆砌石板，属于不动底质，满足了可以使用底跟踪方式的全部要求。在处理数据时，先将底跟踪记录的船速数据与水体剖面观测数据进行矢量合成，获得实际流速(图2)。每个测次开始走航观测之前，设置仪器的入水深度为0.07m。

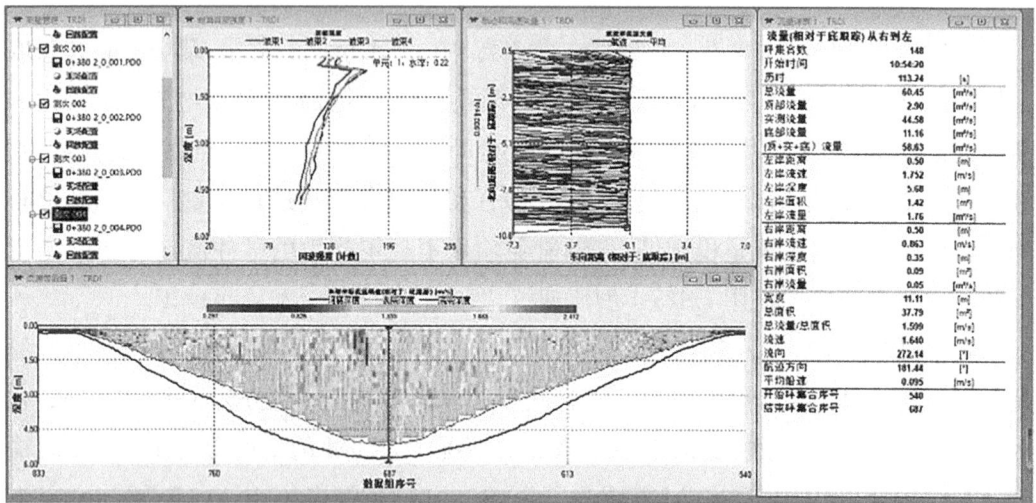

图2　ADCP测验现场记录

3.2　ADCP盲区插补估算方法

在采用ADCP施测时存在4个"盲区"，主要指4个非实测区(图3)。4个盲区分别为水面的表层盲区、靠近河床或渠道底部的盲区，称为"旁瓣"区(河底对声束的干扰区)，以及左、右两个靠近河岸或因测船无法靠近而产生的边部盲区。在这4个盲区内ADCP是不能提供实际测量数据的，其流速需通过实测区数据外延来估算。也就是说，ADCP流速实测区域仅为过水断面中层部分，其他部分则需按一定规则予以估算。

在WinRiverⅡ软件中，上部盲区插补模型有Constant(常数法)、Power(幂指函数法)、3-Pt. Slope(三点斜率)，底部插补模型有Constant(常数法)、Power(幂指函数法)、No Slip(无平滑)；软件默认的上、下盲区插补模型均为Power型，即幂指分布函数。幂函数指数根据不同水位级多点法实测测点流速资料，采用概化指数流速分布公式求得。经验公式如下：

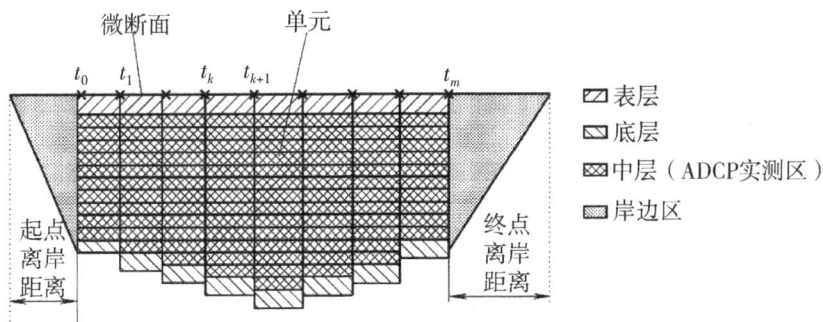

图 3　ADCP 测流盲区示意图

$$u_\eta = u_{max} \eta^b \tag{2}$$

式中，u_η——某相对水深 η 处的测点流速，m/s；

　　　u_{max}——线上最大测点流速(一般由垂线水面点流速代替)，m/s；

　　　η——相对水深(Z/H)，m；

　　　b——幂函数指数。

根据相关文献调研，天然河流的指数(b)变化范围为 $1/10 \sim 1/2$，$1/6$ 指数分布率因大多数水流条件下具有稳定的抗噪声性能而被选用，因此本研究采用 $1/6$ 的指数进行上、下盲区流速流量进行插补计算[12]。

ADCP 边部盲区的计算公式为：

$$Q = C \cdot V_m L D_m \tag{3}$$

式中，Q——边部流量，m^3/s；

　　　C——边部流速形状系数；

　　　V_m——ADCP 实测的第一或最后的剖面流速，m/s；

　　　L——估算的第一或最后的剖面距水边的距离，m；

　　　D_m——ADCP 实测的第一或最后的剖面深度，m。

3.3　流速仪测验方法

LS25-1 旋桨流速仪是一种水文测验中常用的流速仪，是根据水流对流速仪转子的动量传递而进行工作的。当水流流过流速仪旋桨，进而带动仪器内部转子，通过水流直线运动产生转子转矩。转子转矩克服转子的惯量 L，轴承等内摩阻 M_f，以及水流与转子之间相对运动引起的流体阻力 M_p 等。在一定流速范围内，流速仪转子的速度与水流速度成简单的近似线性关系。为此，国内外仍沿用传统的水槽实验方法，建立转子转速 n 与水流流速 v 之间的经验公式。

$$V = kn + c \tag{4}$$

$$n = \frac{N}{T} \tag{5}$$

式中:V——测点流速,m/s;

　　N——流速仪转子的转率,r/s;

　　k——流速仪转子的水力螺距,m/r;

　　C——常数。

流速仪测量水流流速就是将仪器安装在预定测点位置上,测量转子输出的信号频率 n,根据检定的经验公式计算流速[12-13]。

为保证流速仪测量精度,在测验过程中,每个测点测速历时不小于 100s,当流速变率较大或垂线上测点分布较多时,每个测点测速时间为 30~60s;由于供水渠道流速较大,特在流速仪下方安装 8kg 和 15kg 水文铅鱼(根据不同流速大小进行配置)作为配重,以保证流速仪在测点上的稳定性;其他现场测验方法按照《河流流量测验规范》(GB 50179—2015)规范执行。

4　测验结果分析

4.1　不同量测设施的流速测验分析

新疆某供水工程在每年 5—8 月,渠首流量始终保持稳定高流量输水,3 个典型断面流量恒定,未对测验过程产生影响。以该供水工程管理处测得水深、流速、流量数据为真值,进行流速、流量误差分析。测验过程中,ADCP 采取走航式测验,经数据后处理后分别提取断面最大水深垂线流速,以及测验断面五等分后的垂线流速数据,每条垂线提取对应 0.2h、0.6h 及 0.8h 的流速数据。不同水深对应的 ADCP 与点式流速仪实测流速对比见图 3。

测验期间测得流速数据范围为 1.126~1.912m/s,最大流速差出现在干渠断面的 0. 水深处,流速差 0.097m/s;水位数据范围为 0.36~4.77m,干渠断面最大水深 5.96m,支渠断面最大水深 3.71m,SM 处断面最大水深 2.30m。对比分析 ADCP 走航和点式流速仪三点法测量的误差情况可知,在相同断面同一侧点,两种仪器对流速测量结果接近。由表 1 中的数据,对比几组流速数据发现,ADCP 在接近表层(0.2h)测量的流速结果均比点式流速仪测量结果偏大,且流速差均在 4%~5%,中层(0.6h)处流速差相对最小,测验数据相对准确;在水深 0.8h 处,二者测得数据最为接近,最小误差仅有 0.2%。经与测验现场实际情况比对分析,走航式 ADCP 在测验过程中受表层风生流影响较大,船体晃动导致三体船吃水深度变化,从而产生一定误差;而点式流速仪在测验过程中,始终保持固定测点位置,测验结果相对稳定。因此,ADCP 测验应避开暴雨或大风等其他恶劣天气,因为测验结果会受到较大的影响。两者流量测验精度需通过流速面积法计算后进一步比对。

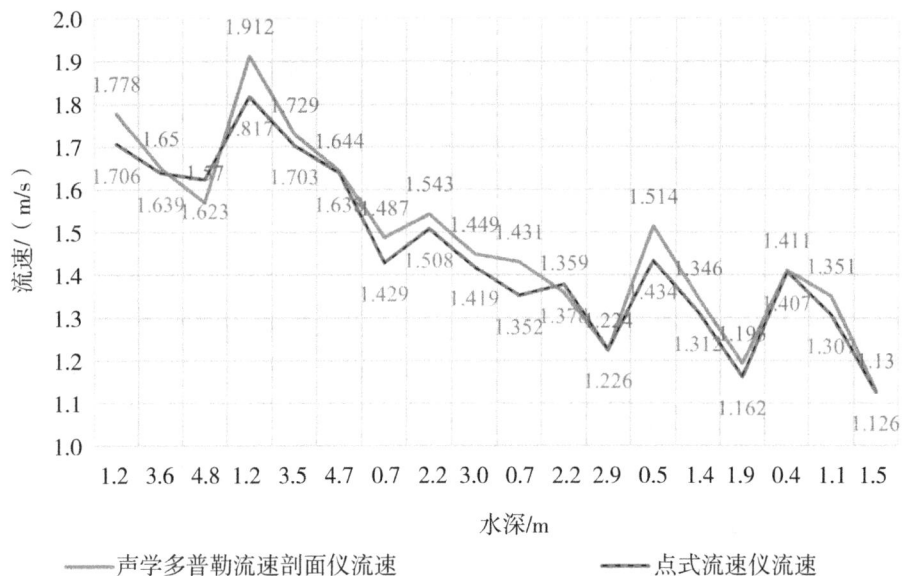

图 3   ADCP 与点式流速仪实测流速对比

表 1   流速误差分析表

序号	断面	断面水深 /m	测点相对水深	测点水深 /m	流速/(m/s)		误差/%
					ADCP	流速仪	
1	干渠断面	5.96	0.2	1.192	1.778	1.706	4.2
			0.6	3.576	1.650	1.639	0.7
			0.8	4.768	1.570	1.623	−3.3
2	干渠断面	5.82	0.2	1.163	1.912	1.817	5.2
			0.6	3.490	1.729	1.703	1.5
			0.8	4.653	1.644	1.638	0.4
3	支渠断面	3.71	0.2	0.742	1.487	1.429	4.1
			0.6	2.226	1.543	1.508	2.3
			0.8	2.968	1.449	1.419	2.1
4	支渠断面	3.59	0.2	0.718	1.431	1.352	5.8
			0.6	2.154	1.359	1.378	−1.4
			0.8	2.872	1.224	1.226	−0.2
5	SM 处断面	2.3	0.2	0.464	1.514	1.434	5.6
			0.6	1.392	1.346	1.312	2.6
			0.8	1.856	1.193	1.162	2.7

序号	断面	断面水深/m	测点相对水深	测点水深/m	流速/(m/s)		误差/%
					ADCP	流速仪	
6	SM 处断面	1.8	0.2	0.364	1.411	1.407	0.3
			0.6	1.092	1.351	1.307	3.4
			0.8	1.456	1.130	1.126	0.4

在用 ADCP 实测垂线流速时,同时用点式流速仪施测相对水深 0.2、0.6 和 0.8 水深的流速(三点法),以比较 ADCP 对流速测量的准确性。对点式流速仪和 ADCP 实测垂线流速进行相关分析。

假定该供水工程管理处测得流速为真值,并以 y 表示;同时以 x_{i1} 表示 ADCP 实测垂线流速,x_{i2} 为点式流速仪实测流速。设实测流速数据为 $(x_{i1}, y_i)(i=1,2,3,\cdots,n)$,则两者关系可表示为:

$$y = ax + b \tag{6}$$

式中:a——斜率;

$\quad\;\; b$——截距。

通过实测数据可计算 ADCP 和点式流速仪对应的 a 和 b,并同时得到数据的相关系数 R,求值方法如下:

$$\begin{cases} \hat{a} = \dfrac{\sum\limits_{i=1}^{n}(x_i - \overline{x})(y_i - \overline{y})}{\sum\limits_{i=1}^{n}(x_i - \overline{x})^2} \\ \hat{b} = \overline{y} - \hat{k}\overline{x} \end{cases} \tag{7}$$

$$R = \dfrac{\sum\limits_{i=1}^{n}(x_i - \overline{x})(y_i - \overline{y})}{\sqrt{\sum\limits_{i=1}^{n}(x_i - \overline{x})^2 \sum\limits_{i=1}^{n}(y_i - \overline{y})^2}} \tag{8}$$

点式流速仪和 ADCP 实测垂线流速的对比分析见图 4,通过最小二乘拟合分析,可得到点式流速仪和 ADCP 实测垂线平均流速的相关分析结果。

由图 4 可知,点式流速仪和 ADCP 实测垂线流速相关系数 R^2 为 0.9676,近似于 1;拟合直线相关曲线斜率 a 为 0.9357,斜率 a 也近似于 1,截距趋近于 0,说明 ADCP 在渠道中施测得到流速与点式流速仪测算的流速存在较好的一致性。

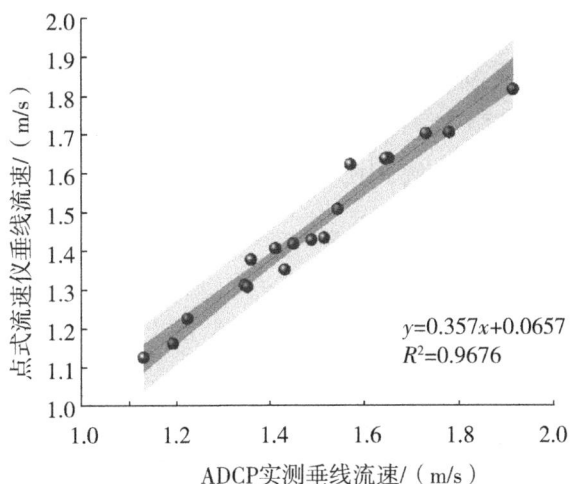

$y=0.357x+0.0657$
$R^2=0.9676$

图 4　流速对比分析

4.2　不同两侧设施的流量及误差形成分析

以该供水工程管理处的实测流量为准,对比分析两种不同的测验设备的实际流量精确度。由于支渠断面流量与 SM 处流量接近,因此在本节仅比较两种测验设备在干渠断面与 SM 处断面的流量情况。在点式流速仪计算流量过程中,流量通过流速面积法进行计算,水面宽度通过卷尺现场测量,水深数据来源于渠道设置的水尺读数,ADCP 流量通过 WinRiver II 软件进行提取记录。取该供水工程管理处的测量值作为流量真值进行标准差和随机不确定度[14]的计算值,以干渠断面为例,流速仪法的水深—流量关系曲线的标准差为 3.92%,随机不确定度为 8.47%;ADCP 测验方法的标准差为 1.29%,随机不确定度为 4.13%。由此可见,两种不同的流量测验方法精度均较高,但 ADCP 相对测量结果更为准确,测量数据结果更稳定,且在实际测验过程中 ADCP 的操作和测验结果输出方式更高效、准确。其原因为 ADCP 相对渠道过水断面面积测量更为准确,而点式流速仪仅能通过现场测量对过水断面进行估测,与实际过水断面面积有一定误差。但由于测验断面的岸边距、盲区等影响,ADCP 测验得到流量数据仍存在一定误差,需要进一步提升其测量精度。流量误差分析见表 2。

表 2　　　　　　　　　　　　　　流量误差分析

对比指标	干渠断面		SM 处断面	
	ADCP	点式流速仪	ADCP	点式流速仪
标准差/%	1.29	3.92	1.57	4.27
随机不确定度/%	4.13	8.47	4.69	8.26

根据测验结果及现场测验过程初步分析,ADCP 流量测验误差由流速误差、测深

误差、岸边距误差、岸边系数误差和盲区流速分布误差等组成。其中,由4.1节可知,ADCP测得流速数据与点式流速仪测验流速误差较小,由此分析 ADCP 的测数误差、测深误差及盲区误差是 ADCP 测验过程中的主要误差来源[15]。

以 ADCP 测得中层流量为例,中层流量测验的均方差为:

$$\delta = \frac{140C \cdot v_b \sqrt{\Delta_t \cdot m}}{f \sqrt{R}} \tag{9}$$

式中:C——声速,m/s;

R——发射速率,t^{-1};

v_b——三体船船速,设为测验断面平均流速。

中层流量 $Q = Wd\,v_b$,其中,W 为测验断面平均宽度;d 为中层平均水深 $W = m\Delta t\,v_b$ 与式(4)结合,流量测验的精度为:

$$\frac{\Delta Q}{Q} \approx \frac{\delta_Q}{Q} = \frac{140C}{fdv_b} \sqrt{\frac{v_b}{RW}} \tag{10}$$

从上式可得出,三体船船速是影响流量测验精度的重要因素,航速较低,流量测验误差越小,即在测流过程中应根据渠道断面实际状况,控制适宜船速,确保测验精度和安全。其次,测验对象水面宽度越大,流量测验误差越小,因此适用于大流量水体的测验工作。系统频率越高,流量测验误差越小,但对于汛期含沙水流,测深有效范围减小,在汛期既要确保测验精度又要增大测深测速有效范围,因此系统频率的选择较为关键[16]。

为有效说明 ADCP 更适合于大流量水体的测验工作,研究将 3 个测验断面的 8 个测次数据误差进行分析,分别计算各测次的误差结果后,计算在施测断面测验的误差平均值(表3)。其中干渠断面流量最大(约 122m³/s),ADCP 在干渠断面测得流量误差相对最小为 0.75%;支渠断面和 SM 处断面流量仅为干渠断面的 1/3,其测验误差也有所升高,分别为 1.16% 和 1.45%,与上述公式分析结果一致。

表3　　　　　　　　　　　　不同断面误差分析表

序号	断面	测次	流量/(m³/s)	同断面各测次误差/%	断面平均误差(绝对值)/%
1		1	122.514	−0.71	
2		2	124.373	0.79	
3	干渠断面	3	122.634	−0.61	0.75
4		4	121.644	−1.42	
5		5	124.399	0.82	

续表

序号	断面	测次	流量/(m³/s)	同断面各测次误差/%	断面平均误差(绝对值)/%
6	干渠断面	6	123.09	−0.25	0.75
7		7	124.628	1.00	
8		8	123.859	0.38	
9	支渠断面	1	43.784	0.73	1.16
10		2	43.830	0.83	
11		3	42.955	−1.18	
12		4	43.833	0.84	
13		5	43.448	−0.05	
14		6	42.075	−3.20	
15		7	43.714	0.57	
16		8	44.103	1.46	
17	SM 处断面	1	48.504	0.62	1.45
18		2	49.194	2.05	
19		3	47.513	−1.44	
20		4	47.149	−2.20	
21		5	49.146	1.95	
22		6	48.746	1.12	
23		7	47.169	−2.15	
24		8	48.237	0.06	

5　结论

走航式 ADCP 与多点法流量测验在精确度上均展现出较高水平；走航式 ADCP 在多种类型渠道、大流量测验误差相对较小，适用性高；与多点法流量相比，走航式 ADCP 展现出更优的仪器稳定性，实测流量波动较小，且其数据采集量大、速度快、精度高，这些特点使得走航式 ADCP 在水文流量测验领域具有显著的优势。

参考文献

［1］蒋松年. ADCP 的观测及资料处理技术［J］.海洋技术,1992,11(1):38-45.

［2］Wewetzer S F K, Duck R W, Anderson J M. Acoustic Doppler current pro-filer measurement s in coastal and estuarine environments: examples from the Tay

Estuary,Scotland[J]. Geomorphology，1999,29(1):21-30.

[3] 杨锦坤,相文玺,韦广昊等.走航 ADCP 数据处理与质量控制方法研究[J].海洋通报,2009,28(6):101-105.

[4] 夏华永,廖世智.珠江口外走航 ADCP 资料的系统误差订正与质量控制[J].海洋学报(中文版),2010,32(3):1-7.

[5] 沈俊强.CODAS 系统在厦门湾走航 ADCP 观测资料质量控制中的应用[J].应用海洋学学报,2014,33(4):472-480.

[6] 吴中鼎,梁广建,李占桥,等. ADCP 资料处理中的船速计算[J].海洋测绘,2004(5):13-15+19.

[7] 吴云帆,吴中鼎,李占桥.船载 ADCP 资料处理[J].海洋测绘,2014,34(6):36-39+42.

[8] 宋政峰,席占平.走航式 ADCP 流量测验主要误差来源及其控制[J].水文,2016,36(1):58-65.

[9] 张国学,史东华,冯能操.基于 H-ADCP 的河道断面多层流速测量与流量计算[J].人民长江,2021,52(8):78-83+132.

[10] 钱伟忠,任晓东,陈霞等.走航式 ADCP 数据成果转换技术研究[J].江苏水利,2023(1):32-35.

[11] 江德武.走航式 ADCP 在利辛水文测区流量测验中的应用[J].水资源开发与管理,2022,8(3):81-84.

[12] 李文杰.长江上游朱沱水文站走航式声学多普勒流速仪流量测验试验分析[J].水利水电快报,2016,37(9):14-18.

[13] 梁璐.浅谈转子式流速仪在流量测验中的应用[J].内蒙古水利,2009(5):102-104.

[14] 黄河宁.ADCP 流量测验随机误差分析Ⅰ:随机不确定度预测模型[J].水利学报,2006(5):619-624+629.

[15] 李正最,蒋显湘,蒋佑华,等.ADCP 与转子式流速仪流量测验比测分析试验研究[J].水利水文自动化,2005(3):35-41.

[16] 刘洋,李伟,田长涛.ADCP 河流流量测量应用实例分析[J].科技创新与应用,2018(13):170-171.

基于超声时差法的流量在线监测系统研发与应用

邵　帅[1]　吴瑞钦[2]　冷吉强[1]　王记军[1]　路　平[1]　韩晓光[1]　冯文星[2]

(1. 青岛清万水技术有限公司,山东青岛　266000;

2. 广东省水文局湛江水文分局,广东湛江　524000)

摘　要:天然河道存在诸如低流速、低水位、宽断面等复杂场景,流量、多层平均流速、水位、流向、流态等数据的在线自动测验手段为生态安全提供有力的水文支撑。超声波时差法因其实时性强、自动化程度高、测量速度快、准确度高、易于操作等优点成为水资源自动化测量中不可或缺的重要技术。本文以青岛清万水技术有限公司自主研发的型号为 QWSonic 5317 的超声波时差法流量在线监测系统在缸瓦窑(三)水文站应用为例,介绍在大动态流速范围天然河道中的工作原理、安装方式、流量计算方法等,与走航式 ADCP(声学多普勒流速剖面仪)同步流量测验,对基于超声时差法流量在线监测的应用进行技术分析与总结。

关键词:超声波时差法;QWSonic 5317;天然河道;流量监测;比测分析

1　前言

我国幅员辽阔、河流众多,受气候及地理条件等影响,水资源时空分布不均,天然河道演变复杂,水位、流速、流量、水温、含沙量、浓度等水力特征要素量测是探究天然河道的重要手段。天然河道存在宽断面、流量范围宽、流态变化明显、高泥沙、水生动植物滋生、过船等若干现象,特别对小流量、低流速的流量测验精度产生不利影响。采用常规的水文测验方法,往往无法满足水文资料整编、水文预报和水资源计算的要求,因此在最短时间内利用自动化、信息化优势,将大动态范围流量测得准、报得出,

---

作者简介:邵帅(1997—　　),男,山东人,硕士,初级工程师,主要从事超声传感、拓扑光/声子学研究工作。E-mail:ss@qingwanshui.com。

可明显地提高水文监测能力。

超声波测流以其非接触式测量、高精度、广泛的适用性、稳定性好和无压损等优点，适应了现代水文监测的高要求。早在 20 世纪初期，科学家们就开始设想利用超声波在流体中传播产生的时间差来测量流体流速。1931 年，法国科学家德吕特根（Ruttgen）发表了利用超声波的传播时间差法测量管道流体流量的文献。20 世纪 50 年代，MAXSON 超声频差法流量计被研制出来，并成功应用在测量飞机燃料流量上，标志着超声波流量计从研究阶段过渡到应用阶段[1]。

我国对超声波流量测量技术的研究起步较晚，20 世纪 70 年代末，我国成功研制出了第一台国产超声波流量计（CLJ－1 型），并在数个工厂中得以应用。80 年代后，我国开始引进国外测量公司技术并与之合作，到 90 年代我国自主生产的流量仪表水平达到稳定状态，总体与世界和制造水平还是有差距[2-3]。随着电子技术的迅猛发展和制造水平的不断提高，超声波流量仪器的性能也在不断提升，目前，超声波时差法测流已在我国泗安水库、芦山水文站及陶岔水文站等水利设施中得到广泛运用[4-6]。但是，受本身敏感元件及测量电路的制约，流量计的测量结果很容易受到测量环境的影响从而产生误差。康希锐提出了基于卷积神经网络的超声波流量计误差补偿方法，较好地补偿了闸阀后流场变化引起的超声波流量计的测量误差[7]。郑有胜等在双阈值法测量的基础上提出一种跟踪回波幅值的增益控制法，修正了因特征波提前或延后导致超声波传播时间的偏差，提高测量精度稳定性[8]。为了解决在小流量区流量测量精度受到温度的影响较大的问题，张兴红等提出了基于最小二乘曲面拟合的流量测量温度补偿算法[9]。

FPGA、单片机、DSP 等微型核心处理器的引入，新型理论算法技术的应用以及物联网和互联网技术的蓬勃发展，使得简单的流量测量转向流量系统化在线监测与智能控制成为可能。为了保证汽车电子水泵在线检测数据的准确度，张雅琴等提出了基于模糊 PID 的电子水泵在线检测系统仿真模型[10]。董力纲等提出了基于时差法的外夹式超声波流量检测系统[11]，佘世刚提出了基于 MAX35104 的超声波气体流量检测系统[12]。尽管国内外学者已对超声波流量检测系统进行研究及优化，其仍然存在测量精度受限、适用范围有限、干扰信号及数据处理方法存在误差等问题。为了提高数据准确性与检测稳定性，本文提出了 QWSonic 5317 超声波时差法流量在线监测系统。

2 超声波时差法在线流量监测系统介绍

2.1 测流原理

超声传播时间法通过测量超声波在测流介质传播的时间差来计算流速和流量

（图1）。换能器安装在河道两侧，声道长度为 L、声道角为 φ，声速为 c，由于流体中超声波传播速度会与轴向流速在声道方向的投影分量 $v_a \cdot \cos\varphi$ 叠加，因此超声波从下游到上游换能器的传播时间 t_u 与从上游到下游换能器的传播时间 t_d 产生时间差。

$$\begin{cases} t_u = L/(c - v_a \cdot \cos\varphi) \\ t_d = L(c + v_a \cdot \cos\varphi) \end{cases} \tag{1}$$

由式（1）可以同时得到轴向平均流速 v_a 和声速 c：

$$\begin{cases} v_a = \dfrac{L}{2\cos\varphi} \cdot \dfrac{t_u - t_d}{t_d t_u} \\ c = \dfrac{L}{2} \cdot \dfrac{t_d + t_u}{t_d t_u} \end{cases} \tag{2}$$

河道自下而上布置 n 对换能器，每对换能器处于不同高程，测量 n 层线平均流速，并将整个测流断面分成 $n+1$ 个连续的测量分断面。根据流量积分模型[13]，断面平均流量为各部分断面平均流量之和，积分公式如下：

$$Q = Q_{bot} + \sum_{i=1}^{n-1} Q_i + Q_{surf} \tag{3}$$

$$Q_{bot} = K_{bot} \cdot V_1 \cdot S_{bot} \tag{4}$$

$$Q_{surf} = K_{surf} \cdot V_n \cdot S_{surf} \tag{5}$$

$$Q_i = \left(\frac{v_i + v_{i+1}}{2} \right) \cdot S_i \quad (i = 1, 2 \cdots, n-1) \tag{6}$$

式中，K_{bot}——渠底系数；

$\quad\quad K_{surf}$——渠顶系数。

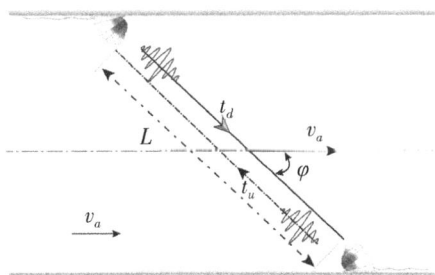

图1　时差法测流原理

2.2　技术特点

QWSonic 5317 支持多声道安装，最多至 20 声道，可采用单声道面或交叉声道面形式布置在低、中、高水（洪水）位，实时监测完整测流断面（图2）。

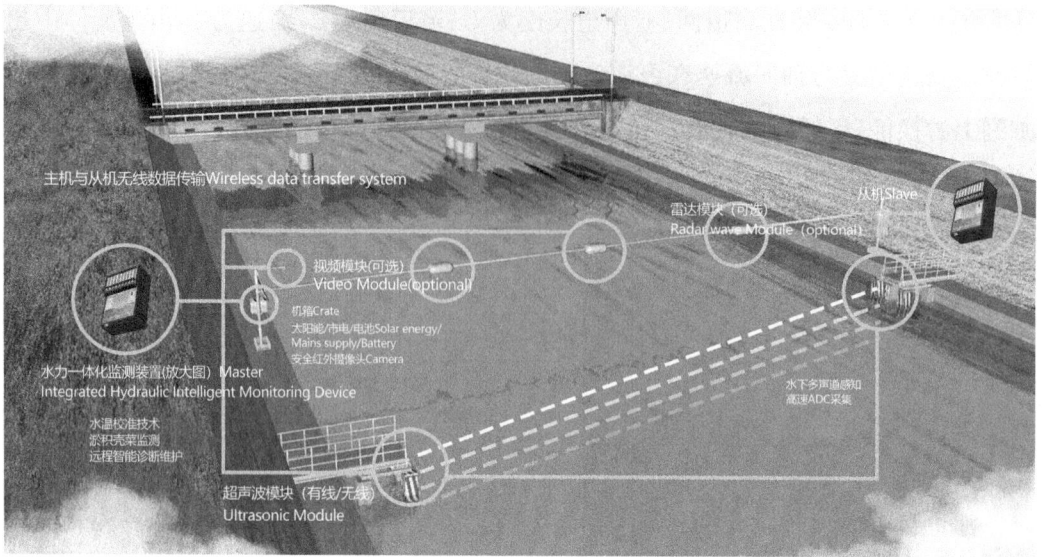

图 2　QWSonic 5317 系统示意图

QWSonic 5317 系统高度集成，搭载 Cortex-A9 处理器及外部 FPGA 超声波处理电路，ADC 采样频率可达 100MHz，保证信号数据的高效处理，采用高性能换能器，测验距离可达 2000m；支持有/无线数据传输功能，GNSS 北斗卫星授时功能，1PPS 授时精度 2.5ns；支持 RS485、RJ45 等多种物理接口及 Modbus RTU/TCP 等标准通信协议，依据《水文监测数据通信规约》[14]以及其他省份标准规约对接各水文平台；系统兼具 5 级防雷单元、防浪涌单元及 EMI 滤波单元。

波形识别技术及异常数据 AI 过滤算法有效剔除反射与折射波，准确捕获直达波，保障了高气泡、高泥沙及非正常流的精准测量，可测流速范围 $\pm(0.01\sim20)$m/s，流速分辨率 0.001m/s，人工明渠流量示值误差可达 1%，天然河道可达 5%，小流速通过智能化、高精度鉴定[15-16]。自研水温自校准功能，多元回归模型推算水温，自主校准[17]。自研壳菜生长影响测流精度的校准方法[18]等，大大提高测流精度。

内置基于物联网技术的远程智能诊断维护系统，对水文资料实时处理、监测报警、资料整编、数据管理等，实现离散分布设备的远程集中高效管理和维护（图 3）。低功耗，可使用太阳能电池供电，阴雨天气可运行不低于 7d，运行稳定，无需长期人工值守，土建量少。

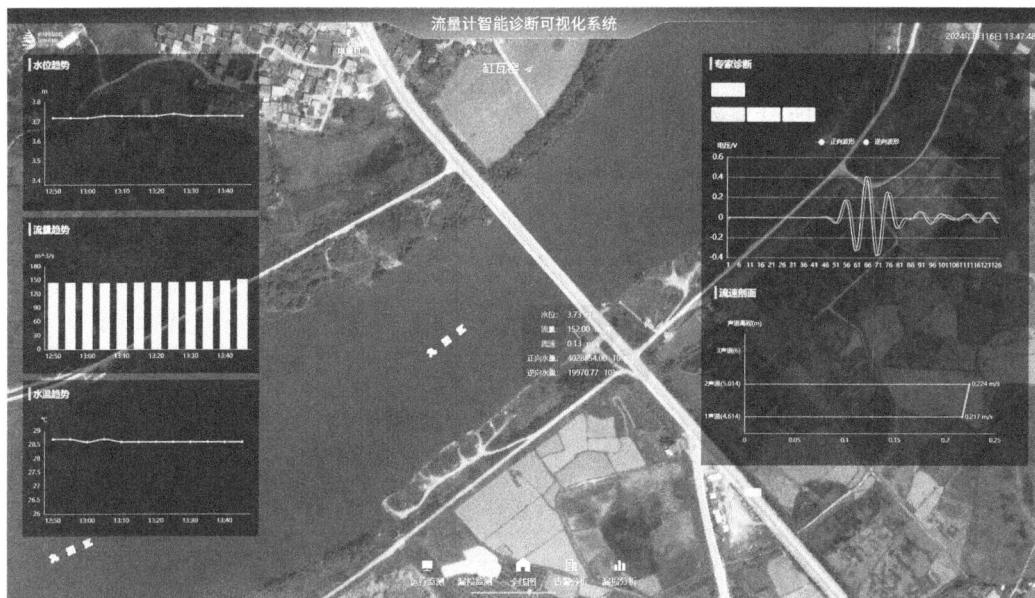

图 3　远程诊断平台

3　QWSonic 5317 超声波时差法在线流量监测系统建设

3.1　工程概况

装置应用于广东省湛江市缸瓦窑(三)水文站,缸瓦窑(三)水文站为九洲江流域控制站,是国家重要水文站,属国家一类精度站。九洲江被纳入《广东省全国生态流量重点河湖名录》,缸瓦窑(三)作为生态流量的重要监控断面,为国家长期收集九洲江的水文基础信息、分析水文特性规律、河道演变等规律而设,主要测验项目有水位、流量、降雨量、蒸发、水质等。

测站距河口 20km,集雨面积 3086km²,断面附近有长约 1km 顺直河段。测站洪水来源主要为暴雨洪水,由于受下游闸坝(高墩水闸和茅坡水闸)开关调控,水位变化频繁,水位流量关系复杂。洪水期由于下游闸坝全开,水位流量关系恢复天然状态。非洪水期,下游闸坝蓄水,测流断面位于蓄水库区内,流速非常小,流态复杂,因此要求低流速 0.01m/s、小流量 8m³/s 可测。为彻底解决低流量测验存在的问题,提高信息采集与应急监测能力,在测验断面安装了 QWSonic 5317 时差法超声波流量计。

3.2　方案设置

3.2.1　测站建设

缸瓦窑(三)水文站为天然河道,天然边坡,最低水位 1.13m,最高水位 8.99m,常水位河宽约为 230m,高水位河宽约为 350m,流量测站选择在基本水尺断面上游 15m 处,与走航式 ADCP 位于同一断面(图 4),断面稳定、平直断长,水流流向基本与断面垂直。因为天然边坡泥土松软,所以在河道两侧合适水深位置按照 62°角度采取热镀锌管打桩的方式固定 28kHz 换能器,定制换能器安装检修支架,方便后期维护,并设有防护桩作为警示、防护冲撞等。在左、右岸合适位置立杆配置主从站机箱、太阳能供电系统、基座等。

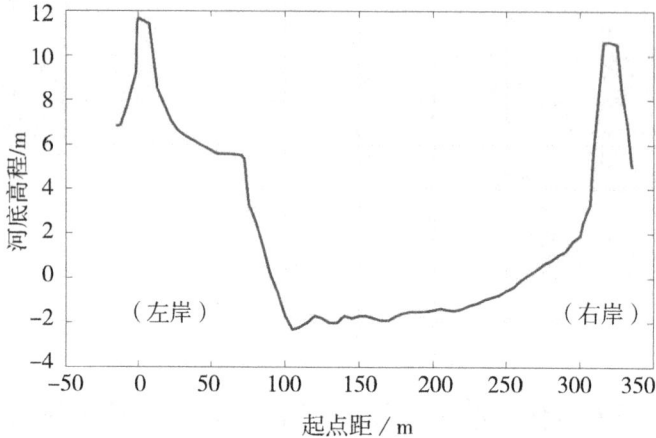

图 4　超声波时差法流量计测流断面兼走航式 ADCP 测流断面

3.2.2　测流装置布置

QWSonic 5317 无线在线监测设备可分为主站设备与从站设备,主要由超声波主机、超声波模块、超声波 IO 模块、超声波换能器、宽带无线通信站、投入式水位计、供电系统(市电与太阳能供电)、防雷接地隔离系统及其他辅助安装设施等组成。部署清万水技术有限公司自主开发的远程诊断可视化系统,组建河流流量监测系统。

根据常年水位情况采用 1E3P 多声道换能器配置,以模拟处过流断面流速剖面,提高流量计算精度。高程基面为测站冻结基面,在高程分别为 2.315m、2.715m 的位置布置两组换能器,测量常水位的生态小流量,在高程为 3.7m 的位置布置一组换能器用于监测中水位洪水位流量,安装声道角均为 62°。使用专用换能器干式检测工具检测换能器状态及激光对准器调整换能器角度,自研水温自校准功能校准声路长度[17],保证换能器在水中正常工作。当水位降低至换能器暴露水面时,装置自动检测到换能器状态并自动关闭,仅保持其他被淹没声道正常工作,当水位上升至换能器淹没时,装置自动开启换能器使其保持工作状态,具体装置布置见图 5。

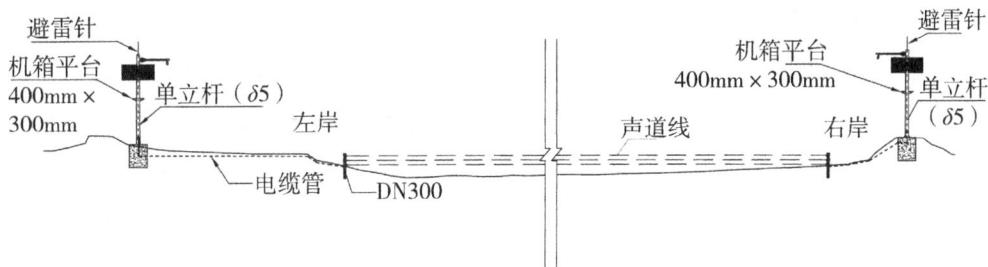

图5 测站装置布置示意图

4 QWSonic 5317 超声波时差法在线流量监测系统应用分析

QWSonic 5317 实现了实时流量的自动监测,是流速动态范围大、水位变化明显、河道断面宽、流态复杂的多自由度场景河道的理想选择。缸瓦窑(三)水文站河道宽,下游因暴雨洪水影响调控闸坝,水位变化频繁,水位流量关系在天然状态与蓄水状态切换,流量变化大。为验证 QWSonic 5317 的测流性能,选取湛江缸瓦窑(三)水文站进行比测成果分析,为行业应用提供技术参考。

4.1 比测方法

QWSonic 5317 流量在线监测系统流量关系率定通过测定河段水下多层的总流量作为指标流量,与 SonTek 公司的 M9 走航式 ADCP 实测的断面平均流量进行同步测量建立相关关系,根据相关关系由 QWSonic 5317 所测的指标流量推算断面流量。

标准断面选取一致,M9 测流断面为流速仪测流断面(基上 15m),QWSonic 5317 同样安装在流速仪测流断面,断面水流流向顺直并与测流断面垂直。

SonTek M9 走航式 ADCP 测流参照《声学多普勒流量测验规范》(T/CHES 61—2021)[19]在测流断面使用缆道牵引三体船施测,测量 1～2 个测回,测回误差符合规范要求,成果可靠。

在 QWSonic 5317 与走航式 ADCP 正常运行的基础之上合理选择比测时段,比测时段内水位平稳、流速均匀分布、流速变化趋势一致或流量相对平稳。采用回归分析法计算断面流量。回归方程式精度水平参照《水文资料整编规范》(SL/T 247—2020)[20]"三项检验"进行分析验证。

4.2 比测工作情况

比测工作于 2023 年 6—12 月开展,共计 30 次,参考走航式 ADCP 测流时间范围计算 QWSonic 5317 指标流量,与走航式 ADCP 同步比测的流量主要集中在 35.0～3850m³/s,水位变幅 2.87～8.06m,最小断面平均流速 0.036m/s,最大断面平均流速

1.61m/s,最小时差法流量为 36.7m³/s,最大时差法流量为 3830m³/s,最大断面流量为 40.1m³/s,最大断面流量为 3580m³/s,涵盖了缸瓦窑(三)水文站历史最大洪水。2023 年 10 月 19—24 日第 16 号台风"三巴"以热带风暴级别在湛江市遂溪县沿海再次登录,湛江地区普降暴雨到大暴雨,局部特大暴雨,历史最大洪水出现在 10 月 20 日,相应的洪峰水位 8.05m,最大洪峰流量 3740m³/s,水位变幅 5.72m。详细比对结果见表 1。

表 1　　　　M9 走航式 ADCP 与 QWSonic 5317 超声波流量计流量测量比对

施测序号	日期(月-日)	ADCP						QWSonic 5317	相对误差/%
		起(时:分)	止(时:分)	水位/m	流速/(m/s)	流量/(m³/s)		流量/(m³/s)	
1	06-18	10:01	10:41	3.68	0.150	143.0		141.0	−1.40
2	06-20	10:45	11:10	3.60	0.160	156.0		144.0	−7.69
3	06-21	12:50	13:16	3.68	0.067	67.6		68.5	1.33
4	06-25	14:14	15:07	3.68	0.150	146.0		137.0	−6.16
5	07-05	15:40	16:11	3.72	0.100	105.0		108.0	2.86
6	07-05	16:10	16:44	3.70	0.084	84.5		86.9	2.84
7	07-16	10:53	11:47	3.49	0.170	157.0		153.0	−2.55
8	07-17	10:10	10:36	2.95	0.460	385.0		396.0	2.86
9	07-18	15:53	16:44	3.32	0.530	487.0		541.0	11.10
10	07-19	10:30	11:16	3.62	0.660	646.0		746.0	15.50
11	07-20	10:14	10:36	2.92	0.440	364.0		375.0	3.02
12	08-02	11:15	11:47	3.69	0.079	79.4		78.6	−1.01
13	08-05	17:05	17:57	3.64	0.350	352.0		376.0	6.82
14	08-13	13-28	14:11	3.45	0.610	584.0		588.0	0.685
15	08-18	16:57	17:34	3.71	0.072	73.8		75.7	2.57
16	08-26	10:29	10:54	2.87	0.043	350.0		357.0	2.00
17	09-03	11:15	11:43	3.16	0.230	200.0		192.0	−4.00
18	09-19	11:20	11:51	3.68	0.120	122.0		115.0	−5.74
19	09-20	15:23	16:26	3.68	0.082	83.3		87.7	5.28
20	09-24	16:41	17:05	3.06	0.490	438.0		443.0	1.14
21	10-12	10:30	11:33	3.70	0.055	55.8		48.9	−12.40
22	10-20	9:36	10:30	6.56	1.470	2500.0		2620.0	4.80
23	10-20	13:16	14:14	7.14	1.540	2840.0		3160.0	11.30
24	10-20	17:54	18:32	7.73	1.570	3160.0		3430.0	8.54

施测序号	日期（月-日）	ADCP						QWSonic 5317	相对误差/%
		起（时:分）	止（时:分）	水位/m	流速/(m/s)	流量/(m³/s)		流量/(m³/s)	
25	10-21	00:15	00:49	8.06	1.610	3580.0		3830.0	6.98
26	10-22	08:22	08:48	4.75	0.950	1240.0		1270.0	2.42
27	10-23	10:59	11:25	3.69	0.870	616.0		646.0	4.87
28	11-17	10:35	11:07	3.68	0.067	72.3		76.8	6.22
29	11-18	10:10	10:44	3.70	0.046	48.7		45.2	−7.19
30	11-20	11:14	11:45	3.74	0.036	40.1		36.7	−8.48

4.3 定线及相关检验

比测采用回归分析法计算断面流量。利用最小二乘法建立实时断面流量 Q_{time}（QWSonic 5317 流量）与 Q_{ADCP}（M9 走航式 ADCP 流量）之间的相关关系，求得多项式方程，相关关系线见图 6，相关表达式为 $y = -0.0000062523x^2 + 0.9452x + 7.2491$，相关系数 $R^2 \approx 0.9992$，回归方程式精度水平参考《水文资料整编规范》（SL/T 247—2020）[20]"三项检验"进行分析验证。

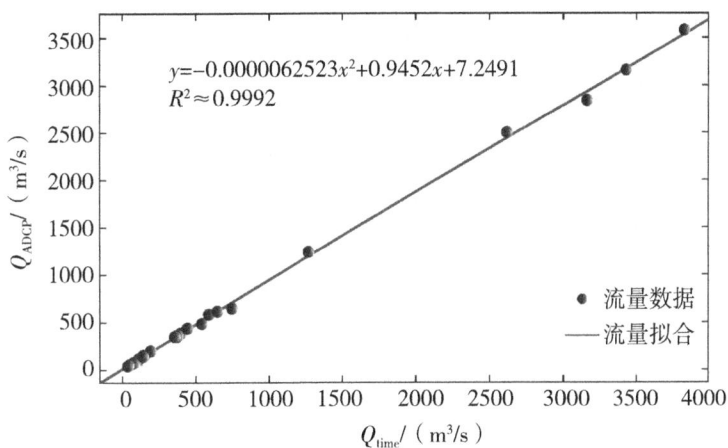

图 6　流量相关性分析示意图

根据标准计算符号检验、适线检验、偏离数值检验结果均合格，系统误差 −0.476%，置信水平 95% 的随机不确定度 10.0%，均达到一类精度标准，满足水文站测验要求[20-21]。计算过程及结果见表 2。

表 2   定线检验计算

序号	测次	水位 /m	Q_{ADCP} /(m³/s)	Q_{time} /(m³/s)	Q_{line} /(m³/s)	$Q_{ADCP} - Q_{line}$	P_i/%	$P_i - \Delta P$	$(P_i - \Delta P)^2$
1	16	2.87	350.0	357.0	344.0	6.0	1.740	2.220	4.9300
2	11	2.92	364.0	375.0	361.0	300	0.831	1.310	1.7200
3	8	2.95	385.0	396.0	381.0	4.0	1.050	1.530	2.3400
4	20	3.06	438.0	443.0	425.0	13.0	3.060	3.540	12.5000
5	17	3.16	200.0	192.0	188.0	12.0	6.380	6.860	47.1000
6	9	3.32	487.0	541.0	517.0	−30.0	−5.800	−5.320	28.3000
7	14	3.45	584.0	588.0	561.0	23.0	4.100	4.580	21.0000
8	7	3.49	157.0	153.0	152.0	5.0	3.290	3.770	14.2000
9	2	3.60	156.0	144.0	143.0	13.0	9.090	9.570	91.6000
10	10	3.62	646.0	746.0	709.0	−63.0	−8.890	−8.410	70.7000
11	13	3.64	352	376	362	−10	−2.76	−2.280	5.2000
12	1	3.68	143.0	141.0	140.0	3.0	2.140	2.620	6.8600
13	3	3.68	67.6	68.5	72	−4.4	−6.110	−5.630	31.7000
14	4	3.68	146.0	137.0	137.0	9.0	6.570	7.050	49.7000
15	18	3.68	122.0	115.0	116.0	6.0	5.170	5.650	31.9000
16	19	3.68	83.3	87.7	90.1	−6.8	−7.550	−7.070	50.000
17	28	3.68	72.3	76.8	79.8	−7.5	−9.400	−8.920	79.6000
18	12	3.69	79.4	78.6	81.5	−2.1	−2.580	−2.100	4.4100
19	27	3.69	616.0	646.0	615.0	1.0	0.163	0.639	0.4080
20	6	3.70	84.5	86.9	89.3	−4.8	−5.380	−4.900	24.0000
21	21	3.70	55.8	48.9	53.5	2.3	4.300	4.780	22.8000
22	29	3.70	48.7	45.2	50.0	−1.3	−2.600	−2.120	4.4900
23	15	3.71	73.8	75.7	78.8	−5.0	−6.350	−5.870	34.5000
24	5	3.72	105.0	108.0	109.0	−4.0	−3.670	−3.190	10.2000
25	30	3.74	40.1	36.7	41.9	−1.8	−4.300	−3.820	14.6000
26	26	4.75	1240.0	1270.0	1200.0	40.0	3.330	3.810	14.5000
27	22	6.56	2500.0	2620.0	2440.0	60.0	2.460	2.940	8.6400
28	23	7.14	2840.0	3160.0	2930.0	−90.0	−3.070	−2.590	6.7100
29	24	7.73	3160.0	3430.0	3180.0	−20.0	−0.629	−0.153	0.0234
30	25	8.06	3580.0	3830.0	3540.0	40.0	1.130	1.610	2.5900
样本容量:		$N=30$			正号数量:16			符号交换次数:14	
符号检验:		$U=0.183$			通过条件:1.15(显著性水平 $\alpha=0.25$)			合格	

续表

适线检验：	$U=0$	通过条件:1.28(显著性水平 $\alpha=0.1$)	合格
偏离度检验：	$t=\lvert 0.532\rvert$	通过条件:1.31(显著性水平 $\alpha=0.2$)	合格
标准差 Se/%=5.0		随机不确定度/%=10.0	系统误差/%=-0.476

4.4 生态小流量监测

QWSonic 5317 基于多重硬件技术,利用多脉冲信号处理技术、波形识别处理及水温自校验等算法使得波形捕捉能力得到综合提升,装置测流更可靠,多重滤波防止数据受到干扰,满足缸瓦窑(三)水文站实时测流要求。在缸瓦窑(三)水文站实现了复杂环境中生态小流量、低流速的实时监测,QWSonic 5317 实时监测 20min 低流速成果见表3。

表3 低流速实时监测成果

日期/(年-月-日)	时间/(时:分)	流量/(m³/s)	流速/(m/s)	水位/m
2024-01-22	16:50	6.78	0.007	3.46
2024-01-22	16:51	6.45	0.007	3.46
2024-01-22	16:52	6.29	0.006	3.46
2024-01-22	16:53	6.23	0.006	3.46
2024-01-22	16:54	6.28	0.006	3.46
2024-01-22	16:55	6.47	0.007	3.46
2024-01-22	16:56	6.90	0.007	3.46
2024-01-22	16:57	7.57	0.008	3.46
2024-01-22	16:58	8.42	0.009	3.46
2024-01-22	16:59	9.26	0.010	3.46
2024-01-22	17:00	9.96	0.010	3.46
2024-01-22	17:01	10.40	0.011	3.46
2024-01-22	17:02	10.60	0.011	3.46
2024-01-22	17:03	10.50	0.011	3.46
2024-01-22	17:04	10.10	0.010	3.46
2024-01-22	17:05	9.51	0.010	3.46
2024-01-22	17:06	8.73	0.009	3.46
2024-01-22	17:07	7.80	0.008	3.46
2024-01-22	17:08	6.80	0.007	3.46
2024-01-22	17:09	5.81	0.006	3.46

5 总结

QWSonic 5317 超声波时差法流量在线监测系统为缸瓦窑（三）水文站提供了稳定的实时监测应用，实现了流量在线全自动监测。设备多重硬件技术及相关波形算法确保了监测到生态低流量，宽范围流量测量均达到了规范要求的精度，真正实现了天然河道生态小流量测得稳、测得准，洪峰流量测得出、测得可靠。

集成自动化程度高，搭建远程智能诊断维护平台，安装可靠，多模块组合使得远程诊断维护，操作简单，运行成本低，无需人工值守，实时数据的播报实现了河流流量、流速变化过程的完整监测，缩短了测验周期，提高了报汛效率，保证了水文资料整编的完整性与连续性。

超声波时差法流量在线监测系统为全自动、全天段、生态流量监测提供了高效解决方案，流量测验更加安全可靠，更好地为流量测验、应急监测提供技术支撑。

参考文献

［1］Kritz J. Ultrasonic flowmeter system［J］. Instruments and Automation，1955，28(11)：1912-1913.

［2］兰纯纯. 时差法超声波流量计的研究［D］. 重庆：重庆大学，2007.

［3］杨扬. 基于多普勒效应法的超声波流量计的研究［D］. 南昌：南昌大学，2008.

［4］范晔. 超声波时差法在泗安水库测流中的应用［J］. 陕西水利，2024(6)：8-10＋14.

［5］张继东，康青勇，唐斌. 超声波时差法在芦山水文站的应用探讨［J］. 四川水利，2023，44(6)：87-90.

［6］邓山，赵昕，张莉，等. 南水北调工程陶岔站时差法流量计推流技术研究［J］. 人民长江，2022，53(4)：86-90.

［7］康希锐. 基于卷积神经网络的超声流量计误差补偿方法研究［D］. 北京：北京化工大学，2022.

［8］郑有胜，孙治鹏，方浩，等. 超声波流量计测量精度补偿方法研究［J］. 自动化仪表，2023，44(3)：10-14＋19.

［9］张兴红，李三，侯翔宇. 采用曲面拟合算法的超声波流量计研究［J］. 机械设计与制造，2024：1-6.

［10］张雅琴，范伟军，潘银斌，等. 基于模糊 PID 的电子水泵在线检测流量控

制研究[J]. 中国计量大学学报，2022，33(1)：15-20＋43.

[11] 董力纲，王红亮，刘涛. 基于时差法的外夹式超声波流量检测系统的设计与实现[J]. 计算机测量与控制，2020，28(11)：59-65＋70.

[12] 佘世刚，陈晟，李海峰，等. 基于 MAX35104 的超声波气体流量检测系统的设计与研究[J]. 计算机测量与控制，2018，26(10)：24-29.

[13] Hydrometry-Measurement of discharge by the ultrasonic transit time (time of flight) method：ISO 6416：2017[S].

[14] 水文监测数据通信规约：SL 651—2014[S].

[15] 高伟，窦英伟，姜松燕，等. 智能化水文仪器检定技术研究[C]//中国水利学会 2021 学术年会论文集第三分册. 中国水利学会，2021：6.

[16] 高伟，郑源，姜松燕，等. 一种智能化高精度流速检定装置设计研究[J]. 中国测试，2022，48(S1)：195-200.

[17] 冷吉强. 一种超声波水温测量装置：CN208921315U[P]. 2019-05-31.

[18] 张艳宁，韩晓光，王中元，等. 一种壳菜生长影响测流精度的校准方法及装置：CN118013158B[P]. 2024-07-30.

[19] 声学多普勒流量测验规范：T/CHES 61—2021[S]. 上海：复旦大学出版社，2021.

[20] 中华人民共和国水利部. 水文资料整编规范：SL/T 247—2020[S]. 北京：中国水利水电出版社，2020.

[21] 中华人民共和国水利部. 河流流量测验规范：GB 50179—2015[S]. 北京：中国计划出版社，2015.

高坝泄洪核心区雾雨观测设备研发

刘圣凡　　侯冬梅　　唐祥甫

(长江水利委员会长江科学院,湖北武汉　430010)

摘　要:现有雾化降雨观测设备观测量级较小、观测时间短、数据不能实时传输,无法适用于高坝泄洪雾化降雨观测。针对其不足进行了优化,利用雨量筒结合电磁阀排水控制装置、液位传感器、无线发射设备组成了高坝泄洪核心区雾雨观测设备,观测雾雨量级可达 20000mm/h,同时能在线实时显示雾雨强度,有效提升了泄洪雾化降雨观测设备的观测量级、观测精度,并能与现有泄洪安全自动化观测系统相匹配。该设备的研发极大地弥补了泄洪雾化降雨观测设备的短板,顺应了数字孪生水利工程的发展趋势。

关键词:高坝;泄洪雾化;雾雨观测设备;超大量程;在线实时采集

1　前言

高坝泄洪时,在大落差和高泄洪功率驱动下,将形成严重泄洪雾化现象,产生超强降雨(量级可达 5000～10000mm/h,是天然特大暴雨极值 636mm/h 的数十倍)及浓雾流(图1)。国内多个高坝工程受到泄洪雾化影响,出现岸坡崩塌、厂房淹没停电、坝区交通设施破坏等,工程安全运行面临严峻挑战。随着西部高陡峡谷地区相继建成高坝(200m 级)或超高坝(300m 级)工程,其"高水头、大流量、窄河谷"特征将加剧泄洪雾化影响,进一步威胁建筑物安全、岸坡防护安全以及厂房和输变电系统运行安全。泄洪雾化引发的安全问题愈发凸显,并成为高坝泄洪安全的挑战性难题之一[1]。

基金项目:长江科学院技术开发和成果转化推广项目(泄洪雾化超强降雨在线监测预警系统研发与推广)。

作者简介:刘圣凡(1991—),男,山东人,硕士,工程师,主要从事水工水力学及流激振动研究。E-mail:1119283004@qq.com

针对高坝枢纽泄洪雾化的研究分析方式有多种。孙双科[2]基于大量原型观测资料,利用量纲分析法得出了泄洪雾化纵向边界的经验关系式。陈端[3]通过各测点降雨的雨滴滴谱,将雨滴分为优势雨滴和优频雨滴,并得出试验中大坝下游强降雨区雨强的模型率应为两者不同雨滴模型率的线性组合。

图 1　高坝泄洪现场雾雨

原型观测是认知泄洪雾化现象、研究雾化特性的基础,是获取泄洪雾化降雨数据最为直观而可靠的方法。通过在典型区域分散设置的雨量计能掌握高坝泄洪时产生的雾化降雨分布规律,为评估和优化工程调度提供参考,进一步减轻工程运行对生态环境造成的不良影响。通过雾化降雨强度观测,研究雾化产生规律及评估雾化危害具有重要意义。

在实际运行中,处于雾化核心区的坝下建筑物附近降雨量大,远超出自然界降雨范围,现有雨量观测设备量程难以达到雾化核心区的观测需求;且雾化核心区域风速非常大,达十几到几十米每秒,在连续泄洪过程中,人员无法到达观测点进行相关作业,泄洪时段内无法及时取回观测数据,泄洪结束汛后检查发现观测设备被狂风和强降雨摧毁,观测数据全部丢失(图2)。以上种种困难,导致实际工程中泄洪核心区域很难取得准确的雾化降雨强度指标,通常只能放弃或进行简单推算,导致测量数据不完整或精度不够。针对高坝泄洪核心区雾雨强度的观测及分区划分对大坝安全运行具有重要的指导意义,因此泄洪雾化降雨观测设备的研发意义重大。

(a)泄洪前安装调试　　(b)泄洪后提取数据　　(c)泄洪后设施损毁

图 2　泄洪核心区雾化观测

2　现有雾雨观测设备性能

目前,泄洪雾化降雨原型观测一般采用气象观测设备,如虹吸式雨量计、翻斗式雨量计、称重式雨量计和雨量器,作为观测降水量的仪器[4](图3)。随着技术的进步,激光雨滴谱仪、降雨微物理特征测量仪等也逐渐在试验研究中得到应用[5]。

虹吸式雨量计由承水器、虹吸、自记笔和外壳4个部分组成。其工作原理为承水器收集到的降水量,通过漏斗导管进入浮子室,浮子随着注入雨水的增加而上升,并带动自记笔在附有时钟的转筒上的记录纸画出曲线。记录纸上纵坐标表示雨量,横坐标表示时间,记录下来的曲线是累积曲线,既表示雨量的大小,又表示降雨过程的变化情况,曲线的坡度表示降雨强度。虹吸式雨量计降雨强度测量范围为0.01~4.0mm/min。但缺点是浮子室内一般只能积存10mm的雨量,达到10mm雨量时要排空存水,排空存水时也会造成误差,且虹吸管容易发生故障,需要经常进行检定。

翻斗式雨量计是由感应器及信号记录器组成的遥测雨量仪器,感应器由承水器、上翻斗、计量翻斗、计数翻斗、干簧开关等构成;记录器由计数器、录笔、自记笔、控制线路板等构成。其工作原理为雨水由最上端的承水口进入承水器,落入接水漏斗,经漏斗口流入翻斗,当积水量达到一定高度(比如0.01mm)时,翻斗失去平衡翻倒。而每一次翻斗倾倒,都使开关接通电路,向记录器输送一个脉冲信号,记录器控制自记笔将雨量记录下来,如此往复即可将降雨过程测量下来。翻斗式雨量计测量雨强范围为0~4.0mm/min,具有抗干扰能力强、测量精度高、自动存储容量大、全自动无人值守等特点。

称重式雨量计是利用一个弹簧装置或一个重量平衡系统,将储水器连同其中积存的降水的总重量做连续记录。称重式自记雨量计是利用电子秤称出容器内收集的降水重量,然后换算为降雨量。一般电子秤可以分辨0.1g的重量,因此采用称重式雨量传感器可以达到很高的精度,实现短时间降雨强度量程最大可达80mm/min。

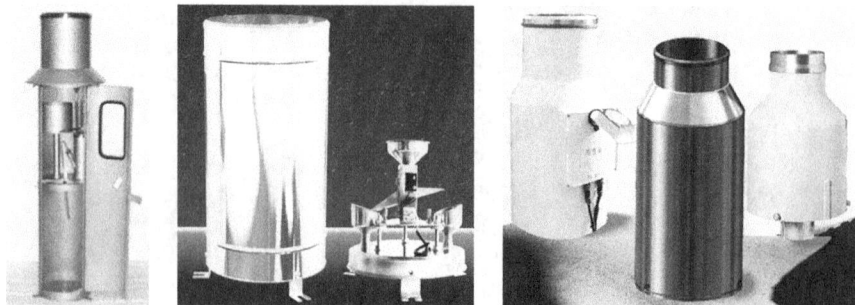

(a)虹吸式雨量计　　　(b)翻斗式雨量计　　　(c)称重式雨量计

图3　现有雾雨观测设备

现有常用雨量计的优点是结构简单、容易使用和维护。局限为雨量测量精度受制于斗体大小和斗数,雨量密集时记录准确性低;斗体的筛孔易被杂物堵塞,容易出现漏雨;数据分析为阶段采集数据后计算取平均值,数据有间歇性。通常虹吸式雨量计和翻斗式雨量计的最大雨量量程为 240mm/h;改进后的称重式雨量计的最大雨量量程 4800mm/h。雾化核心区的坝下建筑物附近降雨量远远高于自然降雨特大暴雨的强度标准(特大暴雨降雨强度大于 250mm/24h),采用目前的雨量筒、虹吸式或翻斗式雨量计难以满足核心区雾雨测量量程要求。因此,提高泄洪雾雨量测设备量程,是解决的关键问题之一。

近 10 年电子科技发展迅猛,有力地带动了量测设备的更新和感知系统的升级,使得量测由传统的人力测读阶段,进入了自动化、智能化阶段,节省了大量人力、物力,同时提高了各类测量数据的准确性。目前,已经在大坝变形监测、渗流监测、内部监测等方面进行了广泛的研究和应用。但我国的泄洪水力学量测技术和设备自动化监测还存在较大差距,工艺也比较落后;泄洪雾化观测设备升级改造是泄洪水力学安全自动化观测发展中的重要关卡。

3 泄洪核心区雾雨观测设备研发

为了解决高坝泄洪核心区雨量数据测量、传输、实时自动化采集问题,长江科学院进行了超强降雨在线监测系统产品研发。本研发设备沿用了传统雨量计 200mm 口径的标注承雨桶,着重对雨量测量、记录和传输方式进行了优化,创新性地提出通过电磁排水阀和液位传感器联动实现超强降雨测量,将测量数据通过无线传输至云平台实现在线监测功能。

本研发产品由承雨桶、液位传感器、电磁阀、采集终端、无线传输、不锈钢箱体等部分组成,其工作原理是通过承雨桶内的液位传感器实时量测承雨桶内的水位变化。当承雨桶水位达到设定值后,承雨桶底部的排水阀自动开启排水;当承雨桶内水体排尽后,排水阀自动关闭,承雨桶重新开始收集雨量;当承雨桶水位再一次到达设定水位值后,排水阀再开启排水,循环联动。采集终端实时采集、自动记录、本地存储数据。测量数据通过无线传输至云平台,通过云平台统计分析承雨桶水位随时间变化规律,根据水位变化和排水阀开关时间实时分析输出单位时间的降雨量即雾雨强度。承雨桶体积、排水阀口径及开关响应速度共同决定了观测设备雨量量程和精度。

通过室内标定试验,对本套产品进行了 200～20000mm/h 降雨量实验。在数据分析中,剔除了电磁阀开启和关闭阀门过程的影响,确保雨量数据的精准度。将泄洪雾化超强降雨在线监测系统采集的降雨量值(包括云平台在线监测数据和就地存储数据)与采用雨量筒体积法测量的降雨量值进行相比,误差在 0%～6%(图 4)。

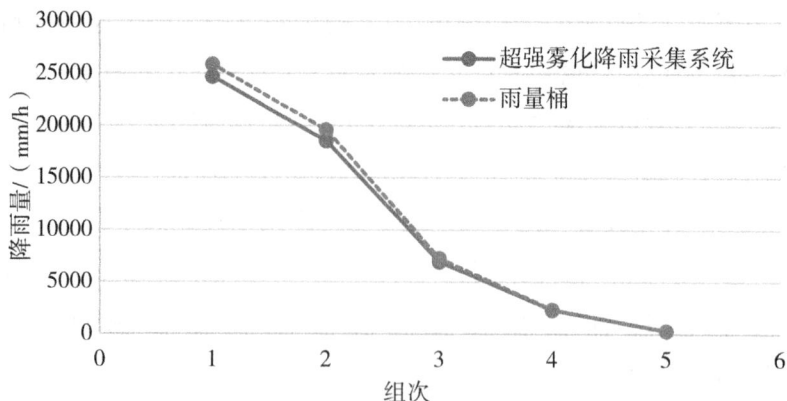

图 4　超强降雨在线监测系统降雨量对比

考虑现场泄洪核心区雾雨成分的复杂性,雨水中可能夹杂着砂石、树叶等杂物进入雨量桶,影响液位传感器测量准确性,由此进行了水位传感器防砂石淤堵设计和清除设计。

针对泄洪核心区雾化特点,着重考虑了结构强度设计及安装强度要求,整体采用防风圆柱形设计,不破坏气流的原始流态,确保雾雨观测设备在恶劣环境下正常运行、在强降雨及强水舌风下不被损毁,观测数据及时通过无线传输并同步就地存储(图 5)。

本设备可实现高坝泄洪核心区超强雨量采集、数据无线传输,能够适应不同量级降雨量在线监测采集,自动化程度高,大大提高了泄洪雾化降雨感知系统性能,可为高坝泄洪安全实时监测系统和泄洪水力学安全数字孪生建设提供重要支撑。

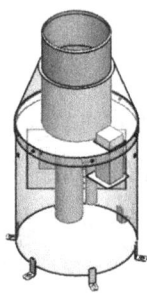

(a)设备成品示意图　　　　　(b)在线传输界面

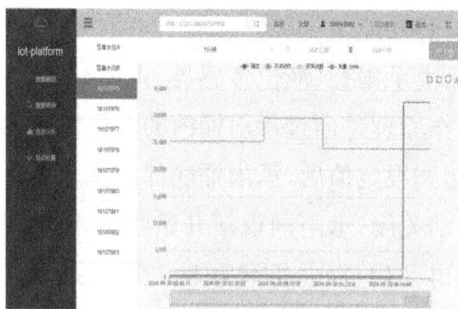

图 5　超强雾化降雨在线监测系统设备

4　结论

本文在调研现有雾化降雨观测仪器原理及优缺点的基础上,着重介绍了超强雾化降雨设备的工作原理及设计理念;并通过室内试验数据对比,论证了超强降雨在线监测系统可准确测量 20000mm/h 降雨量,实现高坝泄洪核心区超强雨量采集、数据实时无线传输等功能,大大提高了泄洪雾化降雨感知系统性能,可为高坝泄洪安全实时监测系统和泄洪水力学安全数字孪生建设提供重要支撑。

参考文献

[1] 练继建,刘丹,刘昉. 中国高坝枢纽泄洪雾化研究进展与前沿[J]. 水利学报,2019,50(3):283-293.

[2] 孙双科,刘之平. 泄洪雾化降雨的纵向边界估算[J]. 水利学报,2003,34(12):53-58.

[3] 陈端. 高坝泄洪雾化雨强模型律研究[D]. 武汉:长江科学院,2008.

[4] 王宗海,岳义军,韩秀兰. 虹吸式雨量计、遥测雨量计及雨量器三者观测差值形成的原因分析[C]//山东气象学会 2005 年学术交流会优秀论文集,2005:125-128.

[5] 胡云涛,刘西川,高太长,等. 联合降雨微物理特征测量仪、激光雨滴谱仪和雨量计的降水对比观测分析[J]. 气象与减灾研究,2018(2):133-139.

一种光电式含沙量测量仪应用研究

李长征[1]　颉丽彬[2]　申　源[2]

（1. 黄河水利科学研究院，河南郑州　450003；

2. 新疆维吾尔自治区吉音水利枢纽工程建设管理局，新疆和田　848409）

摘要：河道水体含沙量是重要的水文量测参数。为了快速、准确地测量含沙量，本研究根据消光定律研发了光电含沙量在线测量仪器。该仪器使用两种光源发射和两种角度接收。以黄河小浪底实测数据为例，介绍了仪器的标定方法，并得到如下结论：当泥沙中值粒径变化较小时，含沙量和光电值近似线性关系；当泥沙中值粒径变化较大时，需重新标定并保证测量精度。通过对我国西北某河道的测量和综合计算，得到水库的排沙量，为水库清淤方案提供了科学的数据支撑。研制的无人机载含沙量仪器适用于防汛和特殊工况的含沙量测量。

关键词：含沙量；中值粒径；光电；机载

1　前言

河道水体含沙量是重要的水文量测参数。精确测量含沙量有助于量化水库入库和出库泥沙方量，对水库运用方式和清淤规划有重要的参考意义。目前，含沙量直接测量方法有烘干法和置换法[1]。置换法以泥沙干密度为主要参数，通过换算得到含沙量[2]。由于不同流域的河流泥沙矿物组分不同，泥沙干密度存在差异，需要测定河流泥沙干密度进一步利用置换法计算含沙量。间接方法主要有光电法[3]、超声波法[4]、振动法[5]、核子密度计法[6]、同位素法[7]等。其中核子密度计法和同位素法受

基金资助：国家自然科学基金联合基金项目（U2243223）；中央级公益性科研院所基本科研业务费专项（HKY-JBYW-2023-14）。

作者简介：李长征（1978—　），男，河南焦作人，博士，教授级高级工程师，主要从事地球物理探测研究工作。

应用条件制约,在现场较少使用。光电法和超声波法含沙量仪器测量方式便捷,有较高的适用性,因此在现场得到广泛的应用。

我国西北地区某河流主要来水为上游的积雪融水,在夏季流量增加,河水冲刷河道使得下游含沙量增加。为了监测下游某水库的入库和出库泥沙含量,相关研究团队开发了光电式和超声式含沙量测量仪,并安装了无线传输模块,实现手机和互联网电脑的含沙量数据浏览和下载。本文主要针对光电式含沙量测量仪的应用研究。

2 光电含沙量测量原理

光电测沙仪的工作原理基于浑水消光定律。当一束光通过均匀分布的含沙水体后,一部分光被水体中的悬沙吸收,另一部分光被散射到其他方向,剩余透射光是入射光的一部分,因此,透射光的强度将会减弱。由比尔定律可得式(1)。

$$\Phi = \Phi_0 e^{-KSL/d} \tag{1}$$

式中,Φ_0——入射光通量;

$\quad$ K——吸收系数;

$\quad$ Φ——透射光通量;

$\quad$ S——含沙量;

$\quad$ L——光穿透浑水层的厚度;

$\quad$ d——泥沙粒径。

光电测沙仪采用光电转换器件,用相对测量方法,将式(1)转换,使得通过清水的光通量转换为电信号 V_0,通过含沙水体的光通量转换为电信号 V_i,再经转换后得出含沙量与电信号关系式(2)。

$$V_i = V_0 e^{-K_1 C/d} \tag{2}$$

式中:V_i——通过含沙水体后电信号;

$\quad$ K_1——系数;

$\quad$ V_0——通过清水的电信号;

$\quad$ C——含沙量;

$\quad$ d——泥沙中值粒径。

3 仪器介绍

3.1 传感器设计

设计光电传感器不仅考虑了光的透射效应,还考虑了光的散射效应。散射光测量方法在低浊度时线性度良好,优于透射光测量方法。90°散射法在溶液浊度较低时线性度较好,能得到准确的测量结果。光电传感器探头横、纵剖面见图1。使用2发2收的光源系统,1、2为发射光源,3、4为接收光源。1发射时4接收,为透射光,1发射时3接收,为90°散射光;2发射时3接收,为透射光,2发射时4接收为90°散射光。1发射时光波长为660nm,2发射时光波长为880nm。两对光源在传感器的两个方位安装,两个方位光线的检测能够提高对不均匀水体检测的精度。进行两个方位光线衰减的综合计算,并通过标准含沙量标定试验,得到水体中的含沙量值。探头输出为数字信号。

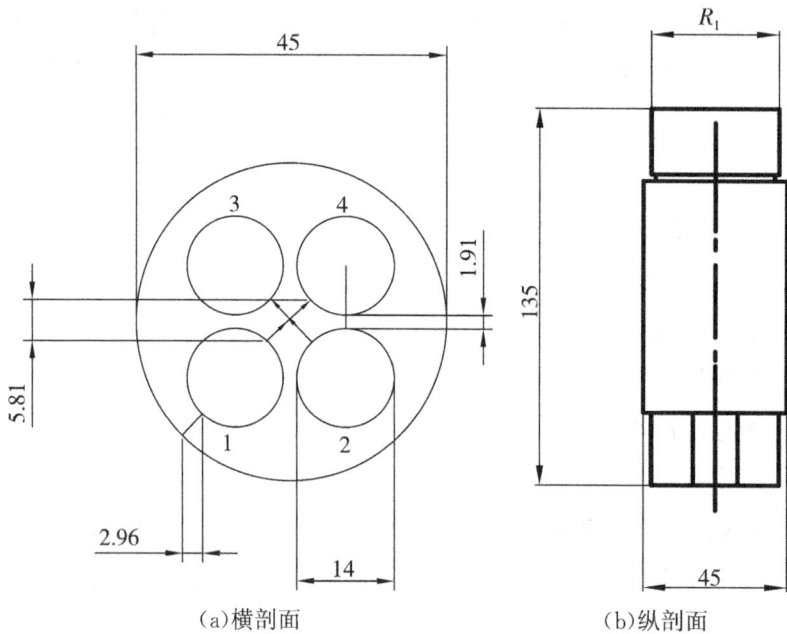

图1 探头横、纵剖面(单位:mm)

3.2 仪器构成

仪器由显示平板电脑、探头、主机盒组成,显示平板电脑上可存储含沙量数据,具有标定功能和拷贝数据的功能。主机盒由供电电路、无线传输模块等组成。探头输出485信号,探头线缆长度由现场需要可接10m、20m长的线缆,或者另外延伸(图2)。

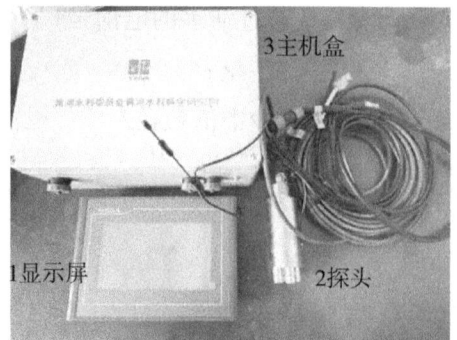

图2 在线监测光电泥沙测量仪器

3.3 仪器操作

显示屏为触摸屏,有测量、标定和导出菜单。测量菜单直接显示含沙量值;标定菜单为标定用,在专业人员指导下使用;导出菜单按图选择时间,可以在显示屏 U 盘口插入 U 盘拷贝含沙量数据。可在电脑和手机端查看含沙量实时数据,实现泥沙监测数据实时刷新,远程监控界面见图 3。

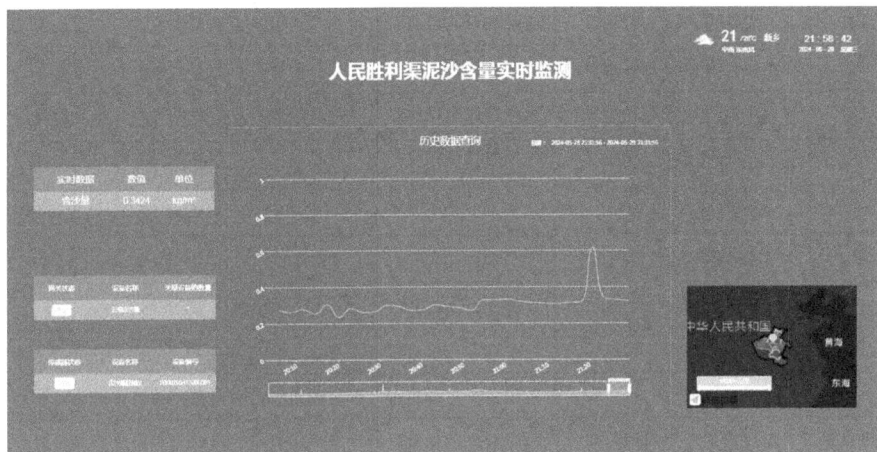

图 3　远程监控界面

4　数据标定

当浑水中泥沙含量相同,且泥沙中值粒径不同时,将产生不同的光电测量值。该情况下,中值粒径小的泥沙颗粒所占截面较大,阻拦更多的光线,导致接收光较弱。由于泥沙中值粒径对光电值的影响不同,需对所测对象进行标定。当中值粒径变化较大时,需及时改变标定值,以得到精确的测量结果。

标定步骤如下:在河流中取样,同时记录取样时的仪器光电信号值。用机械搅拌器将样品搅拌均匀,然后灌至 100mL 比重瓶,将比重瓶中的浑水倒入金属器皿中烘干。称量金属器皿烘干前后的重量并得到干砂重量。将砂样重量除以 100mL 体积量,得到样品含沙量值。当河流含沙量不同时,重复上述过程,得到不同含沙量对应的信号值。

2023 年汛期,研究组在黄河小浪底枢纽进行了标定试验,获得样品 15 个,进行了烘干和标定(表 1)。标定结果见图 4,发现含沙量值和光电值基本呈线性关系。通过建立光电值和含沙量的函数关系,直接测量光电值,进而根据映射关系计算含沙量。图 4 中两个黑色点为小浪底枢纽排沙洞的取样测试点,泥沙中值分别为 $15.9\mu m$、$28.4\mu m$,均大于发电洞样品的中值粒径,这两点的偏离值相对较大。这说明泥沙中值粒径变化时,需要调整含沙量标定曲线。

表1 小浪底枢纽 2023 年排沙期间标定试验与中值粒径测试

序号	试样编号	取样位置	取样时间	含沙量/(kg/m³)	检测方法	中值粒径/μm	光电值
1	1#	小浪底6号尾闸	07-06 11:27	10.050	烘干法	9.6	6226
2	2#	小浪底6号尾闸	07-06 11:47	11.450	烘干法	10.8	6586
3	3#	小浪底6号尾闸	07-06 12:28	14.400	烘干法	12.6	6756
4	5#	小浪底6号尾闸	07-06 15:34	3.600	烘干法	13.8	4860
5	6#	小浪底6号尾闸	07-06 16:12	0.425	烘干法	6.5	4117
6	7#	小浪底6号尾闸	07-06 16:47	0.500	烘干法	5.5	4088
7	8#	小浪底4号尾闸	07-06 17:53	13.110	烘干法	8.7	6975
8	8-1#	小浪底6号尾闸	07-06 17:00	0.140	烘干法	9.3	4055
9	A26	小浪底5号尾闸	07-06 7:42	10.970	烘干法	7.8	6570
10	A11	—	07-05 16:34	44.730	烘干法	8.7	12230
11	A70	—		66.400	烘干法	15.9	13816
12	XXY	西霞院1号排沙洞	07-09 19:00	49.040	烘干法	28.4	10664
13	—	小浪底6号尾闸	—	80.200(配制)	烘干法	<15.0	17451
14	—	小浪底6号尾闸	—	42.500(配制)	烘干法	<15.0	11663
15	—	小浪底6号尾闸	—	19.400(配制)	烘干法	<15.0	7923

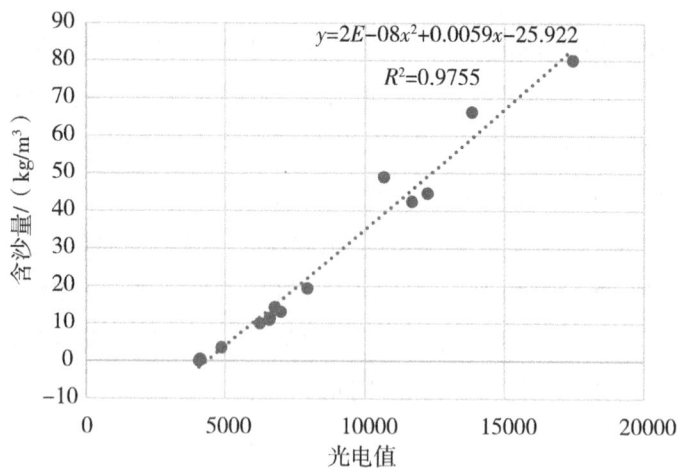

$$y=2E-08x^2+0.0059x-25.922$$
$$R^2=0.9755$$

图4 标定结果

5 应用效果分析

我国西北某河流年径流量 6.16 亿 m³,库容系数接近 0.10,泥沙含量较大,坝址断面多年平均输沙量为 296.7 万 t,通过对工程坝址断面泥沙统计资料分析,可知汛期 6—8 月是输沙量最大的月份,其中,7 月输沙量最大,8 月输沙量次之,6 月输沙量再次之。为掌握下游某水库汛期排沙量,在该水库入库水文站和出库水文站分别安装光电式泥沙监测仪器,对水库出库、入库泥沙进行监测。

为避免线缆暴露在水流中被冲断,线缆从固定在岸边岩石上的钢管内部穿过,光电传感器固定在钢管末端。线缆连接的主机盒和显示平板均被固定在观测站房屋内,使用 220V 工业电源不间断供电。

5.1 中值粒径测试

泥沙粒径测试结果见表 2。样品 1、2 中值粒径分别为 6.711μm、8.996μm,可判断入库泥沙中值粒径变化范围较小;样品 3 中值粒径为 6.18μm,可见非排沙期发电尾水中的泥沙颗粒为进入库区的悬移质泥沙。在 2024 年 7 月 6 日水库排沙期间,排出泥沙的中值粒径较大,样品 4 中值粒径为 38.45μm,说明排沙期间可冲走库底淤积的较大颗粒泥沙。根据取样泥沙外观,样品 1,2,3 泥沙颜色为深灰色,样品 4 为褐黄色,判断样品 4 源自库区山地范围内,为雨水冲入河道内并沉积的泥沙。

表 2 泥沙粒径测试结果

样品编号	1	2	3	4
取样时间	2024-05-23	2024-05-27	2024-06-01	2024-07-06
取样位置	入库站	入库站	发电尾水	出库站
取样时含沙量/(kg/m³)	25.0	2.0	1.6	90
中值粒径/μm	6.711	8.996	6.180	38.45

5.2 监测结果分析

部分含沙量监测结果见图 5,可见泥沙含量与河道流量相关。水库泥沙淤积导致库容减小,管理单位在 2024 年汛期启动了调水调沙措施,人工塑造洪峰,并启动排沙洞,进行了两次人工排沙过程。根据每日含沙量和流量,计算入库泥沙和出库泥沙方量,综合计算 2024 年 6 月 23 日至 8 月 1 日的水库库容冲淤变化。部分测量结果见表 3。从 2024 年 6 月 23 日至 8 月 1 日,出库沙量入库沙量为 393194 万 kg;沙子密度取 2690kg/m³,则排沙量(纯沙子)的体积为 146 万 m³。

库内的淤积泥沙是水—沙两相体,淤积泥沙密度随孔隙度变化。综合分析,从 2024 年 6 月 23 日至 8 月 1 日,库容增加 554.4 万 m³。

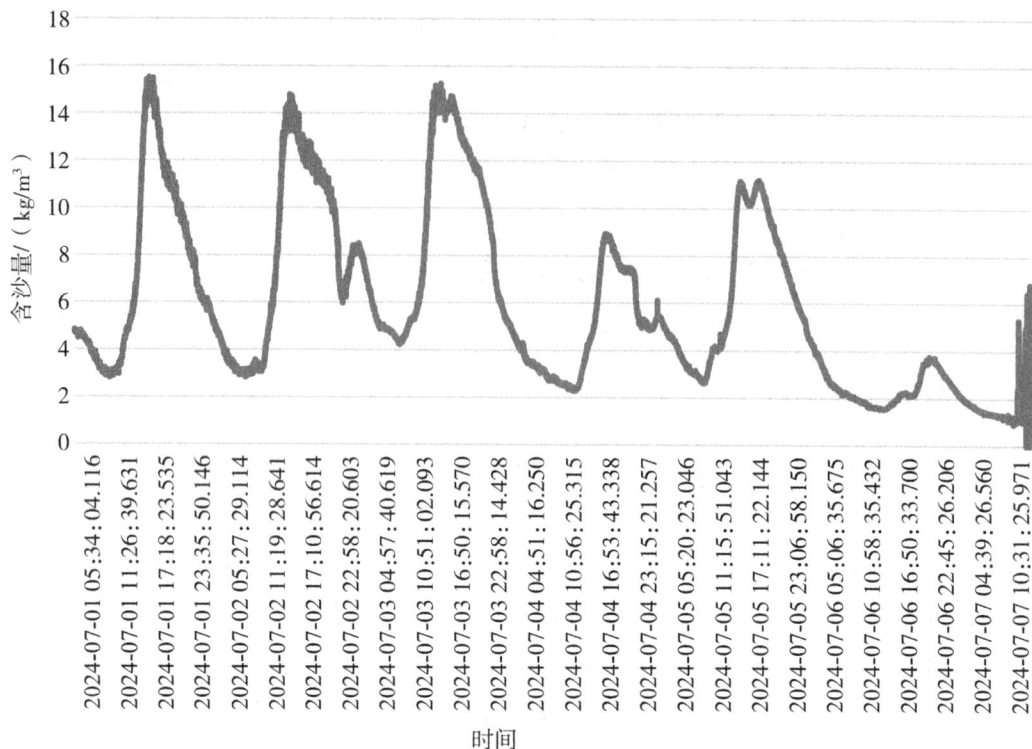

图 5　部分含沙量监测结果

表 3　　　　　　　　　　　　　部分出入库流量、含沙量测量结果

日期	出库流量 /(m³/s)	入库流量 /(m³/s)	入库站含沙量 /(kg/m³)	出库站含沙量 /(kg/m³)	出入库含沙量差 /(kg/m³)	出入库沙量差 /(万 kg)
6 月 23 日	107.83	52.03	7.20	8.30	1.1	4496.02
6 月 24 日	42.44	90.46	11.70	12.60	0.9	−4524.23
6 月 25 日	106.70	68.63	16.24	17.90	1.66	6872.07
6 月 26 日	38.85	76.55	8.19	13.60	5.41	−851.77

6　无人机载在线含沙量测量仪的研制

　　针对河道现场特殊工况的含沙量监测,或防汛抢险时泥沙含量测量,研制组开发了无人机载含沙量在线测量仪(图 6)。该仪器特点为体积小、重量轻(2kg 重)。现场工作方式为将主机盒子(含无线发射模块)挂在无人机上,将光电传感器连线(长10m)接在主机盒子上。测量时无人机吊装测量仪,将光电传感器浸没入河水中。同时,岸上操作人员通过手机或互联网电脑实时查看含沙量。2024 年 6 月 13 日,在黄河原阳段进行现场测量,平均含沙量为 1.6kg/m³。

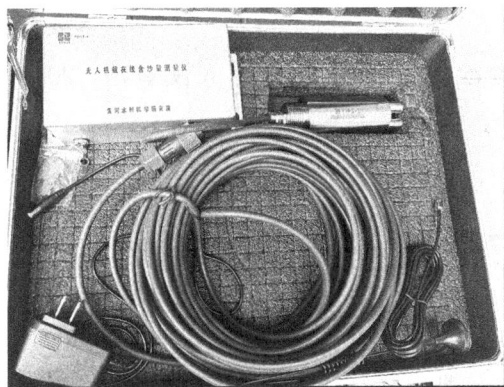

(a)无人机载含沙量仪器　　　　　　　　(b)现场检测

图6　无人机载含沙量仪器和应用

7　结论

①光电含沙量仪工作稳定性强，受温度影响较低，适合低含沙量（小于100kg/m³）的监测工作。由于仪器对泥沙中值粒径有较强的敏感性，当含沙量较大时，需及时标定以保证测量精度。

②通过现场监测，发现某河流含沙量呈现周期性变化。主要原因为受上游来水条件影响，当上游来水流量增大时，携带较多的泥沙，导致含沙量变大。当上游出现降雨时，当日监测含沙量将增加。

③无人机载含沙量仪适合防汛抢险或特殊工况的临时监测，具有快速、可实时监测的特点，在特殊工况下可发挥重要作用。

参考文献

［1］王志芳.用烘干法与置换法处理水样的误差比较试验［J］.水文工作通讯，1957(8)：31-32.

［2］范少英，胡光乾，张冉，等.基于置换法解决含沙量实时监测问题的研究［J］.人民黄河，2021,43(S1)：9-10.

［3］高术仙，曹玉芬，韩鸿胜，等.光电式含沙量测量仪器的校准方法及结果评定［J］.水道港口，2021，42(2)：267-273.

［4］景思雨.新型超声含沙量和级配测量探头适用性初步研究［D］.武汉:长江科学院，2020.

［5］王智进，宋海松，刘文.振动式悬移质测沙仪的原理与应用［J］.人民黄河，

2004(4)：19-20.

　　［6］李景修,李黎,李英杰,等. 核子测沙仪试验研究［J］. 人民黄河，2008，30(10)：30-32.

　　［7］梁如心,李超华. 同位素在线测沙仪的应用［C］//2023(第十一届)中国水利信息化技术论坛论文集. 2023：273-285.

关于光电探测技术在水利(水文)监测研究中的原理及应用综述

吴严君[1]　郭丽丽[2]　李聂贵[2]　程　颖[3]

(1. 江苏南水科技有限公司,江苏南京　210012;

2. 水利部南京水利水文自动化研究所,江苏南京　210012;

3. 江苏省水文水资源勘测局苏州分局,江苏苏州　215000)

摘要:本文综述了光电探测技术在水利水文监测中的原理、应用现状和未来发展趋势。光电探测技术以其高精度、非接触、实时性强等优势,在降水监测、水位监测、流速监测、流量监测、泥沙浓度监测、水质监测、土壤含水量监测及冰情监测等多个领域展现出广泛的应用前景。文章首先概述了光电探测技术的基本原理,随后详细分析了其在各监测领域中的具体应用案例,包括光学雨量计、激光水位计、激光多普勒测速仪等技术在国内外的研究现状和应用成果。此外,还探讨了光电探测技术在断面地形监测中的应用,特别是激光雷达在河道宽度和深度测量方面的作用。文章最后指出了当前光电探测技术在水利水文监测中面临的挑战,并提出了相应的改进建议,强调了技术原理与算法优化、应用场景拓展和系统集成度与智能化水平提升的重要性。

关键词:光电探测技术;水文监测;智能监测

1　前言

　　光电探测技术的基础在于光电效应,即当光照射到某些物质上时,会引起物质电学性质的变化,如产生电流或电压变化。这一效应分为内光电效应和外光电效应。

作者简介:吴严君(1994—　),女,安徽安庆人,硕士,工程师,研究方向为水利信息化。E-mail:745504459@qq.com。

内光电效应涉及材料内部电子状态的变化,如光电导效应和光伏效应;外光电效应则是光直接将电子从物质表面打出,如光电管的工作原理。

光电探测技术在水利(水文)监测研究中扮演着重要角色,它利用光电效应将水文参数变化转换为可测量的电信号,从而实现对降雨、水流、水质、水位等多种水文要素的高精度、实时监测,光电探测技术在水利(水文)监测领域应用见表1。

表1　　　　　　　　　　　光电探测技术在水利(水文)监测领域应用

监测领域	技术原理	代表设备
降水	光散射法;光强衰减法;图像采集法	光学雨量计
水位	激光测距原理	激光水位计;光电编码水位计
流速	多普勒效应;流体动力学	激光多普勒测速仪
流量	表面流速—面积法	激光多普勒流速仪
泥沙浓度	光学遥感技术;激光技术	多光谱、高光谱或合成孔径雷达;激光粒度仪
水质	分光光度法	分光光度法水质在线监测分析仪
土壤含水量	热红外成像技术;光学遥感技术	热红外传感器;高光谱遥感
冰情	分布式光纤技术;光学遥感技术	分布式测温系统;卫星遥感检测
断面地形	激光扫描测量技术	激光雷达

2 光电探测技术在水利(水文)监测研究中的应用

2.1 降水监测

2.1.1 原理

光检测法实质是水滴进入探测区域,雨滴遮挡了原先的光路。通过光强的变化,引起光电探测器的光电感应,电路向数字滤波器发出脉冲信号,如此反复,就记录一次完整的降雨脉冲信号。通过反演脉冲与降雨强度的关系,就可以推算出降雨强度。常用的光学检测法主要是光散射法、光强衰减法和图像采集法等。

2.1.2 国内外发展现状

(1)国外发展现状

国外于20世纪50年代就开始研究光学监测雨量技术,实现了雨量实时、连续、非接触监测,对降雨粒子的微观信息已有细致的研究,广泛应用在了气象、机场等领域,并发挥着良好的作用。

1)光散射法

光的散射是通过近红外光照射到待测区域,经过降水粒子的散射作用,光电探测器接收粒子经过散射后的散射光。散射作用会引起光强的变化,探测器再把光学信号转换成脉冲频率,根据转换方程,把不同的频率转成气象光学视程,再将计算数值传送到计算机。芬兰 VAISALA 公司的 PWD22 天气现象传感器,能识别雾、霭等,还能识别 7 种降水类型:毛毛雨、雨、小雨、冻雨、雨夹雪、雪、冰雹。

2)光强衰减法

光强衰减法采用激光或 LED 光源发射光束,通过光束在雨滴中的衰减来测量雨滴的直径和降雨强度。德国 OTT 公司的 Parsivel 激光降水粒子谱测量系统,可以精确可靠地测量距地表 1m 以上的各种降水类型,如毛毛雨、小雨、冰雹、降雪及混合降水等。

3)图像采集法

图像采集法测量原理是两个呈 90°夹角照相机对测量区域的粒子进行线扫,根据粒子的三维特征,获取降水信息,再将采集的图像传送到电子单元内处理存储,然后发送到室内终端内进行分析。2D 雨滴谱仪(2-DVD)就是如今最先进的测量降水与雨滴的设备,由奥地利 JOANNEUM RESEARCH 公司与欧洲太空局/欧洲空间技术中心(European Space Agency/European Space and Technology Centre)等机构开发,主要应用于气象与环境、无线通信、工业应用等领域。

(2)国内发展现状

国内研究方面对各种雨量计、雨滴谱仪有较多的改进,但实用性产品较少。蔡彦等研究出 CCD 技术与称重式雨量计、翻斗式雨量计相结合,一方面克服了机械式雨量计对较小粒子测量不准确的缺点,另一方面克服了 CCD 技术对于重叠粒子测量不精确的缺点。针对降雪环境,邢杰炜等研制了一种遥测雨量计智能融雪器设备,利用核心加热材料二水醋酸钠、湿度和光学传感器、温度控制器、平面发热材料、保温层等部件组合成一套节能加热装置。将其放置在雨量观测仪的外部,能够实现在冬季降冻雨、雪时,融化冻雨、雪,保障普通遥测雨量观测计在冬季正常工作和使用。

2.2 水位监测

2.2.1 激光水位计

2.2.1.1 原理

激光水位计是运用激光测距的原理,利用激光测距仪配合水位浮子,激光测距仪发射激光照射到浮子表面,浮子表面反射激光到激光接收面,根据两者时间差及激光的传播速度,计算出实际距离,通过激光测距仪测量浮球高度的变化计算水位的变化。激光水位计运用激光测距的原理见图1。不同的激光测距方法具有一定的共性,普遍利用了光的反射与折射原理,这些反射波和折射波都遵循斯涅尔反射和折射定律。

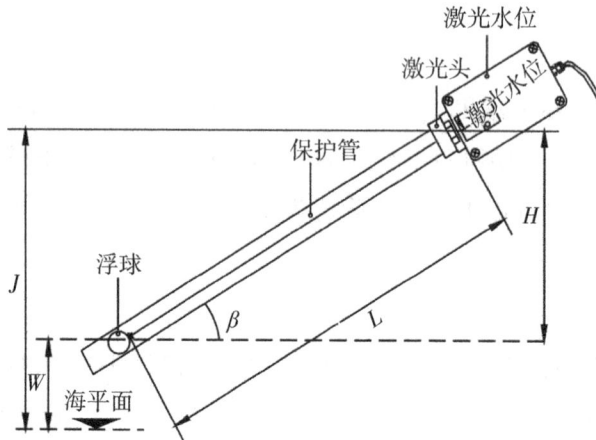

图1 激光水位计运用激光测距的原理

图1中浮球的功能是提供一个随水位变化而变化的反射体保护管,保护激光束免受环境干扰,控制浮球运动方向;激光头的功能是发射一束直径为6mm的红色激光并接收,安装时可以用激光束对保护管进行准直。

2.2.1.2 国内外研究现状

激光水位计本质上是激光测距仪在水位测量领域的一种特殊运用,激光测距技术的发展主要历经了3个阶段。早在20世纪60年代,最早的激光测距仪器就被生产了出来,成为第一代激光测距仪的开端。这个阶段中,激光测距仪的发射源为价格昂贵、体积巨大的红宝石激光器,接收管则为灵敏度较低的光电倍增管,这导致最初的激光测距仪在价格、体积、精度和功耗等方面都不具备商用价值。一方面是这些缺点的客观存在,另一方面则是激光测距仪广阔的应用前景,这两者共同刺激与促进了相关技术的发展。20世纪70年代开始,出现了第二代激光测距仪,掺钕钇铝石榴石制成的YAG激光器开始逐渐成为发射源的主流选择,接收器则使用硅光或雪崩二极管接收回波信号,与第一代产品相比,其体积和功耗均已大大减小,应用范围和场合也得到了大大增加,开始逐渐进入民用领域。伴随着技术的发展,从20世纪80年代开始,以半导体激光二极管LD技术为核心的各类型中、短程激光测距仪开始逐渐占据了市场的主导地位。如今,激光测距技术,因为其高精度和广泛的适用性,已经成为距离测量方面不可或缺的重要技术。

我国对于激光测距技术及其相关技术的研究从很早之前就开始了。自1960年美国成功研制出世界上第一台激光器之后,1961年夏,在王之江先生的主持下,中国长春光机所的专家学者和科研人员共同研制成功了我国的第一台红宝石激光器,我国成为除美苏外,第一个拥有自行研发激光器的国家。1975年,国家地震局武汉大队地震仪器厂自行设计并成功研制生产出国内第一台大型激光测距仪。

利用激光测距原理研发的激光水位计,具有测量精度较高、量程宽、环境适应性好等特点,克服了传统水位计产品精度差、安装复杂、容易受外界环境干扰等缺陷,广泛适合于城市道路积水、水库、湖泊、水电站、灌区等水域的水位监测。华涛利用电子设计自动化EDA技术和激光测距技术,研制了一种高精度、高可靠性、操作简单、无人值守的一种全自动水位测量仪器。朱丽萍等为了提高验潮仪检定装置的技术指标,提出了一种基于超高精度激光追踪原理的潮位计量检测装置。奚宇晗研制了一种精度较高、量程较大的脉冲式激光水位测量系统,用于对细长竖管内的液位进行较为精确的测量。

2.2.2 光电编码水位计

2.2.2.1 原理

光电编码水位计运用了精密的光电编码技术,通过机械连接将水位变化转换为光栅盘的旋转,进而由光电传感器阵列检测并转换为电信号。这种水位计能够提供高精确度和高分辨率的水位测量,具有快速响应和高可靠性的特点。其输出的数字信号可用于实时监控、数据处理或直接控制相关设备,广泛应用于工业自动化、环境监测和水文研究等多个领域。

2.2.2.2 国内外研究现状

在国内,已经有不少专家学者将光电编码器与传统的浮子水位、激光水位计相结合做改造。侯煜等通过采用光电编码器,并改造传统的浮子水位计为单浮筒、双转轮的封闭式循环结构,设计了一种新型浮子式水位计。熊光亚等针对现有的常用浮子水位计在水位快速变化场合应用的不足之处,应用三相循环编码的水位编码器将物理水位信号转换为电信号的原理以及信号的编解码方法,设计了一种可快速跟踪水位变化过程的新型低功耗水位计。马媛采用自收揽装置,利用浮子、钢丝绳和卷簧的作用力带动绝对型光电编码器的转动,设计了一款高可靠性水位传感器。吴钢等将静磁栅绝对编码技术和激光水位计有机结合起来,设计了一种适用于城市防洪工程排涝泵站监测内外河水位的水位计。

2.3 流速监测

2.3.1 激光多普勒测速仪

2.3.1.1 原理

通过发射激光束并分析反射光的多普勒频移来确定物体的速度。这种基于多普勒效应的测量方法,利用光电探测器捕捉反射光并将其转换为电信号,然后通过电子系统处理这些信号以计算流速。

2.3.1.2 国内外研究现状

激光多普勒测速仪(Laser Doppler Velocimetry,LDV)作为一种精密测量工具,可将被测点聚焦成很小的测量区域,空间分辨率、输出信号的频率和速度呈线性关系,覆盖流速范围宽,并且不受压力、温度、密度及黏度等流场特性的影响。LDV 具有非接触测量、高精度和快速响应等优点,在国内外都得到了广泛的应用。1985 年 Steffler 等将 LDA 测量技术应用到明渠研究。1994 年董曾南等利用激光测速技术对明槽紊流进行了大量研究并获得成果。近年来,LDV 在流体实验中获得了广泛的应用,已成为当前各种流体测量,尤其是紊动测量的一种有力手段。嵇阳、唐洪武等应用激光多普勒测速技术测量含植被明渠紊流流场特性。宋滢汀利用三维激光多普勒测速仪等仪器研究含淹没刚性植被明渠水流特性。此外,张洪玮等还将 LDV 应用在海洋微尺度湍流测量并验证了其可行性。

2.3.2 粒子图像测速(PIV)

2.3.2.1 原理

PIV 是一种先进的流体动力学测量技术,它通过记录和分析含有示踪粒子的流体在特定时间内的连续图像来确定流体的速度场。虽然 PIV 本身是一种光学成像技术,但其实现过程却广泛依赖于光电技术,如使用激光器作为光源和高速摄像机进行图像捕捉,以及光电传感器在数据采集和图像处理中的关键作用。这种结合光学成像与光电信号转换的技术,使得 PIV 在流体力学研究、工业过程分析和环境科学等领域中发挥着重要作用,提供了一种非接触、高精度的速度场测量手段。

2.3.2.2 国内外研究现状

20 世纪 90 年代,Fujita 等首先在粒子图像测速技术的基础上,放大了粒子尺度,提出了大粒子图像测速(large-scale PIV,LSPIV)方法,并成功地将其应用到了 Yodo 河的流速场分布和流量测量。近年来,许多实际场景已经可以利用河流表面的泡沫、河流波纹及桥墩尾迹波纹等天然形成的河面示踪物进行流速场测量,并通过多种方式直接或间接证明了方法的可靠性。部分研究人员还尝试利用河流表面漂浮的标定板或者激光投影点建立对应关系,但是因为这些参照物是局部的,与待测河面相比面积明显不够,所以微小的误差都将在测量时被成倍地放大,对测量精度的影响很大。Dobson 等采用的频域相关匹配法以更加快速的傅里叶变换互相关(fast Fourier-transform cross correlation,FFT-CC)作为相关测度提取运动矢量,并分析了窗口的尺度大小对相关曲面的信噪比以及空间分辨率的敏感性。李丹勋等提出并研发了一种实时测量表面流场的分布式系统,适用于河工模型,实现了多个计算机局域网的同步和多个摄像头视频信号的同步,能够在 20s 内获得超过 1000m² 的流速场分布。王鑫等采用系留气球的方式布设系统,在空中悬挂带有伺服自稳定平台的相机并使镜头垂直于水面拍摄,相比航空式布设的系统而言,这种系统具有更低的经济成本并且滞空的时间更长。随着无人机相关技术的成熟,Tauro 等利用无人机追踪水面示踪物,测量河流表面流速与流速场。

2.4 流量监测

2.4.1 原理

流速—面积法是通过测量断面上的流速,结合测验断面面积来计算流量的一种方法,这种方法在我国水文流量测验中使用最为广泛。根据测定流速的方法不同,又分为流速仪法、剖面流速—面积法、表面流速—面积法、断面平均流速—面积法。其中,测量表面流速的流速—面积法是指使用光学流速仪设备测量断面上某些测点的表面流速,根据测点流速和断面平均流速建立关系,结合断面面积,进而推算出断面流速分布面平均流速建立关系,进而推算出断面流量。

2.4.2 国内外研究现状

2015 年,日本九州大学的 Morita 等采用双光束—双散射模式设计一套微型激光多普勒测速仪,测量运动的纸板误差为 6.5%,运动范围为 2~12mm/s。2018 年,天津大学的耿凯设计了一套激光多普勒测量系统,选用了激光准直镜对激光束进行准直。该系统同样采用了双光束—双散射模式作为光路的基本结构。信号处理过程是采用 FFT+频谱细化算法+频谱校正算法,以此来减小系统测量误差。该系统对运动转盘进行测量,系统测量结果的相对误差小于 0.1%。2019 年国防科技大学的沈懿、张斌、周健对激光多普勒流速测量进行探索,设计了一套激光多普勒流速测量系统。该系统选用了固体激光器,波长为 532nm,设计准直系统对激光束进行准直。该系统以双光束—双散射模式为基础,优化了系统光路结构,信号处理主要过程是先用 FFT 得到初始多普勒频移,再使用比值校正法对多普勒频移进行校正。该系统对流速进行测量,误差为 3.71%。

2.5 泥沙浓度监测

光电测沙仪测沙时可同步测量水温、水深,适用于泥沙粒径相对均匀稳定的河流,通过测量水体中悬浮泥沙对光的散射或吸收特性,可以估算出泥沙的浓度,这对于河流侵蚀、沉积和河床演变的研究至关重要。

2.5.1 利用遥感技术的泥沙监测

2.5.1.1 原理

遥感技术在泥沙监测中通过捕捉泥沙影响下的水体电磁波谱特性变化,利用多光谱、高光谱或合成孔径雷达等传感器记录水体的反射或散射信号。通过图像处理、特征提取和泥沙浓度反演模型,可以从中定量分析泥沙的分布和浓度。这项技术提供了一种大范围、高效、实时的泥沙监测手段,尤其适合于河流、湖泊和海洋等水体的泥沙管理和研究,为水文地质、环境科学和灾害预防等领域提供了重要数据支持。随着技术的不断进步,遥感泥沙监测的精度和应用范围将持续扩大。

2.5.1.2 国内外研究现状

随着我国卫星的发射,现在遥感技术在泥沙监测领域也取得了很多理论成果和技术创新。2006 年华东师范大学的刘志国等研究指出加强地面水文光谱实验研究,建立多光谱 SSC 定量模式,以高分辨率和高光谱遥感融合数据为基础的 SSC 定量遥感是以后的发展趋势。2012 年上海市地质调查研究院的陈勇等基于陆地卫星影像,采用 Gordon 模型在长江口地区开展了悬浮泥沙浓度反演研究,能够很好地体现经过三峡大坝截流之后河流中悬浮泥沙含量的变化情况。2022 年黑龙江大学基于遥感技术对松花江悬浮泥沙浓度进行分析。目前,悬浮泥沙遥感研究具有较成熟的理论体系,且已有反演模型及不断发展的卫星传感器性能,能够将遥感技术应用于河流悬浮泥沙监测。2022 年上海海洋大学利用无人机高光谱传感器对长江口北港表层悬浮泥沙浓度潮周期变化进行监测。

国外经过几十年的技术发展,遥感技术更加成熟。使用卫星图像和气象雷达数据等遥感技术,分析区域内的地貌、植被、水文等信息,并通过反演方法可计算出地表径流、泥沙输移量等指标。2018 年美国阿拉巴马大学 Markert 等利用使用 Landsat 和 Google 地球引擎云计算对湄公河下游盆地表层泥沙进行操作监测,通过将遥感观测与原位测量相结合,提高湄公河下游盆地 SSSC 数据的时空密度。2022 年 Umair 等通过遥感估算肯恩基尔湖的悬浮泥沙浓度。2023 年巴西南马托格罗索联邦大学 Paulista 等同样利用遥感估算了巴西特里斯皮里斯河的悬浮泥沙浓度。

2.5.2 利用激光技术的泥沙监测

2.5.2.1 原理

利用激光技术的泥沙监测通过发射特定波长的激光束并分析其在水体中的衰减特性,来定量测量泥沙浓度,基于激光在含沙水中传播时的散射和吸收现象,实现对水体中悬浮颗粒物的高精度检测。

2.5.2.2 国内外研究现状

我国利用激光进行粒度监测的研究工作时间较短,20世纪70年代开始粒度测试技术的研究,80年代开始激光粒度测试仪器的研制,90年代中期以前,国内粒度测试仪器主要是以沉降粒度为主,激光粒度仪的应用还处于试验阶段,进口激光粒度仪占据了整个国内市场。随着技术的不断发展,目前我国激光粒度测试技术已经相对成熟。济南维纳公司的Winner801、珠海欧美克公司的干湿二合一激光粒度仪LS-999、成都精新公司的JL-1197型激光粒度仪都能达到国际标准。南京水利科学研究院研制的新型无线测沙仪采用透射、散射与反射相结合的技术路线,测量精度小于5%,天然沙测量量程已超过$50kg/m^3$。在测量方法、测量精度、测量范围上均取得重大突破,通过了水利部仪器质量检验测试中心进行的第三方检测,授权发明专利一项,进入了《2016年度水利先进实用技术重点推广指导目录》。在此基础上,申请了院重点基金"新型激光浊度仪OBS研制开发",研制具有实用意义的激光浊度仪样品,目前在多个水文测量中进行测试研究。黄河水利委员会水文局引进了英国马尔文仪器公司的激光粒度分析仪,经过近20年的消化吸收再开发与完善,已成为水利部科技推广示范典型成果。

国外的激光技术起源比国内早,技术也比国内成熟,目前的激光粒度仪大部分都需要由国外进口,如德国的新帕泰克,美国的麦奇克、贝克曼库尔特、安捷伦,英国的马尔文,新西兰的IZON,日本的掘场制作所,法国的CILAS公司等都是激光粒度仪的国外主要厂商。除激光粒度仪外,国外对于激光的应用也领先于国内。2018年捷克的布拉格土木工程学院Krupicka等对基于激光穿透和电导率的粗泥沙强输流浓度测量方法进行了验证,并且得到了颗粒浓度的准确值。2018年瑞士的洛桑联邦理工学院J.Zordan等利用激光测量和图像处理两种技术确定了重力作用下的细颗粒泥沙的侵蚀量和沉积量。2023年印度鲁尔基理工学院Jadhao等利用实验室尺度的降雨模拟器和激光雨量监测仪对泥沙进行了模拟。

2.6 水质监测

2.6.1 分光光度法水质在线监测分析仪

2.6.1.1 原理

分光光度法水质在线监测分析仪是一种利用物质对特定波长光的吸收特性来分析物质浓度的技术,广泛应用于水质检测中,可以测定水中的多种污染物和营养物质,如重金属离子、有机化合物和氮、磷等营养盐。分光光度法通常需要使用分光光度计,这是一种基于光电技术的仪器,它通过测量样品溶液对特定波长光的吸收程度来定量分析物质的浓度。

2.6.1.2 国内外研究现状

市场上主流的氨氮在线分析仪测试原理主要有电极法和分光光度法,分光光度法的仪器有德国 BRAN+LUEBBE、杭州聚光、湖南力合等。与电极法相比,分光光度法具有以下优势。

①分光光度法测量数据稳定可靠,电极法仪表由于电极易受到污染干扰会导致测量数据不稳定不准确。

②分光光度法仪器运行成本低,电极法仪表电极受污染需经常更换,一般应用在污染源废水在线监测需要定期更换电极,成本很高。

③分光光度法仪器测量精度高、检出极限低,可以满足日趋严格的污染源排放监测要求,电极法仪表在低含量检测准确度差,不能满足低含量限值的检测要求。

目前,国家标准中水质总氮含量、总磷含量和氨氮含量等几项重要指标均是采用分光光度法进行检测。国内对于分光光度法的研究主要集中在对国标检测方法的研究和改进,以及相关自动化检测产品的设计与实现。郝晓曦等针对传统分光光度法实现的水质在线检测仪存在的检测参数单一、效率低下、光源受环境温度干扰等问题,设计了一种高效快速的多参数水质在线检测仪。吕晓惠等为了解决传统分光光度法测量水质中氨氮含量所存在的显色不充分、测量周期长、操作复杂的不足,对分光光度法测试常见异常进行了分析,针对性地提出了优化方案。

2.7 土壤含水量监测

随着遥感技术的广泛应用,利用热红外和光学遥感估算土壤含水量的潜力也被认可。

2.7.1 基于热红外成像的土壤水分检测方法

2.7.1.1 原理

在土壤水分检测中,热红外成像可以用来分析土壤表面的温度分布,因为土壤的热特性(如热容量和热传导率)会随着水分含量的变化而变化。通过比较不同区域的热辐射特性,可以间接推断出土壤的水分状况。这种方法是非接触的、快速的,并且可以覆盖大面积的土壤区域,为土壤水分的监测提供了一种有效的手段。

2.7.1.2 国内外研究现状

自1963年Tanner首次发现冠层温度可以作为评价作物水分的有效值指标以来,国内外专家学者便对以冠层温度来指导作物灌溉进行了一系列研究。张文忠等发现土壤含水率对冠层温度有显著影响,土壤含水率越低,水稻冠层温度越高,冠层气温差绝对值越小。Giménez-Gallego等以石榴树为研究对象,利用热红外传感器检测其冠层温度,间接评估作物水分情况。Bertalan等验证了热红外相机与多光谱相机对作物土壤水分预测的准确性,利用RF、ENR、GLM、RLM4种机器学习算法建立模型,结果证明利用RF、ENR算法所建立的模型可有效预测土壤含水率。意大利卡西诺大学使用主动红外热成像法实现了实验室和现场的土壤含水量快速检测。比利时列日大学使用近红外反射光谱法检测土壤有机质含量。这些技术在精度和速率方面具有优势。

对于热红外遥感(3.5~14um)监测反演土壤含水量,一般来说,当与能够提供植被指数的光学传感器协同使用时,其估算精度较高,但反演计算过程中涉及多种复杂的导数,反演解算过程较为烦琐,在研究小范围的土壤含水量情况下不推荐使用该方法,更推荐在大面积情况下使用。

2.7.2 基于光学遥感的土壤水分检测方法

2.7.2.1 原理

利用光学遥感技术在测量土壤水分时,涉及光电技术,光学遥感技术通过分析地表反射或发射的光波(通常是可见光和近红外波段)来获取信息。这些光波与地表特征,包括植被、土壤湿度等相互作用,通过测量这些光波的反射率或辐射强度,可以间接地估算土壤水分,即反射率法。

2.7.2.2 国内外研究现状

高光谱分辨率的光学遥感(40~2500nm),通常称为高光谱遥感(HRS),由于土壤含水量与土壤的高光谱反射率之间的相关性较大,将其与地面、机载和高空传感系统结合使用,可以在不同时空尺度上估算出土壤含水量,因此,HRS被认为是解决上述估计土壤含水量存在空间分辨率低、适用范围小等问题的最有前途的遥感技术之一。近几十年来,已有许多学者结合模型法对土壤含水量与土壤的高光谱反射率之间的关系进行了研究,Bablet 等基于 MARMIT(土壤反射多层辐射传输模型),将土壤反射光谱与土壤含水量以及水膜厚度建立联系,反演得出更高精度的土壤含水量。Gao 等测量了来自江苏省东台东北部潮滩的土壤样品的多角度反射率,基于粒子群优化算法,利用土壤光谱双向反射模型测出土壤表面的光谱特征,并通过引入土壤的等效水膜厚度来反演出更高精度的土壤含水量。虽然许多结合模型的 θ-R 研究方法都获得了不错的结果,但大多数使用的都是经验模型,而在不同的条件下使用经验模型也会产生许多不同的情况,还不能达到稳定的效果。晏红波等对现有的推导土壤含水量与土壤的高光谱反射率之间关系的方法进行了综述,并对它们的潜力和局限性进行了分析。

2.8 冰情监测

在寒冷地区,光电技术还被用于监测河流、湖泊的冰层厚度和冰盖覆盖情况,通过分析光的穿透或反射特性来判断冰情变化。

2.8.1 分布式光纤监测冰情

2.8.1.1 原理

当一束脉冲光注入光纤时,由于光纤中的非晶材料分布不均匀,光纤会对注入的脉冲光进行散射。而背向散射光携带着光纤各处的温度信息,当外界温度发生变化时,会引起背向散射光强度的改变。如果能够将这些散射光收集到,利用时域分析、时域定位的方法,将光纤中光传输的时间与速度相乘就可以知道发生散射点的位置。因此,对于光纤中的任意一点,都可以实现对其的定位和感知,这就是所说的分布式光纤拉曼温度传感原理,基于光纤中的布里渊散射效应,通过测量光纤沿线由覆冰引起的温度和应力变化所导致的布里渊频率偏移,实现对冰情的实时、连续监测。这种方法具有高空间分辨率、抗电磁干扰能力强和适用于长距离监测的特点。

2.8.1.2 国内外研究现状

由于分布式光纤拉曼测温技术具有可以实现长距离的分布式实时监测的优点,国内外学者在这一领域开展了广泛的研究工作。1980 年,Rogers 等首次提出使用偏振态光时域反射技术实现对温度场的分布测量。1981 年,Hartog 等实现了对长100m 的液体光纤的分布式传感,灵敏度为 0.018dB/K。这些成果推动着分布式光纤传感在固态光纤上进行使用。1985 年,Dakin 等使用波长为 900nm 的半导体光源和光电探测器搭建测温系统实现分布式光纤温度传感,测量距离为 1km,温度分辨率为

10℃,空间分辨率为 3m。同年,Hartog 等使用长 1km 的石英光纤在－50~100℃的范围内实现了测温精度为±1K、空间分辨率为 7.5m 的温度测量。这象征着分布式光纤拉曼测温系统的使用成为现实,从此以后,分布式光纤测温系统的研究获得了广泛的关注。

早期的分布式测温系统主要应用于火灾监控、管道监控及其他工业应用。在 1994 年,Hurtig 等将分布式光纤拉曼测温系统应用在裂缝井眼中,用以确定含水裂缝的位置并估算流量。2000 年,Sakaguchi 等对日本东北的澄川地热区进行了测量,用以监测地热井温度随时间的变化过程。2006 年,Selker 等率先将分布式光纤测温系统用于测量日内瓦湖床的温度剖面。此后,分布式光纤拉曼测温系统在水文科学方面得到了广泛的应用。2007 年,Westhoff 等对溪流的温度分布进行了测量,用以建立温度模型计算能量平衡,空间分辨率为 1m。2013 年,Tyler 等对南极冰架以下 800m 的冰层温度进行了测量,空间分辨率为 2.06m。2014 年,Scott 等对南极的麦克默多冰架以下约 600m 的冰层温度进行了测量,空间分辨率为 1m。Su 等对堤坝内部的温度进行测量,用以监测堤坝的渗流速度,空间分辨率为 1m。

然而,由于受到激光器的脉冲宽度较大,光电探测器的响应时间较长或数据采集卡的采样频率不足等,传统的分布式光纤拉曼测温系统的空间分辨率较低,难以实现对湖泊和河流等较浅水文环境的测量,因此王玎睿设计了一种高空间分辨率的分布式光纤拉曼测温系统,对于实现温度剖面的精细化测量具有重要意义。

2.8.2 光学遥感监测

2.8.2.1 原理

光学遥感监测冰川的原理主要基于对冰川表面反射特性的分析。这种方法利用不同地物对太阳光的反射差异来识别和监测冰川,通过获取地表的反射光谱信息,分析冰川与其他地表覆盖物(如植被、水体等)在光谱特征上的差异,从而实现对冰川的识别和监测。

2.8.2.2 国内外研究现状

光学遥感主要通过地物的反射光谱来区分地物,是确定冰盖存在的重要工具。自从 20 世纪 60 年代 Nimbus、TIROS-9 和 ESSA(Environmental Survey Satellite)卫星的发射,基于可见光和近红外波段的光学遥感就开始被应用于对极地海冰进行早期观测,可见光波段对于冰水间的差异有着较高的敏感性,是识别海冰的有效数据源。1970 年美国 NOAA 极轨卫星发射成功,利用可见光和红外通道图像(NOAA/AVHRR)对海冰信息进行提取成为当时的首选方式。1987 年,江仲熙等利用 NOAA 卫星图像在渤海海冰要素测量中展开应用。1999 年发射成功的美国 EOS 计划

TERRA 卫星携带了中分辨成像光谱仪(MODIS)极大丰富了海冰信息的获取能力。

2011 年美国发射了搭载 VIIRS 传感器的新一代对地观测卫星 Suomi NPP,空间分辨率为 370m,继承了搭载于 NOAA 系列卫星以及 Terra 和 Aqua 卫星的对地观测任务。2012 年 Terra 和 Aqua 卫星上的 MODIS 传感器数据由于重访周期短(时间分辨率可达 1d)、单景覆盖范围广,被广泛应用于大型湖泊湖冰物候的监测。2020 年 Landsat 系列和 Sentinel-2A/B 卫星具有更高空间分辨率(部分波段可达 10~30m)、长时间序列的优势,成为研究冰情动态信息的重要手段,但是时间分辨率低(Landsat 系列卫星的重访周期为 16~18d,Sentinel-2 卫星的单星重访周期为 10d),不能逐日监测。随着国产卫星的不断发展,天宫二号、高分系列卫星等也被越来越多地应用于湖冰遥感监测中,GF-1 和 GF-6 卫星的多光谱空间分辨率为 16m,二者结合部分地区的重访周期可达 2~4d。

2.9 断面地形监测

2.9.1 原理

激光雷达可以用于从空中测量河道的宽度和深度,尤其适用于覆盖大范围和难以进入的区域,通过分析从地面反射回来的光信号来创建高精度的地形图。雷达系统从空中发射激光脉冲,这些激光脉冲击中地面并被反射回来,系统通过测量激光脉冲发射和接收的时间差来计算距离。根据这些距离数据,雷达能够生成高精度的三维地形模型。通过雷达生成的三维地形模型,可以准确地识别河岸的位置,从而测量河道的宽度。这种方法特别适用于宽广的河流和难以直接接近的区域。水对激光的吸收和散射会限制激光的穿透能力,但对于浅水区域(比如溪流或浅河),特定类型的雷达能够穿透水面,测量到水下地形。

2.9.2 国内外研究现状

1988 荷兰测量部门就开始从事使用激光扫描测量技术提取地形信息的研究。1999 年日本东京大学进行了地面固定激光扫描系统的集成与实验。2021 年,Teledyne Optech 推出的 CZMIL SuperNova 系统具备卓越测深性能、极高绿色激光点密度和实时处理能力,适用于内陆水环境、海岸带和海岸线基础测绘。中国科学院上海光学精密机械研究所从 1998 年开始,先后研发了 LADM-Ⅰ、LADM-Ⅱ 和 Mapper 5000 三代机载双频激光雷达,完成了从原理样机阶段到产品样机阶段的转化。1998—2002 年,研制成功的第一代机载双频激光雷达(LADM-I),在南海试验中成功获取海底三维地形数据,最大实测深度 50m。2015 年,研制成功的机载双频激光雷达工程样机(Mapper 5000-S)在南海完成试验,获得海陆一体化三维地形数据。2017

年,完成 Mapper 5000 产品定型,优化后的系统在南海获得南海岛礁的三维地形数据,最大实测深度达到 51m,最浅水深达到 0.25m,测深精度为 0.23m(统计水深范围为 7~45m),水平位置精度为 0.26m,海洋测点密度为 1.1m×1.1m,陆地测点密度为 0.25m×0.25m。

3 研发及应用的问题

光电探测技术以其独特的优势,在水利及水文监测中发挥着不可替代的作用,有效提升了水资源管理与保护的效率与科学性。但在应用推广上还不足,主要是在应用中逐步解决信号解析的长期稳定性和适应不同环境的准确度还需要不断提升。

在降雨监测中,难以精确区分雨滴与其他降水粒子(如雪、冰雹等)对光线的影响,在强风、大雾等恶劣天气条件下测量的准确性较低;在水位监测中,激光水位计由于成本相对高、对水面环境要求高等原因,普及率并不高;在流速、流量监测中,仍面临一些挑战,流体中的杂质、气泡等可能干扰激光信号,环境光线、温度变化等因素也可能对光电传感器产生影响;在泥沙浓度监测中,不同地区的泥沙具有不同的物理和化学特性,如粒度分布、密度、颜色等,这些特性可能影响光电传感器的测量效果;在水质监测中,光电传感器长期运行后,会出现性能下降或漂移现象,需要定期进行校准和维护,需要大量水质数据的收集和分析、高效的数据处理系统和算法支持;在土壤含水量监测中,土壤杂质、颗粒大小、颜色等因素可能对光信号产生干扰,影响测量结果的准确性;在冰情监测中,需要深入研究冰层中不同物质(如水、冰晶等)的光谱特性,以确定适合检测的光谱范围,低温、高湿等恶劣环境对光电检测系统的温度适应性和光照稳定性提出了高要求;在断面地形监测中,对精度有极高要求,光电检测技术仍需要不断优化算法和提升传感器测量精度,以满足高精度地形测量的需求。

4 下一步工作建议

深化技术原理与算法优化,进一步深入研究光电探测技术(如光电二极管、光电倍增管、光纤传感器等)在水利监测中的基础物理机制和信号处理算法,针对特定环境(如浑浊水体、夜间低光环境)优化光电探测器的灵敏度和信噪比,验证并优化算法模型,如基于机器学习的信号去噪和异常检测算法,提升数据准确性。拓宽应用场景与监测参数,探索光电探测技术在水质监测、流速与流向监测、水库大坝安全监测等新应用领域上的应用。提升系统集成度与智能化水平,通过集成多种传感器,实现数据自动采集、传输、处理与分析,提高监测效率和决策支持能力,推动光电探测技术与物联网、大数据、云计算等技术的深度融合,构建智能化水利监测系统。

参考文献

［1］李丹勋,禹明忠,王殿常,等. 图像处理技术及其在泥沙运动研究中的应用［J］. 水利水电技术,1999,30(5):20-22.

［2］王鑫,段晓超. 视频监控系统在系留气球中的应用［J］. 计算机光盘软件与应用,2014(23):80-82.

［3］Tauro F, Olivieri G, Petroselli A, et al. Flow monitoring with a camera: a case study on a flood event in the Tiber River［J］. Environmental Monitoring and Assessment, 2016. 118(2):118.

［4］沈懿. 激光多普勒流速测量的初步研究［D］. 长沙:国防科学技术大学,2019.

［5］刘志国. 长江口水体表层泥沙浓度的遥感反演与分析［D］. 上海:华东师范大学,2007.

［6］陈勇,韩震,杨丽君,等. 长江口水体表层悬浮泥沙时空分布对环境演变的响应［J］. 海洋学报,2012,34(1):8.

［7］Markert K, Schmidt C, Griffin R, et al. Historical and Operational Monitoring of Surface Sediments in the Lower Mekong Basin Using Landsat and Google Earth Engine Cloud Computing. Remote Sensing, 2018, 10 (6): 909.

［8］Krupička J, Matoušek V, Picek T, et al. Validation of laser-penetration- and electrical-conductivity-based methods of concentration measurement in flow with intense transport of coarse sediment［J］. EPJ Web of Conferences, 2018, 18002048.

［9］Zordan J, Juez C, Schleiss J A, et al. Image processing and laser measurements for determination of the erosion and deposition of fine sediments by a gravity current［J］. Measurement Science and Technology, 2018, 29(6):065905-065905.

［10］G V J, Ashish P, K S M. Sediment modeling using laboratory-scale rainfall simulator and laser precipitation monitor［J］. Environmental research, 2023, 237 (P1):116859-116859.

［11］郝晓曦,邹帆,邝幸胜. 一种分光光度法实现的多参数水质在线检测仪［J］. 科学技术创新,2024(14):9-12.

［12］吕晓惠,陈亚南,于阗,等. 基于分光光度法的水质中氨氮测试方法优化分析［J］. 山西化工,2023,43(6):62-64.

［13］Taaner C B. Plant temperatures［J］. Agronomy Journal,1963,55(2): 210-211.

［14］张文忠,韩亚东,杜宏绢,等. 水稻开花期冠层温度与土壤水分及产量结构

的关系[J]. 中国水稻科学,2007,21(1):99-102.

[15] Jaime G , D. J G , J. P B , et al. Automatic Crop Canopy Temperature Measurement Using a Low-Cost Image-Based Thermal Sensor：Application in a Pomegranate Orchard under a Permanent Shade Net House[J]. Sensors,2023,23(6):2915-2915.

[16] Bertalan L , Holb I , Pataki A ,et al. UAV-based multispectral and thermal cameras to predict soil water content- A machine learning approach[J]. Comput. Electron. Agric. 2022, 200:107262.

[17] Bablet A V, Jacquemoud P V H, Viallefont－Robinet S, et al. MARMIT: A multilayer radiative transfer model of soil reflectance to estimate surface soil moisture content in the solar domain (400-2500nm)[J]. Remote Sensing of Environment: An Interdisciplinary Journal,2018,217. 1-17.

[18] Gao C,Xu M,Xu H Z Y,et al. Retrieving photometric propertiesand soil moisture content of tidal flats using bidirectional spectralreflectance[J]. Remote Sensing,2021,13(7) : 1402.

[19] 晏红波,韦晚秋,卢献健,等.基于高光谱特征的土壤含水量遥感反演方法综述[J].自然资源遥感,2022,34(02):1-9.

[20] Rogers A J. Polarisation optical time domain reflectometry[J]. Electronics Letters, 1980, 16(13): 489.

[21] Hartog A H, Payne D N. Remote measurement of temperature distribution using an optical fibre[C]. Cannes：University of Southampton, 1982：215-220.

[22] Dakin J P, Pratt D J, Bibby G W, et al. Distributed optical fibre Raman temperature sensor using a semiconductor light source and detector[J]. Electronics Letters,1985, 21(13): 569.

[23] Hartog A H . A distributed temperature sensor based on liquid-core optical fibers[J]. Lightwave Technology Journal of,1983, 1(3):498-509.

[24] Hurtig E, Großwig S, Jobmann M, et al. Fibre-optic temperature measurements in shallow boreholes：experimental application for fluid logging[J]. Geothermics, 1994, 23(4): 355-364.

[25] Sakaguchi K, Matsushima N. Temperature logging by the distributed temperature sensing technique during injection tests[C]. Tohoku：Mendeley, 2000：1657-1661.

[26] Selker S J ,Thévenaz L ,Huwald H , et al. Distributed fiber - optic tem-

perature sensing for hydrologic systems［J］. Water Resources Research，2006，42（12）：12202-1-12202-8.

［27］Westhoff M C，Savenije H H G，Luxemburg W M J，et al. A distributed stream temperature model using high resolution temperature observations［J］. Hydrology and Earth System Sciences，2007，4（1）：125-149.

［28］Tyler S W，Holland D M，Zagorodnov V，et al. Using distributed temperature sensors to monitor an Antarctic ice shelf and sub-ice-shelf cavity［J］. Journal of Glaciology，2013，59（215）：583-591.

［29］Kobs S，Holland D M，Zagorodnov V，et al. Novel monitoring of Antarctic ice shelf basal melting using a fiber-optic distributed temperature sensing mooring［J］. Geophysical Research Letters，2014，41（19）：6779-6786.

［30］Su K . Slope Stability Analysis of Levee［J］. IOP Conference Series：Earth and Environmental Science，2020，474（6）：062023.

［31］王玎睿. 可用于冰情监测的分布式光纤拉曼测温系统设计及应用［D］. 太原理工大学，2021. DOI：10.27352/d. cnki. gylgu. 2021. 001316.

［32］江仲熙，温令平. NOAA 卫星图象在渤海海冰要素测量中的应用［J］. 水道港口，1987(02)：3-9.

自标定式图像测流系统应用研究

陈　诚[1]　王海鹏[1]　杨明强[2]　王　璐[2]　胡　璟[3]　李子阳[1]　缪张华[1]

(1. 南京水利科学研究院，江苏南京　210029;

2. 南京市三汊河河口闸管理处，江苏南京　210036;

3. 江苏省洪泽湖水利工程管理处，江苏淮安　223199)

摘　要: 基于智能图像测流技术,研制了自标定式图像测流系统。该系统使用雷达智能摄像机,在采集水流运动图像时同步测量水位,并自动获取摄像机姿态数据,基于摄像机成像模型自动完成摄像机标定,无需专门设置标定点,便可实现自标定式图像测流,应用该系统可实现表面流速和水位的同步实时在线监测。

关键词: 自标定;图像测流;水位监测

1　前言

天然河道水流通常流速快、含沙量高、漂浮杂物多,极易造成仪器损毁并威胁人身安全,常导致传统接触式测流方案无法开展布置或仪器不能正常施测。近年来,非接触式测流技术在传感器及嵌入式技术的推动下取得了长足进步。但雷达式测流仪器等非接触式测量仪器在高洪期河道水流监测中仍存在测验适宜性弱、精度稳定性低、施测安全性差与测量结果不直观等问题。随着水利信息化的发展和网络视频监控系统的普及,水利视频监控系统正逐渐成为河流、水库、灌区、闸坝等水文观测站的标准配置,为图像法测流系统的构建提供了有利条件[1]。

粒子图像测速(Particle Image Velocimetry,PIV)是一种定量的流动显示技术。

基金项目:南京市水务科技项目(202306)、国家重点研发计划项目(2021YFB3900603)。

作者简介:陈诚(1982—　),男,博士,正高级工程师,主要从事智慧水利及智能航运研究。E-mail: cchen@nhri. cn。

它将跟随性和光散射性良好的近似无扰示踪粒子布撒到被测流体中,以局部粒子微团的运动状态代表局部流体的运动状态,采用图像分析技术估计微团或单个粒子在两次曝光流场图像中的位移,除以曝光的时间间隔便得出速度矢量,从而获得分析区域内局部流体的运动规律,极大地提高了实验室环境下对各种复杂流动的测量能力[2]。20 世纪 90 年代,Fujita 等[3]首先提出了将 PIV 技术改进用于大尺度水面流场观测的设想,并成功将其用于洪水流量测量。该技术被称为大尺度粒子图像测速(Largescale Particle Image Velocimetry,LSPIV),不仅被用于实验室条件下明渠紊动特性和时均特性的研究,在高洪期及浅水低流速等极端现场条件下河道水流监测中也得到了广泛应用[4-8]。

在河流现场应用中,LSPIV 能够以植物碎片、泡沫等天然水面漂浮物为水流示踪物,以自然光代替激光片光,以普通数码相机或视频摄像机代替高帧频工业相机,简化硬件系统的配置。特别地,由于通常是在河岸上以一个倾斜于待测水面的视角对大面积区域进行拍摄,因此需要设置地面标定点实现流场定标。由于现场安装条件往往较为复杂甚至危险,研究简单快捷的自标定方法,将显著提升图像测流系统的适用性。

2 测流系统组成

测流系统主要包括雷达智能摄像机、太阳能供电系统与远程传输系统。雷达智能摄像机可同步采集水流运动图像和水位,太阳能供电系统保障野外设备用电,远程传输系统可将图像和水位数据远程传输到客户端(图 1)。

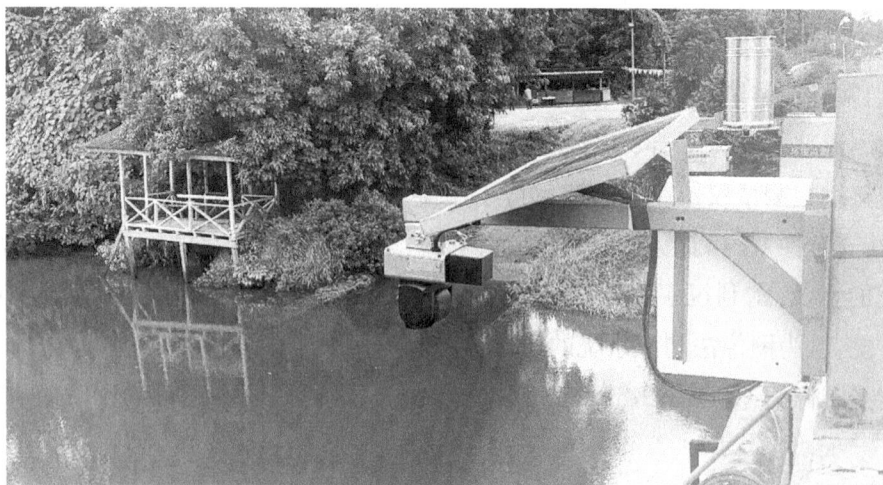

图 1　测流系统

3 自标定原理

采用智能图像处理算法定位出运动目标图像坐标后,将任意角度的摄像机拍摄的图像坐标转换为实际坐标(图 2),采用相机成像模型见式(1)。

$$\begin{cases} x=-c\dfrac{a_{11}(X-X_0)+a_{12}(Y-Y_0)+a_{13}(Z-Z_0)}{a_{31}(X-X_0)+a_{32}(Y-Y_0)+a_{33}(Z-Z_0)}+\delta_x \\[4mm] y=-c\dfrac{a_{21}(X-X_0)+a_{22}(Y-Y_0)+a_{23}(Z-Z_0)}{a_{31}(X-X_0)+a_{32}(Y-Y_0)+a_{33}(Z-Z_0)}+\delta_y \end{cases} \tag{1}$$

式中,x,y——图像上的坐标;

X,Y,Z——实际空间中的坐标;

X_0,Y_0,Z_0——相机的投影中心;

a_{**}变换系数为摄像时的位置和姿势等相关的外部标定参数,可由摄像头姿态数据确定(ω,Φ,k),从而实现不使用地面控制点的相机外参数标定。其计算方法见式(2)。

$$a_{**}=\begin{pmatrix} a_{11} & a_{12} & a_{13} \\ a_{21} & a_{22} & a_{23} \\ a_{31} & a_{32} & a_{33} \end{pmatrix}=\begin{pmatrix} 1 & 0 & 0 \\ 0 & \cos\omega & -\sin\omega \\ 0 & \sin\omega & \cos\omega \end{pmatrix}\begin{pmatrix} \cos\Phi & 0 & \sin\Phi \\ 0 & 1 & 0 \\ -\sin\Phi & 0 & \cos\Phi \end{pmatrix}\begin{pmatrix} \cos k & -\sin k & 0 \\ \sin k & \cos k & 0 \\ 0 & 0 & 1 \end{pmatrix}$$

$$\tag{2}$$

式中,ω,Φ,k——摄像方向的角度;

δ_x,δ_y——针孔模型与实际光学系统的差,被称为镜头畸变,采用基本的畸变模型见式(3)。

$$\begin{cases} \delta_x=dr^2x \\ \delta_y=dr^2y \\ r^2=\sqrt{x^2+y^2} \end{cases} \tag{3}$$

式中,系数 d——由光学系统确定的系数,被称为内部标定参数,可以直接用标定板在室内标定。

(X_0,Y_0,Z_0)可由 RTK 传感器精准定位,雷达传感器可直接测得 H,成像模型中代入 $Z=H$,就可以根据图像上任意点的(x,y),直接计算出相对应的世界坐标(X,Y,Z)。

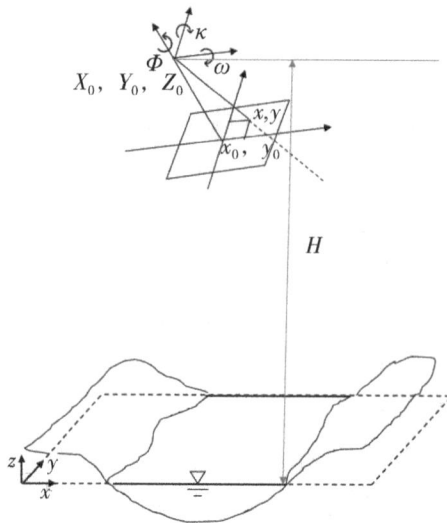

图 2　摄像机参数标定

4　现场应用

　　将该系统应用于潮汐河流,固定安装在桥上中心位置,拍摄河流主流区域(图 3)。

　　系统实时监测水位并拍摄漂浮物运动图像(图 4)。通过智能图像处理算法,去除光环境干扰,并采用自标定方法,自动识别并计算漂浮物运动速度,可测得表面流场分布(图 5)。

　　结合 ADCP 测量断面及流速分布(图 6),将本系统表面流场数据与 ADCP 表层数据进行对比分析,误差在 5% 以内。通过标定断

图 3　现场安装

面表面流速与断面平均流速之间的转换关系,然后进行流量积分,从而可以测得河流潮汐水位及流量过程(图 7),其中在缺少漂浮物等情况下数据标识为零。在缺少漂浮物等情况下,可以用水面纹理代替漂浮物作为示踪。目前在流速较大或漂浮物较多情况下可以取得较好的测量效果,但在流速较小情况下水面纹理不明显,而且受风力影响较大。

图 4　漂浮物运动图像

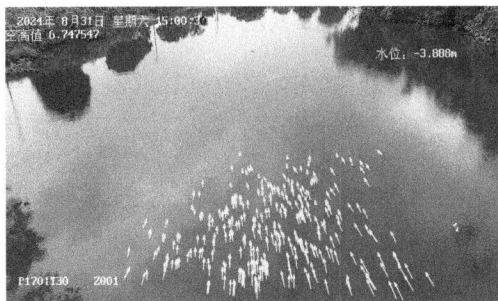

图 5　表面流场分布

地球坐标流速峰值（相对于：底跟踪）/（m/s）
—河底深度　　　—表层深度　　　—底层深度

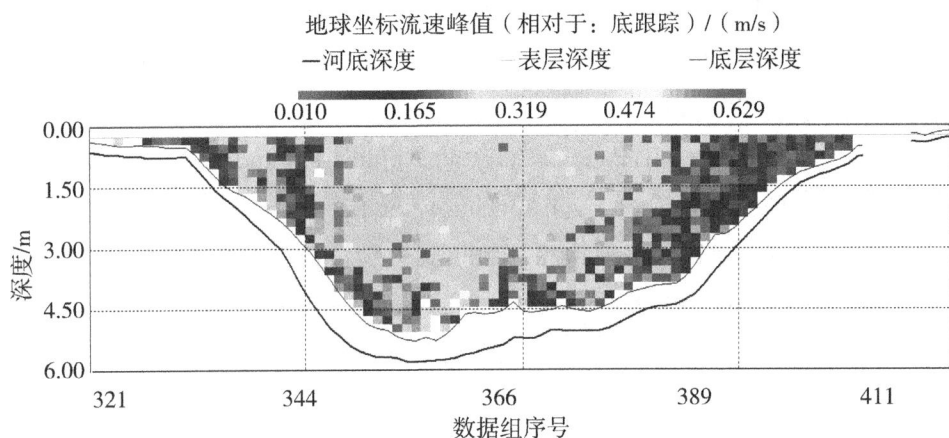

图 6　ADCP 测量结果

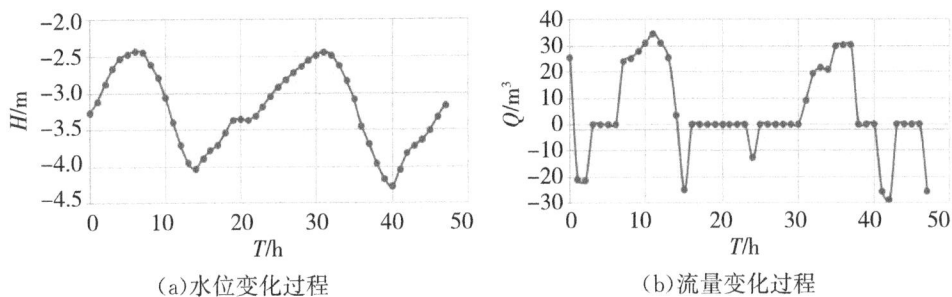

(a)水位变化过程　　(b)流量变化过程

图 7　水位及流量过程

5　结论

①研制了自标定式图像测流系统,使用雷达智能摄像机,基于自标定式图像测流技术,可进行表面流速和水位的同步实时在线监测。

②与传统图像测流方法相比,本文所用方法无需专门布设标定点,可大幅减化图像测流的复杂度。

③如何解决水面漂浮物或纹理缺失、风力影响、暴雨等复杂条件对图像测流的影

响,需要进一步深入的研究。

参考文献

［1］ 张振,徐枫,王鑫,等.河流水面成像测速研究进展［J］.仪器仪表学报,2015,36(7):1441-1448.

［2］ Adrian R J. Twenty years of particle image velocimetry［J］. Experiments in Fluids,2005,39（2）:159-169.

［3］ Fujita I,Muste M,Kruge R A. Large-scale particle image velocimetry for flow analysis in hydraulic engineering applications［J］. Journal of Hydraulic Research,1998,36(3):397-414.

［4］ Jodeau M,Hauet A,Paquier A,et al. Application and evaluation of LS-PIV technique for the monitoring of river surface velocities in high flow conditions［J］. Flow Measurement and Instrumentation,2008,19(2):117-127.

［5］ Le Coz J,Hauet A,Pierrefeu G,et al. Performance of image-based velocimetry （LSPIV） applied to flash-flood discharge measurements in Mediterranean rivers［J］. Journal of Hydrology,2010,394(1):42-52.

［6］ Dobson D W,Holland K T,Calantoni J. Fast,large-scale,particle image velocimetry-based estimations of river surface velocity［J］. Computers & Geosciences,2014,70:35-43.

［7］ Muste M, Fujita I, Hauet A. Large-scale particle image velocimetry for measurements in riverine environments［J］. Water Resources Research，2008，44:1-14.

［8］ Fujita I, Hino T. Unseeded and seeded PIV measurements of river flows videotaped from a helicopter［J］. Journal of Visualization，2003，6(3):245-252.

瞬变电磁法探测设施在北疆高寒地区 大型渠道应用实践及认识

吐妮莎·巴达洪[1]　杨　伟[2]　徐进忠[1]　陈志学[2]

(1. 新疆水发水务集团有限公司,新疆乌鲁木齐　830000;

2. 长江科学院水力学研究所,湖北武汉　430010)

摘　要:大型渠道隐患探测具有线路长、探测任务重、隐患规模小、内部隐患探测困难等特点。采用瞬变电磁法开展渠道隐患探测工作,对不同渠道隐患模型的响应效果较好;现场实测验证了瞬变电磁法对渠道中的低阻体敏感,对不同形态的低阻异常体探测效果均较好。采用瞬变电磁法探查是进行大型渠道隐患快速普查的有效途径。

关键词:渠道;瞬变电磁法;渠道隐患;探测效果

1　前言

大型渠道在一般情况下引水线路较长,且需充分利用地形,多数渠道半挖半填,也有长距离高填方、高挖方渠段。这些渠段结构较复杂,随运行年代加长或高水位持续运行,普遍存在边坡变形、沉降、裂缝,甚至出现渗漏通道等,容易造成渠堤渗水,不但造成水量损失,严重时可能危及渠道工程安全。根据现场情况探测渠道堤坡状况,快速研判对渠道堤坡的安全影响,对及时消除渠道渗漏隐患具有重要的指导意义,这是现代水利工程需要解决的重要技术难题之一。北疆高寒地区大型渠道穿越戈壁,渠堤材料主要为戈壁料,内衬混凝土六面板或整浇混凝土面板,基本在气温较高时输

此成果由新疆水利发展投资(集团)有限公司资助(JWYX46/2022)。

作者简介:吐妮莎·巴达洪(1973—　),女,新疆人,双学士,高级工程师,长期从事调水工程调度运行管理工作。Email:1908094570@qq.com。

水运行,在低温时停水维修养护,受运行条件及气候影响更易出现渗漏隐患。

渠道隐患探测有特有的难点,一是渠道线路长,探测工作任务重;二是渠道存在的隐患规模一般较小,渠道隐患产生的物化属性随渠道运行状态具有转换多变性,输水期渠道隐患明显,而停水期无法探测到渠道隐患。另外,目前的渠道隐患探测多以人工探视为主的静态探测,探测效率低,精度不高,对渠道隐患的探测效果较差,快速发现、反应能力差。

瞬变电磁法(Transient Electromagnetic,TEM)利用一个不接地的回线向地下发射脉冲电磁波作为激发场源(称为"一次场"),探测目标体在激发场源的作用下,其内部会产生感应涡流。这种涡流与目标体的空间特征和电性特征有关,而且因为热损耗会逐渐减弱直至消失。通过观测这种涡流产生的电磁场(称为"二次场")的强弱、空间分布特性和时间特性,达到在时间上由早到晚、深度上由浅到深的勘探目的,从而解决有关工程探测问题。无病害及隐患渠道渠堤电阻率较高,一旦有水侵入或出现空腔等隐患电阻率则较低,针对这一物理特性,北疆工程采用瞬变电磁法开展渠道渗漏隐患探测工作,进行了正反演数值模拟计算,得到了多种渠道异常体的瞬变电磁响应,分析瞬变电磁法对各种渠道隐患的探测效果,并由此加深了瞬变电磁探测在北疆高寒地区大型渠道应用方面的实践及认识。

2 瞬变电磁法技术要点

瞬变电磁法具有探测深度大、分辨率高、对低阻体敏感、不受地形起伏影响等优点,已经成为一种重要的地球物理探测方法。渗漏探测设计思路见图1。

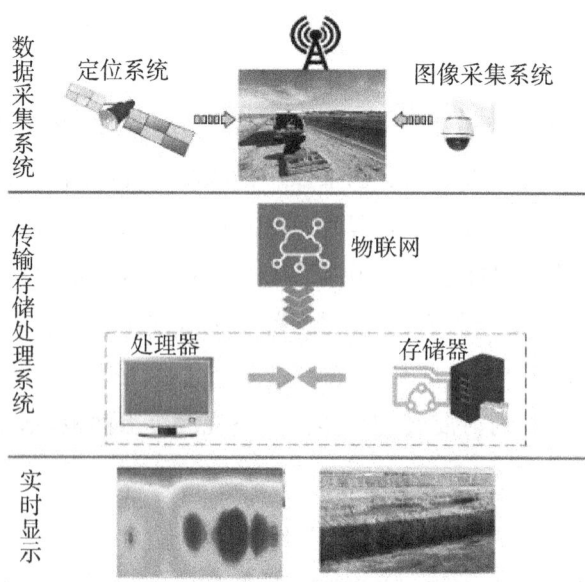

图1 渗漏探测设计思路

2.1 测试设备

采用由美国 Zonge 公司推出的新一代电磁仪——纳米瞬变电磁系统(图2)。该系统是一种适合于 GDP-32 Ⅱ 的快速关断和快速取样的选择方案,能观测到离地表十几米至几百米内地质断面的电性变化。通过对断面电性信息的分析研究,可勘察含水地质构造,如岩溶洞穴与通道、煤矿采空区、深部不规则水体等。该系统具有密集采样功能,等间隔密集采样最多可达 2048 个,适用于各种不同的地质条件和恶劣野外环境。

根据探测渠道渠堤情况,采用边长为 3m 的 3 匝正方形回线配备发射线圈,发射回线紧贴地面,多余的导线呈 S 形摆放,接线头保持离地(图3)。接收回线采用边长为 0.5m 的正方形,接收回线同样为 3 匝,要紧贴地面,接头不能接地,回传信号采用直线引线布置连接到接收机。测量区域为发射线圈面积中心的 1/9 区域,测量点为接收线圈的正中心位置,测量时实际位置与测点误差距离不超过边长的 5%。主机放置在远离各种金属物和电磁干扰的地方。

图2 纳米瞬变电磁系统

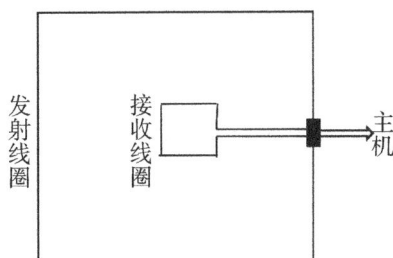

图3 线圈布置示意图

2.2 测试渠堤

所测渠道渠堤为填筑砂石土层构成的近似均质坝体。在正常情况下,其导电性能差异呈层状分布,当堤防内部出现如孔洞、裂缝、脱空区、不密实层等缺陷时,该部位导电特性将会发生明显变化。根据《堤防隐患探测规程》(SL/T 436—2023)和以往的工作经验,上述介质电性差异明显,本次探测涉及的堤坝介质物性参数见表1。

表1 堤坝介质物性参数

地下介质类型	视电阻率/(Ω·m)
空气	$+\infty$
黏土	$1\sim200$

地下介质类型	视电阻率/(Ω·m)
含水黏土	0.2～10
砂岩	10～1000
泥岩	10～100
河水	0.1～100
空洞、脱空、不密实	与周围围岩相比,明显升高

2.3 测线布设

根据渠道渠堤渗漏情况,布置 1～2 条测线。布置 1 条测线在堤顶中线,布置 2 条测线在堤顶中线左右各 1.0～1.5m。接收线框中心位于测线中心线上,在开展工作前进行平行试验。试验结果表明仪器正常,采用 2A 供电电流和 16 叠加次数可满足本探测要求。

2.4 快速探测

快速探测,就需要采用可实现连续不间断探测及采集的设备,瞬变电磁法正可实现这一目标。主机可放置在小型汽车后备箱、移动小车尾部等位置,自动记录探测距离与数据(图 4),一般探测速度控制在 3～5km/h,以取得较好的连续扫测数据。紧急情况下扫测最快可达 8～10km/h,由此可实现快速探测。

(a)小型汽车拖曳探测 　　　(b)移动小车拖曳探测

图 4　快速探测作业现场

2.5 资料处理

本次测量采用 STEMNV 软件对纳米瞬变电磁系统采集的数据进行平滑模型

TEM 反演。平滑模型反演是将瞬变电磁波数据反演为电阻率深度剖面,根据每一点测量的 TEM 振幅数据确定地层模型参数。反复调节各地层的电阻率,直到模拟 TEM 响应尽可能精确与测量数据吻合(图 5)。

数据处理时,先对测点数据进行预处理,包括测量配置和测线注释文件等。开始反演计算前剔除明显的坏道和误差较大的数据道,消除坏道产生的假异常。设置背景模拟权,垂直平滑度权和最大迭代次数。当迭代次数增加,而与观测数据的拟合程度无明显改进或者已经拟合时,程序会自动停止该点的反演过程。设置完成以后,进行地形校正和一维反演,得到视电阻率等值线图。

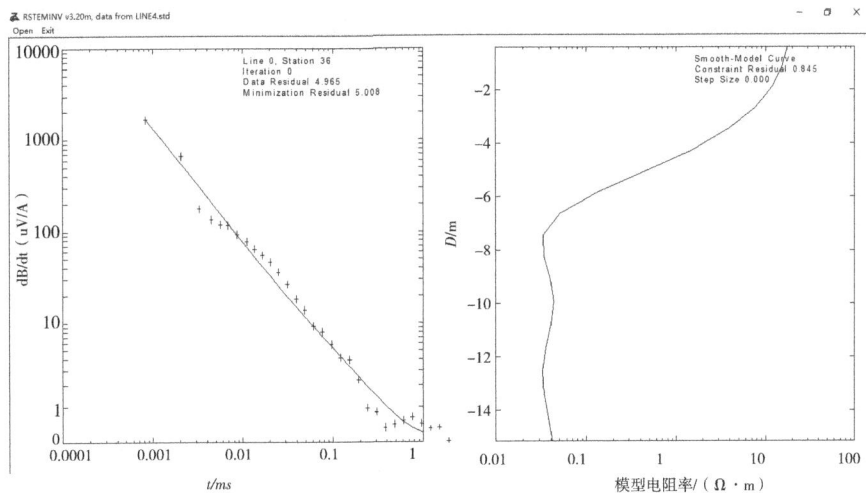

图 5 数据处理界面

3 探测成果

3.1 渗漏点电阻率体现

对渗漏明显位置布置 3 条测线,结合渠堤结构特征,对瞬变电磁波探测结果进行地质解释,推断渗漏位置及范围。渗漏段瞬变电磁测试结果见图 6。

测线 1 存在 4 处低阻异常,分别表现为视电阻率 56~65Ω·m、深度为 11~17m,56~65Ω·m、深度为 9~22m,56~65Ω·m、深度为 11~18m,56~65Ω·m、深度为 13~18m,推测上述区域存在渗漏点。其余区域视电阻率范围为 70~97Ω·m。

测线 2 存在 2 处低阻异常,分别表现为视电阻率 50~60Ω·m、深度为 11~19m,50~60Ω·m、深度为 8~24m,推测上述区域存在渗漏点。其余区域视电阻率范围为 67~95Ω·m。

测线 3 存在 4 处低阻异常,分别表现为视电阻率 $58\sim69\Omega\cdot m$、深度为 $15\sim24m$,$58\sim69\Omega\cdot m$、深度为 $11\sim24m$,$58\sim69\Omega\cdot m$、深度为 $11\sim27m$,$58\sim69\Omega\cdot m$、深度为 $12\sim23m$,推测上述区域存在渗漏点。其余区域视电阻率范围为 $70\sim97\Omega\cdot m$。

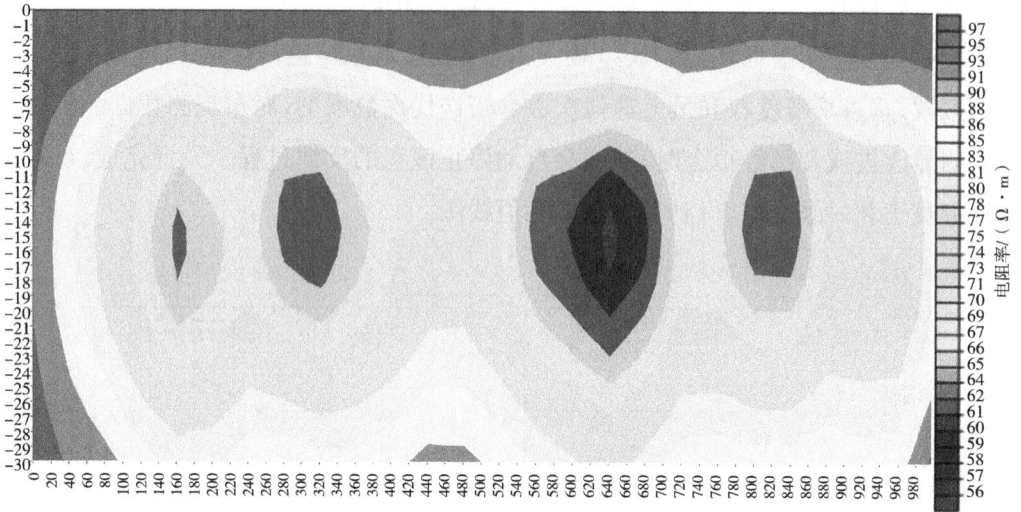

(a)测线 1

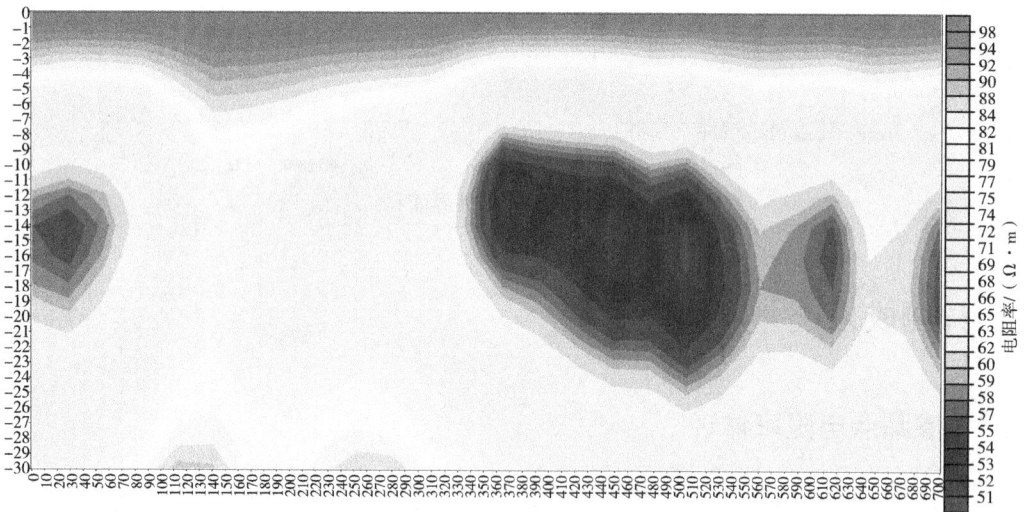

(b)测线 2

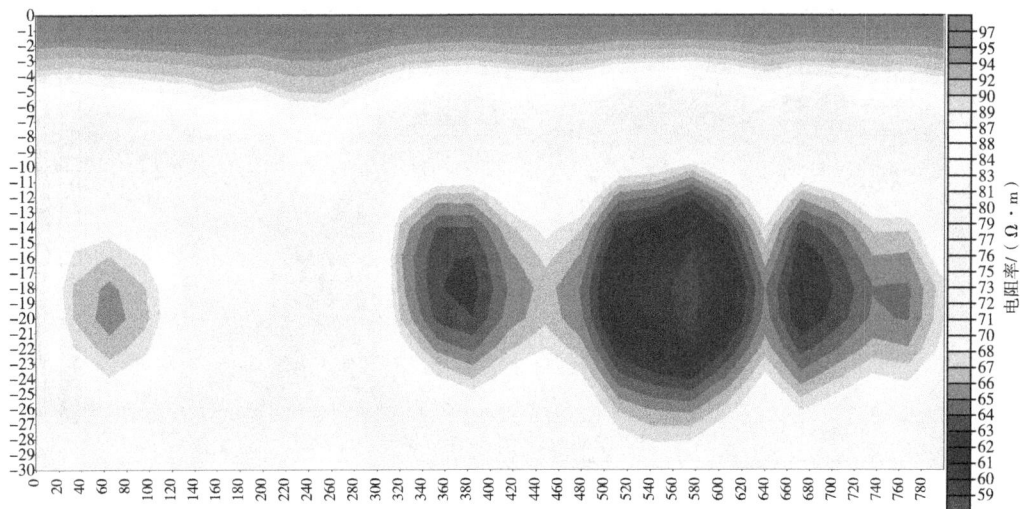

（c）测线 3

图 6　渗漏段瞬变电磁测试结果

3.2　未通水时电阻率体现

对比了同渠段未通水与通水后渠堤渗漏探测电阻率（图 7），其中图 7(a)为未通水状态，图 7(b)为通水后状态。未通水时渠堤渗漏探测视电阻率在 90Ω·m 以上，而通水后渠堤渗漏部位视电阻率范围为 44～66Ω·m，从而也反映了探测渗漏的可靠性。

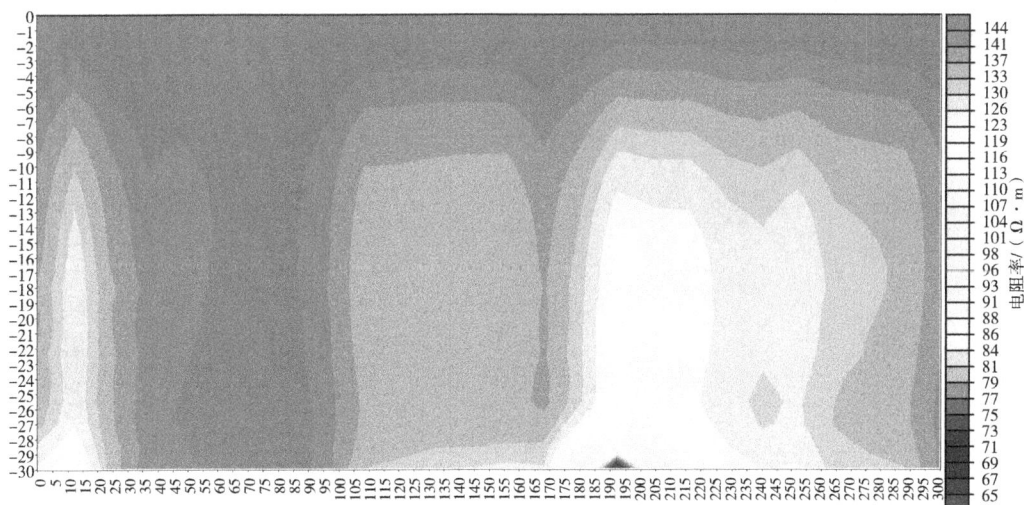

（a）未通水

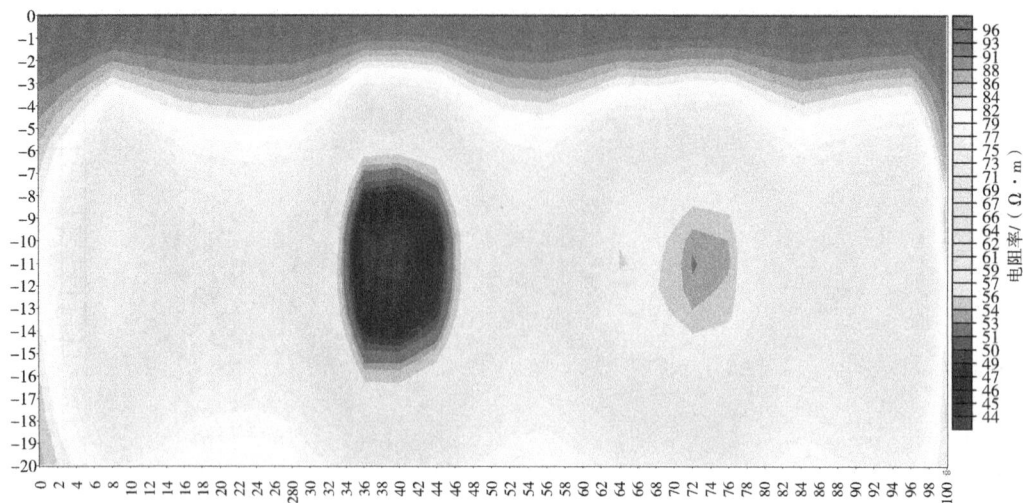

（b）通水后

图7　渗漏段未通水与通水后瞬变电磁测试结果

3.3　防渗处理效果电阻率体现

对比了同渠段采取长距离全断面防渗处理后渠堤渗漏探测电阻率（图8），全断面防渗处理后渠堤渗漏探测视电阻率范围为 $70\sim92\Omega\cdot m$，渠堤处于干燥状态；而测段 $0\sim8m$ 部位存在 $40\sim66\Omega\cdot m$ 低视电阻率区，此为全断面防渗处理起始端，有绕渗影响，由此可用来评判维修工程效果。

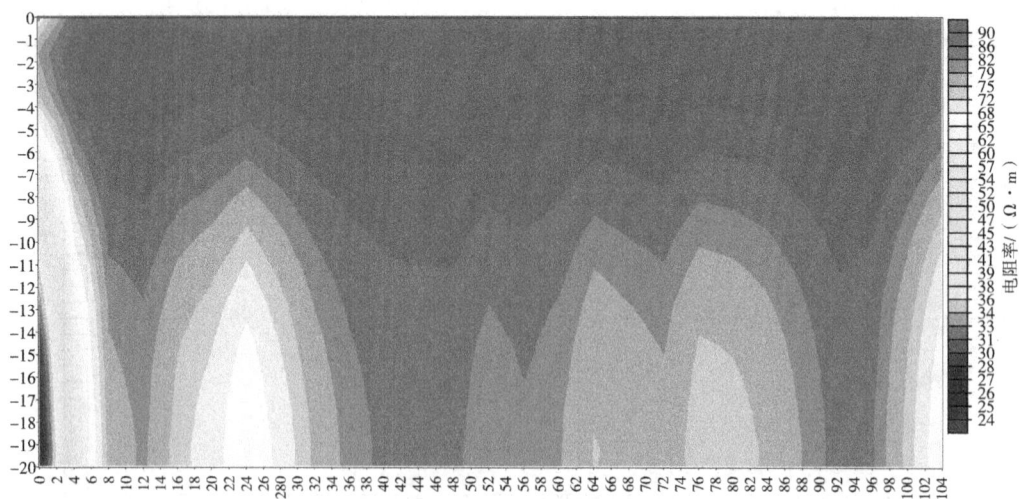

图8　全断面防渗处理后瞬变电磁测试结果

4 结论

北疆工程采用瞬变电磁法开展渠道渗漏隐患探测工作,探测数据与现场实际渗漏情况高度一致;通过探测,可以快速查明北疆供水工程渠道渗漏通道分布情况,结合对渗漏通道分布特征分析,可推测出渗漏点区域位置及范围,对及时发现渠堤安全隐患有很好的实践效果。

由于渠堤是非均匀物质,探测推算的潜水面深度、含水率等指标与实际存在差别,通过大量数据校核验证,可提高数据的准确度。

参考文献

[1] Kuo J T,Cho D H. Transient time-domain ele-ctromagnetic[J]. Geophysics,1980,45(2):271-291.

[2] Gupta P K,Bennett L A,Raiche A E. Hybrid calculations electromagnetic of the response three-dimensional of buried conductors[J]. Geophysics,1987,52(3):301-306.

[3] Gupta P K,Raiche A P, Sugeng F. Three-dimensional time-domain electromagnetic modelling using a compact finite-element frequency-stepping method[J] Geophysical International,1989,96(3):457-468.

[4] Guptasarma D,Singh B. New digital linear filters for Hankel J0 and J1 tranforms[J]. Geophysical Prospecting,1997,45(5):745-762.

[5] Um E S, Harris J M, David L,et al. 3D time-domain simulation of electromagnetic diffusion phenomena:A finite-element electric-field approach[J]. Geophysics,2010,75(4):115-126.

[6] 李建慧,胡祥云,曾思红,等. 基于电场 Helmh-oltz 方程的回线源瞬变电磁法三维正演[J]. 地球物理学报,2013,56(12):4256-4267.

[7] 张博,殷长春,刘云鹤,等. 起伏地表频域、时域航空电磁系统三维正演模拟研究[J].地球物理学报,2016,59(4):1506-1520.

[8] 任秀艳. 基于有限体积法时间域航空电磁三维正反演研究[D].长春:吉林大学,2018.

[9] 张莹莹. 地空瞬变电磁法逆合成孔径成像方法研究[D].西安:长安大学,2016.

第三部分

大坝堤防技术

钠离子示踪试验在水库渗漏探测中的应用

赵文波[1,2]　杨玉波[1,2]　李春风[1,2]　李宗淇[1,2]

(1. 中国水利水电科学研究院,北京　100048;

2. 北京中水科工程集团有限公司,北京　100048)

摘　要:水库渗漏是常见的病险问题,在水库运行过程中出现渗漏现象,可能会影响正常蓄水和水库效益,严重时还会威胁其结构安全和防洪安全。本文针对新疆某中型水库大坝渗漏问题,采用钠离子示踪试验方法对该水库渗漏位置进行探测,旨在为水库渗漏的正确处理和治理提供科学的依据。

关键词:示踪试验;钠离子;渗漏;渗漏探测

1　前言

水库是流域防洪工程体系的重要组成部分,同时也是国家水网的重要结点,在防洪、供水、发电、生态、航运等方面发挥着不可替代的作用。我国现有水库约 9.8 万座,是世界上水库大坝最多的国家。其中,80% 以上的水库修建于 20 世纪 50—70 年代,病险水库多,土石坝多,安全管理任务十分艰巨。从现有的病险水库看,渗漏是共有的主要问题,对病险水库进行除险加固首先要解决的就是水库渗漏,因此查清渗漏原因是治理病险水库的关键。目前,在我国的水库渗漏探测工作中,示踪法是应用较为广泛的探测方法,其主要利用地下水的化学成分、物理性质等,通过选用适宜的示踪剂进行地下水示踪试验。在查明库区和周围地区的地质、水文地质情况的基础上,运用示踪技术在含水层渗透段的上游投入适当的示踪剂,在被检测部位下游的检测点采取地下水进行示踪剂成分连续检测,根据检测数据分析确定被检测部位地下水

作者简介:赵文波(1967—　),男,湖北荆州人,学士,高级工程师,主要从事水利工程检测与评价工作。E-mail:yangyb@iwhr.com。

的连通性,能够为水库防渗处理的顺利开展提供科学合理的依据。

2 工程概况

2.1 工程布置

工程位于新疆喀什,是一座低闸坝、长隧洞、高水头引水式电站,主要任务是发电。枢纽工程主要由首部拦河闸坝、引水系统、岸边式地面厂房三部分组成。工程等别为三等,工程规模为中型,永久性主要建筑物——首部拦河闸坝、引水系统及发电厂房建筑物为一级,次要建筑物为四级。

拦河坝坝基为深厚砂卵砾石覆盖层,坝体防渗采用复合土工膜斜墙防渗体。防渗复合土工膜布置在坝体上游,材料为二布一膜,其顶部与防浪墙紧密连接,下端与上游水平防渗铺盖复合土工膜相连,水平铺盖长110m。坝体复合土工膜之上设浆砌石护坡、砂砾料和细粒砂砾石垫层,共计2.5m厚;在复合土工膜下铺设30cm厚细粒砂砾石垫层。下游坝坡采用30cm厚的干砌石护坡。坝顶上游侧设钢筋混凝土防浪墙,墙顶高出坝顶1.2m,墙体深入坝体1.3m,下部与坝体防渗复合土工膜相接,形成坝体防渗和防浪体系。泄洪排沙闸右侧沿砂砾石拦河坝上下游均设置挡土墙,下游左侧设置挡土墙,最大墙高18.2m。闸前水平铺盖上游端与拦河坝上游铺盖齐平,水平铺盖长130m。闸前复合土工膜防渗铺盖结构与拦河坝前相同,并与其连接。护坦和防冲槽下部设置反滤排水进行保护。

2.2 工程地质条件

库区地貌为高山峡谷,为"U"形谷,两岸基岩裸露,岸坡陡峻,坡度一般为50°～75°,多有陡崖分布,仅坡脚分布有松散堆积物。库区左岸发育有一条较大冲沟,1号沟(协力波斯沟)距上坝址轴线约700m,常年流水,沟口分布有较大的洪积扇。

库区地层主要由元古界变质岩(Ptkgn)及第四系松散堆积物组成,由老到新分别为元古界变质岩(Ptkgn)、第四系松散堆积物(Q),第四系地层主要分布在河床、沟谷和坡脚,依其成因、时代可分为:上更新统冲积、冰水沉积层(Q_3^{al+fgl})、冲积层(Q_4^{al})、泥石流堆积物(Q_4^{sef})、坡积(Q_4^{dl})、崩坡积层(Q_4^{dl+col})。

库区地下水类型主要为基岩裂隙潜水和第四系孔隙潜水。基岩裂隙潜水主要受高山冰雪融水补给,多以泉水或以潜流的形式向河谷排泄。第四系孔隙潜水主要赋存于河床砂砾石层中,主要接受基岩裂隙水或上游河水补给,再以泉的形式向河床排泄。

3 渗漏现状

大坝右岸坝脚设置有 1 条平行于坝轴线的排水沟,排水沟沟体为堆石。沟内存在较大渗水,水质清澈;由于排水沟及基础未做防渗,大量渗水通过排水沟沟体直接流向下游。坝纵 0+235.40m、坝纵 0+148.00m、坝纵 0+086.90m 各布置有 1 座量水堰,量水堰内水质清澈,流态稳定,排水沟内渗水部分通过量水堰排至下游。

坝纵 0+255.40m 的右岸坝脚与右岸坝肩边坡连接部位存在 1 处集中出水点,出水量较大,流速较快,渗水方向指向左岸;坝纵 0+173.00m 至坝纵 0+223.00m 的坝脚排水沟上游,存在集中渗漏现象,有一定流速。此外,右岸 0+102.7m 下游坝面与 2733m 平台连接处存在渗水现象,渗流量量级较小,但渗水范围稍大,水平长度超过 10m。

4 现场示踪试验

4.1 试验布置

为验证地下水连通性,确定渗漏位置,为制定下一步处理方案提供依据,采用示踪试验进行渗漏探测。渗漏探测的重点区域是拦河大坝和左、右岸坝肩部位,根据前期探测成果及现场渗漏现状,结合水库坝址区工程地质条件及坝体结构特点,确定示踪剂投注地点。钠离子示踪剂投注点、采集点位置见图 1。

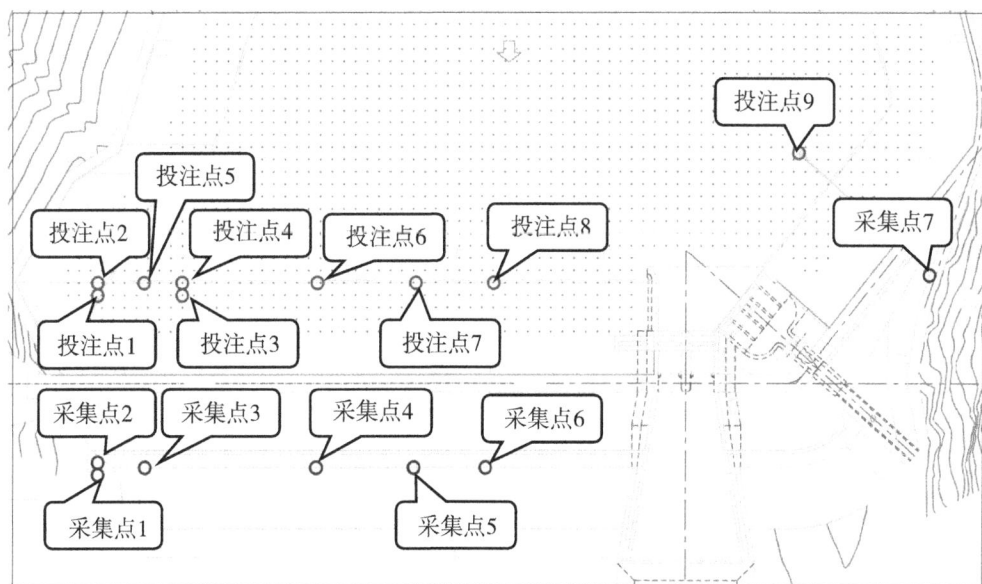

图 1 钠离子示踪剂投注点、采集点位置

确定氯化钠的投注地点后,驾驶投注船舶到指定地点,固定船舶。利用激光测量仪测量投注点坐标,进行现场记录。准备好投注氯化钠,利用专有容器进行稀释,本项目采用 20L 溶液稀释 1000g 氯化钠,溶液浓度为 50000ppm。鉴于水体较深,顺流充灌法效果不理想,钠离子示踪试验采用微型水泵泵入的方式,使用水泵通过连通管直接投注到上游坝体表面。由于直接投注到水库水体,钠离子的扩散较快,本项目设计的每个投注点投注量为氯化钠 20kg。每个投注点的投注时间控制在 20min 完成。现场试验共布置了 9 个投注点(表 1)。

表 1 　　　　　　　　　　　　钠离子示踪剂投注点

投注点编号	坝纵	坝横
1# 投注点	0+255.60	0−032
2# 投注点	0+255.60	0−037
3# 投注点	0+218.80	0−032
4# 投注点	0+218.80	0−037
5# 投注点	0+235.40	0−037
6# 投注点	0+160.00	0−037
7# 投注点	0+117.50	0−037
8# 投注点	0+083.50	0−037
9# 投注点	0−095.30	0−037

4.2　现场测试

测试前测试人员采集了所有采集点(采集点见表 2)未投注氯化钠时的不同时刻的钠离子浓度测量值。钠离子示踪剂采集点位置见图 1,未投注示踪剂时各采集点钠离子浓度曲线见图 2。

表 2 　　　　　　　　　　　　钠离子示踪剂采集点位置

采集点编号	位置
1# 采集点	右岸坝脚与边坡连接处集中出水 1(靠近下游)
2# 采集点	右岸坝脚与边坡连接处集中出水 2(靠近上游)
3# 采集点	3 号量水堰
4# 采集点	右岸下游坝脚排水沟集中渗水点
5# 采集点	2 号量水堰
6# 采集点	1 号量水堰
7# 采集点	左岸检测点

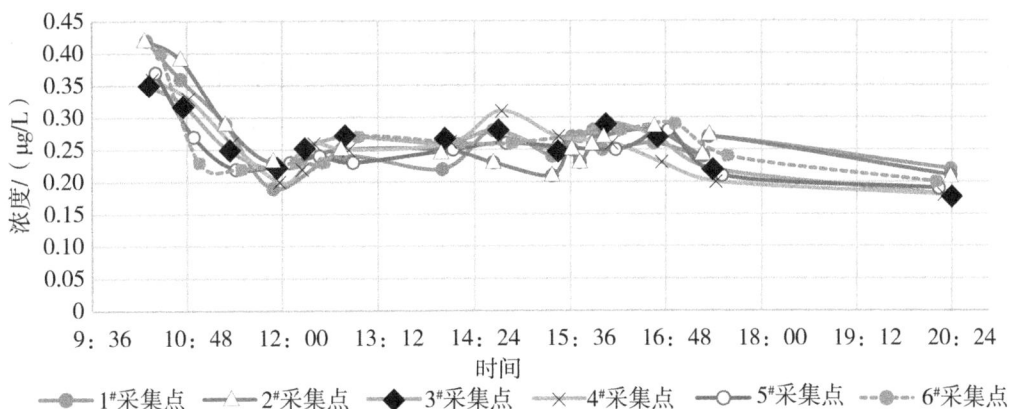

图 2　未投注示踪剂时各采集点钠离子浓度曲线

在项目测试中,每天项目开始测试前利用标准溶液对测量仪进行仪器校核。氯化钠投注后,测试人员分别对各采集点附近水样进行采集,通过便携式钠离子浓度测量仪对样品进行现场测试,并对重点样品进行试样留置,方便事后比对测试。现场测试人员平均 0.5h 进行一次完整的巡测,待数据平稳后巡测频次调整为 1～3h 一次,直到数据完全接近背景值(未投注氯化钠时的测量值),结束各采集点的巡测工作。

通过现场测试结果可知,本区域钠离子浓度背景值为 $0.25\pm0.05\mu g/L$。

5　示踪试验结果分析

$1^{\#}\sim9^{\#}$ 投注点的钠离子浓度曲线见图 3 至图 8。从图中可以看出,由于氯化钠扩散路径和大坝渗漏通道复杂性,存在多条渗流路径叠加的情况,有些投注点出现了多次浓度上升的情况。

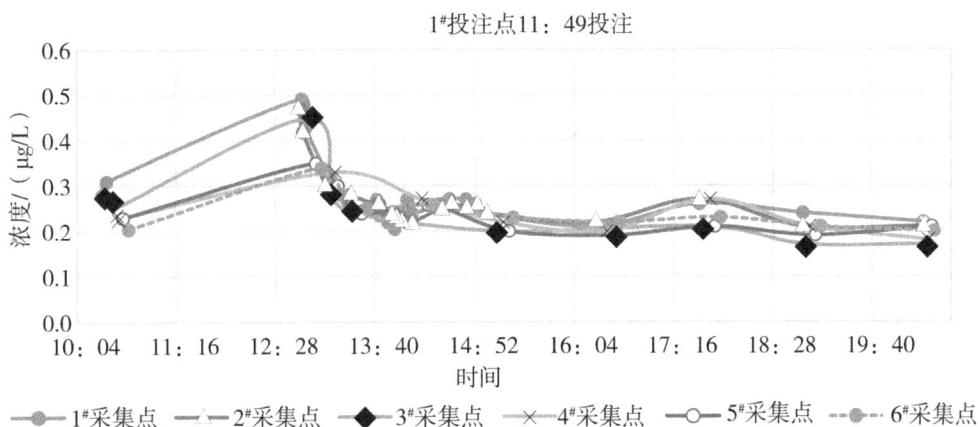

图 3　$1^{\#}$ 投注点钠离子浓度曲线

从图 3 可以看出，1#投注点于 11:49 投注氯化钠后，各采集点钠离子浓度测值在 12:49 左右(约 1h)均出现了跳变，高于本区域钠离子浓度背景值；随后各测值开始逐渐减小，至 13:49 左右(约 2h)均回落至本区域钠离子浓度背景值附近。据此判断，1#投注点(桩号 0+255.60m)上下游连通性较好，可能存在渗漏通道。

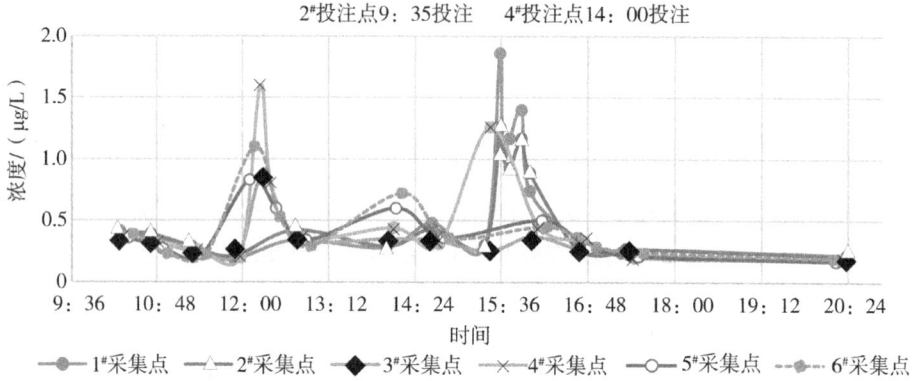

图 4　2#、4#投注点钠离子浓度曲线

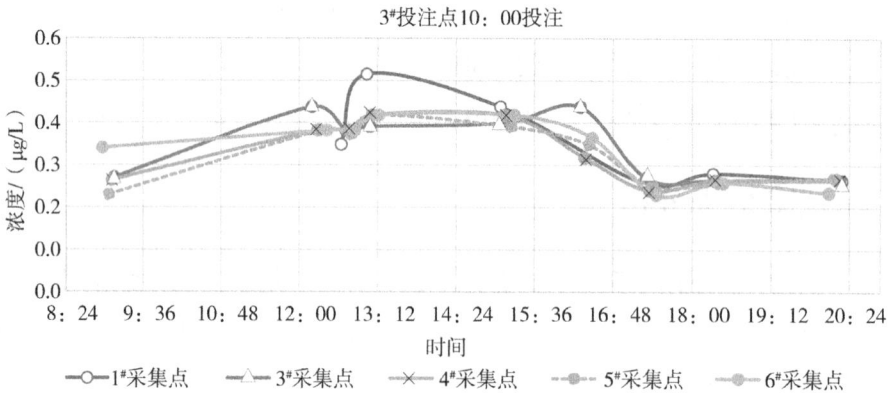

图 5　3#投注点钠离子浓度曲线

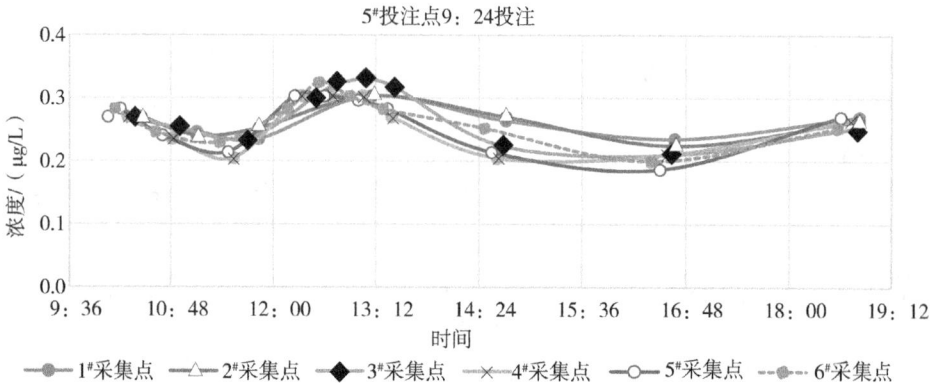

图 6　5#投注点钠离子浓度曲线

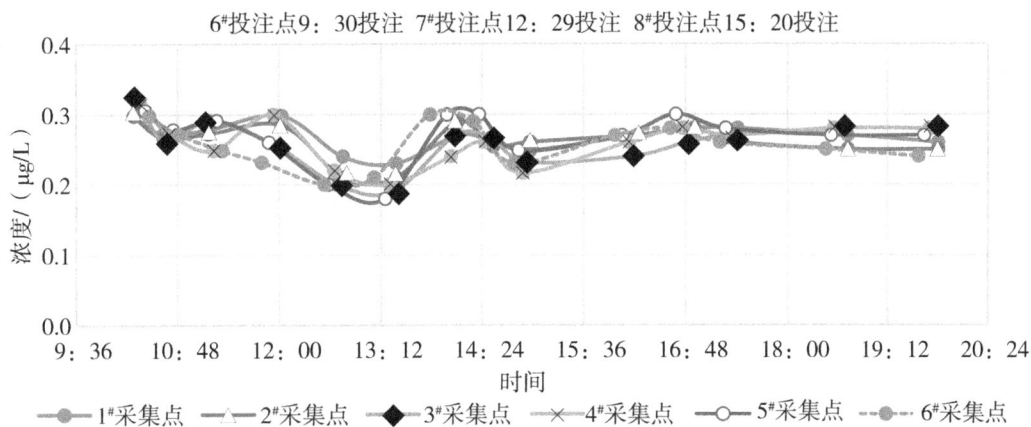

图 7 6#~8# 投注点钠离子浓度曲线

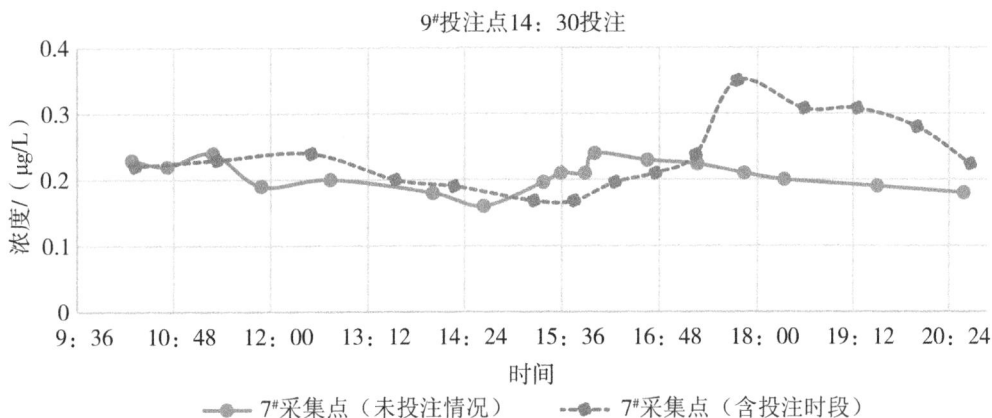

图 8 9# 投注点钠离子浓度曲线

同理可以依次判断其他投注点上下游连通情况。从总体来看,9 个投注点中的 1# 和 2# 投注点(坝纵 0+255.60)、3# 和 4# 投注点(坝纵 0+218.80)、5# 投注点(坝纵 0+235.40)、9# 投注点(坝纵 0-095.30)存在测值异常,6#、7#、8# 投注点没有检测出异常值。其中 1# 和 2#、3# 和 4# 投注点附近测值变化明显。氯化钠投注后,1h 就能够从坝后的检测点检测出明显的氯化钠浓度的明显上升。5#、9# 投注点能够从坝后的检测点检测出氯化钠浓度的上升,5#、9# 投注点氯化钠投注后,从坝后检测点 2.5h 后检测出氯化钠浓度的上升。

6 结论

①结合工程地质条件、监测资料及工程现状分析,桩号 0+255.60m、桩号 0+218.80m、桩号 0+235.40m 和桩号 0-095.30m 上下游连通性较好,可能存在渗漏通道。后期水库泄水放空期间,对钠离子示踪试验的异常区域进行了复核,护坡结构

缝位置可见浅缝,右坝肩附近上游坝坡靠近水面部位还有小股水流从坝体里流出,且3 个量水堰的渗漏水量与库水位有明显的相关性(图 9)。

②桩号 0+255.60m 和桩号 0-095.30m 可能与右岸、左岸绕坝渗流存在一定的相关性。

③从整体渗漏流速看,缓渗区沿水平向分布,河床部位、上游坝面部位暂未发现明显的渗漏点。

④由于渗漏通道复杂,存在多条渗流路径叠加的情况,有些投注点出现了多次浓度上升的情况,且氯化钠浓度上升速度不一,可能与渗流路径长短有关,需要下一阶段结合其他探测手段开展进一步研究。

图 9　水库泄水放空期间现场(对应 1# 投注点即坝纵 0+255.60m 位置)

参考文献

[1] 孙继朝,贾秀梅,刘满杰,等. 地下水示踪技术在水库渗漏勘察中的应用[J]. 现代地质,2009,23(1):144-149.

[2] 王新建,潘纪顺. 堤坝多集中渗漏通道位置温度探测研究[J]. 岩土工程学报,2010,32(11):1800-1805.

[3] 姜光辉,郭芳,汤庆佳,等. 人工示踪技术在岩溶地区水文地质勘察中的应用[J]. 南京大学学报(自然科学版),2016,52(3):503-511.

[4] 黄炯,尹推军. 地下水示踪技术在水库渗漏勘察中的应用[J]. 低碳技术,2017(4):99-100.

[5] 李陟. 基于溶质示踪法的混凝土堆石坝渗漏分析[J]. 东北水利水电,2017,35(2):13-15+71.

[6] 邱辉阳,黄勇,王建平. 示踪技术和水化学分析在水库渗漏勘察中的综合应

用[J]. 勘察科学技术,2017(2):45-50.

　[7] 刘胜,郑克勋,王森林. 连通试验在山区沟谷岩溶水库渗漏勘察中的应用[J]. 水利与建筑工程学报,2022,20(1):108-113.

　[8] 徐庆功. 基于示踪试验的水库渗漏检测应用研究[J]. 水利技术监督,2022(8):54-57+103.

橡胶坝安全检查与检测

李春风　智　斌　刘含漪　王　鹤

(北京中水科工程集团有限公司,北京　100048)

摘　要:橡胶坝作为一种采用橡胶材料制成的防洪和水利调节工程结构,因其具有柔软性、耐磨性、操作灵活、运行与维护费用低等特点,在河道整治、防洪排涝、景观建设等领域得到广泛应用。随着橡胶坝工程数量的增加和使用年限的延长,其安全性和稳定性问题日益凸显,对橡胶坝进行定期检查与检测显得尤为重要。本文采用多种方法对某橡胶坝进行安全检查与检测。

关键词:橡胶坝;检查;检测

1　前言

某橡胶坝建于 2012 年,位于河道上游,橡胶坝型式为水枕式,坝顶高程 89.72m,坝长 30m,坝高 2.5m,坝袋为充水式坝袋,螺栓压板锚固,设计内压比为 1.4。

橡胶坝布置包括上游防冲段、铺盖段、坝身段、消力池段、海漫段及下游防冲段。主要功能是以蓄水营造水面景观,设计功能为非汛期满足河道景观蓄水,橡胶坝充水水源为河道水,泄水方式采用强排和自流相结合,汛期防洪泄洪。

本文采用混凝土回弹法、观察法、无损探伤及现场试验的方法对该橡胶坝混凝土结构、橡胶坝外观、充压管道、机电设备等进行安全检测与评价,为后期开展橡胶坝整体安全评价提供参考依据。

作者简介:李春风(1984—　),男,吉林人,学士,工程师,主要从事水利工程质量检测、检查,水库大坝、闸门安全评价工作。E-mail:licf@iwhr.com。

2 检测内容及结果

2.1 混凝土结构

对橡胶坝泵房墙体混凝土结构物进行了安全检测,检测内容包括回弹仪检测混凝土强度 2 组、混凝土钢筋保护层厚度每个部位抽检 6 个测点,共计检测 12 个测点。检测结果见表 1 和表 2。

表 1　　　　　　　　　　　　混凝土强度检测结果

取样部位	测区混凝土抗压强度换算值/MPa			构件现龄期混凝土强度推定值/MPa
	平均值	标准差	最小值	
泵房墙体(1)	36.9	4.54	27.7	29.4
泵房墙体(2)	36.6	3.30	30.4	31.2
设计要求:C25				

表 2　　　　　　　　　混凝土钢筋保护层厚度及间距检测结果

取样部位	钢筋保护层厚度/mm			钢筋间距/mm	
	实测值 1	实测值 2	平均值	实测值	平均值
泵房墙体(1)	54	53	54	158	151
	60	60	60	148	
	52	53	52	146	
	62	62	62	156	
	56	56	56	154	
	57	56	56	144	
泵房墙体(2)	43	44	44	158	155
	46	46	46	160	
	50	51	50	152	
	38	39	38	162	
	49	50	50	146	
	44	44	44	150	

注:按照《混凝土结构单元工程施工质量验收评定标准》(SL 632—2012)要求,钢筋保护层厚度设计值为 50mm,允许局部偏差为 ±1/4 净保护层厚度;钢筋间距设计值为 150mm,允许偏差为 ±10% 间距。

2.2　橡胶坝外观检查

（1）坝袋的褶皱、破损、老化、磨损、修补情况

坝袋经过长期使用，表面已经出现一定老化龟裂现象，坝袋与两侧岸墙连接部位老化龟裂尤为明显。

（2）坝袋的密封性及内压力变化情况

密封性良好，保压情况良好，暂无释压现象发生，无内泄和外泄现象。充压完毕后，内压力无异常变化。

（3）坝袋锚固结构构件的磨损、松动、锈蚀、腐蚀、劈裂情况

坝袋锚固构件牢固稳定，无异常情况发生，无松动现象。坝袋锚固存在锈蚀现象。

（4）坝袋挡水情况现状

坝袋充压后挡水情况良好，无异常变形和扭曲。达到溢流水位时，坝袋顶部溢流平顺无异常。

（5）坝袋渗漏点普查

坝袋顶部和下游侧均未发现渗漏点。坝袋上游侧因水位较高，暂无法进行迎水面检查。

（6）充排动力设备、管路、充排水（气）口、电气等设备检查

充排动力设备完整，运行状况良好，管路及充排水（气）口未发生堵塞和渗漏情况。电气等设备情况良好，充压电动机和控制设备均运行可靠。

（7）安全溢流装置、排气孔检查

具备可靠的安全溢流装置，状态正常。排气孔检查情况良好，无堵塞。

（8）安全监测配备情况

配套了基本的安全监测设备，水位监测、坝袋压力监测、保护装置监测、视频监测等，设备均可正常使用。

（9）坝袋充压和泄压运行情况

坝袋充压和泄压运行情况良好，能够可靠按照控制要求进行坝袋充压和泄压。

（10）控制系统的安全性和稳定性

控制系统的安全性和稳定性良好，操作控制可靠。表计指示正确。

（11）地下充泄水泵房

地下充泄水泵房结构稳固，无明显破损。泵房内通风设施良好，但照明设施

不足。

（12）坝袋上下游河道外观检查

坝袋上下游河道流态正常,暂未出现河道损毁现象。

（13）坝袋周边岸墙混凝土外观现状

坝袋周边岸墙混凝土外观现状尚可,未发现明显破损、垮塌及明显裂缝。

（14）工程运行管理检查情况

橡胶坝运行管理整体十分规范,常年设有专人值守,能够高效可靠按照要求的调度规程合理投入使用;管理各项规章、制度齐全,制度得到有效落实。坝袋及机电设备整体处于可正常运行状态。

2.3 橡胶坝充压管道安全检测

在橡胶坝充压管道安全检测过程中,对充排动力设备管路焊缝进行了无损探伤,同时对充排动力设备管路进行了锈蚀检测和管道壁厚、蚀余厚度检测。检测结果见表3、表4、表5和图1。

表 3 橡胶坝充排动力设备管路锈蚀和钢管壁厚检测结果

检测部位	管路壁厚检测数据/mm					均值	最小蚀余厚度
	实测值						
管路测点 1	4.56	4.60	4.60	4.51	4.56	4.57	4.51
管路测点 2	4.64	4.66	4.64	4.81	4.86	4.72	4.64
管路测点 3	6.90	6.98	6.94	6.90	6.94	6.93	6.90
管路测点 4	6.77	6.81	6.86	6.81	6.77	6.80	6.77
管路测点 5	7.11	7.15	7.11	7.19	7.15	7.14	7.11
管路测点 6	4.81	4.91	4.81	4.77	4.81	4.82	4.77
管路测点 7	7.07	7.03	6.98	7.03	6.98	7.02	6.98

表 4 橡胶坝充排动力设备管路焊缝无损探伤检测结果

探伤部位	检验结果			
	焊缝编号	焊缝类别	焊缝检验长度/mm	结论
三通对接缝	1	一类	300	合格
三通对接缝	2	一类	300	合格
弯头对接缝	3	一类	250	合格

检验结果				
弯头对接缝	4	一类	250	合格
四通对接缝	5	一类	280	合格
四通对接缝	6	一类	280	合格
法兰对接缝	7	二类	350	合格
法兰对接缝	8	二类	350	合格

注:在本次上段橡胶坝充排动力设备管路焊缝现场无损检测过程中,所抽检的一类焊缝和二类焊缝均未发现超标缺陷。

表 5　　　　　　　　　　橡胶坝充排动力设备管路钢管蚀坑深度频数统计

序号	检测部位	蚀坑深度分布/mm								
		0.0~0.2	0.2~0.4	0.4~0.6	0.6~0.8	0.8~1.0	1.0~1.2	1.2~1.4	1.4~1.6	1.6~2.0
		蚀坑频数分布/个								
1	直管段	15	11	8	3	2	0	0	0	0
2	弯头、三通、四通	7	3	2	1	0	0	0	0	0
3	频率/%	42.3	26.9	19.2	7.7	3.8	0.0	0.0	0.0	0.0

注:橡胶坝充排动力设备管路表面涂层基本完好,局部有少量蚀斑或不太明显的蚀迹,金属表面无麻面现象或只有少量浅而分散的蚀坑。在 300mm×300mm 范围内只有 1~2 个蚀坑,密集处不超过 4 个。腐蚀程度等级评价:A 级(轻微腐蚀)。

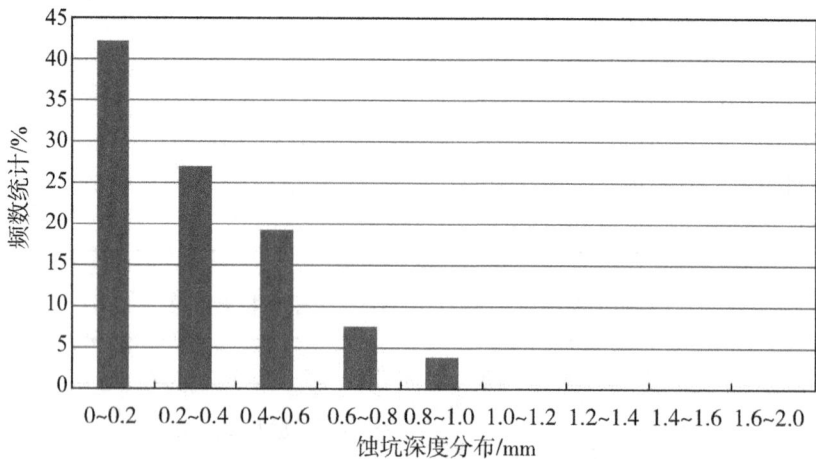

图 1　橡胶坝充排动力设备管路钢管蚀坑深度频数分布

2.4 橡胶坝机电设备安全检测

2.4.1 机电设备外观检查

（1）标志

管道离心泵、电动机和控制柜等铭牌信息完备，满足要求。现场危险部位安全标识清晰可见，满足要求。

（2）充排动力设备主要受力构件

充排动力设备主要受力构件未见裂纹及变形缺陷，主要构件状态良好。管道离心泵壳体和机座防腐涂层大量脱落，表面大面积锈蚀。

（3）充排动力设备管路系统

充水管路无渗漏。管道离心泵运行期间情况稳定良好。管道离心泵完整，运行期间水泵无渗漏。水泵、阀件、管路无渗漏现象。

（4）压力系统压力表

压力系统压力表指示正确，压力表反应灵敏准确。

（5）安全溢流装置

具备可靠的安全溢流装置，安全溢流装置状态正常。排气孔检查情况良好，无堵塞。

（6）电路电气保护

总电源失压保护有效可靠。总回路有紧急断电开关，开关控制系统总体应灵敏可靠。

2.4.2 控制柜电气设备保护装置现状检查

①控制柜主要电气设备部件外观完好，绝缘良好无裂纹和缺损。

②动力线路及控制保护、操作系统地电缆线路无老化、破损现象。

③控制柜主要电气设备部件外观完好，绝缘良好无裂纹和缺损。

④电气保护元器件配置相对合理，保护元件动作可靠。

⑤控制系统电气设备结点接触紧密，在检测运行过程中元器件运行无异常发热现象。

⑥控制箱内接线正确，接头牢固，操作机构灵敏。

⑦充排动力设备压力指示显示正常。

⑧控制柜电气设备外观保养较好，外部防腐涂覆完整。

⑨控制柜和机电设备接地可靠。

2.4.3 电动机绝缘电阻检测

在橡胶坝机电设备现场安全检测过程中,对现场 2 台充压泵电动机进行了绝缘电阻检测。橡胶坝充压泵电动机绝缘电阻检测结果见表 6。

表 6 橡胶坝充压泵电动机绝缘电阻检测结果

	1# 充压泵电动机绝缘检测(绝缘测试电压 2500V)					
相别	测量绝缘电阻值/MΩ		吸收比 K		评定标准	结论
	R15″	R60″	R10′	R60/R15		
U-地	3800	5500	/	1.45	常温下绝缘电阻阻值不应低于 0.5MΩ;吸收比不应低于 1.2	合格
V-地	4200	5800	/	1.38		
W-地	3500	5100	/	1.46		
	2# 充压泵电动机绝缘检测(绝缘测试电压 2500V)					
相别	测量绝缘电阻值/MΩ		吸收比 K		评定标准	结论
	R15″	R60″	R10′	R60/R15		
U-地	2600	3400	/	1.31	常温下绝缘电阻阻值不应低于 0.5MΩ;吸收比不应低于 1.2	合格
V-地	3000	4100	/	1.37		
W-地	2800	3900	/	1.39		
结论	经现场检测,上段橡胶坝 2 台充压泵电动机绝缘电阻满足要求					

2.4.4 电动噪声检测

橡胶坝机电设备现场安全检测过程中,对现场充压泵电动机进行了电动机运行噪声检测。橡胶坝充压泵电动机运行噪声检测结果见表 7。

表 7 橡胶坝充压泵电动机运行噪声检测结果

	运行噪声(充压过程)							
测点	运行噪声/dBA					均值/dBA	评定标准/dB	结论
上升	79.6	80.8	82.9	80.6	82.2	82.2	<85	合格
	82.8	83.4	83.9	82.4	83.7			
	运行噪声(泄压过程)							
测点	运行噪声/dBA					均值/dBA	评定标准/dB	结论
下降	79.4	82.3	81.6	81.2	82.0	80.9	<85	合格
	79.7	81.3	81.6	81.3	78.6			
结论	经现场检测,上段橡胶坝电动机运行噪声未超标,满足要求							

2.4.5 三相电流平衡性检测

橡胶坝现场安全检测过程中对 1 台充压泵电动机进行了三相电流平衡性检测。

充压泵电动机运行三相电流平衡性检测结果见表 8。

表 8　　　　橡胶坝充压泵电动机运行三相电流平衡性检测结果

充压泵电动机运行三相电流平衡性检测结果（充压过程）								
检测	测试数据/A					均值/A	不平衡度/%	规定值/%	结论
I_a/A	16.71	16.92	16.83	16.62	16.61	16.74	2.11	<10	
I_b/A	16.31	16.36	16.41	16.37	16.33	16.36	0.17	<10	合格
I_c/A	16.15	16.13	15.91	16.06	16.04	16.06	2.03	<10	
充压泵电动机运行三相电流平衡性检测结果（泄压过程）								
检测	测试数据/A					均值/A	不平衡度/%	规定值/%	结论
I_a/A	14.69	14.68	14.66	14.63	14.67	14.67	1.26	<10	
I_b/A	14.55	14.43	14.48	14.47	14.42	14.47	0.07	<10	合格
I_c/A	14.28	14.27	14.35	14.28	14.35	14.31	1.22	<10	

经现场检测，上段橡胶坝充压泵电动机运行过程中三相电流平衡性良好，满足标准要求。

2.5　橡胶坝机电设备接地电阻检测

在橡胶坝现场安全检测过程中，对充压泵电动机、充压管道、橡胶坝控制柜、充泄水泵房分别进行了接地电阻检测。橡胶坝接地电阻检测示意图见图 2，结果见表 9。

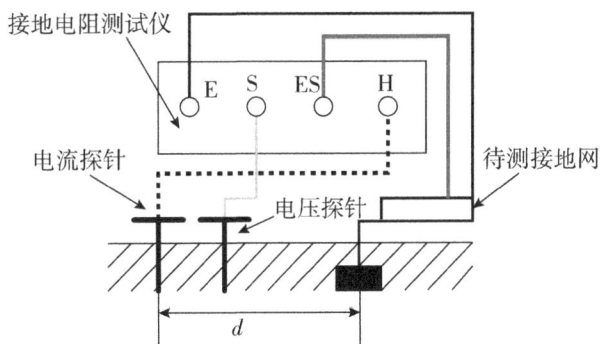

图 2　接地电阻检测示意图

表 9　　　　　　　　　　　　　　橡胶坝接地电阻检测结果

电动机接地电阻检测								
测点	接地电阻阻值/Ω					均值/Ω	评定标准	结论
测试点	0.46	0.45	0.43	0.45	0.42	0.44	$R<4\Omega$	合格
充压管道接地电阻检测								
测点	接地电阻阻值/Ω					均值/Ω	评定标准/Ω	结论

续表

接地点	0.76	0.78	0.74	0.75	0.77	0.76	$R<4$	合格
橡胶坝控制柜接地电阻检测								
测点	接地电阻阻值/Ω					均值/Ω	评定标准值/Ω	结论
接地点	0.88	0.85	0.83	0.88	0.86	0.86	$R<4$	合格
充泄水泵房接地电阻检测								
测点	接地电阻阻值/Ω					均值/Ω	评定标准/Ω	结论
接地点	0.86	0.81	0.86	0.84	0.88	0.85	$R<4$	合格
结论	经现场检测,上段橡胶坝充压泵电动机、充压管道、橡胶坝控制柜、充泄水泵房接地电阻合格,工程整体接地良好							

3 结论

橡胶坝整体运行情况良好,混凝土结构稳定,坝体不存在影响泄水、防洪性能的缺陷,机电充压设备运行较好。

坝袋表面出现一定老化龟裂现象,坝袋与两侧岸墙连接部位老化龟裂尤为明显。坝顶有少量杂物及附着物,坝肩有渗水。地下充泄水泵房内照明设施不足。管道离心泵壳体和机座防腐涂层大量脱落,管道离心泵壳体与机座表面大面积锈蚀。

建议:定期检查橡胶坝坝袋老化龟裂发展情况,留存相关影像材料,必要时进行更换。增设充泄水泵房内照明设施。及时采取除锈防腐措施。及时清理橡胶坝坝顶杂物及附着物,持续观测坝肩渗水流量。

参考文献

[1] 王志成.希尼尔水库放水闸安全检测[J].云南水力发电,2017,33(5):157-159.

[2] 郝连柱,牛文龙.河槽村橡胶坝质量安全鉴定方法与评价[J].水利水电技术,2022,53(S2):359-364.

[3] 中华人民共和国国家质量监督检验检疫总局,中国国家标准化管理委员会.工业机械电气设备绝缘电阻试验规范:GB/T 24343—2009[S].北京:中国标准出版社,2009.

[4] 国家市场监督管理总局,中国国家标准化管理委员会.焊缝无损检测超声检测验收等级:GB/T 29712—2023[S].北京:中国标准出版社,2023.

[5] 中华人民共和国水利部.水工金属结构防腐蚀规范:SL 105—2007[S].北

京:中国水利水电出版社,2007.

[6] 中华人民共和国住房和城乡建设部,中华人民共和国国家质量监督检验检疫总局.橡胶坝工程技术规范:GB/T 50979—2014[S].北京:中国计划出版社,2014.

[7] 中华人民共和国住房和城乡建设部.回弹法检测混凝土抗压强度技术规程:JGJ/T 23—2011[S].北京:中国建筑工业出版社,2011.

[8] 中华人民共和国住房和城乡建设部.混凝土中钢筋检测技术标准:JGJ/T 152—2019[S].北京:中国建筑工业出版社,2019.

基于安全监测数据反演的大坝渗流数值模拟

智　斌[1,2]　赵文波[1,2]　格桑央培[3]　李春凤[2]　刘含漪[2]

（1. 中国水利水电科学研究院，北京　100048；

2. 北京中水科工程集团有限公司，北京　100048；

3. 西藏自治区旁多水利枢纽管理局，西藏拉萨　850013）

摘　要：土石坝安全鉴定项目中，渗流安全评价是其中较为重要的一项工作。为进一步提高渗流安全评价的准确性、实时性，开展渗流数值模拟，对不同特征水位条件下，土石坝渗流情况开展模拟，分析浸润线和水力梯度的变化规律。本文以安全监测数据为基础，开展大坝渗流监测浸润线数值反演，得出模拟情况下的土石坝各分层物理参数，结合补充地勘结果，对数值模拟物理参数进一步校正。在此基础上，开展土石坝渗流数值模拟，为大坝安全评价提供技术支持。

关键词：渗流数值模拟，安全监测数据，数值反演

1　项目概况

大坝为土工膜斜墙土石坝，坝顶高程 1199.5m，坝顶长 231m，最大坝高 22m，坝顶宽 6.5m。坝顶上游设有浆砌石防浪墙，高 1.2m；下游设有高 0.3m 的混凝土路肩石。坝体采用 200g/m²—0.4mm—200g/m² 复合土工膜防渗。坝基及右坝肩上游防渗包裹段下部为冲洪积细砂、砂卵石、碎石夹透水层，厚度为 10～18m，采用高压喷射灌浆处理，构成的防渗板墙深入到下部相对不透水层的凝灰岩内 1.0m，板墙顶部与

基金项目：中国水利水电科学研究院基本科研业务费专项项目（揭榜挂帅类项目）——旁多水利枢纽渗漏监测与控制关键技术资助。

作者简介：智斌（1989—　），男，山西太原人，硕士研究生，工程师，主要从事水工建筑物检测与大坝安全评价工作。E-mail：zhibin@iwhr.com。

复合土工膜防渗体连接,形成封闭的垂直防渗体系。靠近左岸的坝基为透水性较强的玄武岩,采用静压帷幕灌浆防渗,钻孔深入到不透水层 3m。

区域内地下水类型主要有第四系松散地层的孔隙潜水,以及基岩裂隙水,地下水补给源主要是大气降水,排泄方式则以泉水、地下径流为主,次之为蒸发。地下水水质矿化度小于 $1g/L$,水化学类型为 HCO_3—Ca 型水。枢纽卫星图见图 1。

图 1　枢纽卫星图

2　大坝渗流数值模拟

2.1　土石坝渗流模拟方法

基于有限元法、有限差分法等数值方法,通过土石坝渗流模拟软件,分析和模拟土石坝中渗流现象,对土石坝的渗流场进行建模和计算,以评估坝体的渗流稳定性和安全性。

2.2　渗流数值模拟分析

为全面掌握该水库大坝的岩土体物理力学性质,评估大坝的渗流安全性,对水库大坝进行了补充地质勘查,为大坝渗流数值模拟提供基础资料。

选用 SEEP/W 程序进行渗流有限元计算。SEEP/W 是一个功能强大的二维有限元渗流分析程序,能够对岩土稳定和非稳定渗流问题进行有效的数值计算。程序计算基于非饱和土力学理论,提供了黏性土、粉砂、粗砂等的非饱和渗透系数与孔隙水压力的关系曲线,可根据不同的工程目的和土料试验结果,对这些曲线加以修正,以满足不同工程渗流计算的要求。

SEEP/W 程序可以考虑复杂的边界条件和初始条件,能够很好地模拟暴雨入渗、库水位急剧变化等水利工程中常见的实际渗流问题。该程序采用固定网格技术,计算时不需要修改边界和网格坐标位置,避免了假定自由表面和单元畸形造成的许多困难,并且具有零压的自由表面是在计算过程中找到的,使得程序处理简化,计算速度很快,特别是在解决工程中渗透系数相差悬殊的自由边界渗流问题时更具有明显的优势。

依据大坝渗流安全监测得到的浸润线,以及现场安全检查时使用平尺水位计得到的测压管水位,采用 Geostudio-Seep 渗流分析软件模块,对大坝渗流监测浸润线进行数值反演分析,并综合分析补充地勘获得的参数,最终得到现时的各关键土层渗透系数。对水库大坝在不同特征水位条件下开展渗流数值模拟分析。

渗流计算的目的是确定大坝的渗流场,从而得到坝体内浸润线位置及孔压分布等。渗流计算结果将为大坝的边坡稳定计算分析提供必需的技术资料。

(1)计算断面

为了全面评价大坝的渗流情况,以及为后续的稳定评价奠定基础,选取坝的最大断面开展渗流计算。大坝渗流数值模拟断面见图 2。

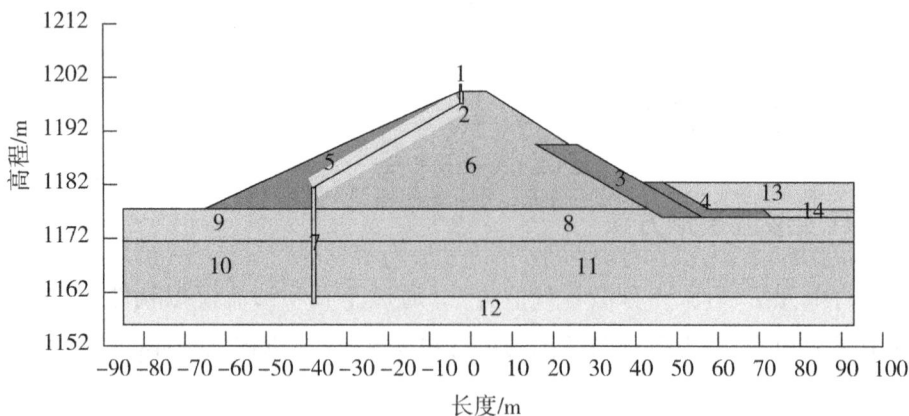

图 2　大坝渗流数值模拟断面(材料分区编号见表 2)

(2)水位条件与计算工况

根据该枢纽工程的实际情况和结构稳定分析的需要,参考《碾压式土石坝设计规范》(SL 274—2020),并结合由水文基本资料和洪水调度原则得到的水库调洪演算结果,确定计算断面渗流形态分析的基本计算工况(表 1)。根据水库的实际运行情况,数值分析下游水位高程为 1182.50m。通过有限元计算,获得各工况条件下的渗流场分布和浸润线分布。

表 2.2-1 渗流计算工况

计算条件			
渗流状态	工况	水位条件	
稳定渗流	1	正常蓄水位 1195.50m	下游水位 1182.50m
	2	设计洪水位 1196.00m(100 年一遇)	
	3	洪水位 1197.19m(1000 年一遇)	
	4	1/3 坝高处对应蓄水位 1184.70m	

(3)计算模型与边界条件

大坝渗流数值模拟断面有限元网格剖分见图 3。

二维渗流计算时,确定计算模型的边界及其条件,以不使坝体和坝基中的渗流状态失真为原则。在计算过程中,上游坡面依据不同计算工况设置相应的水位边界条件,下游坡面依据实际情况设计水位边界条件,模型底部边界以不透水边界处理。为保证数值模拟计算精度,采用 0.1m 进行模型网格剖分。

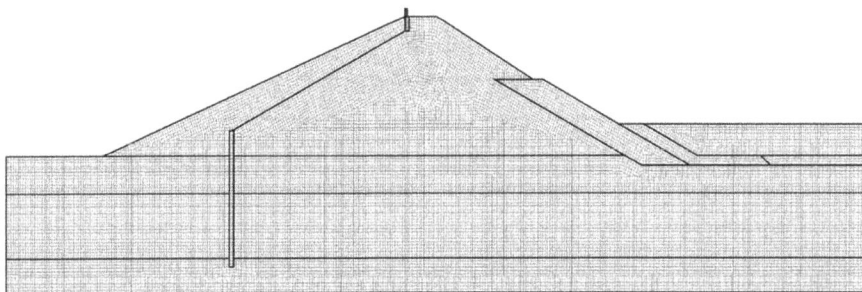

图 3 大坝渗流数值模拟断面有限元网格剖分

(4)计算参数

依据大坝渗流安全监测得到的浸润线和现场安全检查时使用平尺水位计得到的测压管水位,采用 Geostudio-Seep 渗流分析软件模块,对大坝渗流监测浸润线进行数值反演分析,并综合分析补充地勘获得的参数,最终得到现时的各关键土层渗透系数。

数值反演与渗流模拟过程类似,将安全监测得到的浸润线预先绘制在模型中,不停地调整数值模拟参数,使得计算得到的浸润线与预设浸润线基本一致,进而得到满足现状浸润线监测实际的数值模拟参数。

依据《碾压式土石坝设计规范》(SL 274—2020),斜墙坝防渗体渗透系数一般不

大于 1.00×10^{-8} m/s,因此计算中复合土工膜渗透系数取 1.00×10^{-8} m/s。有限元分析时,采用界面模型模拟复合土工膜。大坝渗流计算参数见表2。

表2   大坝渗流计算参数

材料序号	名称	渗透系数 m/s
12	基岩	1.00×10^{-7}
1、2、7	水泥	1.00×10^{-8}
—	复合土工膜	1.00×10^{-8}
10、11	坝基砂卵砾石层	1.00×10^{-4}
8、9、13、14	坝基细砂层	2.50×10^{-5}
3、4、5	石渣、卵石碎石	2.00×10^{-3}
6	坝体填筑料	9.83×10^{-4}

2.3 渗流数值计算结果

采用前述的有限元模型和岩土体参数,开展有限元渗流计算,得到浸润线分布、坝脚出逸坡降等结果。水库渗流数值模拟计算结果汇总见表3。各工况坝体浸润线计算结果见图4至图7。

表3   水库渗流数值模拟计算结果汇总

计算工况	下游出逸水位/m	下游坝脚出逸坡降	允许渗透比降	计算渗流量/(m³/s)
1/3坝高处对应蓄水位1184.70m	1182.52	0.007	0.14(初设),0.25(补充地勘)	3.23×10^{-4}
正常蓄水位1195.50m	1182.61	0.039		1.87×10^{-3}
设计洪水位1196.00m(100年一遇)	1182.73	0.041		7.64×10^{-3}
洪水位1197.19m(1000年一遇)	1182.75	0.040		8.09×10^{-3}

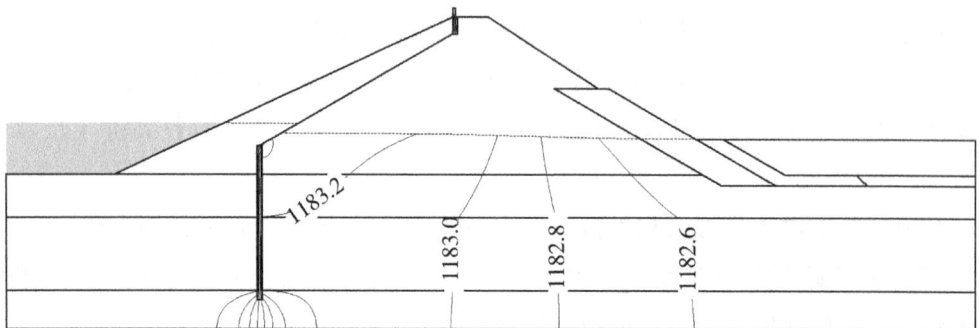

图4   大坝渗流计算结果(1/3坝高处对应蓄水位1184.70m,单位:m)

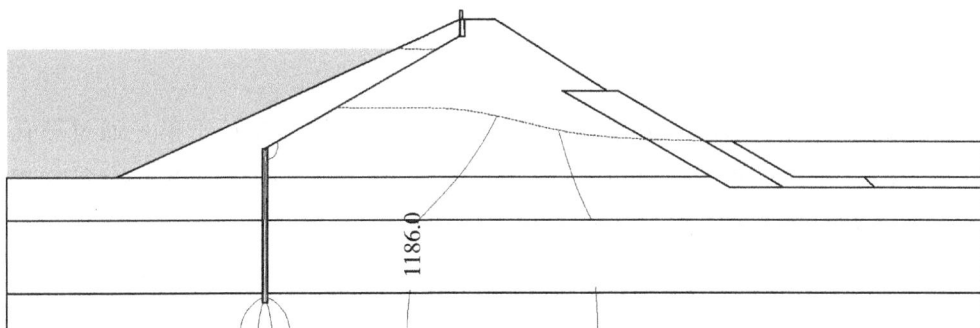

图 5　大坝渗流计算结果(正常蓄水位 1195.50m,单位:m)

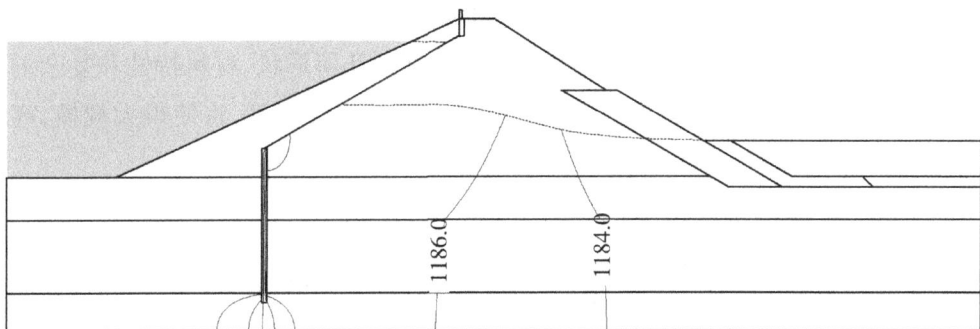

图 6　大坝渗流计算结果(设计洪水位 1196.00m(100 年一遇),单位:m)

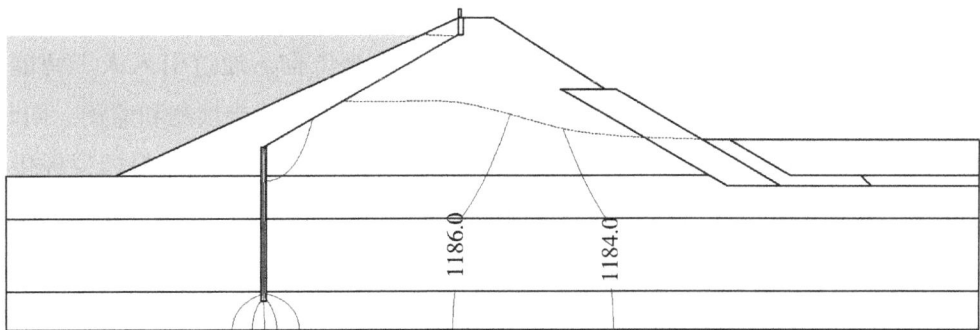

图 7　大坝渗流计算结果(洪水位 1197.19m(1000 年一遇),单位:m)

　　由各工况坝体浸润线计算结果可知,在坝体复合土工膜、坝基灌浆的联合防渗作用下,坝体内的浸润线在通过土工膜之后,迅速下降,下游坡出逸点位置略高于下游水位线,与下游水位线相当。不同工况下计算得到的下游出逸比降均小于允许出逸坡降。

　　综上,由数值模拟结果可知,大坝的防渗体系起到了较好的防渗作用。

　　通过渗流数值模拟,结合现场安全检查和检测的结果,可以对大坝的渗流安全情况做出进一步的判断。

3 结论

渗流数值模拟分析,重点在于确定渗流数值模拟参数。相较于单一通过钻孔获得计算参数的传统方法,采用安全监测数据反演分析,可进一步较为准确地得到现状条件下数值模拟参数,提高渗流数值模拟分析的可信度。

近年来,随着人工智能、计算技术的高速发展,渗流数值模拟的发展呈现出以下趋势。

(1)精细化建模与高精度计算

随着计算机技术的不断发展,渗流数值模拟的建模能力进一步提升。采用更加精细化的三维建模技术,能够更准确地反映土石坝的几何形状、材料特性和复杂的边界条件。同时,高精度计算方法的应用,如并行计算、云计算等,将使得大规模、高精度的渗流数值模拟成为可能,从而提高模拟结果的准确性和可靠性。

(2)多物理场耦合分析

大坝渗流过程往往伴随着温度场、应力场等其他物理场的相互作用。因此,渗流数值模拟将更加注重多物理场耦合分析,综合考虑渗流、温度、应力等因素的相互影响,以更全面地评估土石坝的稳定性和安全性。

(3)智能化与实时性

智能化和实时性是未来渗流数值模拟的重要发展方向。通过引入人工智能技术,如机器学习、深度学习等,可以实现对土石坝渗流过程的智能预测和监测。同时,结合物联网技术,可以实现土石坝渗流数据的实时采集和传输,为数值模拟提供及时、准确的数据支持,从而提高渗流安全评价的实时性和准确性。

综上所述,通过不断的技术创新和跨领域合作,更加精准、高效和智能的渗流数值模拟技术的出现,将为大坝工程的安全运行和可持续发展提供有力支持。

参考文献

[1] Bakker K J , Breteler, M K. Internal stability of minestone. In: Proc. Int. Symp. Modelling Soil-Water-Structure Interaction. 1988:225-231.

[2] Briaud J L. Case histories in soil and rock erosion: Woodrow Wilson bridge, Brazos river meander, Normandy cliffs and New Orleans levees[J]. Journal of Geotechnical and Geoenvironmental Engineering,2008,134(10): 1424-1447.

[3] Chang D S, Zhang L M. Critical hydraulic gradients of internal erosion un-

der complex stress states[J]. Journal of geotechnical and geoenvironmental engineering，2012，139(9)：1454-1467.

[4] Lopez R，Silfwerbrand J，Jelagin D，et al. Force transmission and soil fabric of binary granular mixtures[J]. Géotechnique，2016,66(7)：1-6.

[5] Kenney T C，Lau D. Internal stability of granular filters[J]. Canadian geotechnical journal，1985，22(2)：215-225.

[6] 刘晓敏，赵慧丽，王连俊.非饱和粉质粘土的土水特性试验研究[J].地下空间,2001(S1):375-378＋385-386.

[7] 刘智敏，林文介.大坝变形监测自动化技术的最新发展[J].桂林工学院学报,2000(1).89-94.

[8] 李广信.岩土工程50讲——岩坛漫话:第2版[M].北京：人民交通出版社，2011.

[9] 刘杰.土的渗透破坏及控制研究[M].北京：中国水利水电出版社，2014.

[10] 周晓杰，介玉新，李广信.基于渗流和管流耦合的管涌数值模拟[J].岩土力学，2009，30(10):3154-3158.

潜坝加固工程施工监测与质量评定方法

黄卫东　　方娟娟　　栾华龙

（长江水利委员会长江科学院,湖北武汉　430010）

摘　要:潜坝工程在运行一段时间后,潜坝及下游遭到一定程度的冲刷,坝体局部下沉,将影响工程稳定和效果,对其进行维护加固是维持其功能的重要措施。本文探索和总结了长江下游镇扬河段和畅洲左汊口门潜坝加固工程施工监测和质量评定方法。工程实践证明,该潜坝加固工程施工监测和质量评定方法是成功的,达到了工程效果,也为潜坝加固与类似工程的施工提供了借鉴和参考。

关键词:潜坝加固;和畅洲左汊;施工监测;质量评定

1　前言

长江和畅洲左汊口门控制工程是长江镇扬河段二期整治工程中的一个重要单项工程,主要内容包括塑枕潜坝、潜坝上下游抛石护底、和畅洲头和大窝塘上下肩已建护岸加固工程,是抑制左汊发展、维持河势稳定的重要工程措施。潜坝经多年运行,坝顶高程普遍降低,且部分坝体有不同程度的损坏,需不定期进行维护加固。潜坝工程所在区域的水流流态紊乱,河床地形复杂,水深与流速较大,环境因素十分复杂,施工条件较差。由于工程加固对象的环境条件有所创新,其施工过程控制和质量评定暂无相关技术规范、标准参照。

本文参照《江苏省长江中下游平顺抛石护岸工程质量验收办法》《江苏省长江护岸工程建设管理暂行规定》《长江镇扬河段二期整治工程和畅洲左汊口门控制工程水下抛塑枕筑坝工程质量检验和评定办法》和潜坝加固的工程实践经验等,探索和总结

基金项目:国家重点研发计划项目(2023YFC3209505);国家自然科学基金项目(42376166)。

作者简介:黄卫东(1981—　),男,高级工程师,主要研究方向为河道演变及整治、河流模拟等。

了潜坝加固工程施工监测和质量评定方法。

2 监测设备

本次施工监测采用具有国际先进水平的 RESON SeaBat 8125 多波束测深系统进行水下地形测绘,该系统声呐探头安装于专用测船中心位置,探头吃水深度为 0.85m,探头安装牢固、受噪声干扰小。该系统曾先后在长江和畅洲左汊口门工程建设施工及沿江水下工程测绘中发挥了重要作用,其系统组成及主要指标如下。

(1)系统组成

①RESON SeaBat 8125 多波束探头(水下声呐单元)和 81-P 处理器(甲板单元)。

②光纤罗经(Gyro)和运动传感器(MRU)为 Octans 光纤罗经和运动传感器。

③GPS-徕卡 SR530 大地测量型瞬时双频 RTK 接收机。

④声速剖面仪为 AML SV plus。

⑤外业数据实时采集系统由计算机及 RESON 6042v7.1 多波束数据采集和实时处理/可视化软件包组合而成。

⑥数据后处理软件包为 Trimble 的 Terramodel v10.13 二维及三维后处理软件包。

设备连接示意图见图 1。

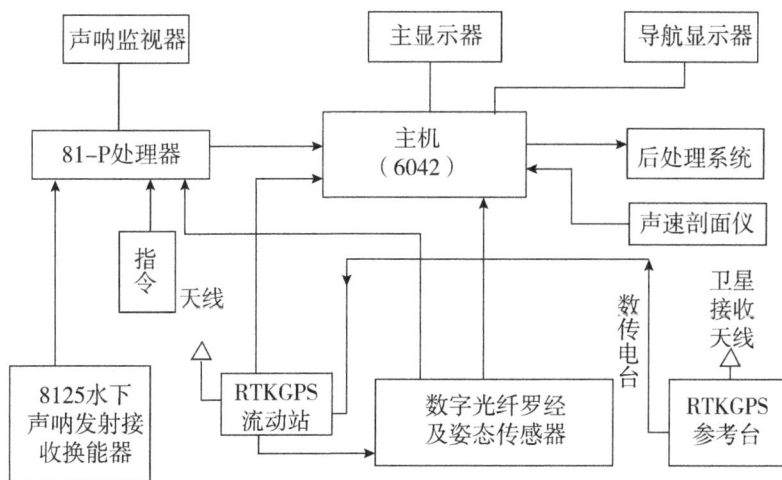

图 1　RESON SeaBat 8125 多波束测深系统设备连接示意图

(2)系统指标

1)RESON Seabet 8125 声呐系统

工作频率 455kHz,波束数 240 个,采样速率最大可达 40ping/s。测深分辨率

6mm,测深精度符合 IHO 及美国陆军工程兵特级标准,条带覆盖宽度 120°,波束角 0.5°。标准宽深比测深 60m,宽深比为 3.5 倍。

2）Octans 光纤罗经和运动传感器

①航向:稳态精度为±0.1°,动态精度为±0.2°,分辩率为±0.01°。

②纵摇/横摇:动态精度为 0.01°,跟踪速度可达 500°/s。

③升沉/横摆/纵摆:精度 5cm,跟踪速度可达 500°/s。

3）AML SV plus 声速剖面仪

①声速传感器精度为±0.06 m/s,量程为 1400～1500m/s,响应时间<1ms。

②温度传感器精度为±0.05℃,量程为−2～32℃,响应时间<1.5s。

4）徕卡 SR530 双频 RTK GPS 接收机

①动态测量水平精度为 10mm±1.0ppm,垂直精度为 20mm±2.0ppm。

②点位更新速率为 10Hz,点位输出时延<0.03s。

3 项目划分

（1）单位工程

长江镇扬河段和畅洲左汊口门控制加固工程为 1 个单位工程。

（2）分部工程

上游坝坡抛块石防护、下游坝坡抛块石防护和坝顶抛尼龙网石兜防护分别作为 1 个分部工程,共划分为 3 个分部工程。

（3）单元工程

①坝顶抛尼龙网石兜防护分部工程沿坝轴线方向每 20m 长划分为 1 个单元工程,共划分为 51 个单元工程,其中断面 CS1+400～CS1+428 作为 1 个单元工程。

②上游坝坡抛石防护分部工程沿坝轴线方向每 20m 长划分为 1 个单元工程,共划分为 63 个单元工程。

③下游坝坡抛石防护分部工程沿坝轴线方向每 20m 长划分为 1 个单元工程,共划分为 63 个单元工程。

4 质量检验

（1）原材料质量控制

检验办法对加固工程中使用的原材料质量和过程控制质量检验指标等做了相应

规定,其他方面可参照各相关规定执行。

1)块石质量

不得使用易水解石、风化石,块石比重不小于 2.4t/m³,块石粒径符合设计要求。

2)尼龙石兜质量

①规格:聚丙烯尼龙网兜外观形态为"四角网"形式,设计尺寸为 2.0m×2.0m×1.0m(长×宽×高),尼龙网兜网眼尺寸为 20cm×20cm

尼龙网兜采用的编织绳均为三股绳,其中目绳公称直径为 14mm,长 4m×18 根;纲绳公称直径为 24mm,周长 8.20m;吊系绳公称直径为 24mm,长 1.4m×2 根;封口绳公称直径为 10mm。

②单绳强度:单根绳的强度应符合国家规范《聚丙烯单丝或薄膜绳索特性》(GB/T 8050—2007)的相应要求,其中目绳最低断裂强力 2350daN,纲绳最低断裂强力 6030daN,吊系绳最低断裂强力 6030daN,封口绳最低断裂强力 1200daN。

③网兜整体强度:聚丙烯尼龙网兜编织成形后,应满足 4.5t 块石的装料、叠放、运输以及三次起吊过程中保持完好、无明显断丝和破损漏石现象。

④封口绑扎应牢固、可靠。

3)材料检测

①块石检测。

块石应按产地或批次抽样检验,由施工单位按每 20000m³ 送检 1 组。

②尼龙网兜检测。

尼龙网兜用绳抗拉强度的检测比例为每 5000 只网兜送检 1 次(含全部直径),检测各种直径的单绳强度。

尼龙网兜尺寸由施工、监理单位根据批次按网兜数量的 0.5% 抽检,网兜体积小于标准体积 5% 及以上或网眼尺寸大于标准 5% 以上为不合格品。

块石、尼龙网兜检测均应由具备相应检测资质的单位承担,不合格品不得用于本工程。

(2)尼龙网石兜成品质量

网兜装载块石成形体按 2.0m×2.0m×0.6m(长×宽×高)控制,每个网兜装块石 2.4m³。

尼龙网兜装载块石时,单个网兜的块石充盈度应为同标准尺寸的立方体体积的 97%～103%,否则为充盈度不合格,不可用于本工程。该项由监理单位负责抽检并形成档案。

（3）抛投位置控制

①抛投初始落距采用 $s=0.8\dfrac{vh}{W^{1/6}}$ 计算（式中，s 为块石或尼龙网石兜落距；h 为抛点水深；v 为抛点水面流速；W 为块石平均重量），并根据现场试验研究成果和施工现场实时监测情况调整确定。

②沿潜坝轴线方向每 20m 设置检测对比断面，在施工前进行断面测量作为基础资料。在抛投过程中进行监测对比，针对块石和尼龙网石兜的覆盖情况调整单元小区抛投数量，使每个单元工程都达到合格标准。

在块石和尼龙网石兜全面覆盖坝体后进行一次全面测量，作为坝体防护的竣工测图，同时反映坝坡块石与坝顶尼龙网石兜覆盖的整体情况。

③为保证监测精度和前期监测的一致性，在工程施工过程中应使用多波束测深系统进行监测。

5 质量评定

（1）单元工程合格标准

①坝坡块石防护单元工程块石质量满足质量检验办法的规定，且单元工程两端检测断面各点平均抛石增厚值高于设计抛护厚度的 65%、单元工程抛石增厚值（单元工程两端检测断面抛石增厚平均值）高于设计抛护厚度的 80%，则该单元工程评定为合格。

②坝顶尼龙网石兜防护单元工程块石质量、网兜质量、块石网兜充盈度满足上述质量检验办法的规定，且单元工程两端检测断面上各点平均抛护增厚高于设计抛护厚度的 70%、单元工程抛护增厚值（单元工程两端检测断面抛护增厚平均值）高于设计抛护厚度的 85%，则该单元工程评定为合格。

（2）分部工程合格标准

单元工程全部合格，且未发生过质量事故，分部工程抛投总量达到设计工程量的 90%～110%。

（3）单位工程合格标准

①分部工程质量全部合格，且施工中未发生过重大质量事故。

②单位工程抛投总量达到批准工程数量的 98%～102%。

③施工质量检验资料齐全。

由于本工程的特殊性和唯一性，属于水下隐蔽工程，质量保证应贯穿于施工过程中的每一环节。因此，在施工过程中应做好详细的施工记录并整理成册，作为工程质量检查验收的资料。

6　工程施工现场监测分析

根据 DTM 扫测数据计算的坝顶及坝肩尼龙网石兜抛投增量及实际增厚率见表 1。计算结果表明尼龙网石兜抛护的 3 个单元(G~I)在不同单元不同区域内的平均实际增厚率为 70.4%~209.3%,通过统计分析并经过加权平均计算可以得出各单元的综合实际增厚率:G 单元的平均增厚率为 108.5%、H 单元的平均增厚率为 119.6%、I 单元的平均增厚率为 126.6%,尼龙网石兜抛护区域的平均增厚率为 118.2%(图 2)。

根据技术方案中提出的尼龙网石兜质量检验评定办法的要求,增加相邻断面平均增厚率应满足其中一个指标,即每个单元段平均增厚高于该段设计增厚的 80%。现场试验结果满足尼龙网石兜质量检验评定办法要求的 80% 评定标准,3 个单元(G~I)段的平均实际增厚率均大于 100%。

表 1　　尼龙网石兜抛投增量及实际增厚率统计

小区编号		断面设计抛护厚度/m	小区面积/m²	单元设计抛投体积/m³	1.2倍单元设计抛投体积/m³	单元实际总抛投体积/m³	单元实际抛投系数	单元实际抛投增量/m³	单元段平均实际增厚率/%	
G	G1	1.2	50	60	72	132.0	2.2	65.7	109.5	108.5
	G2	2.4	50	120	144	264.0	2.2	114.6	95.5	
	G3	2.4	50	120	144	264.0	2.2	128.7	107.3	
	G4	1.2	100	120	144	108.0	0.9	129.9	108.3	
	G5	1.2	50	60	72	60.0	1.0	92.5	154.2	
	G6	2.4	50	120	144	120.0	1.0	102.5	85.4	
	G7	2.4	50	120	144	120.0	1.0	117.9	98.3	
	G8	1.2	100	120	144	108.0	0.9	131.2	109.3	
H	H1	1.2	50	60	72	60.0	1.0	82.4	137.3	119.6
	H2	2.4	50	120	144	120.0	1.0	113.4	94.5	
	H3	2.4	50	120	144	120.0	1.0	113.1	94.3	
	H4	1.2	100	120	144	108.0	0.9	251.2	209.3	
	H5	1.2	50	60	72	132.0	2.2	58.4	97.3	
	H6	2.4	50	120	144	120.0	1.0	106.8	89.0	
	H7	2.4	50	120	144	120.0	1.0	108.5	90.4	
	H8	1.2	100	120	144	108.0	0.9	173.1	144.3	

小区编号		断面设计抛护厚度/m	小区面积/m²	单元设计抛投体积/m³	1.2倍单元设计抛投体积/m³	单元实际总抛投体积/m³	单元实际抛投系数	单元实际抛投增量/m³	单元段平均实际增厚率/%
I	I1	1.2	50	60	72	132.0	2.2	109.0	181.7
	I2	2.4	50	120	144	120.0	1.0	142.7	118.9
	I3	2.4	50	120	144	120.0	1.0	118.3	98.6
	I4	1.2	100	120	144	108.0	0.9	175.6	146.3
	I5	1.2	50	60	72	132.0	2.2	61.9	103.2
	I6	2.4	50	120	144	120.0	1.0	112.0	93.3
	I7	2.4	50	120	144	120.0	1.0	84.5	70.4
	I8	1.2	100	120	144	108.0	0.9	240.4	200.3
	平均						1.2		118.2

其中 I 小区单元段平均实际增厚率为 126.6

时间/s

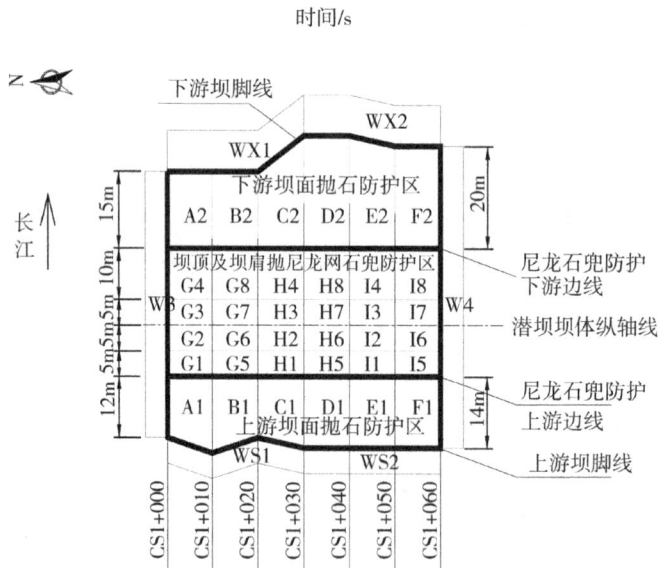

图 2   坝顶及坝肩尼龙网石兜抛护单元划分

7   结语

根据上述施工监测与质量评定方法,镇扬河段和畅洲左汊口门潜坝加固工程实际主要施工参数如下。

①根据质量检验中块石质量要求和尼龙网兜网眼尺寸,散抛块石粒径范围为

0.40～0.60m,网兜装石粒径控制在0.20～0.60m,且均应有一定的级配。

②根据质量检验中尼龙石兜质量相关要求,考虑经济实用的原则,在潜坝坝顶及坝肩进行全面抛护加固的过程中可采用绳径为14mm的尼龙网兜。

③根据质量检验中关于抛投位置控制的要求,通过公式计算和现场试验,在流速为1.7～2.1m/s的条件下,根据实测的数据资料,运用块石落距公式计算后,尼龙网石兜抛投的落距调增量采用5.0m左右,潜坝上游抛石抛投的落距调增量为5.0m左右,潜坝下游抛石抛投的落距调增量为3.0m左右。

④根据质量评定方法中增厚率的要求,经过大量施工实测数据对比,当坝顶及坝肩尼龙网石兜抛护工程量扩大系数采用1.2、水下坝坡抛石防护工程量扩大系数采用1.5时,均能满足质量评定方法中单元工程、分部工程、单位工程的合格标准。镇扬河段和畅洲左汊口门潜坝加固工程实施后,左汊迅速发展的态势得到有效抑制,且加固后多年来坝体形态稳定,加之航道部门在现有潜坝下游又修建了两道潜坝,目前左汊分流比最多下降了14个百分点左右,工程效果显著。工程实践证明,和畅洲左汊口门潜坝加固工程施工监测与质量评定方法是成功的,达到了较好的工程效果,可以在中下游河段类似工程中推广应用。

参考文献

[1] 钱宁,万兆惠.泥沙运动力学[M].北京:科学出版社,1991.

[2] 林木松,卢金友,张岱峰,等.长江镇扬河段和畅洲汊道演变和治理工程[J].长江科学院院报,2006,23(5):10-13.

[3] 林木松,杨光荣.长江中下游干流河道管理规划若干问题探讨[J].人民长江,2013,44(10):56-58.

[4] 刘小斌,林木松.长江下游镇扬河段河道演变及整治研究[J].长江科学院院报,2011,28(11):1-9.

[5] 刘娟,舒行瑶,韩向东,等.镇扬河段和畅洲汊道二期整治工程[J].水利水电快报,2002,23(24):10-12.

[6] 长江水利委员会长江科学院.长江镇扬河段和畅洲左汊口门控制加固工程现场试验研究报告[R].武汉:长江水利委员会,2012.

面向堤坝隐患探测的图像增强方法研究

董　波[1,2]　吴严君[1,2]　高文强[1,2]　董万钧[2,3]

(1. 江苏南水科技有限公司,江苏南京　210012;

2. 水利部水文水资源监控工程技术研究中心,江苏南京　210012)

3. 水利部南京水利水文自动化研究所,江苏南京　210012;

摘　要:本文深入探讨了堤坝隐患探测技术,并针对在低光照条件下进行堤坝隐患探测时遇到的图像质量问题,如纹理模糊和颜色失真,提出了一种创新的解决方案。文章首先回顾了堤坝隐患探测技术的发展,分析了其特点和应用情况,并概述了国内外在低光照图像增强领域的研究进展。针对现有技术的局限性,本文提出了一种基于空域和频域融合的网络模型,该模型是一个端到端、轻量级的双分支网络,旨在通过同时优化空间细节和频域特征来增强低光照图像。该算法通过双重约束优化,显著提高了低光照图像处理的鲁棒性和效果的一致性,从而有效提升了堤坝隐患探测的精度。这一研究成果不仅为堤坝隐患探测提供了技术支持,也为低光照图像增强技术的发展开辟了新的方向。

关键词:堤坝隐患探测;堤坝病害;低光照图像增强;网络模型

1　前言

近年来,随着科技与经济的不断发展,国家大力推进水利工程建设,以满足防洪、发电、灌溉等多种需求。堤坝作为保护人类居住区免受洪水侵袭的重要组成部分,其安全性直接关系到人民生命财产的安全。据统计,我国目前堤坝总长已经超过

基金项目:江苏省水利科技项目(202058);广东省水利科技创新项目(2021-08)。

作者简介:董波(1987—　),男,江苏徐州人,硕士,高级工程师,研究方向为安全监测、水工结构。

E-mail:dongbo@nsy.com.cn。

31.2 万 km,水库大坝 98795 座。然而,目前一部分堤坝已处于服役中后期[1],并且受自然环境的变化和人为因素的影响,堤坝经常会出现各种病害,如渗漏、裂缝、变形等问题。1954—2021 年,我国水库共溃坝 3558 座,年均溃坝 52.3 座,年均溃坝率 5.3/10000,远超国际坝工界公认的 1/10000 可接受年溃坝率水平,其中 1973 年溃坝 570 座,年溃坝率为 65.7/10000,是溃坝数量最多和年溃坝率最高的一年[2]。早期不对堤坝病害进行有效处理不仅会影响堤坝的稳定性,还可能导致堤坝的破坏,造成严重的生命和经济损失。因此,对堤坝进行定期的隐患探测,及时发现和处理病害,对于保障堤坝的安全性至关重要。堤坝巡检的内容主要包括堤坝的外观检查、渗漏监测、裂缝检查等,目前很多人工巡检装备和目视的巡检方法,采集的数据都会受到夜间光线、雨季雨雾的影响,导致检测覆盖不完备、测量结果不准确。随着科技的发展,堤坝隐患探测技术也在不断进步。无人机巡查技术的应用,可以大大提高堤坝隐患探测的效率和准确性(图 1);遥感技术的应用,可以实现对大范围堤坝的快速监测;地质雷达探测技术的应用,可以有效地探测堤坝内部的隐患,这些先进的技术手段为堤坝的安全运行提供了有力保障。Zhao 等[3] 提出了一种基于无人机图像的三维重建模型,用于大坝应急监测和检查。通过匹配多个重叠图像中的特征,生成具有场景几何的高精度 3D 大坝模型。结果表明,基于无人机的图像大坝三维重建模型在大坝监测和检查效率方面可带来显著改善。徐陈勇[4] 使用无人机采集堤坝数据结合倾斜摄影技术实现大坝表面渗漏检测,然而受到无人机飞行速度、抖动和不同光照强度的影响,所采集到的图像噪声大,无法满足实际的应用场景。Mario 等[5] 进行地面激光扫描(Terrestrial Laser Scanning,TLS)技术初步研究,旨在评估 TLS 技术在监测堤坝变形监测的可行性,研究内容主要是点云配准和变形计算方法。研究结果表明,TLS 技术可以为大坝变形分析做出重要贡献。华兴林等[6] 基于地质雷达探测方法,通过布置合理的探测测线,查明探测区域内与渗漏有关的土体不均匀沉降、不密实和脱空异常分布情况,最大探测深度不小于 9m,得出结论:地质雷达隐患探测的范围与圈定的范围基本一致,具有一定的精准性,可以在相似的工程中加以应用。

然而在无人机夜间巡检中,图像处理面临着多重挑战。首先是低光照条件下的图像质量问题。光线不足可能导致图像细节不清晰、噪点增多,从而影响后续的图像分析和识别准确性。此外,夜间环境下目标物体的边缘和特征难以清晰捕捉,给目标检测算法带来挑战,尤其是在复杂背景或小目标情况下更为明显。传感器在低光照条件下可能无法有效地捕捉广泛的亮度范围,导致图像曝光不足或过度曝光,进而影响图像的信息获取和分析效果。因此,需要对夜间巡检图像进行有效的增强,才能确保任务的顺利执行和数据的准确获取。

图1　无人机堤坝变形检测

　　堤坝检测过程中渗漏、裂缝和变形检测都会涉及低光照图像。为了在低光照环境下获取高质量图像,延长成像设备曝光时间和外置灯光是最常用的方法,但是由于成像设备和拍摄物体移动或者光的不均匀现象,会引起图形模糊、色彩不自然等问题,导致特征模糊化、定位误差、颜色失真、对比度降低、误检和漏检增加,以及模型鲁棒性降低等问题,严重影响检测结果,因此单纯依赖物理成像过程的调整难以获得理想的图像。为了解决夜间图像、雨季雨雾图像难以识别与检测的问题,本文进行了一种新的低光照图像增强算法研究,旨在应对在堤坝隐患探测过程中低光照图像增强所面临的挑战。针对低光照条件下图像纹理模糊和颜色失真等常见问题,提出了基于空域和频域融合网络模型的增强算法。该算法设计为一个端到端、轻量级的双分支网络,通过综合利用空间细节处理和频域特征保留,实现对低光照图像的有效处理。特别地,该模型采用双重约束优化策略,以提升处理效果的一致性和鲁棒性,从而显著提高了堤坝缺陷检测的精度和可靠性。

2　堤坝低光照图像增强技术

　　堤坝低光照图像是在光照强度比较低的环境下捕获的图像,因此存在亮度低、噪声大、纹理边缘缺失等图像质量问题。为了满足对图像质量的要求,需要开发出一些针对堤坝低光照图像增强的算法来改善获得的图像从而获取视觉效果良好的图像。堤坝低光照图像增强主要可以分为两种解决思路、传统的算法和基于深度学习的算法。

2.1　传统算法

　　早期使用的算法直方图均衡[7]是具有代表性的图像增强策略,具有操作简单的特点,设计特定的函数使得图像满足特定的分布,非常便捷地对图像进行增强,得到符合要求的图像。但是仅仅采取直方图均衡操作在低光照或者光照过亮的情况下,得到的效果并不能令人满意。低光照图像使用该方法处理后得到的图像存在以下的问题:首先是图像的噪声可能被进一步放大,其次图像的色彩也不能达到良好的可视化效果,最后就是对于图像细节纹理的恢复也无法达到令人满意的效果。

在图像领域,Retinex 理论[8] 为图像处理建立了重要的理论基础。Retinex 理论认为捕获的图像可以由光照图和反射图构成,在这个理论中,认为光照图的变化是非常平缓的,而反射图则是只受到物质的材质影响,所以可以有剧烈的变化。基于这个认识,可以简单地认为光照分量是低频分量,而反射分量则是高频分量。最简单的单尺度 Retinex(Single Scale Retinex,SSR)[9] 首先被提出来,该方法就是采取了一个低通滤波器,对原始图像进行滤波操作得到光照图,然后进一步得到反射图,将反射图作为输出结果。多尺度 Retinex(Multi Scale Retinex,MSR)[10] 就是在 SSR 的基础上,使用了多个低通滤波器,并且给每个滤波器配上合适的权重进行增强。但是通过以上两种朴素的方法得到的增强图像看起来不像是真实拍摄的图像,经常会造成增强过度的结果。

之后很多学者提出基于 Retinex 处理低光照图像的研究方法。Fu 等[11] 提出了一种融合多张初始图像生成最后的增强图像的方法。该算法对于低光照图像增强起到了很大的性能提升,但是由于初始分解时无法确定图像的照明结构,因此恢复出来的图像细节方面还是无法得到保障。LIME(Local Interpretable Model-Agnostic Explanations)方法[12] 是一种比较经典的基于估计光照图的低光照图像处理方法,也采用了结构先验来估计光照图。Ying 等[13] 另辟蹊径,通过建立相机响应模型进行进一步的增强。使用 Retinex 理论进行低光照图像增强基本上都是要先得到光照图,但是该光照图使用的先验都是人工制作的,另外依赖有效的参数。这样造成的结果就是图像增强的模型泛化能力比较弱,而且没有考虑噪声对于图像的影响,所以往往最后得到的图像都具有明显的噪声。

2.2 基于深度学习的算法

随着深度学习在图像领域的迅速发展,很多使用神经网络来进行低光照图像增强的研究,以及一些优秀的传统算法或者理论基础也会被使用到深度学习中,提高深度学习的处理结果。Retinex 理论和深度学习结合得非常紧密,Retinex-Net[14] 就是其中的一个代表方法,该方法将输入图像通过神经网络分解为光照图和反射图,对光照图也采取深度学习进行进一步增强,最后得到输出图,但该方法对数据集要求较高。Ignatov 等[15] 提出了一种端到端的神经网络进行增强,该网络是基于残差神经网络进行的创建,该方法通过将普通照片转换为 DSLR(Digital Single-lens Reflex Camera)品质的图像来弥合普通手机拍摄的图像与单反拍摄的图像之间的差距。由于普通的均方损失函数无法体现图像的色彩、结构与纹理信息,因此该模型还构建对应的融合损失函数。Ignatov 等[16]基于生成对抗网络建立使用弱监督的低光照图像增强模型,该方法可以从网络上获取大量的高质量图像,增强了网络的泛化能力。该方法证明了使用不成对的数据进行低光增强学习的可行性。但是,如果没有成对的监督,就无法还原出细微的细节,而且强烈的噪点仍然会影响增强结果。Zero-DCE(Zero-Reference Deep Curve Estimation)图像增强方法[17]将图像增强任务转换为使用神经网络将图像输出为曲线,通过自身的不断迭代进行图像增强。该方法最后的结果也可以达到先进的水平,这表明无监督的方法也可以应用于低光照图像增强的任务,很大程度上扩展了研究的方法。张航等[18]提出一种语义分割和 HSV(Hue, Saturation and Value)色彩空间引导的低光照图像增强方法。首先提出一个迭代图像增强网络,逐步学习低光照图像与增强图像之间像素级的最佳映射,同时为了在增强过程中保留语义信息,引入一个无监督的语义分割网络并计算语义损失。该网络不需要昂贵的分割注释,对解决细节不清晰、色彩失真等问题,具有一定的应用价值,但是在消融实验结果中发现,语义信息的加入对增强效果不是很明显。

3 低光照图像增强算法研究

3.1 空域和频域融合网络模型

针对低光照图像增强涉及的处理纹理模糊和颜色失真等常见问题,本文提出了一种全新的解决方案:空域和频域融合的网络模型,这是一个端到端、轻量级的双分支网络,网络模型图像处理耗时 1~2ms,模型结构见图 2。

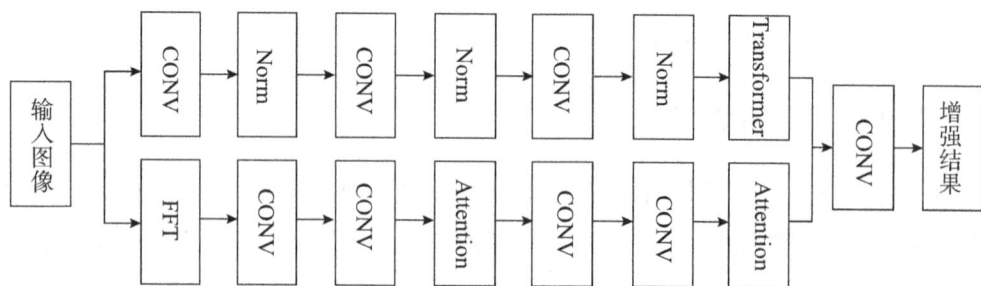

图 2 模型结构

模型以空间域和频域信息相结合为设计理念,利用基于 Transformer 的空间域处理模块和频域处理模块,分别对图像的空间域信息和经过傅里叶变换的频域信息进行处理。这两个分支之间通过引入注意力机制,实现了特征的自适应融合,以生成最终的增强图像。另外,针对频域信息,提出了一个全新的频域损失函数,并将其作为联合损失函数的一部分。这个联合损失函数同时约束了空间域和频域的处理过程,确保了模型在图像增强中的全面性和稳健性。模型的创新之处在于它不仅重视空间细节的处理,同时注重频域特征的保留,通过双重约束优化模型,提升了处理低光照图像的鲁棒性和效果的一致性。

3.2 基于空域和频域融合网络模型的理论论证

图像处理和增强技术在计算机视觉领域中扮演着至关重要的角色,而传统方法往往只侧重于空间域信息或频域信息的单一处理,无法充分利用图像中的全部信息资源。结合空间域和频域信息的融合网络模型,通过整合 Transformer 的空间域处理模块和频域处理模块,对图像进行综合性处理,实现了更为全面和稳健的图像增强效果。

(1)空间域和频域处理模块

空间域处理模块主要负责捕捉图像中的局部细节信息和全局结构信息。Transformer 模型在处理空间域信息时,利用其自注意力机制可以有效地捕捉长距离依赖关系,从而在图像的细节恢复和全局一致性方面表现出色。频域处理模块通过傅里叶变换将图像从空间域转换到频域,从而揭示图像的频率成分和周期性结构。傅里叶变换能够将图像的高频和低频成分进行分离,这对于处理图像中的噪声和增强对比度具有重要作用。频域处理模块同样基于 Transformer 架构,能够通过自注意力机制有效捕捉频域特征,增强对图像细节和边缘信息的保留。

(2)自适应融合机制

为了实现空间域和频域信息的有效融合,引入了注意力机制。注意力机制能够根据图像的不同特征,自适应地调整空间域和频域信息的权重,从而生成更加自然和高质量的增强图像。这种自适应融合机制不仅提高了模型的灵活性和适应性,同时也确保了不同特征之间的协同作用,避免了信息丢失或冗余。

(3)频域损失函数

在频域处理过程中,提出了一个全新的频域损失函数,并将其纳入联合损失函数的一部分。频域损失函数主要用于约束频域特征的保留和优化,确保图像在增强过程中不会丢失重要的频域信息。这一损失函数的设计考虑了图像的频率成分,通过对高频和低频信息的平衡约束,提升了图像的细节表现力和整体质量。

(4)联合损失函数

联合损失函数同时约束了空间域和频域的处理过程,确保模型在处理图像时能够兼顾两种信息的综合优化。联合损失函数的设计理念在于平衡空间域和频域信息的重要性,通过双重约束机制提升模型的鲁棒性和稳定性。

(5)理论优势

①全面性:模型同时处理空间域和频域信息,确保了图像处理的全面性,能够更好地捕捉图像中的所有重要特征。②稳健性:联合损失函数的双重约束机制增强了模型的鲁棒性,使其在不同的图像增强任务中表现稳定。③细节保留:自适应融合机制和频域损失函数的引入,使模型在增强图像时能够更好地保留细节和边缘信息。④适应性:注意力机制的应用使模型能够根据图像特征自适应调整处理策略,提升了模型的灵活性和适应性。

3.3 损失函数

选用 L1、结构相似性指数 SSIM、Perceptual 和平滑度 4 个损失函数作为总的损失函数。这些损失函数各自从不同的角度出发,综合考虑了图像生成任务中的重要方面,包括像素级的精确度(L1 损失)、感知质量(SSIM 和 Perceptual 损失)和视觉自然性(平滑度损失)。①提升视觉质量:结合使用这些损失函数能够有效地提升生成图像的视觉质量和感知真实性,使得生成的图像更加逼真和自然。②抗噪声性能:L1损失函数和平滑度损失函数有助于减少图像中的噪声和失真,而 SSIM 和 Perceptual损失函数则能够提高生成图像在感知上的质量和真实感。4 个损失函数的权重分别设置为 2、5、1 和 2。

(1)L1 损失函数

①L1 损失函数是一种回归损失函数,计算预测值与真实值之间的绝对误差的平均值。对于两个向量 y 和 $\hat{y_i}$,L1 损失定义为:

$$L_1 = \frac{1}{N} \sum_{i=1}^{N} | y_i - \hat{y_i} |$$

式中,N——样本数量;

y_i 和 $\hat{y_i}$——真实值和预测值的第 i 个元素。

(2)结构相似性指数(SSIM)

SSIM 是一种用于衡量两幅图像相似度的指标,SSIM 损失函数衡量了图像的亮度、对比度和结构相似性。SSIM 损失函数通过比较预测图像 $\hat{x}$ 与真实图像 x 之间的局部相似性来计算损失,公式为:

$$SSIM(x,\hat{x}) = \frac{(2\mu_x\mu_{\hat{x}} + c_1)(2\sigma x\hat{x} + c_2)}{(\mu_x^2 + \mu_{\hat{x}}^2 + c_1)(\sigma_x^2 + \sigma_{\hat{x}}^2 + c_2)}$$

式中，μ_x 和 $\mu_{\hat{x}}$——x 和 $\hat{x}$ 的均值；

　　σ_x^2 和 $\sigma_{\hat{x}}^2$——它们的方差；

　　$\sigma_{x\hat{x}}$——它们的协方差；

　　c_1 和 c_2——稳定性常数。

（3）Perceptual 损失函数

Perceptual 损失函数通常基于预训练的深度学习模型（如 VGG 网络）提取的特征表示。它衡量了生成图像与真实图像在高级语义层面上的相似性，而不仅仅是像素级的差异。Perceptual 损失可以通过计算特征图之间的差异来定义，通常采用欧氏距离或其他相似性度量。

（4）平滑度损失函数

平滑度损失函数旨在促进生成图像的空间平滑性，减少图像中的噪声和不连续性。它通常通过计算图像梯度的范数来定义，以鼓励生成图像中相邻像素之间的连续性和一致性。

3.4　成效分析

与传统方法相比，模型在处理低光照图像增强方面具有一些显著优势。传统方法往往局限于某一特定域的处理，而模型通过融合空间域和频域信息，具备了以下几点优势。

（1）综合性处理

传统方法通常只注重空间域信息或者频域特征的处理，而模型通过空间域和频域信息的联合优化，能够全面考虑图像的细节和全局特征，从而提供更全面、更自然的增强效果。

（2）特征融合

传统方法在特征处理上往往是线性的或者局部的，而模型通过引入注意力机制，实现了分支间特征的自适应融合，更好地结合不同域的信息，从而提升了图像增强的精度和鲁棒性。

（3）全局优化

传统方法可能对某些特定场景效果好，但在处理全局图像质量时表现不佳。而模型的联合损失函数同时考虑了空间域和频域的优化目标，使得对整体图像质量的提升更为均衡和全面。

（4）适应性强

由于模型能够对空间和频域信息进行更全面的处理，因此它更具适应性，在不同光照条件下的图像增强任务中表现更出色,相较于传统方法更具通用性。

这些优势使得模型成为处理低光照图像增强问题的一种更加全面、高效且具有前瞻性的解决方案,为提升图像质量和视觉感知提供了新的可能性。LOL 数据集对应的实验结果见图 3。从上到下分别是低照度图像、正常照度图像、限制直方图对比结果、DSLR 结果、LightenNet 结果、LIME 结果和本文方法结果。从左至右则分别是 LOL 数据集中对应的编号为 696、711 和 717 图片。从图 3 中可以看出,限制直方图均衡化、LightenNet 和 LIME 图像偏暗。DSLR 结果亮度相对于前 3 种方法提升了很多。而本文方法的整体亮度和对比度均为最优。客观评价结果见表 1。PSNR 是一种评价图像质量的度量标准。它一般用于衡量最大值信号和背景噪音之间的图像质量参考值,其值越大,图像失真越少;UQI 值越大,图像质量越高。LPIPS 是一种基于深度学习的图像质量评估方法。通过训练一个深度神经网络来模拟人类视觉系统对图像的感知,从而对图像质量进行评估,其值越低表示两张图像越相似,反之,则差异越大。MSSSIM 是一种用于评估图像质量的指标。它考虑了图像的结构信息,能够更准确地反映人眼对图像质量的感知,它的值范围为 $[0,1]$,越大代表图像越相似。结果说明本文方法与实际正常照度图像最为接近。

(a)   (b)   (c)

(d)   (e)   (f)

(g)   (h)   (i)

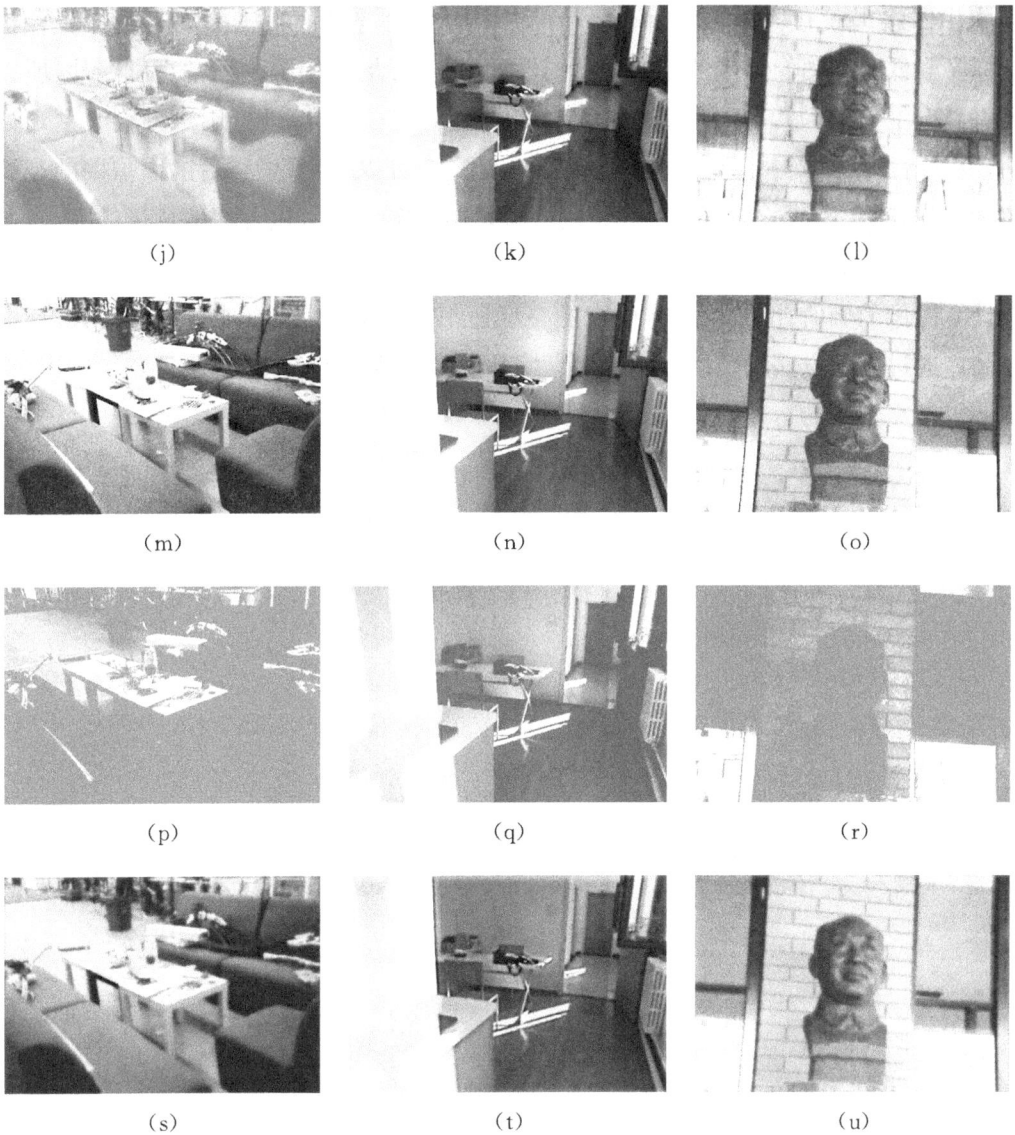

图 3　LOL 数据集对应的实验结果

表 1　　　　　　　　　　　　　　　客观评价结果

方法	PSNR	UQI	LPIPS	MSSSIM
限制直方图均衡化[14]	9.21	0.81	0.61	0.89
DSLR[15]	17.06	0.86	0.56	0.93
LightenNet[16]	12.60	0.85	0.30	0.93
LIME[17]	15.36	0.86	0.41	0.92
本文方法	18.21	0.88	0.23	0.94

堤坝低光照图像检测实际效果见图 4 至图 7,对检测结果进行定性评价,使用信

息熵、图像平均亮度(平均灰度值)等指标,评估图像质量和算法性能。因为客观评价指标需要低照度图像对应的正常亮度图像,但是实际场景中缺少正常亮度图片,所以没有做定量分析(如 PSNR、NQM、UQI 等),增加主观评价,进行用户调查或主观评估,以了解用户对增强图像的感知。从图4至图7可以看出,增强后的图像中的裂纹清晰可辨,便于后续的裂纹检测和识别。熵是衡量图像中所包含的信息量的大小,熵越大说明包含的信息越多,意味着可以从处理后的图像中获取更多的信息,用信息熵来计算图像的熵值;图像中所有像素的亮度值都介于0到255之间,数值越大,亮度越高。通过本文方法增强后图像的信息熵和图像亮度得到有效提高(表2)。以上均证明了本文方法的有效性。

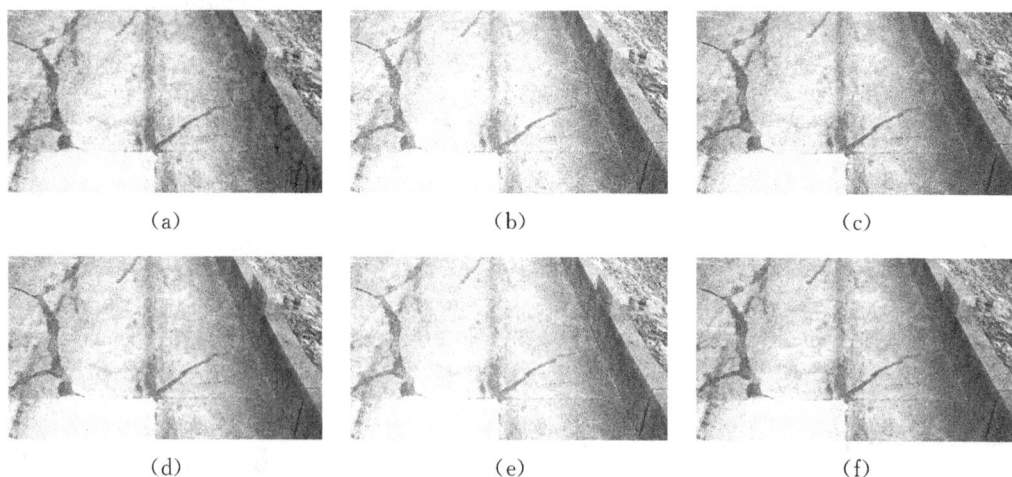

(a)

(b)

(c)

(d)

(e)

(f)

图4　原始低照度图像

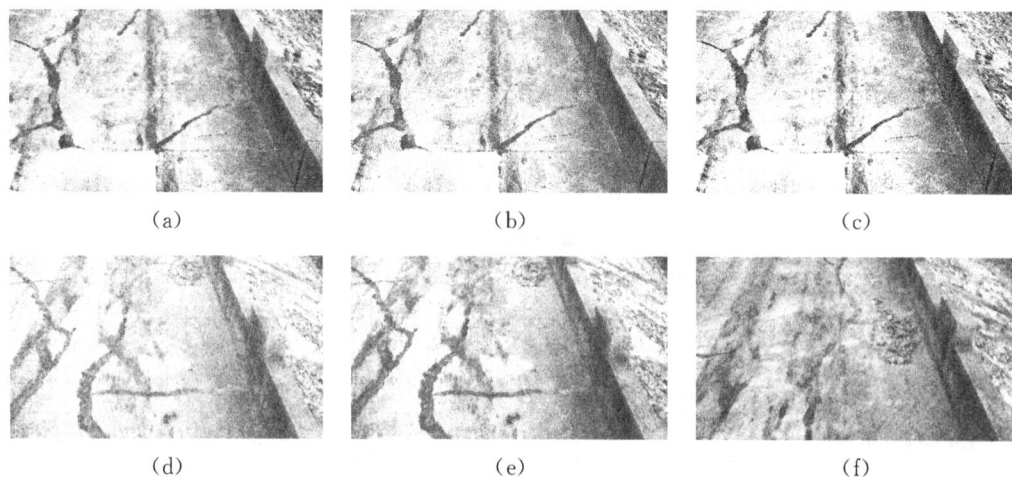

(a)

(b)

(c)

(d)

(e)

(f)

图5　限制直方图均衡化结果

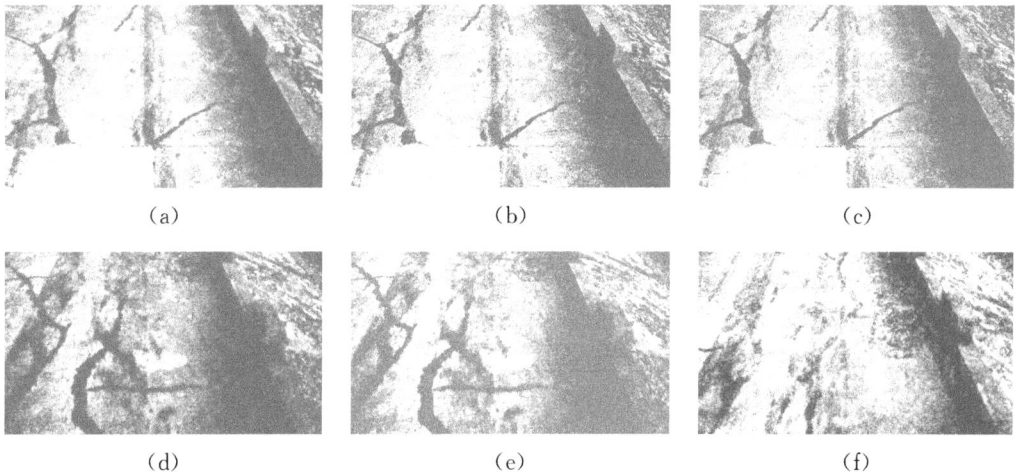

(a)　　　　　　　　　　　　(b)　　　　　　　　　　　　(c)

(d)　　　　　　　　　　　　(e)　　　　　　　　　　　　(f)

图 6　LIME 结果

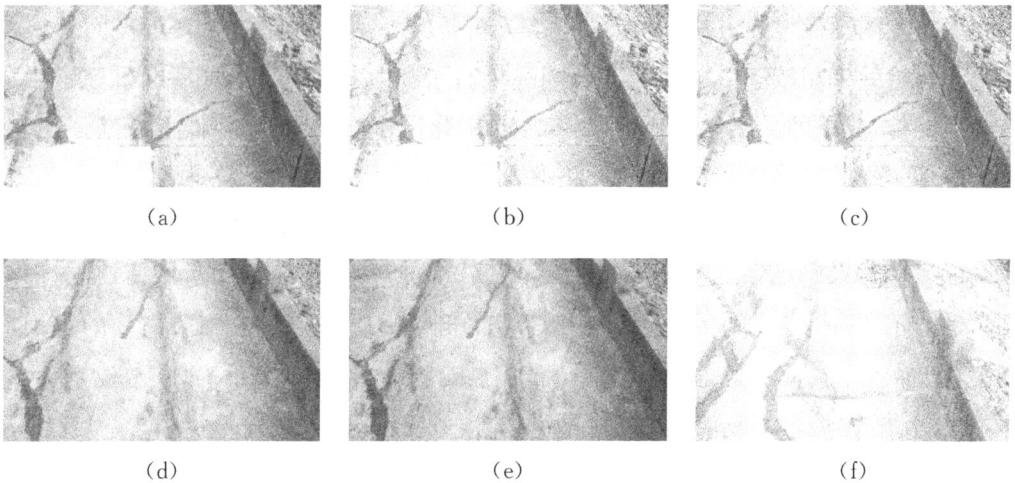

(a)　　　　　　　　　　　　(b)　　　　　　　　　　　　(c)

(d)　　　　　　　　　　　　(e)　　　　　　　　　　　　(f)

图 7　本文方法结果

表 2　　　　　　　　　　　　　　　　客观评价指标

方法	原图	限制直方图均衡化	LIME	本文方法
信息熵	4.50	6.02	5.22	6.67
亮度	13.15	38.13	28.59	125.26

3.5　消融实验

本研究进行了损失函数的消融实验,该损失函数由 4 个部分组成:L1、SSIM、Perceptual 和平滑度。模型使用 LOLdataset 进行了训练与测试,实验中仅改变损失函数的组成。消融实验测试结果见表 3,从结果中可以看出,Perceptual 对最终的效果影响最为显著,而其他 3 个损失函数影响则相对较小。

表3 消融实验测试结果

损失函数	PSNR	UQI	LPIPS	MSSSIM
L1、SSIM、Perceptual、平滑度	18.21	0.88	0.23	0.94
L1、SSIM、Perceptual	17.14	0.83	0.29	0.91
SSIM、Perceptual、平滑度	17.91	0.86	0.31	0.92
L1、Perceptual、平滑度	17.86	0.85	0.28	0.91
L1、SSIM、平滑度	16.35	0.84	0.36	0.87
Perceptual	18.01	0.86	0.26	0.93

4 应用案例

自 2023 年 9 月起,本研究组向靖江市水利局工程管理科技术团队提供了面向堤坝隐患检测的图像增强方法,并应用于靖江新桥西界河段的堤防无人机夜间巡检作业中。巡检效率相较于传统的人工夜间巡检有了显著提升,检测质量也得到了明显改善。此外,成果的数字化处理效率较高,自动化操作简单便捷,降低了劳动强度,保证了巡检工作的准确性和可靠性。

该项目通过无人机航拍采集图像数据,实现了 30km/h 的巡检速度。采用低光照图像增强技术对采集的图像数据进行了预处理,使得图像的平均灰度值从 15 提高到了 75,有效解决了夜间拍摄图像照度不足的问题,从而实现了准确、高效的堤坝夜间巡检。

5 结语

本文概述了堤坝巡检及检测技术的现状、特点及其应用,并详细探讨了国内外堤坝低光照图像增强技术的发展状况及一种图像采集装置的设计。针对堤坝检测过程中因低光照导致的图像纹理模糊和颜色失真等问题,本文提出了一种基于空域和频域融合的网络模型解决方案,并对其成效进行了深入分析。通过对比客观评价指标可知,该模型在低光照图像增强方面展现出显著优势,并在实际应用案例中取得了显著效果。

参考文献

[1] 高原. 基于无人机快速巡检的堤坝病害检测方法与软件平台[D]. 济南:山东大学,2020.

[2] 盛金保,李宏恩,盛韬桢. 我国水库溃坝及其生命损失统计分析[J]. 水利水

运工程学报，2023(1)：1-15.

[3] Zhao S，Kang F，Li J，et al. Structural health monitoring and inspection of dams based on UAV photogrammetry with image 3D reconstruction[J]. Automation in Construction，2021，130(1)：452-468.

[4] 徐陈勇，李云帆，王喜春. 基于低空无人机的大坝渗漏安全检测技术研究[J]. 电子测量技术，2018，41(9)：84-86.

[5] Mario A，Fregonese L，Prandi F，et al. Structural monitoring of a large dam by terrestrial laser scanning[J]. International Archives of Photogrammetry，Remote Sensing and Spatial Information Sciences，2006，36(5)：6.

[6] 华兴林，孟颂颂. 地质雷达在堤坝渗漏隐患探测中的应用[J]. 云南地质，2023，42(3)：374-378.

[7] Abdullah-Al-Wadud M，Kabir M H，Dewan M AA，et al. A dynamic histogram equalization for image contrast enhancement[J]. IEEE Transactions on Consumer Electronics，2007，53(2)：593-600.

[8] Land E H. The retinex theory of color vision[J]. Scientific American，1977，237(6)：108-129.

[9] Jobson D J，Rahman Z，Woodell G A. Properties and performance ofacenter/surround retinex[J]. IEEE transactions on image processing，1997，6(3)：451-462.

[10] Jobson D J，Rahman Z，Woodell G A. A multiscaleretinex for bridging the gap between color images and the human observation of scenes[J]. IEEE Transactions on Image processing，1997，6(7)：965-976.

[11] Fu X，Zeng D，Huang Y，et al. A fusion-based enhancing method for weakly illuminated images[J]. Signal Processing，2016，129：82-96.

[12] Guo X，Li Y，Ling H. LIME：Low-light image enhancement via illumination map estimation[J]. IEEE Transactions on image processing，2016，26(2)：982-993.

[13] Ying Z，Li G，Ren Y，et al. A new low-light image enhancement algorithm using camera response model[C]//Proceedings of the IEEE International Conference on Computer Vision Workshops. 2017：3015-3022.

[14] Wei C，Wang W，Yang W，et al. Deep retinex decomposition for low-light enhancement[J]. 2008.

[15] Ignatov A，Kobyshev N，Timofte R，et al. Dslr-quality photos on mobile

devices with deep convolutional networks[C]//Proceedings of the IEEE International Conference on Computer Vision. 2017：3277-3285.

[16] Ignatov A，Kobyshev N，Timofte R，et al. Wespe：weakly supervised photo enhancer for digital cameras[C]//Proceedings of the IEEE Conference on Computer Vision and Pattern Recognition Workshops. 2018：691-700.

[17] Guo C，Li C，Guo J，et al. Zero-reference deep curve estimation for low-light image enhancement[C]//Proceedings of the IEEE/CVF Conference on Computer Vision and Pattern Recognition. 2020：1780-1789.

[18] 张航,颜佳.语义分割和 HSV 色彩空间引导的低光照图像增强[J].中国图象图形学报,2024,29(4):966-977.

沥青心墙土石坝体温度场与渗流场监测成果对比分析

任志明[1]　格桑央培[2]　赵文波[1]　智　斌[1]　李春风[1]　刘含漪[1]

(1. 北京中水科工程集团有限公司,北京　100044;

2. 西藏自治区旁多水利枢纽管理局,西藏拉萨　850013)

摘　要:沥青混凝土心墙土石坝一期与二期心墙结合部位的连接情况对坝体的整体防渗效果至关重要。为了监测其防渗效果,分别在某工程一、二期沥青心墙结合部位不同高程布置了温度计与渗压计。监测成果表明,沥青心墙上游侧的渗透压力主要受库水位影响,而下游侧的渗透压力主要受心墙的防渗效果影响;沥青心墙上、下游温度场主要受上游坝前库水温度、大气温度等因素影响,但也与心墙防渗效果有关。通过初步分析下游温度场与气温及上游库水温度的相关性,可以定性分析一、二期心墙结合部位的防渗效果。

关键词:心墙结合部,温度场,渗流场

1　前言

土石坝渗流安全是影响工程安全的关键因素之一。渗流问题如果处理不当,可能严重影响土石坝工程的安全运行[1]。坝体内的温度场与渗流场存在一种交互关系:温度场的变化会引起细颗粒土与水之间的黏度与密度、孔隙率和渗透率等参数的改变,进一步影响坝体内部的渗流场分布形态;细颗粒土与水介质具有一定的温度,随着水流渗入细颗粒内部进行热量交换,引起坝体内热量变化,从而改变了坝体温度场的分布形态[2]。因此,土石坝内出现集中渗漏时温度场会发生异常变化,通过渗流

基金项目:中国水利水电科学研究院基本科研业务费专项项目(ZS0145B012024)。

作者简介:任志明(1986—　),男,山西人,博士,高级工程师,主要从事安全监测数据整编分析研究。E-mail:renzhim@iwhr.com。

热监测技术观测堤坝温度场的分布及变化过程,可以判断出堤坝内是否存在集中渗漏[3-4],从而达到监测堤坝渗流的目的。

沥青混凝土心墙坝是一种在坝体中部设置沥青混凝土防渗体的坝型,心墙具有适应变形能力强、防渗性能好等特点。沥青混凝土心墙坝主要由两侧坝壳、心墙及其过渡层、棱体排水以及上、下游护坡等组成。在缺乏天然防渗土料的地区,沥青混凝土心墙坝是一种有效的解决方案。

利用坝体温度监测成果反馈大坝渗漏,是现有渗流监测主要方法之一。其中,分布式温度监测系统具有精度高、长距离分布式、连续监测的优点,在大坝渗流监测中得到较为广泛应用,且前景广阔。国内很多学者对分布式渗流热监测技术进行研究与应用,在三峡大坝、小湾混凝土拱坝、石门子碾压混凝土拱坝、思安江混凝土面板堆石坝和长调水电站混凝土面板的监测中加以应用[5]。温度场反演渗流监测技术,可用于渗漏点位置的定性确定[6-8]。

但是分布式温度监测反演渗流的技术研究与应用主要限于大坝渗漏位置定位方面以及数学模型探索阶段,通过对温度场监测资料的整编,分析土石坝体结构渗流场分布形态的研究较少。本文通过对心墙上、下游侧温度计监测成果的对比分析,进一步分析坝体的渗流状态,用于定性判别沥青混凝土心墙的防渗效果、土石坝体结构的渗流情况。

2 监测原理及仪器布置

热敏电阻是一种传感器电阻,其电阻值随着温度的变化而改变,因此被广泛应用于温度测量。热敏电阻分为正温度系数(PTC)热敏电阻和负温度系数(NTC)热敏电阻两种类型。PTC热敏电阻的电阻值随温度的升高而增大,而NTC热敏电阻的电阻值则随温度的升高而减小。在实际应用中,NTC热敏电阻因其对温度变化的敏感度高,常被用于精确的温度测量和控制。

负温度系数(NTC)热敏电阻是利用锰、铜、硅、钴、铁、镍、锌等两种或两种以上的金属氧化物通过充分混合、成型、烧结等工艺制造而成的半导体陶瓷,其电阻率和材料常数随材料成分比例、烧结气氛、烧结温度和结构状态不同而变化。还出现了以碳化硅、硒化锡、氮化钽等为代表的非氧化物系NTC热敏电阻材料。基于NTC热敏电阻构成的传感器监测得到温度值与电阻之间的关系表达式为:

$$T = \frac{1}{A + B(\ln R) + C(\ln R)^3} - 273.2 \tag{1}$$

式中:T——摄氏温度,℃;

R——热敏电阻的阻值,Ω;

$\ln R$——阻值的自然对数;

A、B、C——分别为热敏电阻电子元器件的出厂参数,即常数项。

振弦式渗压计的工作原理基于振弦的振动频率与其所受张力的关系,当外界压力作用于传感器体时,传感器体内的压力敏感元件将压力转换为对振弦的张力。振弦的张力变化导致其振动频率的改变,感应线圈检测到这一频率变化并将其转换为电信号输出。通过测量这一电信号,即可得到外部压力的大小。

振弦是一根弹性钢丝,当受到一定的张力时,它会以一定的频率进行振动。这个频率与钢丝所受的张力成正比,因此,通过测量钢丝的振动频率,就可以知道钢丝所受的张力,即所测量的压力与钢丝所受的张力及其自身频率的关系表达式为:

$$P = AF^2 + BF + C \tag{2}$$

式中:P——绝对压力,kPa;

F——热敏电阻的阻值,Hz;

A、B、C——张力状态下钢丝自身的出厂参数,即常数项。

3 监测数据整编及分析

土石坝坝体结构较长,施工过程中往往会进行分期分块填筑,沥青混凝土心墙也存在分期施工问题。受施工质量、运行环境等因素影响,不同时期的沥青心墙结合部位往往是坝体防渗体系中最为薄弱的环节。因此,分别在心墙上、下游不同高程布置了若干支温度传感器,同时在温度传感器布置点均布置有渗流渗压监测,用于监测土石坝坝体内沥青混凝土心墙结构的整体防渗效果。温度、渗流渗压监测点布置见图1。分别在一期与二期沥青混凝土心墙结合部位高程 1053.00m、1064.00m、1075.00m 的上、下游两侧各布置了 1 支渗压计和 1 支温度计,共 6 支温度计和 6 支渗压计,用于监测该部位心墙的防渗效果。

对 2018—2023 年的温度与绝对水压的监测数据进行了整编(其中高程 1075.00m 部位渗压计与温度计的监测数据失效),不同监测点各物理量监测成果的时间过程线见图2,监测成果特征值统计见表1。

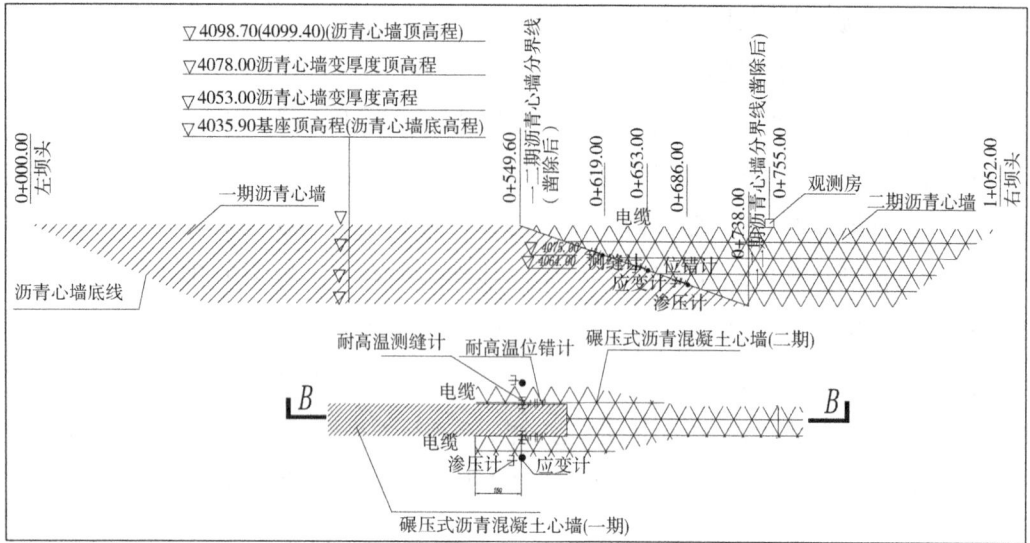

图1 一、二期沥青混凝土心墙结合部渗压计及温度计布置(单位:m)

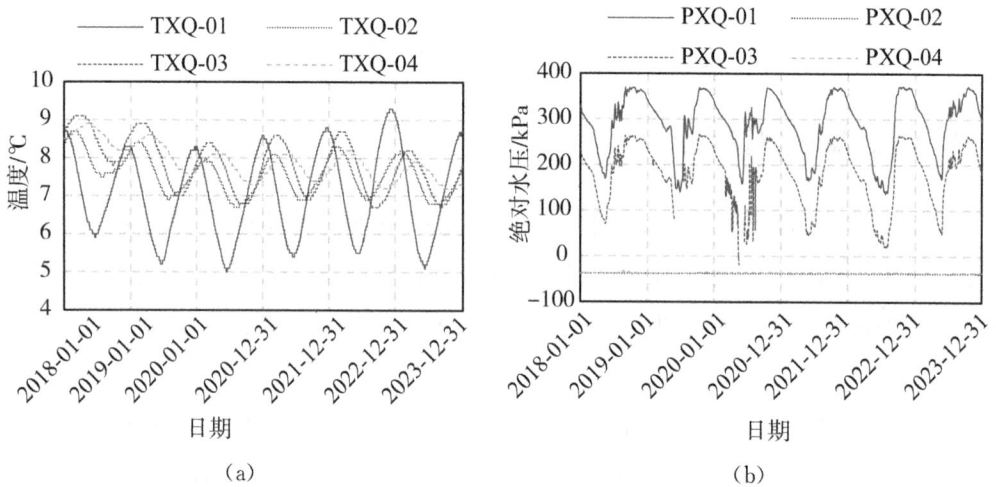

（a）

（b）

图2 一、二期沥青混凝土心墙结合部温度(a)和绝对水压(b)监测时间过程线

表1　　　　　　　　一、二期沥青混凝土心墙结合部温度与绝对水压特征值统计

监测部位			温度监测				渗流渗压监测			
高程	桩号	上/下游侧	测点编号	最大值/℃	最小值/℃	变化幅值/℃	测点编号	最大值/kPa	最小值/kPa	变化幅值/kPa
1053.0	0+686.0	上游侧	TXQ-01	9.3	5.0	4.3	PXQ-01	372.473	137.039	235.434
1053.0	0+686.0	下游侧	TXQ-02	8.7	6.7	2.0	PXQ-02	−36.737	−38.164	1.427
1064.0	0+653.0	上游侧	TXQ-03	9.1	6.7	2.4	PXQ-03	266.446	−19.187	285.633
1064.0	0+653.0	下游侧	TXQ-04	8.9	7.2	1.7	PXQ-04	−32.306	−39.099	6.793

4 对比分析

结合上游坝前水深、水库工程现场气温等环境监测成果,同温度、绝对压力监测成果综合对比分析分别见图3、图4。由图可知,高程1052.00m上游侧温度计TXQ-01的变化幅值明显大于其他各点,且与大气温度监测成果呈负相关关系;其他部位温度监测成果与大气温度呈一定的相关性,但温度计监测成果存在一定的滞后性,且存在一定程度的下降趋势;上游侧的渗压计PXQ-01和PXQ-03监测得到的绝对压力变化幅值明显大于下游侧的绝对压力,且与上游坝前水深监测成果呈正相关关系;由于工程所属区域海拔较高,下游侧渗压计监测的绝对压力值显示为负值,其幅值变化较小。

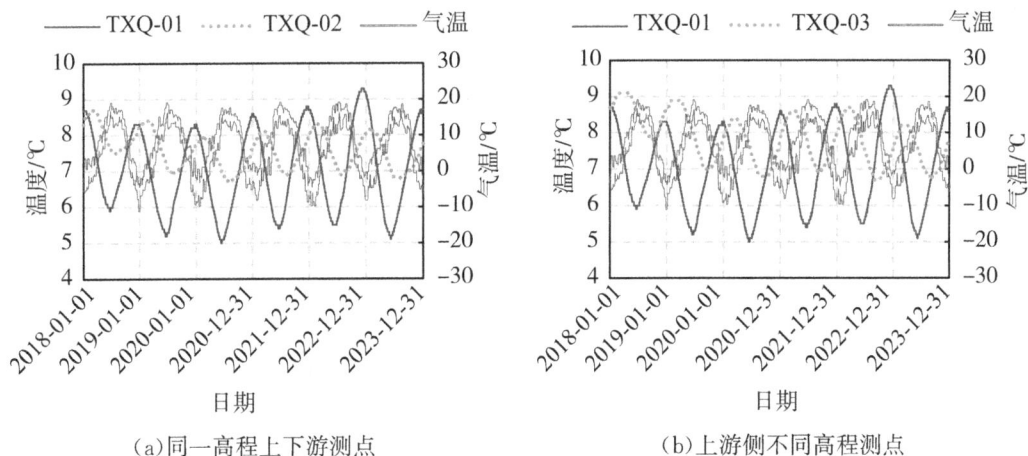

（a）同一高程上下游测点　　　　　　　　（b）上游侧不同高程测点

图3　一、二期沥青混凝土心墙结合部温度与气温对比分析

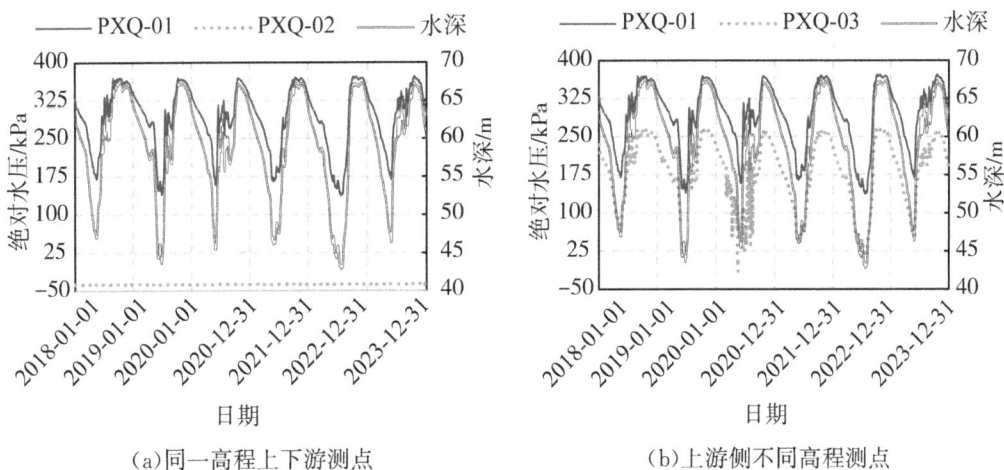

（a）同一高程上下游测点　　　　　　　　（b）上游侧不同高程测点

图4　一、二期沥青混凝土心墙结合部绝对压力与上游水深对比分析

5 结论

综合分析某水库工程一期与二期沥青混凝土心墙结合部位的温度场与渗流场监测成果，得出以下结论。

①由于沥青心墙上游侧坝体填筑料渗透性较好，其绝对压力变化趋势与库水位的相关性较强，不同高程监测得到的绝对压力变化幅值差值较小。

②由于高程1052.00m上游侧部位的温度受库区渗透水温度、大气温度等因素影响，该部位的温度监测成果与大气温度的相关性明显低于其他监测部位，其主要影响因素为库区渗透水温度。

③由于高程1052.00m下游侧部位的温度受库区渗透水温度、大气温度等因素影响，该部位的温度监测成果与大气温度的相关性明显低于其他监测部位，其主要影响因素为大气温度。

参考文献

[1] 汝乃华，牛运光. 大坝事故与安全·土石坝[M]. 北京：中国水利水电出版社，1997.

[2] 吴志伟，宋汉周. 坝址温度场与变物性渗流场全耦合分析[J]. 水利学报，2010，41(6)：703-710.

[3] 何宁，丁勇，吴玉龙，等. 基于分布式光纤测温技术的堤坝渗漏监测[J]. 水利水运工程学报，2015(1)：20-27.

[4] 甘孝清，肖庆，宁晶. 土石坝渗流热监测理论研究进展[J]. 长江科学院院报，2014，31(7)：119-124.

[5] 李端有，熊健，於三大，等. 土石坝渗流热监测技术研究[J]. 长江科学院院报，2005，22(6)：29-33.

[6] 谷艳昌，王士军，庞琼，等. 土坝温度场反馈渗流场可行性研究[J]. 岩土工程学报，2014，9(36)：1721-1726.

[7] 周志维，段祥宝，谢罗峰，等. 土石坝温度观测资料HURST指数研究[J]. 中国农村水利水电，2014(6)：182-185.

[8] 杨志轩. 渗流作用下均质土坝温度场变化规律试验与数值模拟研究[J]. 四川水力发电，2024，1(43)：103-107.

磁通测量技术在大坝水平位移监测中的应用

张继楷 曹 浩 黄跃文

(长江水利委员会长江科学院,湖北武汉 430019)

摘 要:垂线测量技术在大坝水平位移监测中发挥了重要作用,但目前传统的垂线测量仪器在高湿度环境下的应用均有一定局限性,易受水汽影响而造成测量不准或仪器失效等问题。为此,考虑磁通量不受非铁磁性介质影响,将磁通测量技术应用于大坝垂线监测领域,开发了适用于100%相对湿度工作环境的磁通测量式垂线坐标仪,并在白鹤滩水电站开展了试运行,目前运行状况良好。

关键词:磁通测量;水平位移;垂线;高湿度

1 前言

随着水工建筑物结构的不断老化,全国病险水库大坝日益增多,安全问题逐渐凸显,发展、完善大坝安全监测体系意义重大。垂线监测仪器可以直观反映大坝水平位移状态,在大坝安全监测中应用广泛[1]。

目前,常用的 CCD 式、步进式、电容式等垂线坐标仪因受原理限制而无法长期在高湿度环境下进行准确可靠测量,其测量核心部件及环境适应局限性见表1。已有研究发现,电容式垂线坐标仪极板间屏蔽线绝缘度在高湿度环境中会下降,造成监测数值异常跳动[2]。在葛洲坝水利枢纽中曾有电容式与光学垂线坐标仪的监测数据对比结果显示其最大相对误差超过40%[3]。总体而言,目前相关研究主要聚焦于已有技术的提升[4-5],而受技术原理限制,环境因素影响测量的问题并未得到很好的解决。

基金项目:国家自然科学基金青年基金资助项目(52209153)。

作者简介:张继楷(1992—),男,武汉人,博士,高级工程师,主要从事大坝安全监测技术、电磁测量技术及无损检测方法研究。E-mail:zhangjk@mail.crsri.cn。

表1   传统垂线坐标仪核心部件及环境适应局限性

类型	核心测量部件	局限
CCD式	CCD位移检测单元	水汽影响垂线投影位置
步进式	光电探头	光电探头受水汽影响
电容式	电容位移传感器	水汽等会改变介质介电常数

考虑到非铁磁性介质的相对磁导率与空气相同,而非铁磁性介质不影响磁路磁通量的特点,提出一种磁通测量位移传感技术,其主要原理是通过磁路将被测物的位移以空气磁阻为媒介转变为磁路磁通量,通过磁场传感器测量磁路磁通量得到被测物位移信息。将磁通测量位移传感技术应用于垂线测量领域,可以从原理上解决高湿度环境对垂线监测仪器的影响,为大坝水平位移监测提供一种新的测量方法和技术手段。

2   磁通测量位移传感器设计

磁通测量位移传感器主要由永磁体、铁芯和被测物组成。磁通测量方法的核心在于构建合适的磁路,采用一组永磁体及铁芯与被测物构成基本磁回路,将磁场传感器(霍尔传感器)置于铁芯内,测量磁路主磁通。为获得霍尔传感器最大的电压工作区间,选择桥式结构的磁路以减弱永磁体间磁回路对主磁通的影响,即在非测量面增加一组永磁体,其磁场方向与相邻永磁体磁场方向一致,在内部铁芯中两组永磁体产生的磁回路磁场方向相反。此设计的优势主要有两点:①霍尔传感器所在的主磁路中,非测量面的磁回路磁通量可抵消测量面与被测物无关的旁路磁通量,使得霍尔传感器可以尽量工作在满量程工作区间,提高传感器灵敏度和量程范围;②当无被测物存在时,在理想情况下霍尔传感器所在测点磁通量应当为零,便于判断磁路构建的正确性及传感器之间的一致性。此外,考虑提高垂线位移测量的量程,对垂线单一方向的位移,在垂线两侧分别布置一个磁通测量位移传感器,形成差分结构,一方面可以提高测量灵敏度、优化传感器线性度,另一方面可以消除背景磁场对测量的影响。磁通测量位移传感器示意图见图1。

在实际应用中差分传感器内两个磁通测量传感器间距较大,磁场相互影响较小,因此以单个磁通测量位移传感器与被测物为整体,构建等效磁路模型(图2)。由于铁磁性材料相对磁导率通常是空气相对磁导率的几百甚至数千倍,铁芯及铁磁性被测物的磁阻不做考虑,另外为简化分析,在模型中忽略漏磁通。图中,F 为永磁体提供的磁动势,f 为磁通量,f_1 为测量回路的磁通量,f_2 为非测量回路磁通量,R 为磁阻,R_{pm} 为永磁体磁阻,R_{hall} 为霍尔传感器所在处的空气磁阻,R_{air1} 为测量面永磁体间磁回路的空气磁阻,R_{air2} 为非测量面永磁体间磁回路的空气磁阻,R_1 为与位移 l 正相关的位移测量磁回路空气磁阻。

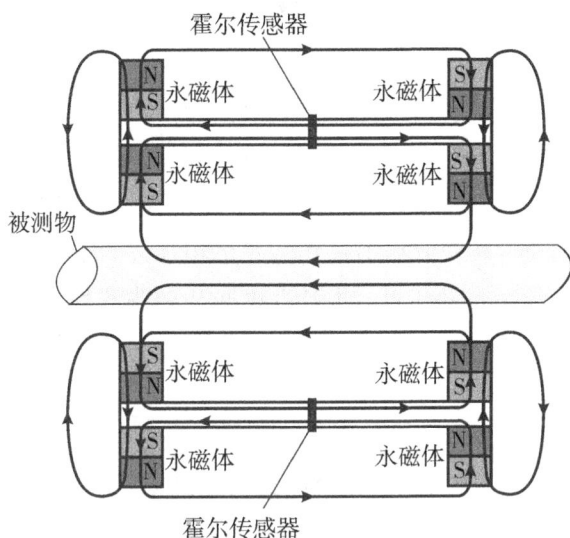

图 1　磁通测量位移传感器示意图

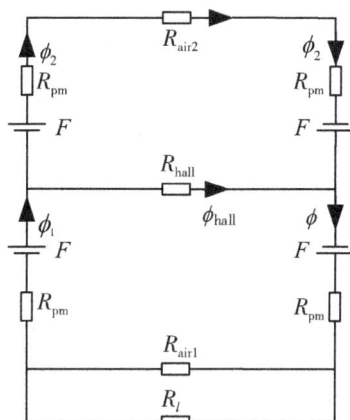

图 2　等效磁路模型

依据等效磁路模型可计算得到霍尔传感器电压 V 与位移 l 之间的关系[6]：

$$V = k \times \phi = C_1\left(-1 + \frac{C_2}{l + C_3}\right) \tag{1}$$

式中,k——与漏磁系数、磁路截面积及霍尔传感器系数有关的系数；

C_1、C_2、C_3——与传感器结构尺寸等相关的常数。

由上式可以看出,当传感器定型后,霍尔传感器的输出电压与位移和一常数之和呈线性关系。

在两个磁通测量位移传感器完全一致的理想情况下,其差分输出电压 V_c 与位移 l 之间的关系如下：

$$V_C = C_1 C_2\left(\frac{1}{l + C_3} - \frac{1}{d - l + C_3}\right) \tag{2}$$

式中,d——与差分传感器之间的间距减去被测物厚度。

3　实验验证

3.1　可行性验证

为验证磁通测量位移传感方法的可行性及理论公式推导的正确性,依据第 2 节内容设计了一组差分式磁通测量位移传感器,其中,永磁体长度为 80mm、宽度为

10mm、厚度为 5mm，硅钢片铁芯长度为 80mm、宽度为 80mm、厚度为 5mm，永磁体吸附于铁芯上，安装在树脂制作的传感器外壳内，通过螺丝固定。两铁芯间固定霍尔传感器，霍尔传感器灵敏度为 13mV/Gs，差分电路放大倍数 5 倍。选择外径 40mm、壁厚 1mm 钢管作为被测物。差分传感器间隔 136mm。

通过准确度为 $0.01\mu m$ 的高精度位移平台移动传感器，钢管固定不动，以起始点计位移零点，沿单一方向位移 60mm，每隔 5mm 记录一次差分传感器输出电压。

依据理论推导，磁通测量差分传感器的位移—电压曲线应符合式（2）的形式，考虑差分传感器中两个传感器一致性不同，其差分输出存在一定的电压差，因此实际曲线应在式（2）的基础上加上一个电压常量。基于此，对实验数据开展非线性拟合，可得到实验结果中差分传感器电压 V 与位移 l 之间的函数关系：

$$V = \frac{387.448}{l + 61.2546} + \frac{387.448}{l - 115.8739} + 1.0449 \tag{3}$$

依据式（3）绘制拟合曲线，得到实验原始数据与拟合曲线对比结果（图 3），并依据式（3）计算每个测点位移值的误差。

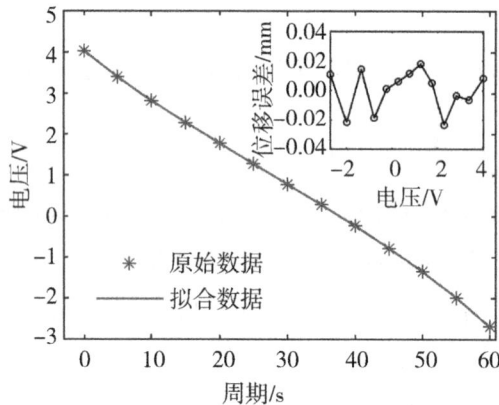

图 3 位移—电压拟合曲线（插图为电压—位移误差图）

由实验结果可以看出，依据式（3）绘出的拟合曲线与原始数据误差极小，且对应测点的位移误差小于 0.02mm，证明磁通测量差分传感器的设计可行，实验结果符合模型推导的理论公式形式，且位移测量精度较高。

3.2 不同湿度环境下测试

将被测钢管置于传感器中间位置，即位移为 30mm 处，将试验台置于不同相对湿度环境下，于 10min 内分别读取 3 次传感器电压值，记录依据拟合公式计算出的位移值（表 4）。

表 2   磁通测量传感器湿度测试数据

相对湿度/%	位移值 1/mm	位移值 2/mm	位移值 3/mm	3 次测量平均值
30	29.987	29.977	29.993	29.986
40	29.984	29.989	30.002	29.992
50	29.988	29.991	29.979	29.986
60	29.992	29.975	29.988	29.985
70	29.973	30.000	29.991	29.988
80	29.992	29.985	29.980	29.986
90	29.991	29.983	29.990	29.988
100	29.985	29.997	29.988	29.990

由表 2 可以看出,在不同相对湿度环境下,磁通测量位移传感器的测值均较为稳定,即使在 100% 相对湿度环境下,其位移测值变化也在 0.03mm 以内。测试中位移值的微小变化主要源于电路噪声、背景磁场影响等。实验结果进一步验证了磁通测量位移传感器不受湿度影响,有效避免了水汽对测量的影响。

4   现场应用

为实现大坝水平位移双轴测量,安装两组磁通测量差分传感器分别测量水平面上相互正交的两个方向(X、Y 方向),将传感器信号接入控制电路板,形成磁通测量式垂线坐标仪(图 4)。并在白鹤滩水电站 18# 坝段 558 高程(编号 18-6)安装了磁通测量式垂线坐标仪(图 5),并与安装在同一正垂测点的 CCD 垂线坐标仪及人工观测开展了 8 个月的测试比对。

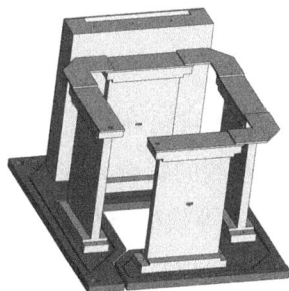

图 4   磁通测量垂线坐标仪   图 5   仪器现场布置

3 种观测方式的累积位移量比对结果见图 6。其中仪器 X 轴正方向对应右岸方向,Y 轴正方向对应顺水流方向。磁通测量垂线坐标仪(测点编号 ZPdb18-6-c)与 CCD 垂线坐标仪(测点编号 ZPdb18-6)的采集频率均为每天一次,人工观测(测点编

号 PLdb18-6)频率为每周一次。测试结果显示,磁通测量垂线坐标仪与 CCD 垂线坐标仪及人工观测测值差值较小,测量趋势一致,运行状况良好。

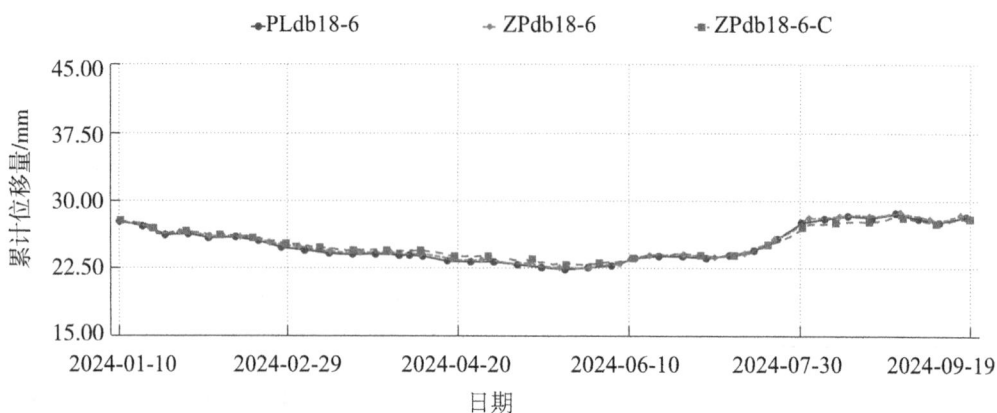

(a)18#坝段 558 高程 X 方向

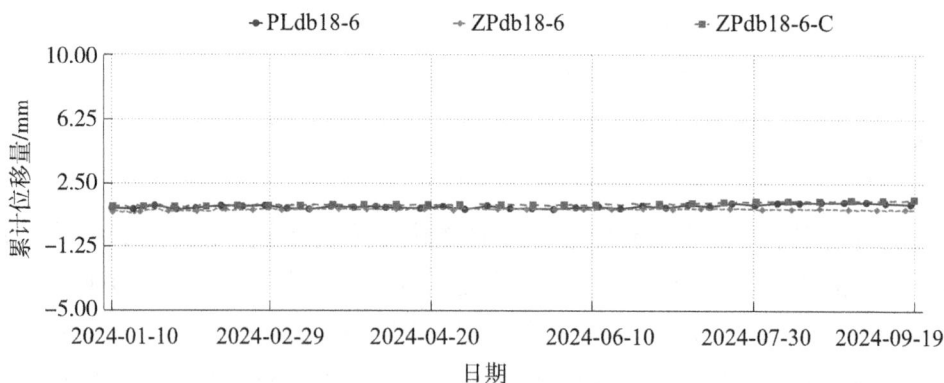

(b)18#坝段 558 高程 Y 方向

图 6　现场观测数据比对结果

5　结论

为了解决高湿度环境对大坝水平位移测量的影响问题,研发了一种磁通测量位移传感技术,从原理上避免了水汽对大坝水平位移监测的影响。在此基础上,设计了一种基于磁通测量的磁桥式差分位移传感器,并通过等效磁路模型解析了传感器电压输出与位移之间的函数关系,经过实验验证磁通测量位移传感方法的可行性,并依据推导的函数关系对实验数据进行拟合计算,结果显示,位移拟合误差小于 0.02mm。在白鹤滩水电站布置一台磁通测量垂线坐标仪,并与 CCD 垂线坐标仪和人工观测进行数据比对,结果显示,磁通测量垂线坐标仪运行状况良好,3 组监测数据之间差值较小。

参考文献

［1］何金平. 大坝安全监测理论与应用［M］. 北京：中国水利水电出版社，2010.

［2］吕刚，刘果，刘冠军，等. 电容式引张线仪、垂线坐标仪性能特点及改进［J］. 水电与抽水蓄能，2011，35(1)：44-45.

［3］朱伟宾，鲁结根，宫玉强. 电容式引张线仪和垂线坐标仪在大坝监测应用中的讨论［J］. 水电能源科学，2010(1)：60-63＋156.

［4］朱爱华，周克明，程利华. 步进式变形监测仪器的研制及应用［J］. 人民长江，2000，31(5)：35-36.

［5］毛良明，施海莹. 大量程步进式垂线坐标仪的研制［J］. 水电自动化与大坝监测，2006，30(1)：45-48.

［6］Zhang J K，Shi Y C，Huang Y W，et al. A displacement sensing method based on permanent magnet and magnetic flux measurement［J］. Sensors，2022，22(12)：4326-4326.

长江下游河道崩岸多源监测数据获取与融合技术

方娟娟　栾华龙　朱勇辉　黄卫东

(长江水利委员会长江科学院,湖北武汉　430010)

摘　要:长江下游河道崩岸具有隐蔽性、突发性和破坏性,及时开展崩岸监测对掌握险情发展动态、事前主动防御避险和灾后应急处置及抢护至关重要。通过采用无人机低空摄影测量协同船载一体化水边和水下地形测量的多源监测数据获取技术,对易发生崩岸险情河段进行数据采集,对多类型数据有机整合,实现多源监测数据融合,可为崩岸机理、崩岸监测预警和崩岸治理研究提供可靠的数据支撑。在长江下游安庆河段采用以上技术开展崩岸监测,结果表明该技术在高效、经济和生态环境友好性等方面均体现出了良好的效果。

关键词:长江下游河道;崩岸监测;多源数据获取;多源数据融合

1　概述

长江下游自湖口至长江口,全长938km,流域面积约12万km²,干流河道流经广阔的冲积平原,江阔、水深、流急,河床冲淤变化频繁而剧烈,而河岸基本由冲积土组成,抗冲性差,在河床的持续冲刷中,岸坡变陡、深泓贴岸、迎流顶冲,长江下游九江、安庆、马鞍山、镇扬、扬中等河段都出现了严重的崩岸险情[1]。河道崩岸涉及水流冲刷、土体含水量、岸坡组成等多种因素,具有隐蔽性、突发性、破坏性。2017年11月8日,扬中河段太平洲左缘(扬中市三茅街道指南村)泰州大桥上游约1.5km处江岸发生较大尺度窝崩,崩岸从外滩向长江干堤迅速延伸,造成江岸线坍失540m,坍失主江堤440m,坍江最大进深190m,坍入主江堤堤后最大距离51m,坍失房屋9户、江堤

基金项目:国家重点研发计划项目(2023YFC3209505)。

作者简介:方娟娟(1985—),女,高级工程师,主要从事河湖保护治理与生态修复工作。E-mail: 393310387@qq.com。

涵洞 1 座,坍失面积 9.733hm²,由于发现、抢护较为及时,崩岸险情得到了有效控制[2]。崩岸直接威胁防洪安全、河势稳定、航道畅通、涉水工程安全运行和人民生命财产安全。在崩岸前后及时开展监测,对于掌握险情发展动态、事前主动防御避险和灾后应急处置及抢护至关重要。

20 世纪 90 年代以前,崩岸险工险段的监测方法以光学仪器和纸质记录为代表的常规观测方法为主。进入 21 世纪,随着测绘技术和电子技术的飞速发展,主流的崩岸监测技术主要由全站仪、电子水准仪、GNSS、单波束测深系统、多波束测深系统等电子仪器来实现[3-7]。当前测绘技术逐渐向多元化方向迈进,新型测量技术日趋成熟,在崩岸监测中具有很高的实用价值,在未来将会有更广阔的应用前景[8-9]。

本文基于长江下游河道崩岸监测的特点与要求,在梳理崩岸监测数据获取技术现状的基础上,聚焦提高监测精度、时效性、分辨率等关键问题,提出长江下游河道崩岸多源监测数据获取与融合技术,并以长江下游安庆河段为例开展监测,以期为崩岸机理、崩岸监测预警和崩岸治理研究提供可靠的数据支撑。

2 崩岸监测特点与要求

长江下游河道崩岸监测需求及重点内容包括地质勘探、地形测量、位移监测、动力监测、水文监测、环境监测及应力监测。与常规的险工段观测相比,有以下特点与要求。

第一要"快",要求在最短的时间内得到监测结果。

第二要"稳",要有极高的稳定性和对严酷作业环境的适应性,能安全、稳定地开展监测。

第三要"细",不但要保证足够的观测精度,还要保证较高的时空分辨率,能够客观反映险情的真实情况,比如对冲刷坑的形态及发育情况、坡比的变化甚至土体裂缝的位置等。

第四要"广",不但要采集崩岸空间要素,还应获取水情、雨情、工情等综合信息,为险情演化分析、评估、应急处置及抢护提供基础支撑。

3 崩岸监测数据获取技术现状

3.1 地形监测

目前,陆上地形测量一般采用全站仪电子平板、草图编码法(GNSS RTK 或全站仪极坐标法采集数据)等测图方法对崩岸岸上部分进行观测。水下地形测绘技术一般采用单波束和多波束测量技术,对崩岸水下地形进行观测。单波束测量系统一般包括 GNSS 平面定位设备、单波束数字测深仪、计算机及配套的数据采集软件;多波束测量系统一般包括 GNSS 平面定位设备、姿态传感器、多波束测深系统及配套的导航、数据采集、处理软件。单波束测深系统安装方便、技术成熟,被广泛应用于当前的水下地形测量、断面测量工作。与单波束测深仪相比,多波束测深系统具有测量范围大、测量速度快、精度和效率高的优点。它将测深技术从点、线扩展到面,并进一步发展到立体测深和自动成图,适合进行面积较大的大比例尺水下地形测量。

虽然以崩岸监测为主的堤防综合监测方法较多,但在实际抢险过程中仍以RTK、全站仪测量等"接触式"测量为主要手段,需要人员携带观测设备到达测量位置,具有仪器架设不便、人员不易到达、作业风险大、效率低等不足,另外对于崩岸应急监测急需的水、雨情信息不能同步、高效采集,对于岸坡工情的采集自动化程度不高,应急监测能力相对受限。

3.2 工情监测

堤防及险工护岸等防洪工程是确保长江防洪安全的一道重要屏障。快速掌握岸坡的工情信息,对岸坡崩塌、冲刷坑异常发育等情况进行及时、准确、高效的监测,是堤防崩岸工情监测的主要工作。

由于崩岸险情具有"突发性"及"继发性"的特点,适合用"非接触式"方式采集崩岸三维地理信息。采用船载水陆立体测量系统开展崩岸工情监测,可直接面对崩岸,具有水陆地形同步采集、观测角度好、作业面大等优点。堤防崩岸船载水陆立体测量系统主要由三维激光扫描仪、多波束测深系统、GNSS、惯性导航系统、全景相机、测量平台、数据采集软件、数据处理软件等组成。三维激光扫描仪用于采集陆上三维地理信息,多波束测深系统用于采集水下地形数据,GNSS 提供位置信息,惯性导航系统提供定向、定姿信息,全景相机用于获取影像及色彩信息,能够为崩岸监测、整治及灾害机理研究提供高精度的三维地理信息。

3.3 水、雨情监测

崩岸水、雨情自动采集系统按照自动实时采集、传输、存储和远程维护的要求,采用新一代嵌入式 ARM 技术,研发处理能力强、速度快、容量大、功耗低的水位、流速、降雨等多要素感知与控制的终端设备,实现了水位和雨量测、报、控一体化,能够在野外环境中快速展开,适应崩岸应急监测的要求。

遥测终端设备从单一水雨情采集发展到支持多传感器与多通信设备接入、大容量存储、远程控制、现场显示等监测一体化多功能系统,实行"无人值守、有人看管"的运行模式,将采集的水雨情信息通过北斗/GSM 将水情信息发送至指挥中心,中心站能自动接收来自不同通信信道传输的监测站水位、雨量、流量数据。同时具有远程召测,水雨情数据入库,进行数据查询、输出等功能。

4 崩岸多源监测数据获取技术

4.1 无人机低空摄影测量技术

无人机的出现时间可以追溯到第一次世界大战期间,在战场进行侦察监视是无人机最早的应用。无人机最先开始仅用于军事和科研,20世纪90年代后,无人机渐渐进入民用领域,为国家的经济发展和建设提供了很好的技术服务。

摄影测量学是利用摄影或遥感的手段获取目标物的影像数据,并采用量测或解译方式测定目标物的形状、大小、空间位置、性质及其相互关系,并用图形、图像和数字形式表达测绘产品的一门学科。摄影测量学是测绘学的分支学科,其主要任务是制作4D产品,为各种地理信息系统及工程应用提供基础数据。较为常用的为航空摄影测量,简称航测。摄影测量表达的像点与地面点之间的几何关系,基本原理来自测量中的前方交会方法,即由两个已知位置(或摄站)摄取同一目标的影像,组建立体像对,然后利用每个影像的像点摄影光线进行交会,获取对应点的物方空间坐标。

无人机上搭载高分辨率多视角航空摄影仪作为遥感平台,形成了无人机倾斜摄影测量系统。它可以快速高效地获取高分辨率遥感影像,并且采用倾斜摄影测量技术,快速生成三维模型。无人机倾斜摄影测量技术是集成了遥感传感器技术、POS定位定向技术和GNSS差分技术,具备自动化、智能化获取国土、资源、环境等空间信息的能力,采用数据快速处理系统作为技术支撑,进行实时处理、建模的新型测绘技术。

(1)无人机倾斜摄影系统

无人机倾斜摄影技术是由传统摄影测量衍生出的新兴技术,其本质是在无人机飞行平台上搭载多方向的数码相机,不仅能获取正下方的影像数据,还能同时获取与地表成一定角度的影像数据,即倾斜影像,从而使获取的信息更为完整。搭载五镜头的无人机倾斜摄影原理见图1。

图1 无人机倾斜摄影原理

无人机倾斜摄影系统主要包括地面站、飞行平台及载荷。其中,地面站主要保持与无人机通信,并实时获取无人机的飞行高度、速度及航线执行情况等,确保无人机飞行安全;飞行平台为固定翼、多旋翼或混合翼的无人机;载荷主要由多方向的数码相机与定位定向系统组成,定位定向系统用于提供曝光瞬间摄站在地面坐标系的坐标及影像的位置、姿态。

(2)无人机摄影测量技术流程

无人机摄影测量工作可分为飞行前准备、影像数据采集、数据处理 3 部分。无人机摄影测量技术路线见图 2。

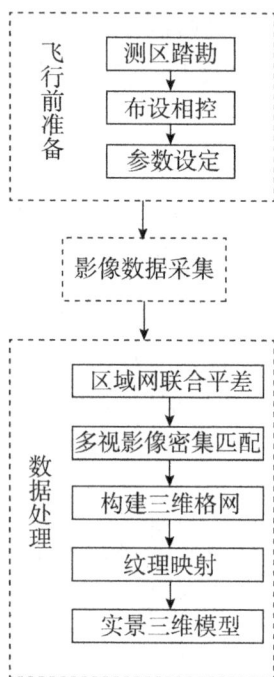

图 2　无人机摄影测量技术路线

第一,接到任务后需要到现场进行踏勘,确定作业范围、测区分布、空间形态和测区内有无高耸地物等。第二,布设像控点,像控点需要在测区内均匀布设,它是三维模型绝对定向的基础,决定着三维模型精度的高低。第三,参数设置,无人机摄影的参数设置主要有航线规划、航高、重叠度等。航高 H 一般是指相对航高,由测区平均高程面和飞行航摄面决定。根据摄影比例尺计算公式可得相对航高的计算方法见式(1)。

$$H = \frac{\text{GSD}}{a} f \tag{1}$$

式中,H——摄影航高;

a——传感器像元大小；

f——相机焦距；

GSD——影像地面分辨率。

航高可根据测区范围内地物高度设定，航高越高，单张相片包含地物范围越大，作业效率越高，但影像分辨率会降低，影响模型质量；航高越低，影像分辨率越高，模型质量越高，但单张相片包含地物有限，作业效率低下。重叠度包括航向重叠度和旁向重叠度，为了保证能获取丰富的地物数据，重叠度设置较大，一般为 60%～80%。航线的设置直接受重叠度和航高的设置的影响，可根据任务要求和测区情况灵活调整。

在现场规划航线或把规划好的航线上传至无人机，无人机通过搭载的倾斜相机进行影像数据采集。数据采集过程中需要实时关注飞控系统，查看无人机各项指标是否正常，出现异样，立即做出应对。

在进行影像平差前首先需要对影像进行预处理。影像预处理主要是指对影像的变形进行几何纠正，对影像的色度、亮度、饱和度进行匀光匀色处理。

1）区域网联合平差

区域网联合平差是指不同的对象，在一定区域内联合平差解算并进行空中三角测量的过程。最常用的方法是光束法区域网平差，以影像对应的光线作为基本条件，按照摄影中心、像点、地面点三点共线的原理，列出误差方程，通过迭代运算求解影像的外方位元素和特定点坐标。

2）多视角影像密集匹配

影像匹配是指将高重叠度、多视角影像经过空间变换匹配同名点的过程。密集匹配算法有全局匹配算法、局部匹配算法和半全局匹配算法。

3）构建三维格网

影像密集匹配可获得大量真彩色点云数据，通过这些点云可构建不同层次的三维格网。三维格网的结构与地物的复杂程度有关，地物结构越复杂，三维格网的密度就会越高。

4）纹理映射

纹理映射是一种常用的计算机图形学技术，它能够建立起二维空间点到三维空间点之间的对应关系，把二维空间点的颜色映射到三维物体表面，达到复杂场景的真实化呈现，使得模型更加逼真、贴近真实场景。

影像数据采集及数据预处理完成后，利用三维建模软件进行三维实景重建，图像处理的过程包括多视影像密集匹配、刺点、空中三角测量和三维重建等。三维实景模型见图 3。

图3　三维实景模型

4.2　船载一体化水边和水下地形测量技术

传统的河道三维水下地形数据和岸滩地形获取不能同步采集，作业效率低下，水岸数据衔接存在空白区域，难以满足日益增长的业务需求。船载一体化水边和水下地形测量技术是近年来的一项新技术。该技术通过对水下多波束测深系统、水上激光扫描系统和船定位定向系统等设备集成，对水岸区域进行一体化无缝测量；通过统一测量坐标系，避免由于水上、水下分部测量造成的地形拼接问题，工作效率和测量精度能够达到相应的规范要求。

（1）系统组成

船载一体化水边和水下地形测量系统主要是由水上激光扫描系统、水下多波束测深系统和船定位定向系统等硬件组成，依据成熟的控制系统实现了对多传感器的同步控制、多数据源的同步采集（图4）。该综合测量系统的思路是将水上三维激光扫描系统、水下多波束测量设备进行固定连接，并标定水上激光设备、水下换能器与船载 GNSS 主机的相对位置关系，利用 POS 定位定向系统获取测量船的实时位置姿态信息，并通过坐标转换归算出两组测量传感器的位置坐标。通过同步控制器实现多传感器协同信息采集，同时将水下及岸上的三维点云归算到统一坐标系下，实现水岸上、下一体化测量。

图 4　船载一体化水边和水下地形测量系统

（2）关键技术

船载一体化水边和水下地形测量系统将多波束测深系统、三维激光扫描系统、POS 定位定向系统等众多传感器进行集成作业，实现了水岸地形快速移动测量，克服了传统水岸测量分开作业的限制，极大地提高了水岸测量的作业效率。但是多传感器集成使得整个测量系统的数据采集和处理过程的难度增大，主要体现在传感器之间的采集频率不同、安装位置不同、采集时间和空间未同步对准等问题，导致可能由于某一传感器的性能不高造成整个测量系统的精度下降。因此，综合测量系统的各种测量传感器选型要相匹配，将所有传感器的精度设定在某一合理数量级，以保证系统精度。同时，要配备成熟的控制系统来保证多传感器在时间和空间上协同工作，确保测量数据能够有效地进行融合处理。

多个传感器采集的多源数据存储是多传感器集成方法的关键环节。在船载一体化水边和水下地形测量系统中，三维激光扫描系统用于测量水上地形信息，多波束测深系统用于测量水下地形信息，POS 定位定向系统用于为激光扫描系统和多波束测深系统提供定位信息、时间信息、姿态信息和航向信息，时间同步控制模块为一体化测量数据提供统一的时间同步基准。这些数据包括激光点云数据、多波束水下点云数据及属性数据等，因格式不同，类型有别，地理参考也不统一，在对这些数据进行处理与管理的过程中，应根据不同用途和数据种类建立统一的地理坐标系统，与时间标签进行转化与集成，确定出工作时各传感器位置中心在地理坐标系下的位置和姿态信息，用于后续的空间配准，并根据不同要求对各类数据进行融合处理，实现多源信息在空间数据库中有效的存储、管理和服务。

目前，多波束测深系统的波束开角一般都在 $160°$ 以内，而船载三维激光扫描系统无法穿透水进行浅水区的测量,因此将多波束换能器采用正常方式安装会导致水岸一体化测量结果中出现测量"盲区"。针对这一"盲区",作业原则是在利用船载一体化水边和水下地形测量系统进行水下、水上一体化测量作业时,选择性将多波束换能器朝岸方向上仰一定的角度进行水下地形倾斜测量,配合激光扫描系统进行水上地形测量,实现了水上、水下点云覆盖无缝,从而有效地解决了"盲区"测量问题(图 5)。

图 5　水岸一体化测量

5　崩岸多源监测数据融合技术

长江下游河道崩岸监测内容涉及地质勘探、地形测量、位移监测、动力监测、水文监测、环境监测、应力监测等多个方面。随着监测新技术的快速发展,崩岸监测水平得到了进一步的提高和完善,从传统的单一设备、人工监测过渡到多源、自动化监测,从而实现"空天地"一体化的崩岸多源监测。通过崩岸监测可获得包含采集的信号、波形、影像、图片、数据、文字等海量多源信息。

随着监测技术的不断发展更新,多样化的监测技术手段能够获取到的被监测对象的数据更加丰富、准确。崩岸多源监测数据融合技术是指利用现如今多种监测技术手段对易发生崩岸险情的河段进行数据采集,将获取得到的多种类型的数据进行有机整合,有效的数据融合可以克服单一数据的缺陷,最终实现多源数据信息互补[10-11],为研究崩岸发生机理及建立崩岸监测预警体系提供可靠的数据支撑。

5.1　多源监测数据合理性

相关性是指事物之间存在相似的程度。相关关系是指变量之间存在的一种不确定的数量依存关系,即一个变量的数值发生变化时,另一个变量的数值也相应地发生变化,变化的数值不是确定的,但在一定的范围内。常用的相关性分析方法有协方差法、Pearson 相关系数法,可先结合傅里叶变换或小波变换等方式进行数据变换及有用数据提取。

崩岸监测存在海量多源监测数据。获取的不同时间、不同空间的数据信息,分布在不同地域的传感器节点上。通过分析数据之间所存在的相关性,寻找其固有的规律,有效地挖掘不同源数据之间的相关性,可以缩短数据分析时间,提高数据分析精度。

根据不同源监测数据如水力要素(流速、流量、水位等)、水上水下地形测量、岸坡安全监测(渗流、内部变形、表面变形)等数据间的差异及其对崩岸过程的描绘角度,对不同源监测数据选择适合的分析方法进行相关性分析。

针对崩岸的大范围初筛监测,可利用高分辨率卫星遥感平台获取的可见光、SAR等异质数据,结合影像融合和关联分析方法,获取岸线的外观变化特征,结合降雨、水位、流速等外在条件因子,基于机器学习方法建立崩岸风险划分模型,对比多源多时相卫星遥感数据,计算崩岸风险等级,初步筛选出崩岸高风险岸段空间位置。

针对小范围的潜在崩岸高风险区域监测,可利用无人机倾斜摄影和机载激光雷达获取高精度水上岸坡三维形态数据,研究倾斜和 LiDAR 点云数据融合算法,快速构建岸上空间坐标一致的三维实景模型;对于水下地形部分,可利用无人船多波束测量系统探测水下岸坡形态,优化数据处理算法快速生成水下三维地形。

5.2 多源监测数据相关性

多源数据融合技术作为一种新兴的、多学科与多领域高度交叉的数据综合处理技术,最早起源于 1973 年美国军事领域对声呐的研究。随着研究的不断深入和新技术手段的快速发展,多源数据融合技术在各学科各领域得到广泛的关注和应用,崩岸监测领域也对其展开了应用研究。多源数据融合目前被广泛接受的概念是利用布设在同一目标体上的多源传感器,对目标体及周围环境进行监测得到整个空间的信息,再通过计算机技术对信息进行综合分析,提高整个系统的性能以更好地完成任务。

崩岸作为一个客观对象,通过监测技术采集得到崩岸的相关信息,并转换为可以被处理的数据格式,然后利用融合中心对监测采集到的数据进行融合以便对崩岸进行准确的认识。崩岸监测中的数据融合具有高精度、高可靠度的性能要求,将融合后的数据用于崩岸变形监测数据处理,从而有效提高监测结果的准确性,是目前崩岸监测发展方向之一,可为研究崩岸发生机理及建立崩岸监测预警体系提供可靠的数据支撑。

随着计算机技术的快速发展,崩岸监测领域朝着实时化、智能化的方向发展。崩岸监测中的多源数据融合的特点主要体现在以下方面。

(1)数据传输机制

与大多数驱动型传感器监测不同,崩岸监测多源数据融合逐渐朝着实时处理的方向发展,因此需要传感器实时地将采集到的数据传输到融合中心进行处理,从而能够及时地捕获崩岸信息,降低崩岸灾害的损失。

（2）数据多维性

崩岸监测是采用多源异构传感器共同协作完成的。这些多源异构的数据大致分为周期性监测数据、时序性监测数据、周围环境因素监测数据、遥感影像监测数据。

（3）准确的预测性

传统的崩岸预测预警是将单一监测数据进行处理分析，在多源崩岸监测数据融合处理中，根据已布设的所有传感器数据进行融合推理，进而预测预警崩岸发生的可能性，降低灾害造成的损失。

针对崩岸监测的技术有适用于大范围初筛的卫星遥感监测技术，有针对小范围的潜在崩岸高风险区域监测的三维激光扫描技术、无人机倾斜摄影测量技术、多波束水下地形测量技术。上述技术获取的均为地理空间数据，将上述技术手段获取的影像数据、点云数据、三维实景模型数据纳入统一的时空框架内，进行相应的数据处理，可将上述数据进行深度融合，为崩岸监测提供更丰富、精准的数据支撑。

5.3 多源监测数据融合效果分析

针对崩岸监测的实际情况，研究适用于多源数据的融合算法。首先，对现有融合算法进行梳理和评价，明确其优缺点。其次，结合崩岸监测数据的特征，改进或创新融合算法，以实现数据的深度挖掘和综合分析。最后，通过实验验证算法的有效性和可行性，为实际应用提供指导；针对崩岸的不同特征和影响因素，建立一套全面的崩岸监测指标体系。

在此基础上，结合数据融合算法的输出结果，对监测指标体系进行优化和完善。同时，从实际应用角度出发，研究监测指标的取舍和阈值设定，以提高监测的精准度和实用性；将融合后的多源监测数据应用于崩岸预测和评估，比较和分析预测结果与实际监测数据的差异和准确性。首先，构建预测模型，如回归分析、神经网络、支持向量机等。其次，通过交叉验证等方法对模型进行评估和优化。最后，结合实际工程进行实证分析，以检验数据融合技术的实际应用效果。

6 崩岸监测典型案例

多年来，针对长江下游安庆河段持续开展了河道崩岸监测与分析工作[12-15]。长河段历年河道地形监测表明，受上游河势变化、来水来沙变化，以及航道整治丁坝及护滩带等人类活动等因素影响，除河段清洁洲右缘、余棚洲洲尾，以及鹅眉洲汊道内的潜洲右缘等局部处部位有所淤积外，安庆河段 2006—2021 年总体呈冲刷态势，局部段河势仍然处于变化调整之中。为维护河势稳定，本次对安庆河段广成圩信用队、鹅眉洲左缘下段、六合圩—王家墩、跃进圩、小闸口、振风塔、丁家村—马窝、鹅眉洲左缘等重点典型岸段进一步监测。利用无人机低空摄影测量技术获取典型河段岸上地形数据,搭载多波束测深系统的智能无人船系统获取典型河段水边和水下岸坡地形,通过统一的时空框架将水岸数据融合,获得各典型段完整的水岸一体化地形监测数据,为安庆河道崩岸预警及灾后应急处置和河道综合治理提供了重要数据支撑。

6.1 无人机低空摄影测量技术开展典型河段岸坡表面的地形监测

根据天气及长江水位情况,开展了对典型河段的利用无人机低空摄影测量手段的地形监测活动。首先,对典型河段开展无人机航空摄影,再进行像控点测量,最终利用摄影测量工作站结合高精度及高清像片、像控点数据获得了典型河段的高精度正射影像及数字高程模型。每次地形监测完成后及时发布《河道监测简报》,详细记录监测时河道的水位、流量、近岸岸坡护岸损毁及未护岸段崩岸情况,初步分析崩岸段发展的原因,及时掌握崩岸发展情势,提出重点关注岸段,必要时提出应急守护建议。长江下游安庆河段河势见图6。主要设备见图7,其主要参数见表1。布设像片控制点见图8。长江下游安庆河段高清航片见图9。长江下游安庆河段典型段见图10。

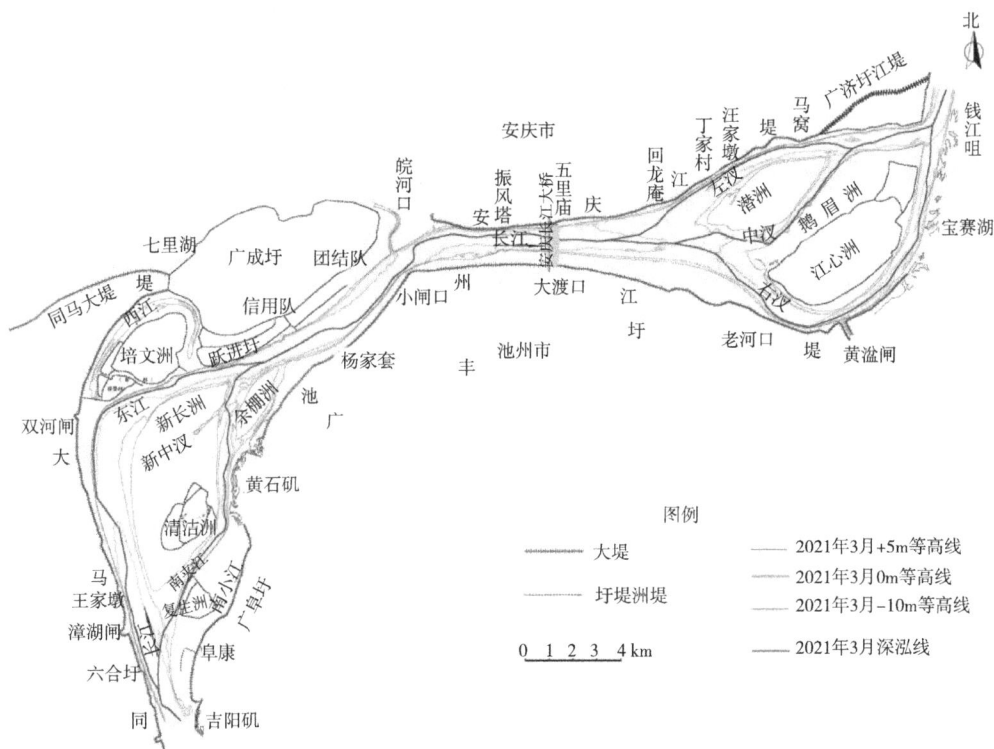

图 6 长江下游安庆河段河势

图7 主要设备大疆 M300RTK 无人机

图8 布设像片控制点

表1 大疆 M300RTK 无人机主要参数

型号	大疆 M300RTK	对称电机轴距	895mm
空机重量（含双电池）	6.3kg	最大水平飞行速度	17m/s（P 档模式）
飞行时间	约 55min	工作频率	2.4～5.8GHz
升降速度	最大上升速度：S 模式：6m/s，P 模式：5m/s；最大下降速度（垂直）：S 模式：5m/s，P 模式：3m/s		

图9 长江下游安庆河段高清航片

图例
数字表面模型高程值
（dsm.tif）
高：42.7442
低：22.54

图10 长江下游安庆河段典型段数字表面模型（dsm）（岸上）

6.2 多波束测量系统监测典型河段水下岸坡地形变化

长江下游安庆河段水下岸坡地形变形监测范围长 57km。使用智能无人船搭载多波束测深系统获取水下岸坡表面地形数据。使用的多波束测深系统将声呐与姿态仪集成到水下探头上,能够在不改动探头刚性连接的基础上自由旋转波束照射方向,如此使得岸滩浅水区的水下岸坡地形数据采集效率进一步提高。河道崩岸监测岸段范围见表 2。搭载多波束的智能无人船见图 11,其主要参数见表 3。多波束数据采集界面见图 12。多波束数据成果见图 13。近期近岸地形变化见图 14。振风塔段堤外近岸情势(2022 年 7 月)见图 15。振风塔段堤外近岸情势(2022 年 8 月)见图 16。水上护坡工程局部坍塌(2022 年 8 月)见图 17。

表 2 长江下游安庆河段河道崩岸监测岸段范围(2022 年)

序号	县(市、区)	位置名称	监测长度/m
1	安庆	官洲段	3200
2	安庆	安庆段	2500

图 11 搭载多波束的智能无人船

表 3 智能无人船搭载多波束测深仪主要参数

	卫星系统	BDS B1/B2、GPS L1/L2、GLONASS L1/L2、Galileo E1/E5、SBAS、QZSS
定位系统	通道	432 通道
	冷启动时间	<30s
	初始化时间	<5s(典型值)
	单点定位精度	平面 1.5m,垂直 2.5m
	SBAS 定位精度	平面 50cm,垂直 85cm
	DGNSS 定位精度	平面 40cm+1ppm,垂直 80cm+1ppm
	RTK 定位精度	平面 8mm+1ppm,垂直 15mm+1ppm
	定向精度	0.2°(1m 基线)

定位系统	惯导精度	6°/h
	IMU 更新率	200Hz
测深系统	数据格式	华测格式、NMEASDDPT/SDDBT 和原始波形
	主机重量	1.1kg
	测深范围	0.15～300m
	测深精度	+1cm+0.1%h（h 为水深）
	垂直分辨率	1cm
	频率	200kHz
	供电电压	10～30V DC 或 220V AC 适配器
	波束开角	6.5°+1°
	功耗	10W
	脉冲功率	300W
	最大采样率	30Hz
	接口	RS232 串口

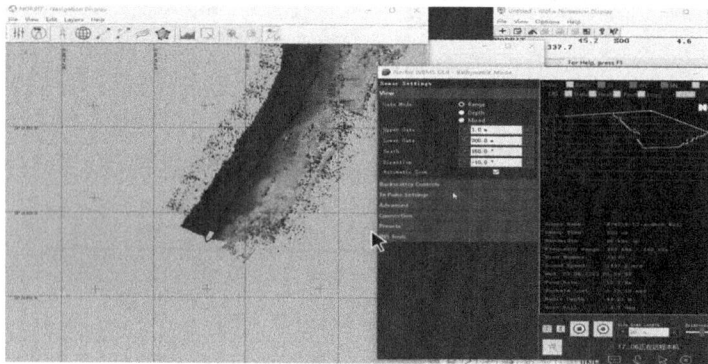

图 12　多波束数据采集界面

图 13　多波束数据成果

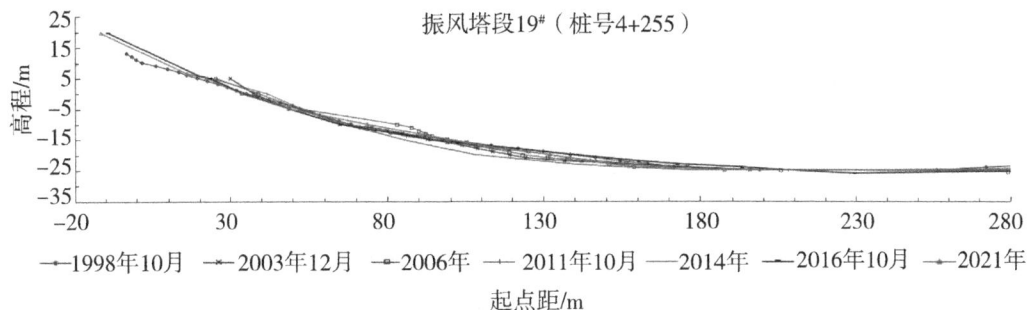

图 14　长江下游安庆河段(振风塔段)近期近岸地形变化

图 15　振风塔段堤外近岸情势(2022 年 7 月)

图 16　振风塔段堤外近岸情势(2022 年 8 月)

图 17　长江下游安庆河段(振风塔段)水上护坡工程局部塌损(2022 年 8 月)

　　长江下游安庆河段河道崩岸监测利用无人机低空摄影测量协同船载一体化水边和水下地形测量,使用无人机、无人船平台搭载多传感器等以智能化多接口平台为核心、以高精度时空框架为保障、以精准化监测为手段,通过统一的时空框架将水岸数据融合,获得各典型段完整的水岸一体化地形监测数据。该多源监测数据获取与融合技术在高效、经济和生态环境友好性等方面均体现出了良好的效果。

　　在工作效率上,极大地提高了监测数据采集效率,降低了崩岸监测工作人员的劳动强度。多参数传感器安装在无人智能设备上,不再像以往一样需要为了监测一个参数就到达一次现场,监测人员只需要在监测现场做一次工作,然后便可以完成多参数同时获取,这样使得监测人员从单调重复、高强度的劳动中解放出来。同时根据及时获取的监测数据,分析人员能够迅速掌握岸线现状、河势变化、岸坡变形等与崩岸密切相关的第一手资料,迅速对监测河段开展河岸稳定性评估和崩岸预警等级的划分,保障了崩岸预警信息发布的时效性。

在经济性方面,有效减少了投入成本。由于智能化无人多接口平台作业速度与电机转速更为平稳,动力控制性能较优越,且路径规划方案优化,减少了不必要的行驶路程,能够显著减少能源消耗。无人平台一次测量,能够快速获取崩岸监测相关所有参数,减少了传统载体平台的投入。

在生态环保方面,传统载体平台多为燃油机船,多次测量不仅存在船体漏油污染水体的风险,燃烧的化石能源也将对大气环境安全造成威胁。智能化无人多接口平台使用电机,在保证安全的同时,对水体环境的影响也相对较小。

7 结语

①崩岸多源监测数据获取技术利用无人机低空摄影测量协同船载一体化水边和水下地形测量。无人机低空摄影测量技术通过搭载高分辨率多视角航空摄影仪作为遥感平台,集成遥感传感器技术、POS定位定向技术和GNSS差分技术,自动化、智能化获取国土、资源、环境等空间信息,采用数据快速处理系统,进行实时处理和快速建模。船载一体化水边和水下地形测量技术通过对水下多波束测深系统、水上激光扫描系统和船定位定向系统等设备集成,对水岸区域进行一体化无缝测量。

②崩岸多源监测数据融合技术是指利用多种监测技术手段对易发生崩岸险情的河段进行数据采集,将获取的多种类型数据进行有机整合,克服单一数据缺陷,最终实现多源数据信息互补融合,可为崩岸机理、崩岸监测预警和崩岸治理研究提供可靠的数据支撑。

③长江下游安庆河段河道崩岸监测利用无人机低空摄影测量协同船载一体化水边和水下地形测量,采用无人机、无人船平台搭载多传感器等以智能化多接口平台为核心、以高精度时空框架为保障、以精准化监测为手段,通过统一的时空框架将水岸数据融合,获得各典型段完整的水岸一体化地形监测数据。该技术在高效、经济和生态环境友好性等方面均体现出了良好的效果。

参考文献

[1] 余文畴,卢金友.长江河道崩岸与护岸[M].北京:中国水利水电出版社,2008.

[2] 栾华龙,刘同宦,等,新水沙情势下长江中下游干流岸线保护研究——以扬中市 2017 年江堤崩岸治理为例[J].人民长江,2019,50(8):14-19.

[3] 夏军强,邓珊珊.冲积河流崩岸机理、数值模拟及预警技术研究进展[J].长江科学院院报,2021,38(11):1-10.

[4] 张幸农,应强,陈长英.长江中下游崩岸险情类型及预测预防[J].水利学报,2007(增刊):246-250.

[5] 李义天,邓金运.长江中下游河道崩岸机理及防治研究[R].武汉:武汉大学,2010.

[6] 冯传勇,郑亚慧,周儒夫.长江中下游崩岸监测技术应用研究[J].水利水电快报,2018,39(3):47-52.

[7] 卢金友,朱勇辉,岳红艳,等.长江中下游崩岸治理与河道整治技术[J].水利水电快报,2017,38(11):6-14.

[8] 陈佳佳.无人机在水利工程测量中的应用研究[J].水利科学与寒区工程,2023,6(10):109-111.

[9] 刘韬.无人机低空摄影测量技术在水利工程测量中的应用探究[J].中国科技期刊数据库 工业 A,2024(7):16-19.

[10] 张纳川.多源数据融合分析揭示闽江流域环境演化主控因素[J].海洋地质前沿,2023,39(9):107-108.

[11] 邱丹丹.基于多源数据融合的滑坡风险分析研究[D].武汉:中国地质大学,2017.

[12] 杨洪武,等.湖北省水利厅赴安徽省考察调研长江崩岸预警的报告[R].2017.

[13] 刘东风,吕平.安徽省长江崩岸预警技术研究与应用[J].水利水电快报,2017,38(11):91-95,118.

[14] 叶长结.长江安徽段崩岸预警与治理成效分析[J].江淮水利科技,2020(2):26-28.

[15] 长江中下游崩岸监测预警关键技术研发与示范报告[R].武汉:长江水利委员会长江科学院.2023.

面向混凝土结构状态感知的
增敏型全金属化光纤法珀应变传感器

陈廷锐[1]　沈浩凯[1]　吴　俊[1,2]　周世良[1,2]

（1. 重庆交通大学西南水利水运工程科学研究院，重庆402247；

2. 内河航道整治技术交通行业重点实验室，重庆402247）

摘　要：为了提升混凝土应变的测量精度并减小温度的干扰，开发了四边形与矩片式两种不同结构型式的增敏型全金属化光纤法珀应变传感器。通过改良基片设计增强了传感器微小应变的检测能力，同时使其具有较低的温度敏感性。通过理论分析和仿真验证了其增敏效果，并完成了封装与性能测试。测试显示四边形和矩片传感器的应变灵敏度为 15.26pm/$\mu\varepsilon$ 和 2.31pm/$\mu\varepsilon$，应变与温度交叉灵敏度分别为 0.402$\mu\varepsilon$/℃ 与 0.710$\mu\varepsilon$/℃，放大系数分别为 12.61 倍和 1.91 倍。结果表明，四边形传感器在增敏性能和低温敏性能方面具有优势，显示出在混凝土结构监测中的应用潜力。

关键词：光纤；法布里—珀罗；应变传感器；增敏

1　前言

在码头、道路、桥梁等混凝土结构的健康监测中，应变测量是评估结构安全和进行有效维护的关键。岸坡失稳、不均匀沉降及不规范靠泊等因素，可能导致这些结构损坏。由于混凝土的应变通常微小且易受温度变化的影响，传统监测技术往往难以

基金项目：重庆市教委重点科技项目（KJZD-K202200706）；重庆市交通科技项目（CQJT2022ZC03）。

作者简介：陈廷锐(1998—)，男，重庆人，硕士研究生，研究方向为水工建筑物智能监测。E—mail：15736077813@163.com。

提供精确数据。因此开发一种高灵敏度、强稳定性且不受温度干扰的应变传感器是实现长期有效监测的核心。这种传感器能够精准捕捉微小应变,提升结构健康监测、损伤识别和故障诊断的可靠性[1-2]。

光纤传感技术以其出色的分布式测量能力、长距离传输能力、高可靠性和可复用性,逐渐替代了传统的测试方法,并广泛应用于结构健康监测[3]。在光纤传感器中,法珀传感器因其卓越的温度稳定性和抗干扰特性,成为研究的焦点。由于其简单的制造工艺和稳定的信号特性,法珀应变传感器已成为工程结构应变测量的首选设备[4-5]。

本研究采用低热膨胀系数的合金材料作为封装基材,开发出一种全金属化法珀应变传感器。此传感器不仅在常温下展现出良好的敏感性和低温稳定性,而且其生产工艺简便、成本相对较低,在结构监测中具有广泛的应用潜力。

2 传感器研制

2.1 法珀腔光学原理

法珀腔内部结构见图 1,当物体发生应变时,FP 腔长会随之变化,此时光的波形也会发生相应改变,通过法珀腔之间光波变化,可解调出法珀腔长距离,继而求出物体应变[6]。

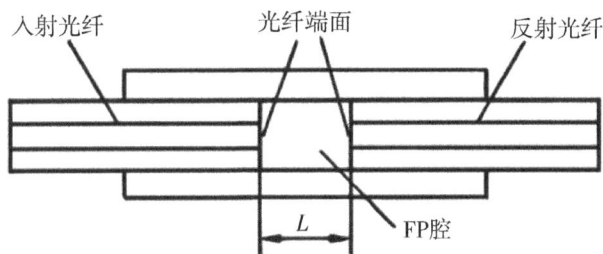

图1 传感器法珀腔内部结构

2.2 基片封装设计

本文根据基片转换式放大应变原理与集中式放大应变原理两个角度[7],设计了两种结构型式的封装基片(图 2)。

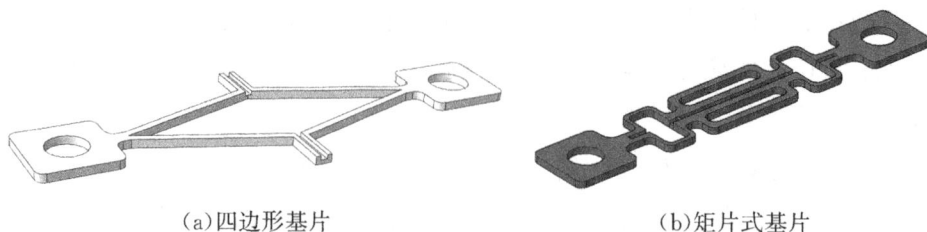

(a)四边形基片　　　　　　　　　(b)矩片式基片

图 2　增敏基片型式

在矩片式基片中,安装点之间的间距 D 会集中反映到焊点间距 L_d 中,此时测得的应变 ε_d 为:

$$\varepsilon_d = \Delta L / L_d = (D/L_d)(\Delta L/D) = (D/L_d)\varepsilon \tag{1}$$

若 k 为应变放大系数,则:

$$\varepsilon_d = k\varepsilon \tag{2}$$

传感器安装间距 $D = 60\text{mm}$,矩片式传感器焊点间距为 35mm,根据式(1),应变放大系数 $k_j = D/L_d = 1.71$。

对于四边形基片,其增敏原理,当向外的力作用在长轴两点时,四边形机构的四个角发生形变(图 3),因四边形的边长不变,则存在:

$$x^2 + y^2 = (x + \Delta x)^2 + (y - \Delta y)^2 \tag{3}$$

忽略较小项后,后可将式(3)化简为:

$$x\Delta x = y\Delta y \tag{4}$$

即

$$\frac{x}{y} = \frac{\Delta y}{\Delta x} \tag{5}$$

当 BD 轴应变为 ε_{BD} 时,AC 轴应变 ε_{AC} 即为:

$$\varepsilon_{AC} = \frac{\Delta y}{y} = \frac{x\Delta x}{y^2} = \frac{x^2}{y^2} \cdot \frac{\Delta x}{x} = (x/y)^2 \cdot \varepsilon_{BD} \tag{6}$$

此时应变转换放大系数 $k_1 = (x/y)^2$。

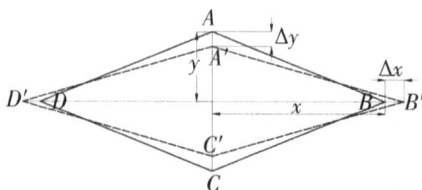

图 3　四边形结构增敏原理示意图

此外,如同矩片式基片,四边形基片同样具有集中放大原理(图 4),集中放大系数为 $k_2 = Ld/2x$。

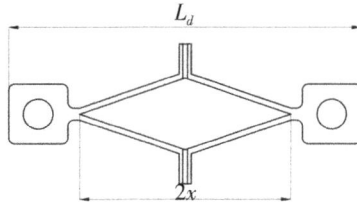

图 4 四边形结构应变集中增敏示意图

在忽略应变传递损失的前提下,可以推导出四边形传感器的最大放大系数:

$$k_L = k_1 k_2 = \frac{(x/y)^2 L_d}{2x} \tag{7}$$

根据式(7)计算出 $k_s = 15$。综上所述,矩片式基片和四边形基片的理论最大放大系数分别为 1.71 和 15。

2.3 数值仿真分析

为评估传感器的增敏效果与理论计算的一致性,将两种基片模型导入有限元软件中,并将其贴合在待测物体上,对待测物体的两侧施加作用力,以模拟传感器工作状态。通过有限元软件输出的结果评估传感器在应变传递方面的效果,传感器位移云图见图5。

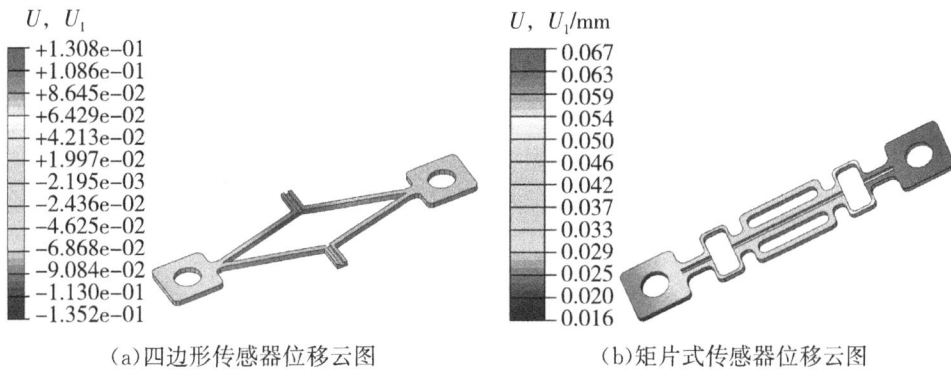

（a)四边形传感器位移云图   （b)矩片式传感器位移云图

图 5 传感器位移云图

对待测物体施加范围为 0~1000kN 的轴向拉力,步长为 200N,四边形传感器和矩片式传感器与待测物体之间的对应关系见图6。从图中可以看出,四边形传感器拟合系数 $R_{s2}=1$,斜率 $k_s=13.55$,矩片式传感器拟合系数 $R_{j2}=1$,斜率 $k_j=1.68$,其中斜率代表在数模中传感器的应变放大系数,根据应变传递效率公式 $\varepsilon_d = Mk\varepsilon$,可求出两种传感器的应变传递效率 $M_s=0.90$,$M_j=0.98$。

■ 四边形传感器 $y=13.55x+0.00799$ $R^2=1$
● 矩片式感器 $y=1.68x-0.006$ $R^2=1$

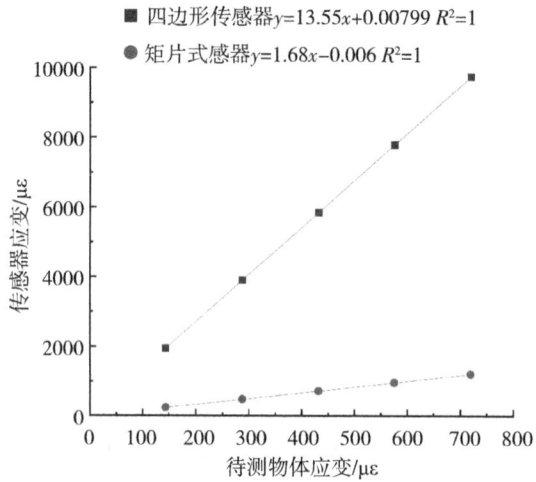

图 6　待测物体与基片应变关系

2.4　传感器封装制作

在上述设计基础上,对传感器进行封装制作。基片材料选用了具有较低温度敏感性能的超因瓦合金,封装工艺采用传统光纤法珀封装法与金属压焊等新工艺相互结合的方式,完成了两种光纤 EFPI 应变传感器(图 7、图 8)。在制作过程中实时监测传感器腔长,以确保传感器具备良好的干涉对比度。

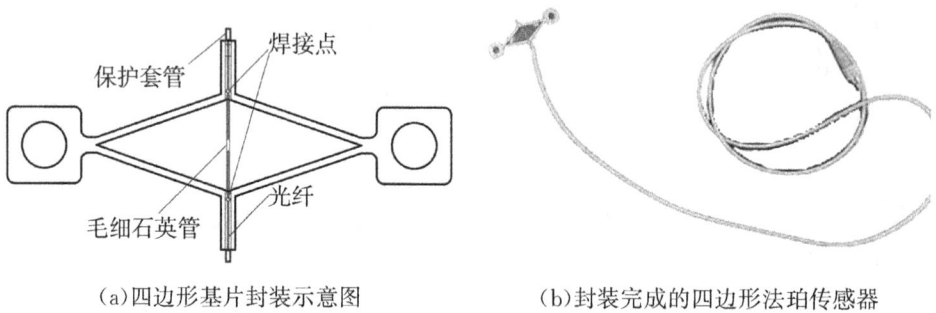

（a)四边形基片封装示意图

（b)封装完成的四边形法珀传感器

图 7　四边形法珀传感器

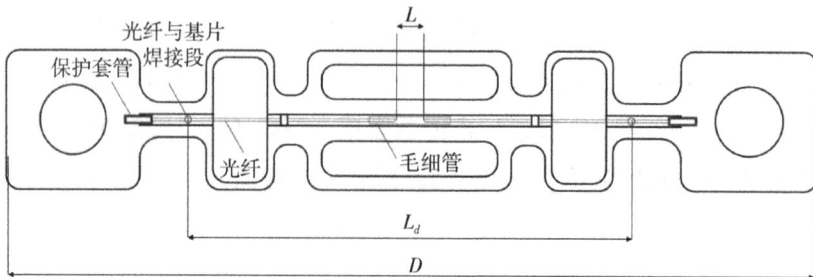

（a)矩片式基片封装示意图

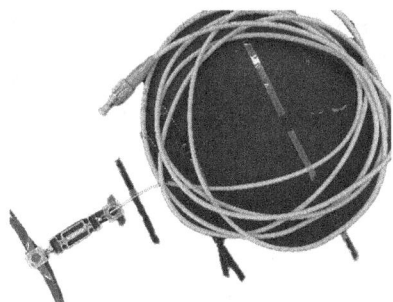

（b）封装完成的矩片式法珀传感器

图8 矩片式基片封装

3 光纤法珀传感器力学性能测试

使用拉力机对传感器进行力学性能测试，拉力机应变测试系统见图9。

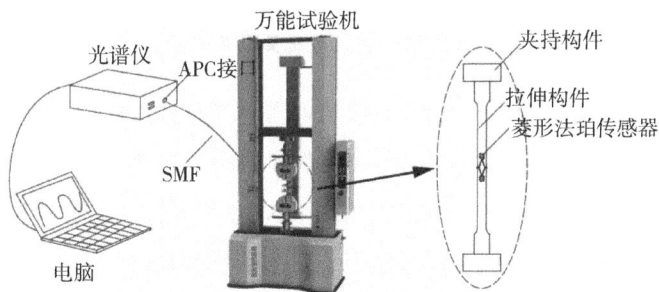

图9 应变测试系统

在实验中，可通过拉力机输出的力以及待测构件截面尺寸算出每一次加载对应的理论应变。对于两种传感器，本试验分别取两个四边形传感器和两个矩片式传感器进行实验，4个样品分别命名为四边形1、四边形2、矩片1和矩片2，每个传感器进行两组平行实验，每一组各加卸载七级，结果见图10。

■四边形1第一次加载$y=-0.1215x+112.795$ $R^2=0.9989$
●四边形1第一次卸载$y=-0.1210x+112.428$ $R^2=0.9997$
▲四边形1第二次加载$y=-0.1204x+111.710$ $R^2=0.9994$
▼四边形1第二次卸载$y=-0.1221x+112.441$ $R^2=0.9998$

■四边形2第一次加载$y=-0.1165x+111.490$ $R^2=0.9991$
●四边形2第一次卸载$y=-0.1168x+111.865$ $R^2=0.9996$
▲四边形2第二次加载$y=-0.1169x+112.099$ $R^2=0.9998$
▼四边形2第二次卸载$y=-0.1163x+112.256$ $R^2=0.9997$

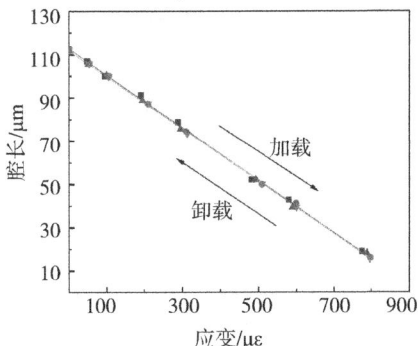

（a）四边形1法珀腔长与真实应变关系　　（b）四边形2法珀腔长与真实应变关系

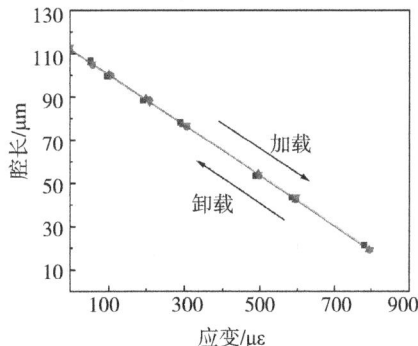

■ 矩片1第一次加载y=0.0555x+78.386 R^2=0.9998
● 矩片1第一次卸载y=0.0554x+78.480 R^2=0.9997
▲ 矩片1第二次加载y=0.0554x+78.488 R^2=0.9998
▼ 矩片1第二次卸载y=0.0556x+78.403 R^2=0.9998

■ 矩片2第一次加载y=0.0519x+140.37; R^2=0.9996
● 矩片2第一次卸载y=0.0518x+140.37; R^2=0.9996
▲ 矩片2第二次加载y=0.0520x+140.41; R^2=0.9998
▼ 矩片2第二次卸载y=0.0519x+140.40; R^2=0.9998

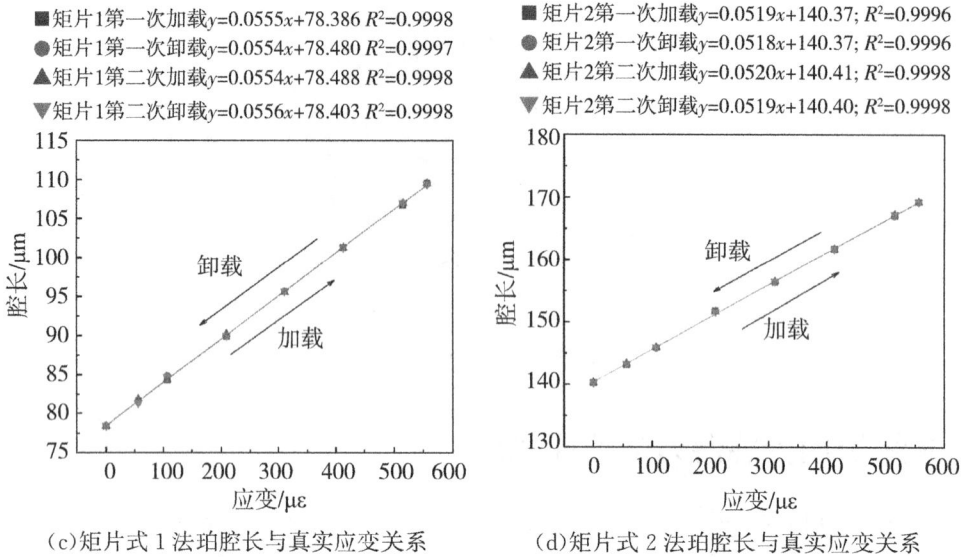

(c)矩片式1法珀腔长与真实应变关系　　(d)矩片式2法珀腔长与真实应变关系

图10　法珀腔长与真实应变关系

从图中可以看出,4个样品的法珀腔长与真实应变之间均呈良好的线性关系。为验证数据的重复性,对比同一个样品的斜率和截距的方差,经计算4个样品斜率方差值分别为 5×10^{-7}、7×10^{-8}、9×10^{-9} 和 6×10^{-9},截距方差分别为 0.21、0.11、0.003 和 0.0004,可以看出同一样品在加卸载过程中重复性较高,能够良好复现。

传感器应变灵敏度计算公式为:

$$P_s = \frac{\Delta\lambda}{\Delta\varepsilon} = \left| \left(\frac{1}{d} \frac{\Delta L}{\Delta\varepsilon} \right)\lambda \right| \tag{8}$$

根据式(8)可得出各传感器的应变灵敏度,计算数值结果见表1。

表1　　　　　　　　　　　　传感器应变灵敏度及放大系数

组次	四边形1	四边形2	矩片1	矩片2	裸光纤法珀
应变灵敏度/(pm/με)	15.56	14.96	2.39	2.23	1.21
放大系数	12.86	12.36	1.98	1.84	

表1证明两种传感器均具有一定的增敏效果,而四边形传感器的增敏效果更好,大约为矩片式增敏效果的6.6倍。通过实验发现,实际的放大系数普遍低于数模的放大系数,这可能与焊点位置的偏差及传感器表贴导致的应变损失有关。

4　光纤法珀传感器温度性能测试

采用湿热变温箱对标定实验后的四边形传感器进行温度性能测试,探究传感器对温度的响应,设定实验温度为15℃、25℃、35℃、45℃、55℃、65℃6组,每个温度保温 5min,实验数据结果见图 11。

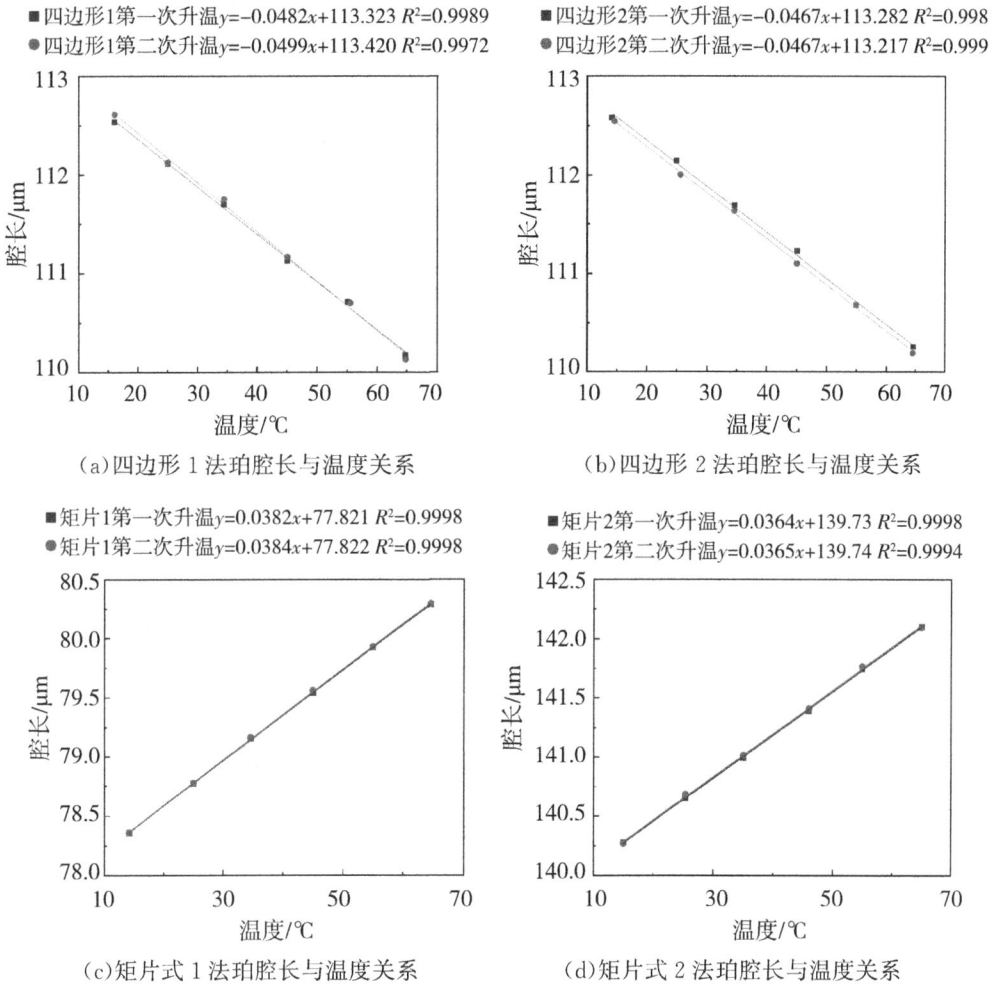

- 四边形1第一次升温 $y=-0.0482x+113.323$ $R^2=0.9989$
- 四边形1第二次升温 $y=-0.0499x+113.420$ $R^2=0.9972$
- 四边形2第一次升温 $y=-0.0467x+113.282$ $R^2=0.998$
- 四边形2第二次升温 $y=-0.0467x+113.217$ $R^2=0.999$

（a）四边形 1 法珀腔长与温度关系　　（b）四边形 2 法珀腔长与温度关系

- 矩片1第一次升温 $y=0.0382x+77.821$ $R^2=0.9998$
- 矩片1第二次升温 $y=0.0384x+77.822$ $R^2=0.9998$
- 矩片2第一次升温 $y=0.0364x+139.73$ $R^2=0.9998$
- 矩片2第二次升温 $y=0.0365x+139.74$ $R^2=0.9994$

（c）矩片式 1 法珀腔长与温度关系　　（d）矩片式 2 法珀腔长与温度关系

图 11　法珀腔长与温度关系

从图 11 可以看出,在试实中腔长与温度之间呈良好的线性效果。传感器的温度灵敏度公式可写为:

$$P_t = \frac{\Delta\lambda}{\Delta T} = \left| \left(\frac{1}{d} \frac{\Delta L}{\Delta T} \right) \right| \lambda \tag{9}$$

式中:ΔT——温度变化量。

根据式(9)可算出各传感器的温度灵敏度及应变与温度交叉灵敏度,结果见表 2。

表 2 传感器温度灵敏度及应变—温度交叉灵敏度

组次	四边形 1	四边形 2	矩片 1	矩片 2
温度灵敏度/(pm/℃)	6.29	5.99	1.68	1.60
应变与温度交叉灵敏度/(με/℃)	0.404	0.400	0.703	0.717

表 2 证明传感器对温度的敏感性较低。因同类型传感器各结果均非常接近，将同类型的性能参数结果做平均处理。传感器平均性能参数统计见表 3。

表 3 传感器平均性能参数统计

类型	应变灵敏度/(pm/με)	放大系数	温度灵敏度/(pm/℃)	应变与温度交叉系数/(με/℃)
四边形	15.26	12.61	6.14	0.402
矩片式	2.31	1.91	1.64	0.710

5 结论

本文基于光纤法珀的机理，采用了一种超因瓦合金，设计制作了两种增敏型法珀应变传感器，并开展了力学性能实验和温度试验，得到了以下结论。

①四边形传感器与矩片传感器在力学性能测试中，腔长对应变具有较好的线性关系和复现性。说明两种传感器均能进行精确的应变测量工作。

②四边形传感器和矩片式传感器的放大系数分别为裸光纤法珀的 12.61 倍和 1.91 倍。结果表明，两种传感器均具有一定的增敏效果，但四边形传感器增敏效果更好，为矩片式传感器增敏效果的 6.6 倍。

③两种传感器在 15～65℃的温度区间内应变与温度交叉系数为 0.402 με/℃ 和 0.710 με/℃，结果表明两种传感器对温度的敏感性均较低。

④四边形传感器的增敏效果、低温敏效果均高于矩片式传感器，但四边形结构基片对光纤及 FP 腔的保护效果较差，在较为恶劣、复杂的应变测量条件下，稳定性不如矩片式传感器。

参考文献

[1] 舒岳阶，吴俊，周世良，等. FBG 应变传感器应力疲劳极限传感寿命评估方法[J]. 光子学报，2018，47(1)：106-111.

[2] 刘向前. 30 万吨级原油码头主体结构健康监测系统建设及应用研究[D]. 大连：大连理工大学，2011.

[3] 赵春柳，李嘉丽，徐贲，等. 光纤微腔法布里—珀罗干涉传感器研究进展

[J]. 应用科学学报，2020，38(2)：226-259.

[4] 邓洪有，饶云江，冉曾令，等. 用 157nm 激光制作的光子晶体光纤法布里—珀罗传感器[J]. 光学学报，2008(2)：255-258.

[5] Jauregui-Vazquez D，Korterik J P，Offerhaus H L，et al. Strain optical fiber sensor with modified sensitivity based on the vernier effect[J]. Instrumentation Science & Technology，2023，51(4)：421-434.

[6] 陈伟民，雷小华，张伟，等. 光纤法布里—珀罗传感器研究进展[J]. 光学学报，2018，38(3)：139-152.

[7] 李忠玉，张志勇，张信普，等. 基片式光纤光栅应变传感器增敏结构研究[J]. 光通信技术，2018，42(6)：21-24.

第四部分

数字孪生及其他技术

数字孪生大通水文站建设研究与应用

何　良[1]　肖仲凯[1]　宋世柱[1]　任　悦[2]

(1. 长江水利委员会水文局长江下游水文水资源勘测局,江苏南京　210011;

2. 南京师范大学地理科学学院,江苏南京　210011)

摘　要:本文研究了数字孪生技术在大通水文站的建设与应用,通过构建数据底板、底层感知系统和模型平台,秉持数字孪生理念,以可视化、数字化、智慧化为建设主线,实现水文站水文监测的全流程数字化管理。以长江大通水文站为案例,重点研究了智慧测站、孪生平台、实时感知和冲淤分析等业务模块,系统性集成了监测预警、智能报汛、流场模拟、测验模拟和冲淤演变模拟等关键技术。通过这些技术的应用,综合提升水文监测的准确性和响应速度,并可为水旱灾害的预防和水资源的智能管理提供强有力的决策支持。大通水文站的数字孪生平台应用,实现了水文业务全链条的数字化映射和智慧化管控,为水文站网的现代化建设提供了实践范例。

关键词:数字孪生;大通水文站;智慧测站;数字化

1　前言

在数字化发展的大趋势下,数字孪生技术正以其独特的数据驱动和模型仿真优势,迅速成为各行各业技术创新的焦点[1-2]。国家"十四五"规划纲要明确提出了"构建智慧水利体系,以流域为单元提升水情测报和智能调度能力"的要求[3-4]。水文站作为水文监测的"前哨",其运行效率和管理水平直接影响到水资源的合理配置和防洪减灾的工作成效。作为长江入海径流量的计量基准,大通水文站承载着长江下游干流径流控制的重要职责,并对长江下游的水旱灾害防御具有举足轻重的作用。本

作者简介:何良(1982—),男,江苏靖江人,工程硕士,高级工程师,注册测绘师,主要从事河道勘测、水利信息化等研究工作。E-mail:52339986@qq.com。

363

文从数字孪生流域构建理念出发,以数字孪生大通水文站建设为研究对象,阐述了数字孪生大通水文站的建设目标与架构,基于水文基础物理感知数据,结合水文站生产实际任务要求,研发了智能报汛、流场模拟、冲淤演变模拟等智能分析模块,为水文监测和管理提供新的科技支撑。

2 总体架构

数字孪生大通水文站以水文站的业务管理模块为中心,集成正射影像、激光点云、地形数据、倾斜摄影、BIM模型、矢量数据等多源异构数据来搭建数字孪生数据底板,并结合水文行业基础数据,进一步建设以智慧测站、孪生平台、测站概况、实时感知、冲淤分析为重点的水文站管理业务体系,同时运用数字孪生理念和技术体系,开发了监测预警体系、智慧场景应用、测验模拟、冲淤演变分析、流场动态模拟等功能模块,实现了大通水文站业务全链条和管理、服务全过程的数字化映射、场景化模拟和智慧化管控。数字孪生大通水文站总体架构见图1,以数字孪生平台建设为核心,综合水文站涉及物理流域相关数据,重点实现水文站生产业务应用。其中,水文站数字孪生平台建设以信息基础数据为基座,涵盖全要素实时感知数据,进一步夯实数据底板和推进数据引擎的构建,并以模型平台开发为重点核心,通过水利专业模型和水利知识平台,助力水文站"2+N"综合业务应用。

3 建设内容

3.1 底层感知体系建设

数字孪生大通水文站基于大通水文站百年老站文化底蕴,设计测站宣传视频、技术发展、地理环境、历史沿革、河段概况、荣誉表彰等多个数据整合模块集中展示百年水文站风采。在此基础上,充分完善实时感知体系,实时感知系统的建设应用是数字孪生大通水文站建设的关键核心[5]。通过加强水文站水文基础设施建设、水文监测预警设施建设等加强大通水文站监测体系建设,升级改造增设监测要素,结合业务应用需求进一步完善现有雨情、水情、工情监测设备,实现全要素数据自动在线监测。平台充分利用现有传感器感知监测数据,除汇聚水文站水位、流量、风速风向、蒸发等多类实时监测数据以及视频监控数据,还通过增设在线流量、在线测沙设备来完善智能感知体系,同时采用无人机航测与倾斜摄影等方式结合多波束扫测或单波束测量,做到空天地一体化立体监测,实现对水文站全息感知的及时、全面、高质、稳定的监测、监视和监控,并进一步整合历史整编统计数据,对数据进行过滤、清洗与去噪,夯实数据底板,充分做到了生产业务的智能化管理,实现了对历史数据的充分挖掘。

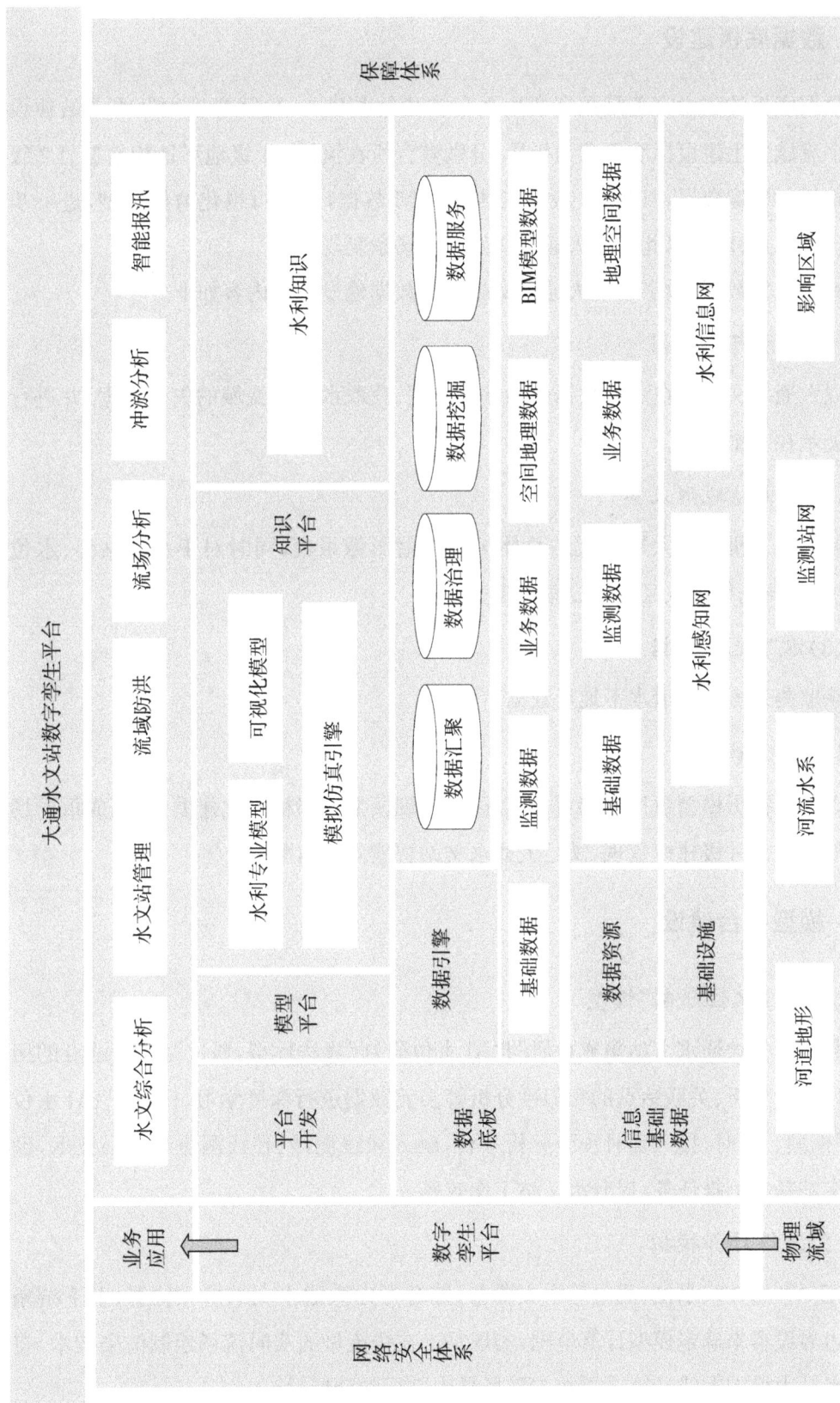

图1 数字孪生大通水文站总体架构

3.2　数据底板建设

数据底板的建设完善是数字孪生平台构建的基础[6]，数字孪生大通水文站建设以数字流域孪生建设标准要求为指导，分别整合所在流域 L1 级地形地貌数据、L2 级水文站正射影像数据，以及 L3 级重点区域 BIM 数据，通过可视化渲染模型，进一步进行环境要素补充，以此实现大通水文站真实场景复现。

针对各类数据，数字孪生大通水文站底板数据建设所需内容如下。

（1）水系河网数据

以大通水文站所在流域数据作为基层数据，获取水文站流域的矢量数据，并进行处理展示在三维平台。

（2）水文站地形采集

使用无人机完成大通水文站总体区域正射影像采集，同时对于水文站房、水位台、蒸发观测场等重点区域生成倾斜模型。

（3）水下地形数据

获取测站流域河道水下地形数据。

（4）BIM 数据

以倾斜摄影模型数据为参考，重点区域实现模型外部精细化建模，并完成重要场景内部场景部件级建模复现，满足大通水文站智能安全监测。

3.3　模型平台建设

（1）"AI 水位研制"模型

数字孪生大通水文站集成自研的"AI 水位研判"算法模型，通过对相关站点的历史水位统计分析、关联站点的相似性分析等多元数据进行深度学习，构建了"AI 水位研判"模型。同时，接入实时预警分析平台，融入在线测沙、在线测流等核心技术，助力水文站基本测报任务，提升水文站工作效率。

（2）流场计算模拟

充分利用在线水位、流量等水文要素，综合考虑大通水文站所在位置、上下游条件和边界设置来确定模型计算范围，实现基于在线流量的实时流场绘制渲染技术，将二维水动力模型在线计算成果在三维场景中进行融合展示。

（3）可视化模型

建筑物 BIM 和实景三维模型分别是建筑和地理信息领域两种三维模型,两者融合后的模型除了可展示建筑物自身内部细节,还可以分析建筑物与周边环境的相互作用,为数字孪生相关领域中的应用提供基础与支撑。数字孪生大通水文站可视化模型建设,选取 IFC 模型作为融合前的源模型,3DTitles 作为融合后的目标模型,采用中间交换格式法,选取 obj 和 gitf 格式实现交换,实现模型空间位置配准,形成一套完备的可视化模型构建方案。

3.4　业务应用建设

3.4.1　智慧水文业务

利用三维仿真技术模拟水体流动、环境状况、水体浊度等,从测站漫游、河床漫游、文化馆漫游等不同视角[7],全方位身临其境地展示大通测验河段,展现现代化、智慧化水文测站。水文测验三维模拟仿真展示是数字孪生水文站建设的重要组成部分,数字孪生大通水文站实现了大通水文站全流程测验过程在线模拟。在此基础上,从水文站基础业务应用出发,构建了智慧测站、智慧水情中心、值班中心、日志中心等重要业务应用,助力大通水文站智慧水文建设。

（1）智慧测站

结合大通水文测站实际业务应用要求,将包括仪器出入库管理、人员管理、测船管理、各类实测成果管理等进行整合,做到一个平台下日常生产任务的全方位数据汇集及管理,同时充分利用已有智能感知体系和充分发掘历史数据,可在孪生平台中对比实测成果与在线数据,为在线推流精度验证提供参考。

（2）智慧水情中心

业务重点实现大通水文站监测数据全要素融合,对水位、流量、降雨、蒸发、温度、水温、土壤墒情、盐度、风速风向、浊度要素等深度融合,完成水文站数据全流程覆盖,包括数据接收、数据处理、数据计算、数据存储、水文分析、数据展示、系统运维等流程覆盖。

（3）值班中心与日志中心

平台从水文站日常人员管理出发,设计一套值班管理流程,可完成水文站自动排班任务,将水文站日常任务制定迁至线上,提高水文站综合管理水平。

3.4.2　智能报汛业务

智能报汛分别从"双测站数据对比"和"上、下游多测站数据对比"两个维度,判断水位、雨量数据的准确性,并根据设定的标准,通过深度学习数据模型,选择最优测站数据自动入库,以此来提高报汛数据的完整性和正确性,有效降低水文站测站仪器维护人员的工作强度。该业务通过在线仪器数据对比分析,结合各水文站站点水位流量相关性,辅以 AI 模型计算研判,设计了一整套水位报汛流程,以实现报汛业务的智能化、自动化。

3.4.3 水文站风险监测及分析

大通水文站数字孪生平台,从冲淤分析和流场模拟角度实现水文站风险监测及分析业务应用。冲淤分析功能是基于仿真场景模型,通过地形点云数据来建立动态河床三维模型,通过三维河床地形的可视化交互平台,直观、真实地展示河床地形的三维信息和综合特征,通过等高线变化分析、河床冲淤分析、固定断面与水工断面分析等分析手段,为大通水文站河床监测的科学管理、隐患排查、安全维护提供关键技术支撑。流场模拟则是以水下地形 DEM 数据为基础,并按水深、流速、流向等要素进行分类,并将流场模拟结果与水体相契合呈现最终效果,动态展示流场变化,实现对水文站影响的实时分析。

4 应用实践

以数字孪生大通水文站为例,介绍数字孪生大通水文站实际应用效果。数字孪生大通水文站场景渲染见图 2。

图 2 数字孪生大通水文站场景渲染

4.1 智慧测站

大通水文站具有百年悠久历史,文化底蕴优越,站点作用突出,历史数据积累丰富。数字孪生大通水文站充分利用已有基础资料,从人文、测站实际作业、数据利用价值等角度出发设计,整合了日志中心、值班管理、断面维护、实测成果数据、船舶状态、智慧监控等功能模块,全方位覆盖了大通水文站生产业务,通过数字化、智能化的方式来提高生产作业和管理水平。大通水文站自 2024 年 1 月以来的实测数据成果一目了然,可实现在线推流与实测成果对比分析,验证在线推流精度(图 3)。

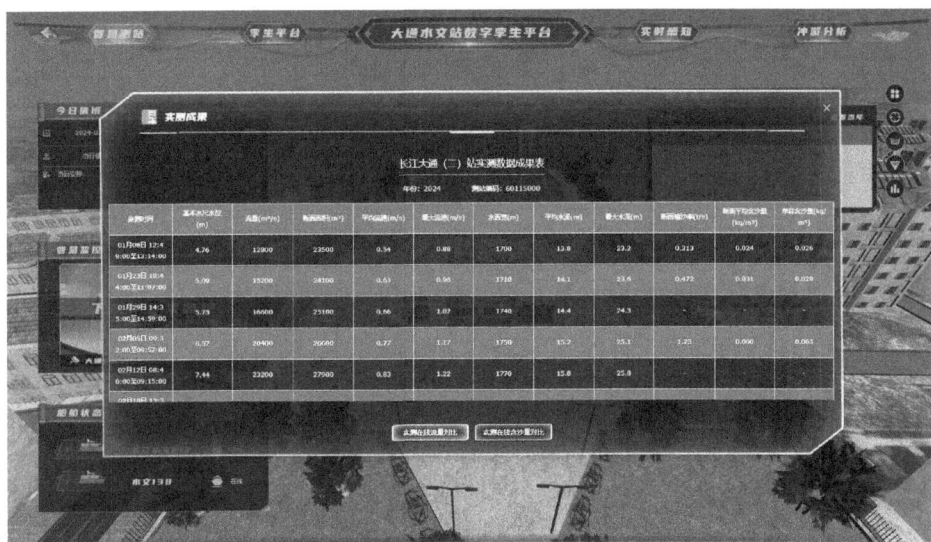

图 3 智慧测站实测成果展示

4.2 孪生平台

数字孪生大通水文站孪生平台模块设计,以仿真模拟的动态效果体现各水文要素对大通水文站的综合影响,按功能分类具有监测预警、孪生场景、测验模拟、流场模拟等功能。其中,监测预警根据大通水文站水位流量等要素的超警、保证和历史极值,通过实时对比分析当前测站要素数据,实现动态监测预警分析。孪生场景包括各个重点区域的场景漫游和室内场景漫游。测验模拟,通过动态模拟水文测验作业过程的形式来展现历史测验过程及成果数据。流场模拟,则是根据模型平台计算流场数据并以动态三维的效果进行展示。对流速要素进行渲染后的流场模拟效果,见图 4。

图 4　三维场景流场模拟

4.3　实时感知

数字孪生大通水文站充分融合在线测沙、在线测流等核心技术,助力水文站基本测报任务,提高水文站工作效率。当前断面的断面示意图、在线推流、泥沙过程、输沙率等要素图表信息集成,集中体现水文站线上实时状况(图5)。

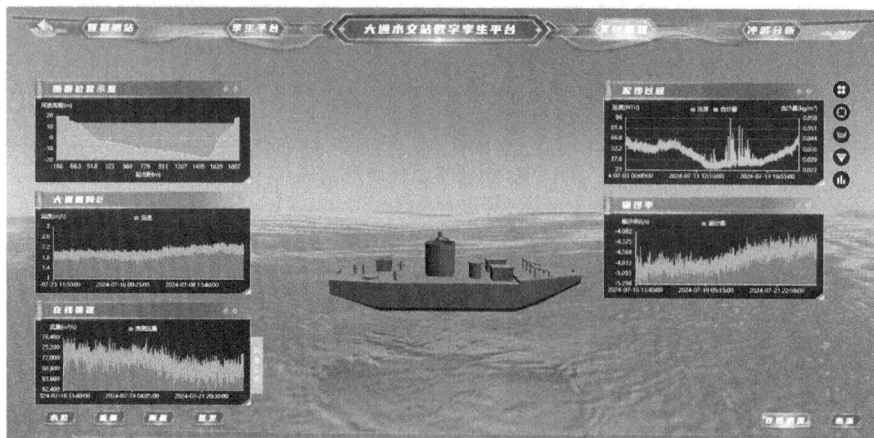

图 5　实时感知在线推流成果

4.4　冲淤分析

数字孪生大通水文站冲淤分析模块包括冲淤叠加分析、冲淤演变模拟、断面分析、等高线分析等手段方法,模块充分利用大通水文站测区内的历年河道地形数据来生成河道 DEM 模型,并利用上述方法手段对站点测区内河床冲淤状态进行综合分析,以此助力大通水文站河床监测的科学管理、隐患排查和安全维护。大通水文站测区内单次河床 DEM 模型渲染展示见图 6。

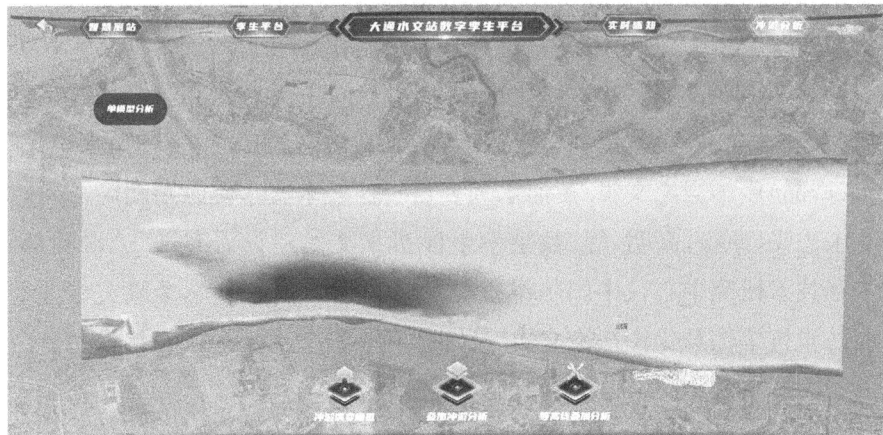

图 6 河床 DEM 模型渲染展示

5 结语

本文通过对数字孪生大通水文站的建设与应用实践,探索了水文站现代化转型建设新方案。通过总结归纳数字孪生水文站建设总体框架,从数字孪生大通水文站数据底板建设、模型平台建设和业务应用等核心应用建设出发,重点研究了智慧测站、孪生平台、实时感知冲淤分析等功能模块,系统性集成了监测预警、智能报汛、流场模拟、测验模拟和冲淤演变模拟等关键技术,助力大通水文站的数智化转型。数字孪生大通水文站的建设,不仅优化了水文数据的采集、处理和分析流程,为水文监测的日常运行和管理提供了强有力的技术支撑,全面提升了水文站数字化、智慧化水平。同时,数字孪生大通水文站的建设实施为水文站网的现代化转型提供了有益借鉴,展示了数字化技术在提升水文监测能力方面的巨大潜力。

参考文献

[1] 谢文君,李家欢,李鑫雨,等.《数字孪生流域建设技术大纲(试行)》解析[J].水利信息化,2022(4):6-12.

[2] 蔡阳,成建国,曾焱,等.加快构建具有"四预"功能的智慧水利体系[J].中国水利,2021(20):2-5.

[3] 贺挺,李凤生,成建国,等.水利部数字孪生流域模型管理云平台设计及应用研究[J].水利水电技术(中英文),2024,55(2):1-15.

[4] 任雅娴.数字孪生在湛江水文上的应用探讨[J].吉林水利,2023(8):70-73.

　［5］安觅,隆威,李瑶.数字孪生水文站研究与应用[C]//中国水利学会.2023 中国水利学术大会论文集(第一分册).水利部南京水利水文自动化研究所;江苏南水科技有限公司.2023:4.

　［6］兰香,万永生.数字孪生优化水文站网[C]//上海市水利学会,江苏省水利学会,浙江省水利学会,安徽省水利学会,江西省水利学会.第二届长三角水论坛暨水利先进技术(产品)展示会论文集.黄河水利委员会西峰水文水资源勘测局,2024:5.

　［7］王志飞,原松,高明,等.数字孪生沙市水文站建设研究[C]//水利部防洪抗旱减灾工程技术研究中心,《中国防汛抗旱》杂志社,中国水利学会减灾专业委员会.第十四届防汛抗旱信息化论坛论文集.长江水利委员会水文局,2024:4.

智慧水利水电工程三维可视化技术与应用研究

雷 勇 王 磊 倪艺萍

(珠江水利科学研究院,广东广州 510640)

摘 要:水利水电工程设施属于最为基础的设施,我国水利水电工程在建设及运检过程中普遍是基于二维平面进行,从而导致工程在建设及运检过程中缺乏可靠性。三维可视化技术以各类监控、监测设备为工程实时信息采集手段,利用各类模型对实时信息进行融合、分析和处理,实现各类管理功能及信息收录,辅助管理者进行决策,自动将辅助信息反馈至对应模型实现智慧化、可视化的管理。对此,为了进一步推动智慧水利水电工程建设及运检工作,本文简要分析智慧水利水电工程三维可视化技术与应用,希望可以为相关工作者提供帮助。

关键词:智慧水利水电工程;运检工作;三维可视化技术

1 前言

智慧水利水电工程在设计方面有相对较为复杂的特征,同时还涉及测绘、力学和地质等不同领域的内容,因为数据量相对较大,同时地理条件相对较为复杂,这会对前期的勘测和后续的设计工作造成一定的困扰。目前,大多数的设计过程仍然是基于二维图纸方式进行设计,这一种设计形式不仅效率比较低,而且存在精度问题,也无法高效率地采集各类资料,从而导致设计结果和实际形成之间存在偏差。基于三维可视化技术引入智慧水利水电工程中,不仅能够将水利工程的形态更加全面、详细地展现出来,还能够进一步提高设计精度和设计效率。信息、图像处理和现代管理技术之间的结合并渗透到智慧水利水电工程设计中,能够更好地实现创新性的设计,从

作者简介:雷勇(1983—),男,高级工程师,长期从事水旱灾害防御工作。

而推动设计管理工作展现现代化与信息化优势。对此,探讨智慧水利水电工程三维可视化技术的应用具备显著的实践性价值。

2 水利工程中三维可视化技术的应用价值

基于三维可视化技术的应用能够辅助完成水利工程建设工作,可以分别实现对水利工程勘测、设计、施工和管理等方面的辅助工作。三维可视化技术能够实现数据资料的采集,可以更好地实现立体化图形的建设。针对地质结构采取立体化的检测,能够在立体图形当中达到对岩层沉积状况、地下结构的分析判断,从而提高工程勘测的数据精确性,为后续的工程建设方案的设计与施工提供支持[1]。基于三维可视化技术的应用能够更好地实现水利工程重点数据资料的处理,可以更快地完成对数据的筛选判断,有效提高数据信息的准确性。在引入三维模型之后,基于三维空间明确立体图层,可以更加准确地体现物象信息,有效提高水利工程在探测方面的工作效率,提高数据结果的准确性。

随着工程技术的持续发展,我国在地质勘测方面的技术水平取得了明显的进步,结合透明属性、地下反射率等能够实现对河床深度以及地质岩层等沉积状况的判断,为后续水利工程的建设提供可靠数据资源。在水利工程建设方面,数据与图层之间的符合率较高,此时基于三维可视化技术的应用可实现对图像数据资源的有效分布判断。目前三维可视化技术仍然处于发展阶段,和发达国家相比仍然有一定的差距,这一项技术的应用有着相对广泛的特征,尤其是在地质、河流、工程勘测和工程测绘等方面均会有一定的应用价值。

3 智慧水利水电工程中三维可视化技术的应用

三维可视化技术主要是通过三维空间实现对复杂数据的积极表达,再结合人机交互系统作为辅助,可以更好地适用于水利水电工程的建设,从而达到对海量数据信息的融合和表达。目前,部分水利工程在流域管理方面已经有了一定的基础水平,此时可以基于三维可视化技术达到对资源的有效整合,更好地实现对不同业务的有效管理与应用。

3.1 地理信息的展示

工程设计阶段一般可采用倾斜摄影及无人机航拍技术采集工程选址的 GIS 信息,导入 Autodesk 系列建模软件进行三维设计工作,建立工程三维模型。可利用此模型快速计算出不同方案工程量及开挖量,快速且较准确地估算出不同方案投资;

将包含地理及建筑信息的模型轻量化后导入平台,形成不同方案三维全景电子沙盘。

工程运检阶段结合流域地理信息模型方面获得更大尺寸范围内的流域、高程、河道等相关信息,结合水流的演进算法和水位的涨落进行有效计算,并结合汛限水位达到对信息数据的处理,从而明确防汛的重点并提供对应信息支持[2](图1)。与此同时,通过三维可视化技术构建三维模型,能够实现对安全机构、水利大坝和雨水遥测站等提供隔离综合性的信息数据,可以展现对应的流域的数据图形功能。

图1　结合汛限水位对水利水电工程淹没情况展示

3.2　智能化应用

三维可视化技术可在各工程主要建筑物中设置监测传感设备,实时监测有关变形、渗流、应力应变和温度等涉及工程安全的数据,在 BIM 模型上查看监测设备的三维布置、监测数据、监测曲线等,记录异常数据的处理结果[3]。

结合智慧水利水电工程的建设需求,在工程的设计图和三维数据方面结合现场的照片、视频完成三维模型的建设,并通过平台引擎进行驱动,从而达到工程现场的虚拟化模拟建设[4]。在三维虚拟模型中能够基于主动或自动的漫游模式帮助相关人员理解智慧水利水电工程中的环境、设备现状和建设期间的潜在风险等(图2)。基于三维模型还能够构建更加精细的数字化模型,可以以数字平台为依据针对各个业务与智能系统相互配合,从而得到实时性的数据,为智能化巡检、风险防控等工作的开展提供支持,从而提高数据的交互性质量、处理效率。

图 2　水利水电工程的三维虚拟模型环境再现

3.3　资产管理

无论是流域水电企业还是水利工程都会涉及资产信息库，这也是进行资产管理的重要途径，在一般情况下是基于设备列表建设方式完成对各类资产的管理，在三维可视化技术支持下，能够通过对设备信息、三维模型和信息库进行对应建设，从而实现对设备台账信息的实时性查询，达到对设备以及资产信息的针对性查询，从而为后续的图纸信息和设备缺陷问题的处理提供支持[5]。在业务数据积累的基础上，按需摘录出与工程相关的关键性指标和信息，通过汇总统计后将各类图、表的数据与BIM＋GIS平台三维场景集成，进行可视化直观展示，呈现工程整体建设形象，便于管理者根据需求，客观评价进度执行情况，为优化和调整进度提供参考。

3.4　智能巡检与监视管理

目前，水利水电工程在监控方面普遍是基于二维的界面为主进行处理，在具体工作中操作人员可以基于监控设备与信息的调用实现对实时画面的监控。在三维数字化平台建设完成后，结合不同的巡视工作者和巡视任务要求，可随时调整巡视的线路和巡视的要求，同时在三维空间中可以实现对阀门和仪器仪表相关信息的关注并全程记录，结合实际情况达到三维性智能定位，从而达到对报警设备和相关信息的及时查看[6]。基于数字化的平台可以随时做好对现场的监控，能够实时性地完成对信息的检查与验证。

3.5　安全风险监控

在水利水电工程建设后的维护与检修工作中，因为工程项目本身的工作点位比较多,在现场工作时工作人员相对较为复杂,此时涉及交叉作业可能性也比较高,所以必然会存在各类安全风险,在具体工作中应当提高作业安全性的保障工作,做好对各类安全风险的积极预防控制。采用 UWB 精确定位技术,实时获取人员的精确位置,当发生意外时可利用定位信息,拟定救援方案,提高救援效率。基于针对人员的实时性定位,如在工作人员长时间脱离指定工作范围时便会自动报警,同时当外来人员进入禁忌区域时也会自动报警,对于工作能够随时接到报警信息,之后人员可以进行信息查阅,从而规避错误报警问题的发生,达到对风险问题的及时预防控制[7]。另外,基于三维可视化技术的支持,还能够实现对几乎所有工作面、工作人员的监控,可以更好地实现对各类异常情况的处理,从而达到有效的安全风险防范目的(图 3)。

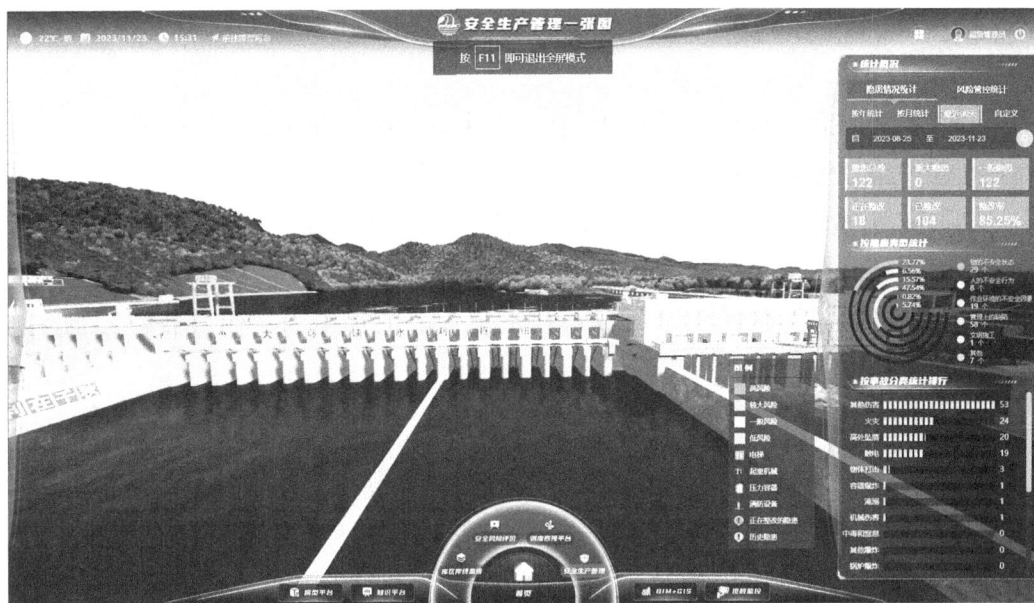

图 3   水利水电工程安全生产管理

4   总结

综上所述,智慧水利水电工程中对于三维可视化技术的应用不仅可以有效强化设计与勘测工作的效率,还能够更好地实现人力资源与物力资源的节省,基于三维可视化技术的应用能够更好地实现二维向着三维的转变,基于模型的应用促使水利工程的建设与施工更加直观地体现出来,从而提高工程建设的专业化水平,创造更高的经济效益。

参考文献

［1］贺聪.三维可视化技术在水利水电智慧化建设中的运用［J］.智能城市，2022,8(8):75-77.

［2］孙洪秀,田志刚.三维可视化技术在水利水电建设中的应用［J］.智能建筑与智慧城市,2021(7):173-174.

［3］王充实,赵越,黄元佳,等.运用智慧手段打造流域水电运行期综合环境监测体系的设想［J］.大电机技术,2018(6):84-86.

［4］李青常.水利水电工程三维可视化技术与应用研究［J］.科学技术创新,2021(8):112-113.

［5］丁凯,王凯.浅析三维可视化技术在水利水电工程建设中的应用［J］.中国新技术新产品,2021(5):89-91.

［6］施炎,黄灿新,王团乐,等.基于GIM的水利水电灌浆工程三维可视化分析方法与应用［J］.长江科学院院报,2022,39(8):133-139.

［7］刘素利.三维勘测设计技术在水利水电工程中的应用研究［J］.明日,2021(17):453-453.

流域库坝安全"空—天—地—水"立体监测研究进展

金和平[1,2]　罗惠恒[2]　杨　磊[2]　周志伟[3]　李林泽[2]　王海羽[2]　吴宇轩[3]　江利明[3]

(1. 中国长江三峡集团有限公司,武汉　430010;

2. 中国长江三峡集团有限公司武汉科创园,武汉　430014;

3. 中国科学院精密测量科学与技术创新研究院,武汉　430077)

摘　要:流域库坝安全运行事关国家水安全、能源安全与经济社会绿色发展。库坝安全监测是合理评价库坝安全运行性态的基础,对保障高库大坝长期稳定安全运行意义重大。本文系统探讨了流域库坝安全监测的内容与方法,并重点分析了"空—天—地—水"立体监测技术的最新研究进展与趋势。随着卫星遥感、无人机、物联网、大数据、电子通信、人工智能等技术的融合应用,对流域高库大坝的表面变形、内部变形、渗流渗压、应力应变、水位和降雨量等关键指标的监测能力显著提升,为库坝安全管理提供了新的思路与方法。最后,本文通过典型案例分析,展示了"空—天—地—水"监测技术在流域库坝安全监测中的应用效果,并对其研究进展进行了总结与展望。

关键词:流域库坝;高库大坝;安全监测;库岸地质灾害

1　前言

流域库坝安全监测是守护洪旱灾害的"守护神",是清洁能源供应的"护航者",更是国家水安全体系的"核心枢纽"与"智慧大脑"。库坝安全监测不仅是定量评价库坝安全运行性态的基础,更是保障库坝长期稳定运行的重要措施。随着卫星遥感、无人机、无人船、物联网、大数据、电子通信、人工智能等技术的快速发展,流域库坝安全监

作者简介:金和平,博士研究生,教授级高级工程师,负责垂直领域大语言模型的知识问答与检索增强系统研发。E-mail:jinheping@ctg.com.cn。

测逐渐从传统的人工监测向自动化、智能化转变。我国已建水库大坝 9.8 万余座,总库容达到 8983 亿 m³,同时还修建了各类河流堤防 43 万 km,这些水利设施在防洪减灾、农田灌溉、水力发电和生活供水等多个领域,均发挥了巨大的社会效益和经济效益[1]。

然而,流域库坝安全面临着多方面的风险与挑战。当前的安全监测虽已覆盖大坝表面及内部变形、渗流压力与渗流量、应力应变、水位及降雨量等多个关键指标,以及对库岸地质灾害如滑坡、崩塌和水库地震等的监测预警,但仍难以全面应对复杂的安全风险[2]。现有监测技术如光纤监测等,虽然提升了自动化和智能化水平,但在实际应用中遭遇监测精度不足、数据融合难度大、实时性有待提高等技术瓶颈。这些问题直接影响到对库坝安全状况的全面掌握和及时预警,使得流域库坝在极端气候和频繁地震面前的防御能力受到限制。因此,深入探索和应用"空—天—地—水"立体监测技术,成为解决流域库坝安全监测中现有技术瓶颈、提升整体监测能力的重要研究领域。

本文将系统梳理流域库坝安全监测的内容与方法,重点介绍"空—天—地—水"监测技术的最新进展与趋势,并结合典型案例分析,探讨"空—天—地—水"立体监测技术在流域库坝安全监测中的应用效果和发展前景,以期为流域库坝安全运行与维护提供新的思路和方法。

2 流域库坝安全监测的内容与方法

2.1 大坝安全监测的内容与技术

大坝安全监测是保障其长期稳定运行的核心,涵盖变形、渗流渗压、应变应力、水下探测及环境量等多个方面。变形监测采用合成孔径雷达干涉测量(InSAR)、三维激光点云测量、无人机倾斜测量等非接触技术,结合 GNSS、激光准直、测量机器人及分布式光纤传感等接触式方法,全面捕捉大坝几何形态变化。渗流渗压监测通过探地雷达、分布式光纤、渗压计等技术评估防渗性能,示踪法则深入揭示渗流路径。应变应力监测利用振弦式传感器等实时监测结构安全,确保大坝承受力在合理范围内。在水下探测领域,可通过运用多波束测深仪、侧扫声呐和水下无人潜航器等先进设备,精确测绘水库底部地形,监测水下结构的健康状况,并评估近坝区的泥沙淤积情况,为大坝安全管理提供了宝贵的水下环境数据。环境量监测可通过采用雷达水位计、翻斗式雨量筒、雷达流量计和监控摄像头等设备,构成的一体化环境量自动监测站,实时监测气温、降水量、库水温等关键环境参数,为分析大坝安全受环境因素影响提供了科学依据。这些监测内容与技术手段相互补充,为大坝的安全运行提供坚实保障。大坝安全监测的内容及技术见表1。

表 1 　　　　　　　　　　　　大坝安全监测的内容及技术

监测类别	具体监测项目	监测技术
变形监测	表面变形、内部变形	InSAR 监测、GNSS 自动化变形监测、三维激光扫描、无人机遥测、激光准直系统变形监测、测量机器人 TPS 监测、传感器类自动化变形监测
渗流渗压监测	渗流量、扬压力或坝基渗透压力、水质分析	探地雷达、分布式光纤法、渗压计、水位计、示踪法
应变应力监测	坝体和坝基的应力、应变、孔隙水压力、坝基温度、混凝土温度	振弦式仪器、光纤传感器、智能传感器
水下探测	水下建筑物检测、近坝区泥沙淤泥情况、水下地形变化	水下声呐技术、水下无人潜航器技术
环境量监测	气温、降水量、库水温、坝前淤积、下游冲刷	雷达水位计、翻斗式雨量筒、雷达流量计、监控摄像头等

2.2　库岸地质灾害类型与监测方法

在水库的长期运行过程中,库岸地质灾害如滑坡和崩塌构成了重大的安全威胁,它们不仅危及大坝结构的完整性,也可能对周边生态环境和居民安全带来严重后果(表2)。因此,对库岸地质灾害进行有效监测和预警至关重要[3]。具体而言,滑坡是库岸地区最常见的地质灾害之一,通常由库水位波动、降雨、地质条件等多种因素诱发。滑坡监测通常采用一系列高科技手段,包括利用 InSAR 技术来捕捉地表微小形变,运用全球导航卫星系统(GNSS)和全站仪进行地面位移的精确监测,以及通过测斜仪和地下水位计来监测滑坡体内部的位移和水位变化。土壤湿度计和地声监测设备也被用来分析滑坡体的物理化学特性变化。此外,新兴技术地面穿透雷达(GPR)的应用可以揭示滑坡体内部的结构特征,而光纤光栅传感器则以其高精度和抗干扰能力为形变监测提供了新的技术手段。崩塌则是指库岸岩石或土体在重力作用下突然脱离母体并快速崩落的过程。对于崩塌的监测,主要依赖地质调查来评估库岸岩石或土体的稳定性,遥感技术如无人机和卫星影像用于监测库岸地区的形态变化,同时现场安装的裂缝计和应力计等监测设备能够实时捕捉岩石或土体的裂缝扩展和应力变化,为灾害预警提供关键数据支持。无线传感器网络(WSN)可实现对滑坡和崩塌潜在区域的密集监测,并通过机器学习和人工智能(AI)对监测数据进行深入分析,以预测潜在的灾害风险。这些综合监测方法为库岸地质灾害的早期识别和风险评估提供了坚实的科学基础。

表 2   库岸地质灾害类型与监测方法

灾害类型	监测方法
滑坡	InSAR 监测、GNSS、地面位移监测（地面穿透雷达 GPR、光纤光栅传感器、全站仪）、地下位移监测（测斜仪、地下水位计）、物理化学监测（土壤湿度计、地声监测）
崩塌	地质调查、遥感技术（无人机、卫星影像）、现场监测设备（裂缝计、应力计、无线传感器网络）

2.3 地震监测方法

地震监测在预防和减轻地震灾害损失中起着关键作用，当前常用的监测方法包括 GNSS 地震台网、重力、地磁、微震和卫星遥感监测，这些手段共同构成了高效的综合监测体系（图 1）。首先，地震台网监测作为基础的手段，遍布全国，通过台站和精密仪器实时记录地震波，迅速定位震中、确定震级和时间，为应急响应提供了宝贵的时间窗口。中国已建成由 1 个国家测震台网和 32 个省级测震台网组成的全国地震监测网络，显著提升了地震预警能力[4]。其次，重力测量虽然受限于仪器体积大、重量重及需要专业维护等挑战，但其捕捉地震前局部重力异常的能力仍被视为预警地震的重要手段[5]。尽管目前存在诸多局限，但国内在重力仪研发上的显著进展预示着未来有望实现更小型化、易部署且高精度的重力测量设备，从而拓宽其应用范围。再次，地磁监测通过敏锐捕捉地球磁场的变化来预警地震活动。在地震前，地磁场的细微变动可能预示着即将发生的地震，这使得地磁监测成为地震前兆研究的关键一环。利用先进的曲面样条和球冠谐模型提取地磁数据，为地震预测提供了重要依据[6]。同时，微震监测通过记录低强度的地震活动，为科学家提供了研究地震空间分布和时间演化的宝贵数据。这些微震事件往往是大地震的前兆，因此微震监测对于提升地震预警的精确度具有重要意义[7]。此外，卫星遥感监测技术以其高分辨率影像和 SAR 数据，在监测地表形变和变化方面展现出巨大潜力。这项技术不仅能在震后迅速提供损失评估的实时图像，还能通过历史对比分析地表变化，为预测未来地震风险提供科学依据[8]。

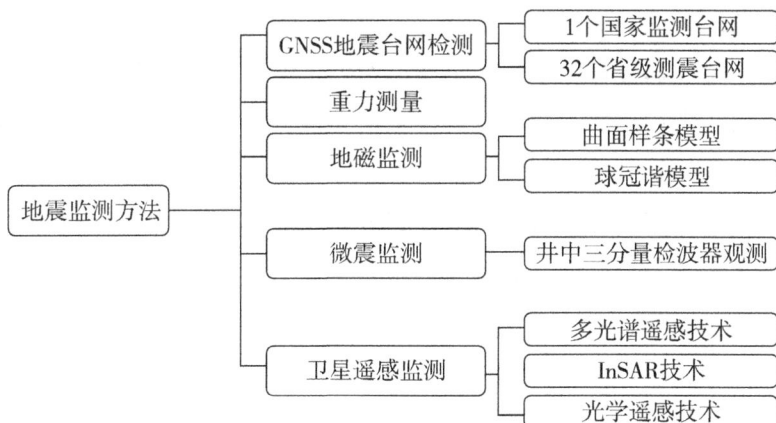

图 1　地震监测方法

2.4　泥沙监测方法

在流域库坝系统中,泥沙的形成主要源自自然因素的双重作用:河水冲刷与上游来水挟带的悬浮泥沙。河水,作为自然界中强大的搬运工,在流动过程中不断对河床及河岸进行侵蚀,将河床底部的泥沙、碎石和河岸两侧因风化、降雨等因素松动的土壤冲刷下来,形成含沙水流。这些含沙水流随着河流的流向,携带着大量的悬浮泥沙向下游推进,直至遇到水库大坝这样的障碍物。为了解决泥沙对流域库坝的影响,充分发挥水坝功能,对泥沙监测至关重要[9]。泥沙监测的主要方法是通过在河流或水库中设置采样点,定期采集水样,并运用物理、化学或光学手段分析水样中的泥沙含量。常用的技术包括激光粒度分析仪测量泥沙粒径分布,悬沙计测定水体中悬浮泥沙浓度,以及利用声学多普勒流速剖面仪(ADCP)等设备监测水流携带泥沙的动态变化。这些方法综合应用,能够准确评估流域内泥沙的迁移、沉积规律,为水资源的合理开发利用和水环境保护提供科学依据。一种主要的测量泥沙方法见表3。

表 3　　　　　　　　　　　　　　　　库坝泥沙监测方法

泥沙形成方式	监测方法
河水冲刷	根据研究对比,选择浊度仪作为研究仪器,通过含沙量两者之间某一稳定的相关关系,采取测量水样的浊度来推算水样含沙量,简化含沙量提高工作效率。
上游来水挟带的悬浮泥沙	根据浊度—含沙量非线性回归模型(Turb-SSC 模型)推算,其测量精度的高度主要取决于浊度测验精度和浊度与含沙量相关关系精度

2.5　水文监测方法

河流的水文监测主要是对其水位波动、水流速度、水质状况、水量变化等信息进行监测,对流域的环境环保具有重要意义。对于水深和水流速度,可用激光多普勒测流仪、激光雷达等仪器进行测量。对河流、水库的水位与流量的实时监测,可以通过浮球式水位计、压力传感器和超声波等技术来实现。而在水质监测方面,多参数水质传感器是监测水温、氨氮浓度、磷含量、pH 值的重要工具;同理,风速、风向、湿度、降雨量、水位等信息可用多参数水文气象传感器进行监测[10]。将上述设备搭载到水下遥控机器人、水下无人自主航行器等移动平台上,基于传感器、电子、GNSS 和计算机等技术构建一个完整的水文监测系统及信息管理平台,实现测站之间的通信及数据的远程传输,从而实现大范围、准确、实时的水文监测(图 2)。除此之外,卫星遥感影像、无人机影像和移动平台采集的近水体图像具有丰富的信息,对这些图像信息进行解译也可以监测到水体的空间分布、面积变化、水质等信息。在基于深度学习的图像处理领域,可对影像进行语义分割来自动提取水体边界,使用视觉显著性检测算法提取水位计的感兴趣区域来对河流水位进行精确评估,还可使用 YOLO 模型对河流表面漂浮物进行检测[11]。

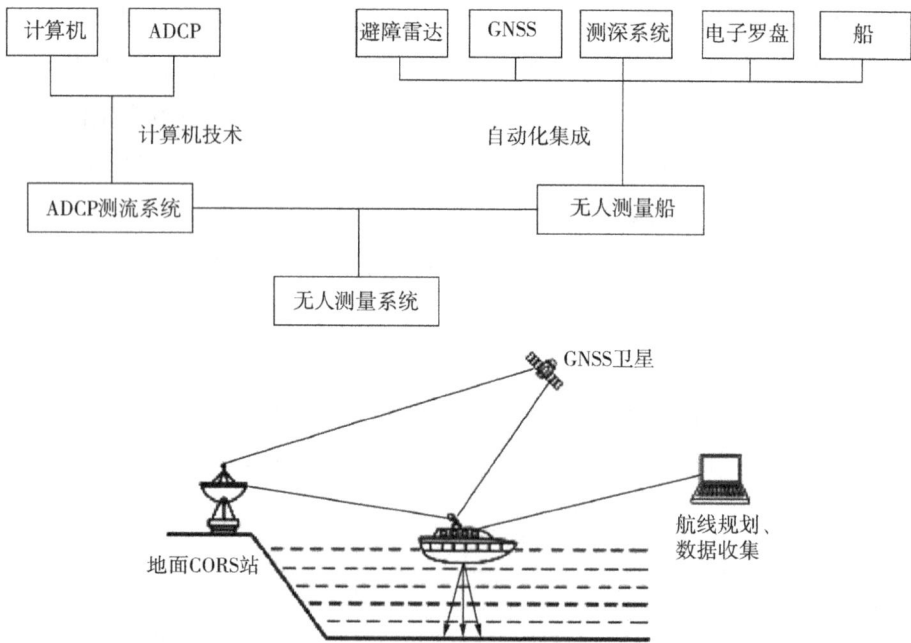

图 2 无人船测量系统[12]

2.6 生态环境监测方法

流域库坝的生态环境监测方法涉及多个领域,涵盖水质、水土流失、生物多样性、土地利用等要素[13]。随着遥感技术、地理信息系统(GIS),以及大数据分析技术的发展,现代监测方法在时空动态分析和生态环境评估方面得到了广泛应用,具体见表 4。

表 4 生态环境监测方法对比

监测方法	优势	应用方面
遥感技术	覆盖范围广、实时性强,特别适用于大规模流域的长期监测	监测水质、植被覆盖、水体富营养化等动态变化
GIS 与定量模型	数据整合与空间分析,支持生态系统动态模拟	评估土地利用变化对水土流失和非点源污染的影响
水质监测	结合数据驱动的预测模型,提升监测的效率与准确性	水体中溶解氧、氮磷含量等水质参数的评价和预测
生物监测	从生态角度进行评价,补充物理化学监测的不足	监测水生生物群落的多样性和种群动态,评估水体健康

(1)遥感技术

遥感技术在库坝监测中的作用不可忽视。通过卫星数据(如 Landsat、MODIS)和无人机(UAV)提供的高分辨率图像,研究人员能够有效监测水质、植被覆盖、水体富营养化等动态变化[14]。遥感技术的优势在于其覆盖范围广、实时性强,特别适用于大规模流域的长期监测。例如,Google Earth Engine (GEE)等遥感大数据云平台已被广泛用于地表覆盖、生态环境监测的研究[15]。

(2)GIS 与定量模型

GIS 为流域生态监测提供了数据整合和空间分析的工具。基于 GIS 的空间分析能够将不同数据源整合到统一平台上,支持复杂的生态系统动态模拟。RUSLE、SWAT 等模型被广泛应用于评估土地利用变化对水土流失和非点源污染的影响[16],为水环境治理提供了科学依据。

(3)水质监测

传统水质监测采用物理化学参数法,通过现场采样和实验室分析进行水质评价,如监测水体中的溶解氧、浊度、氮磷含量等。现代技术结合了基于数据驱动的预测模型,通过机器学习和人工智能算法,对水质变化进行预测和趋势分析,大幅提升了水环境监测的效率和准确性[17]。

(4)生物监测

通过监测水生生物群落的多样性和种群动态,研究人员能够从生态角度评价库坝水体质量。结合实地调查样点,利用物种多样性指数与生态系统稳定性评价库区的生态健康状况,保障库区生物多样性的维护和恢复[18]。

这些技术的综合应用,有助于全面掌握库坝生态环境的动态变化,提高环境管理和决策的科学性。

3 空—天—地—水监测技术进展与趋势

3.1 卫星遥感监测技术

卫星遥感监测技术以其覆盖范围广、观测周期短和监测精度高等优点,已广泛应用于流域库坝安全监测领域。其中,光学遥感影像具有时效性好、信息丰富、可视化效果好等优点,可对大坝表面的裂缝及渗漏情况等细节信息进行监测;而 InSAR 技术根据相位信息对两幅或多幅 SAR 影像进行干涉,从而获取地表形变信息,可应用于滑坡、地震等地质灾害的监测[19]。近年来,SAR 卫星数据呈现出数量逐渐增多、时空分辨率不断提高的发展趋势,同时也涌现出了永久散射体干涉测量(PS-InSAR)、小基线集干涉测量(PS-InSAR)、干涉点目标分析(IPTA)等时序 InSAR 处理技术,使得对于桥梁、大坝等大型基础设施的高精度形变监测成为可能[20]。

PS-InSAR 技术[21]通过统计分析识别图像序列中具有稳定散射信号的点,即永久散射体(PS),对这些点的干涉相位进行差分,来获取地表的形变信息。PS 点通常分布于建筑物或岩石等稳定结构的表面上,其相干性稳定,受影像时空基线变化的影响较小,能在长时间序列的影像数据中提供高精度的形变监测结果。SBAS-InSAR 技术[22]则通过从多时相的 SAR 影像数据集中选择具有小空间和时间基线的影像子集,并利用多干涉图组网的方式,尽可能减少时间和空间失相干的影响;相位解缠中,SBAS-InSAR 直接设置相干性阈值来筛选相干性较高的点,基于这些点进行解缠,以获得准确的形变结果。IPTA 技术[23]则是在 SBAS-InSAR 的基础上发展而来的,它引入了二维线性回归模型,在迭代分析中设置残差阈值,优化相干点的选择,从复杂的混叠信号中精确分离出地形残差与形变信号,这使得它在处理高噪声和复杂地形区域时的表现更为出色。

国内外学者已经利用卫星遥感技术对大坝及库岸灾害开展了较多的相关技术研究与监测应用。Wang 等利用 SBAS-InSAR 技术,对 2003—2008 年三峡大坝及其周边地区的形变进行监测,发现大坝形变呈周期性规律,表明了时序 InSAR 在大坝稳定性监测中的可行性[24]。Voege 等基于 SBAS-InSAR 技术获取了挪威 Svartevann 大坝 8 年间的位移情况,并探测到了坝体的局部形变[25]。李浩基于 Quickbird 高精度影像对小湾库区的潜在失稳岸坡进行调查,解译出岩质、土质失稳岸坡共 30 余处[26]。Milillo 等利用 D-InSAR 技术对 Mosul 大坝的失稳情况进行了监测,表明注浆作业可以缓和大坝的失稳情况[27]。戴可人等联合时序 InSAR 与无人机航测技术,识别出白鹤滩库区蓄水前共 32 处地质灾害隐患点,包括 21 处滑坡和 11 处崩塌[28]。尹敏超将 SBAS-InSAR 与有限元模型相结合,不仅可以获取大坝形变数据,还可模拟载荷、渗流、地基等对大坝稳定性的影响[29]。

3.2 无人机监测技术

无人机具有灵活性强、机动性高、可远程控制等优势,通过搭载不同类型的传感器(如光学相机、红外相机、激光雷达等),并结合卫星导航定位系统完成实时监测,为流域库坝安全提供及时监测数据及信息[30]。现多采用倾斜摄影测量、贴近摄影测量和近景摄影测量等手段进行数据采集,以获取目标场景的高分辨率、高质量影像,在复杂地形和危险区域安全作业生成精细的三维模型,进行库坝结构完整性评估和损伤状况。倾斜摄影测量即无人机在多角度下对目标区域进行影像采集,通过多视角的照片拼接和重建生成三维模型,多用于复杂地形条件下库区滑坡、崩塌等灾害地区的监测。贴近摄影测量通过无人机在极低高度进行近距离拍摄,获取高精度影像,可用于检测大坝表面的微小裂缝和应力集中区域。近景摄影测量相较于贴近摄影测量作业高度稍高,主要用于中小型库坝的整体结构监测。

近年来,国内外学者对无人机监测技术在流域库坝安全监测中的应用进行相应研究。首先,在高分辨率影像获取方面,影像分辨率从早期的亚米级别提升至厘米级别,极大地提高了监测精度。其次,随着机器视觉和数字图像技术的发展,结合无人机技术和机器图像算法愈加广泛。2016 年,Ellenberg 等利用无人机搭载相机采集图像并通过计算机算法进行后处理,以准确提取桥梁损伤量化信息[31]。Akbar 等在2019 年提出了一种无人机自主结构健康监测系统,通过图像拼接技术检测结构变化[32]。最后,基于无人机倾斜摄影或贴近摄影技术进行水库、水电站、大坝等水利工程的三维实景建模,监测宏观结构的变形及微观结构的变化[33]。Zhao 等通过无人机图像重建高精度三维大坝模型,有效提升了大坝监测和检查的精度与效率[34]。朱征等应用无人机倾斜摄影技术重建白格堰塞区三维数字模型,从而证明该技术在复杂环境的快速与高效[35]。

3.3 地面与在线监测技术

在"空—天—地—水"一体化的监测系统中,地面监测仪器和设施作为其中关键部分,提供高精度、高频率的监测数据,为地质灾害的防控提供了科学依据。传统地面监测方法包括人工测量和仪器监测。人工测量依赖于专业工程师的定期巡查和直观检查,仪器如孔隙水压计和倾斜仪等,通过实地安装,直接测量关键的物理参数。然而其自动化程度低、数据采集频率有限,且可能无法全面覆盖库坝所有区域。其中,点式电测传感器在常规监测技术中广泛应用,但易出现抗干扰能力不足、稳定性较差、存在较大的相对误差以及零点和动态漂移问题[36]。

20 世纪 70 年代,随着光纤技术的成熟,光纤传感技术得到广泛运用[37]。其以其高灵敏度和抗电磁干扰的特性,沿大坝或库岸布设,通过光纤应变计测量温度、应力和振动等参数,从而实现高精度、长距离的监测。学者基于单根光纤测量多个参数的多媒体传感器技术,通过实际应用案例展示了其在水电站大坝健康监测中的有效性[38]。使用 GNSS 进行大坝监测的概念最早在 1989 年被提出[39],并在 1995 年实际应用于 Pacoima 大坝的监测,提供了更高的监测频率和自动化数据处理能力[40]。GNSS 技术通过提供高精度、自动化和实时的大坝位移监测能力,常与其他监测技术集成形成综合监测系统,以全面分析大坝的稳定性和变形趋势。地面激光扫描技术(TLS)在 21 世纪初期被引入,利用激光测距原理快速获取大坝表面的高精度三维点云数据,其成本较高且通常需要现场操作[41]。地基合成孔径雷达技术(GB-SAR),作为 SF-CW(步进频率连续波)与 SAR(合成孔径雷达)技术的深度融合与创新产物,妙整合了干涉测量技术,展现出了极高的科学严谨性和技术先进性[42]。该技术通过精密调控雷达与大坝之间的成像几何参数,灵活应对多样化的监测场景需求,实现了对大坝表面在雷达视线方向上微小形变的高精度捕捉。地基激光雷达(LiDAR)技术通过发射激光脉冲并测量其反射时间来生成高分辨率的三维地形图,多用于库岸滑坡及崩塌的监测。Ye 等通过综合 LiDAR 技术和 GIS 技术,为三峡库区高水位蓄水期间的滑坡防治提供了科学方法[43]。黄其欢等利用地基合成孔径雷达干涉测量技术(GBInSAR)对隔河岩大坝进行了变形监测,通过建立大气校正的数学模型,有效地减少了大气扰动对监测结果的影响,并通过与传统垂线监测方法的比较验证了 GBInSAR 技术在大坝变形监测中的准确性和可靠性,为大坝安全管理提供了新的技术手段(图 3)[44]。

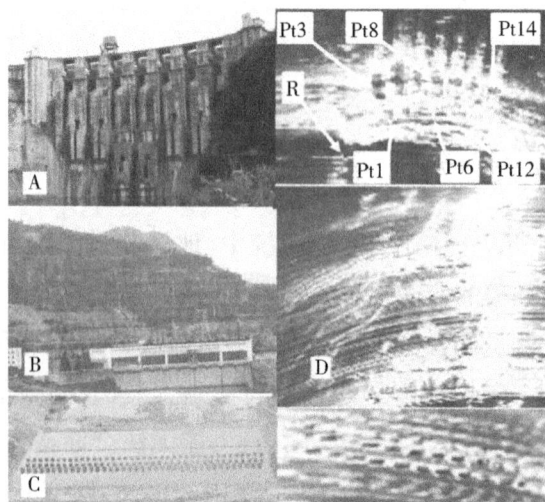

图 3 隔河岩大坝地基 SAR 影像局部放大图[44]

3.4　无人船与水下机器人监测技术

无人船与水下机器人技术是指利用先进的电子技术、机械控制技术、材料科学、传感器技术、人工智能及通信技术等多学科交叉融合,设计、制造及操控能够在水下环境中自主或遥控执行各种复杂任务的机器人系统的技术[45]。这些机器人具备在水下高压、低光照、强水流等极端环境下作业的能力,有效拓展了水下监测的能力[46]。具体技术分类见表5。

表5　　　　　　　　　　　　水下地形测绘技术分类[47]

技术分类	特点
单波束探测	单音束回声测深仪系由声呐的音鼓发射一束音束束宽 $10°$ 以内的脉冲波作为探测信号,具有较高的探测精确度
多波束探测	多音束回声测深仪系于船下设置音鼓发射一系列扇形之音束脉冲信号,探测面积广且对于海床、湖床地面地形信息探测更为精确
侧扫声呐	测扫声呐系统将音鼓放置于水下拖曳载具的两侧,向海底以扇形释放多音束声波,缺乏立体物体辨识度
水下地电阻	利用直流电或低频交流电流经由一对电极(A,B)通入地下,于地下建立人工电场,并利用另一对电极(M,N)测量电场在 M、N 电位差,据此计算地层的视地电阻率,再运用反推计算方法推求地层真实地电阻率

根据控制方式、功能、作业方式可以将水下机器人进行以下分类。

(1)控制方式

有缆机器人,母船通过脐带电缆为水下机器人供电,并实时传输控制指令与状态信息,确保高效执行水下作业;无缆机器人,装备有内置动力源,能够自推进并实现自我控制。它们可携带多样化任务载荷,并可通过声波等远程通信手段进行灵活遥控,以自主或受控方式高效执行复杂的水下作业任务;自主遥控水下机器人,混合了自主和遥控两种方式,有效实施观测;水下滑翔机,靠浮力驱动的新技术。

(2)功能

观测型水下机器人,只具有图像观测功能;带有负载能力的水下机器人,可以携带不同的水下作业系统;作业型水下机器人,配有机械手从而保证了水下作业的精确;爬行类水下机器人,可以在管道里自由运动,对管道的更新、修复具有重要作用。

(3)作业方式

浮游式水下机器人,漂浮在水中,进行水下检测;履带式水下机器人,可以远程控制,适应复杂的地形;步行式水下机器人,用于水下探险、海底救援等活动。

在溪洛渡水电站库区的水下地形测绘项目中,三峡集团作业团队首次使用国产无人测量船作为测绘平台,将无人驾驶遥控船体与多种先进系统融为一体,构筑了一个高效、精准的水下测绘解决方案。该平台集成了精密的控制系统、强劲的动力推进系统、稳定可靠的无线通信系统、高精度的卫星定位导航系统和先进的测深系统,实现了对水下地形的快速、精确扫描与数据采集。这一技术的应用,不仅极大地提升了水下测绘的作业效率与数据精度,还降低了人力成本与安全风险。同时为大坝、水库等设施的维护与评估提供了坚实、全面的技术支撑与参数依据。

3.5 发展趋势

在对流域库坝安全"空—天—地—水"立体监测研究进展进行全面分析后,可以预见"空—天—地—水"监测技术的发展趋势将体现在以下几个关键领域。首先,技术发展的智能化与多种手段协同化是一大焦点。依托人工智能和机器学习的进步,未来的监测系统将实现更高级别的独立操作能力,包括数据分析和模式识别,从而对大坝安全实施实时评估和预警。此外,多种手段协同监测的构建将成为主流,这种协同监测网能综合卫星遥感、无人机、地面传感器和水下监测设备的数据,为大坝安全提供全面和多维度的评估。

进一步地,数字孪生技术的应用将为大坝安全监测带来革命性的变化。通过创建大坝的数字副本模拟其在不同环境条件下的性能。这项技术有助于提前发现潜在的安全问题,并优化维护策略。同时,提高预警系统的准确性和响应速度也是发展趋势之一,这将通过改进算法和增强计算能力来实现,为应急响应争取更多宝贵时间。考虑到极端气候事件日益频繁,强化应急处置能力也将成为监测技术的重中之重,包括快速部署监测设备和实时监测大坝在极端事件中的响应。

综合来看,未来的"空—天—地—水"监测技术将朝着更加智能化、协同化、精准化和快速响应的方向发展水库大坝安全提供坚实的技术保障和支撑。

4 流域库坝安全监测的典型案例分析

流域地质灾害,如滑坡、泥石流、崩塌等,对流域内居民的生命财产安全构严重威胁。随着科技的进步,联合监测技术,即综合运用多种现代监测手段,已成为提升地质灾害监测能力的重要手段。本节将以大坝变形监测、水库地震监测、库岸滑坡监测这3种典型案例分析联合监测技术在流域地质灾害监测中的应用和效果,展示其在防灾减灾中的关键作用。

4.1 大坝变形监测

三峡大坝,作为世界上最大的水利枢纽工程之一,其安全性与稳定性直接关系到长江中下游的防洪、发电、航运等关键领域。鉴于三峡大坝的重要性,其变形监测工作尤为重要。三峡大坝的变形监测采用了多种联合监测技术,包括 InSAR 技术、GNSS 自动化变形监测、三维激光扫描、无人机遥测和传统的传感器类自动化监测手段,实现了对大坝水平位移、垂直位移、裂缝和接缝、岸坡位移和倾斜位移等关键参数的全面监控。

具体来说,三峡大坝的变形监测中应用了雷达卫星遥感 InSAR 技术,它能够实现对大坝及其周边区域的大范围、连续、高精度的形变监测,为评估大坝的长期稳定性和安全性提供了重要数据支持(图4)。通过布置高精度的 GNSS 接收机,可以构建高精度的自动化变形监测系统,能够实时获取大坝的整体变形情况。同时,利用三维激光扫描技术,定期对大坝进行高精度扫描,通过对比不同时期的扫描数据,可以精确识别大坝表面的微小形变和裂缝发展。此外,无人机搭载的高清相机和激光雷达等设备,为难以直接监测的区域提供了有效的监测手段,实现了对大坝全方位、无死角的监测。这些联合监测技术的应用,不仅提高了三峡大坝变形监测的精度和效率,也为大坝的安全运行提供了有力保障。此外,该技术还促进了跨部门协作,增强了应对流域地质灾害的快速响应与处置能力,为水利安全管理和灾害预防提供了有力支撑。

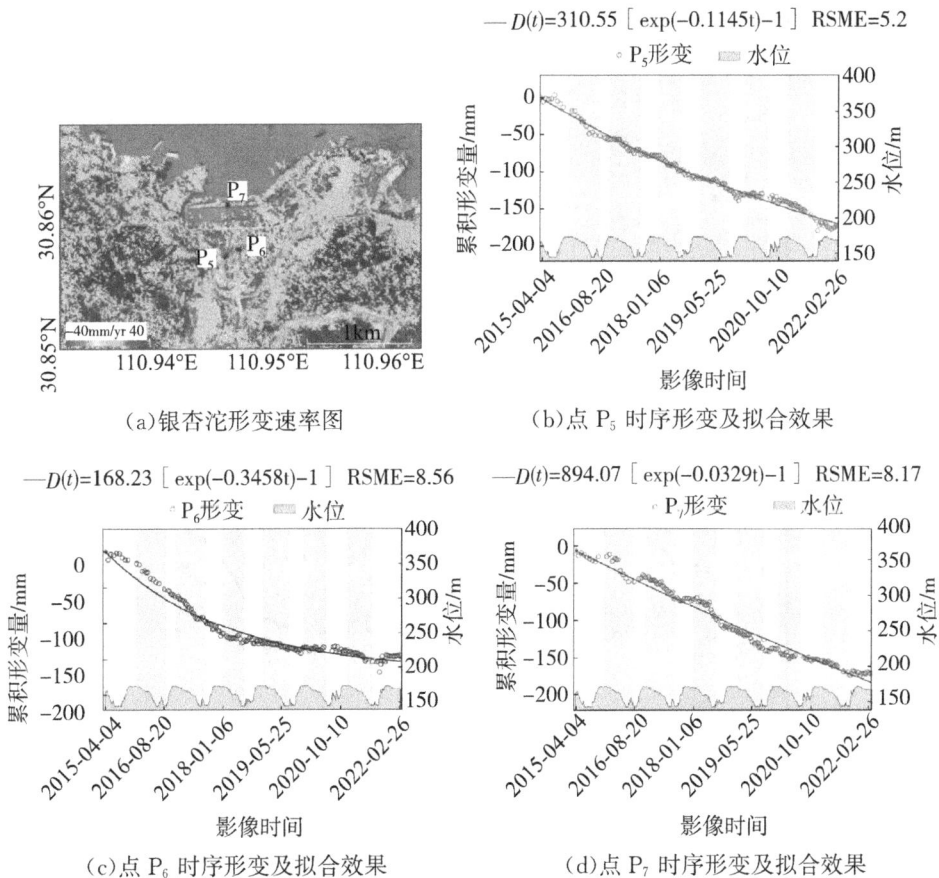

(a)银杏沱形变速率图

$D(t)=310.55\left[\exp(-0.1145t)-1\right]$ RSME=5.2

(b)点 P_5 时序形变及拟合效果

$D(t)=168.23\left[\exp(-0.3458t)-1\right]$ RSME=8.56

(c)点 P_6 时序形变及拟合效果

$D(t)=894.07\left[\exp(-0.0329t)-1\right]$ RSME=8.17

(d)点 P_7 时序形变及拟合效果

图 4　银杏沱填埋区形变速率图和点 P_5、点 P_6、点 P_7 的时序形变结果[48]

4.2　水库地震监测

丹江口水库地震监测体系构建了一个全面而精细的监测网络,该体系由三大核心组成部分协同工作[49]:地震监测台网(简称"测震台网")、地下水动态观测网络(简称"地下水网")和地震分析中心(图5)。测震台网作为首要环节,由 11 个无人值守、高度自动化的数字遥测地震台站构成,其中河南区域部署了仓房、盛湾、邢沟、葛沟、宋沟、陶岔(兼数据备份中心)六站,湖北区域则设有杨华岗、凉水河(配备短周期与强震监测双重功能)、嵩坪、牛河、土台五站,共同构成了覆盖广泛的地震监测网络。地下水网作为补充监测手段,由雷庄井 W1、唐扒井 W2、盛湾井 W3 共三口流体观测井组成,专注于水位、水温的连续观测,并辅以气压、气温、降雨量等环境参数的监测,以综合评估地下水动态变化与地震活动的潜在关联。地震分析中心则坐落于湖北省地震局,即武汉地震分析中心,负责汇总处理来自测震台网与地下水网的海量数据,进行深度分析与研究,为地震预测预警、风险评估及应急响应提供科学依据。

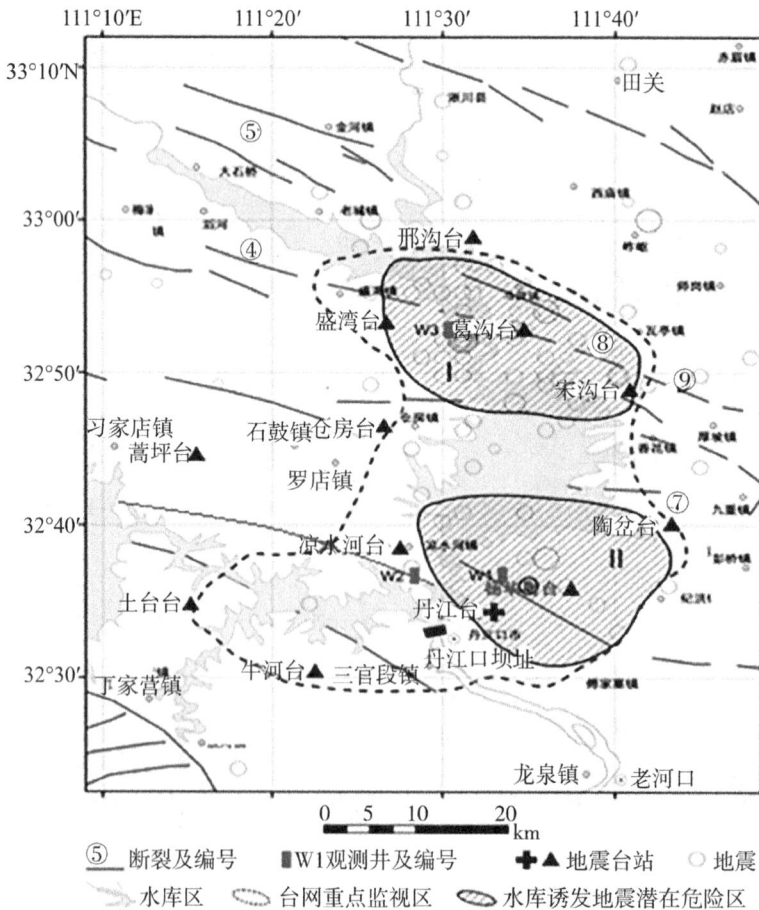

图 5　丹江口水库诱发地震监测系统

自 2013 年 1 月 1 日正式投入运行以来,丹江口水库地震专用监测系统有效监测并记录了多次地震活动,其中最为显著的是 2018 年 2 月 9 日 17 时发生在河南省淅川县马蹬镇的 M4.3 级地震。该事件不仅验证了监测系统的灵敏性与准确性,也进一步强调了持续监测与科学分析在保障大型水利工程安全中的不可或缺性。然而,面对库水位波动诱发的地震风险,当前监测体系仍面临挑战:高精度、易部署的小型化重力测量与 UAV-SAR 监测设备匮乏,限制了多物理场监测的完整性与精度;同时,水库地震的诱发机理尚待深入探究,致灾风险评估亦需进一步完善。因此,未来应聚焦于技术创新与设备升级,以更全面地刻画水库地震特征,为丹江口水库的安全运行保驾护航。

4.3 库岸滑坡监测

白鹤滩水电站,作为金沙江下游的国家重大工程,面临复杂地质环境与地质灾害威胁。在白鹤滩坝肩边坡施工期,测斜仪可用于监测边坡的变形情况(图 6),以便及时发现不稳定因素并采取措施,确保施工安全和结构的长期稳定[50]。通过获取到的实地监测数据还可以构建三维有限元边坡模型,并对边坡开挖、支护及筑坝全过程进行数值模拟计算。

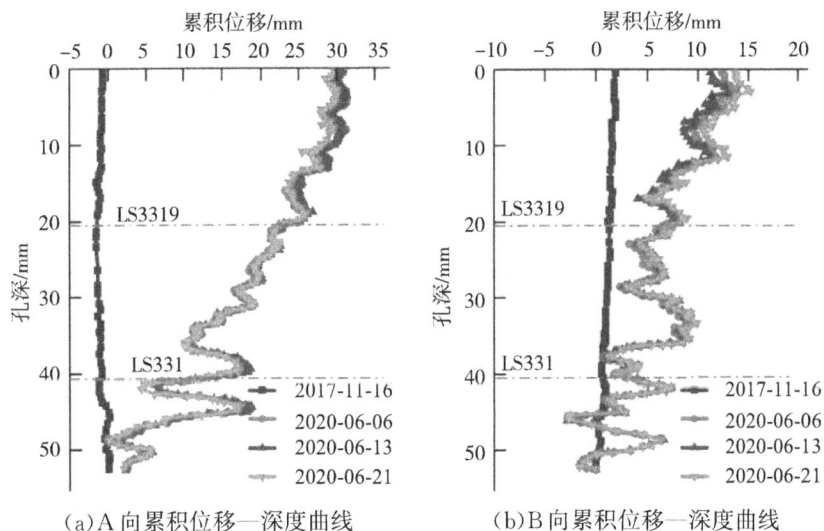

(a)A 向累积位移—深度曲线   (b)B 向累积位移—深度曲线

图 6　白鹤滩坝肩边坡某处测斜孔深部位移曲线[50]

与此同时,库区两岸滑坡、崩塌隐患频发,传统监测手段难以全面覆盖。通过利用 InSAR 和无人机航测技术等先进的遥感监测技术对库区蓄水前的地质灾害隐患进行广域识别,是一种兼备作业效率与识别精度的解决方案[28]。在白鹤滩水电站库岸滑坡监测中,高精度 InSAR 技术可定期对库岸进行监测,捕捉地表形变,识别滑坡隐患(图7)。无人机航拍技术则对关键区域进行高清成像,精准描绘滑坡体特征。大数据分析深度挖掘数据,揭示滑坡演化规律,预测发展趋势,为预警决策提供坚实支撑。此监测网络不仅提升了监测效率与精度,还为滑坡治理与预防提供了科学依据,确保了水电站及周边区域的安全。最终实施效果显著:成功预警多起潜在滑坡,保障水电站及周边安全;提升监测精度与效率,降低人工监测成本;积累丰富数据,支持滑坡研究与治理设计。此外,项目促进多部门协同作战,提升地质灾害预防与应急响应能力。

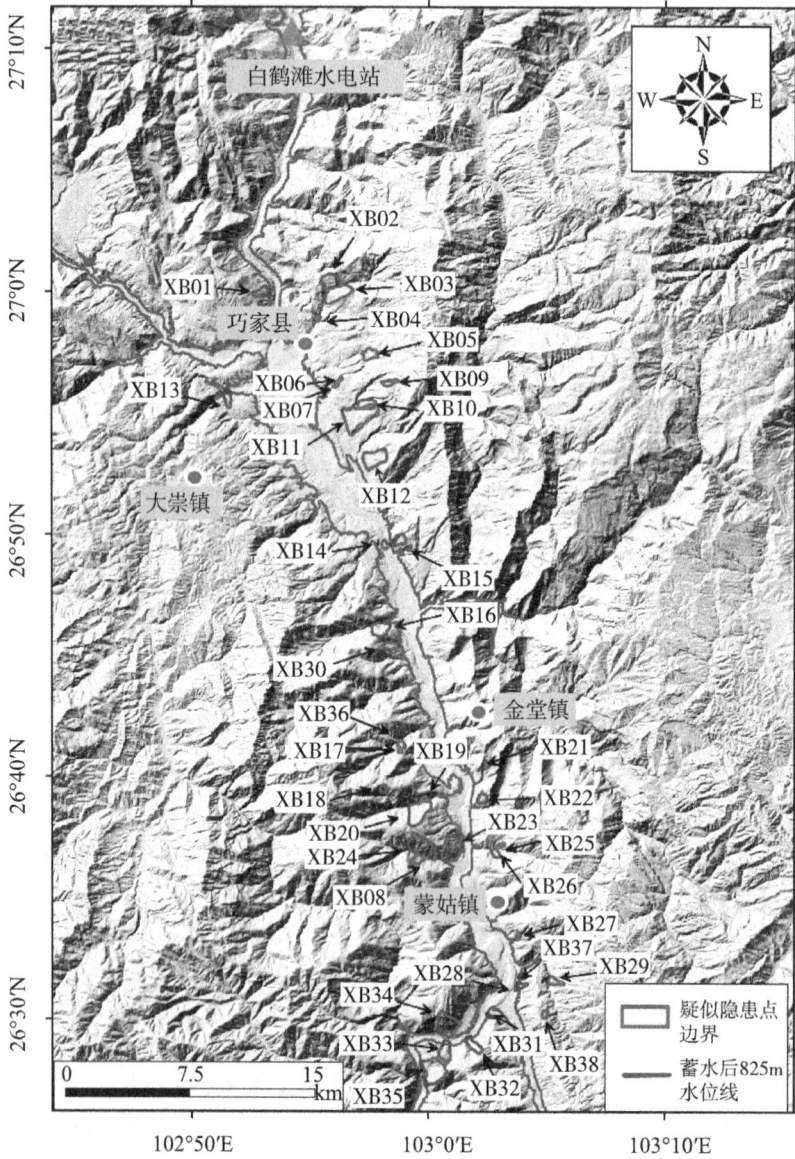

(a)InSAR识别结果与潜在地质灾害隐患点分布

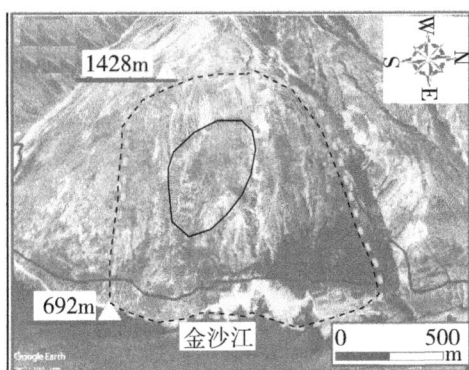

(b)XB23 Google Earth 影像

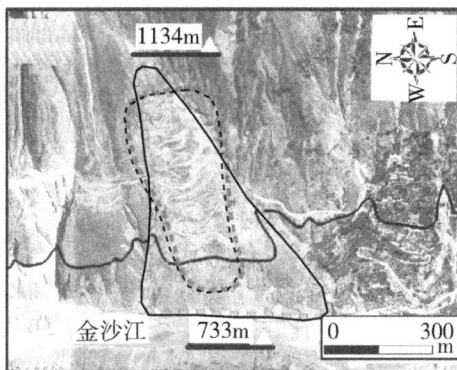

(c)XB28 Google Earth 影像

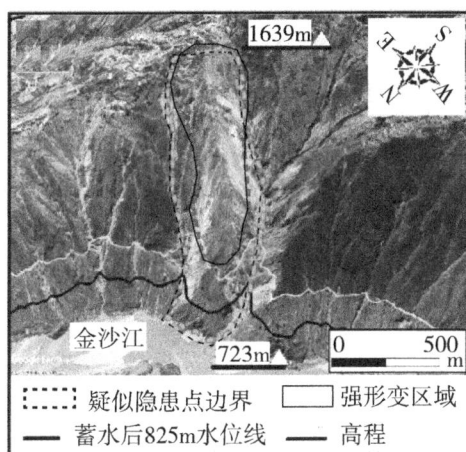

(d)XB32 Google Earth 影像

图7　联合 InSAR 与无人机航测的白鹤滩库区蓄水前地灾隐患广域识别[28]

4.4　案例分析小结

联合监测技术在流域地质灾害监测中的应用展示了其强大的效果和潜力。通过大坝变形监测、水库地震监测、库岸滑坡监测 3 种典型案例分析可以看出,联合监测技术能够综合运用多种现代监测手段,实现对地质灾害的全面、精准监测和预警。未来随着物联网、大数据、人工智能等技术的不断发展,联合监测技术将更加智能化、自动化和高效化,为流域地质灾害防治提供更加有力的技术支持和保障。

5　总结与展望

流域库坝安全是保障区域水资源稳定供应和防洪安全的关键。随着科技的不断进步,特别是"空—天—地—水"立体监测技术的发展,我们对库坝安全的理解和监测手段都有了显著提升。本研究综述了当前流域库坝安全监测的主要内容、方法、技术进展,并对未来的发展趋势进行了展望。在监测内容方面,我们重点关注了大坝的表面变形、内部变形、渗流渗压、应力应变、水位和降雨量等关键指标。这些指标的实时监测对于评估大坝的健康状况至关重要。在监测技术方面,InSAR、GNSS、全站仪、光纤传感技术、无人机巡查、三维激光扫描等技术的应用,不仅提高了监测的精度和效率,也增强了对复杂环境的适应能力。

展望未来,流域库坝安全监测技术将继续向智能化、协同化、精准化和快速响应发展。随着人工智能、大数据、云计算等技术的应用,监测数据分析将更加深入和精准,能够实现更早期的预警和更快速的应急响应。同时,随着物联网技术的发展,监测设备的互联互通将更加普遍,实现更广泛的数据共享和更高效的资源利用。此外,未来的监测技术将更加注重生态保护和环境友好,力求在保障安全的同时,减少对自然环境的影响。例如,通过优化监测设备的能耗和材料,减少对生态环境的干扰。同时,监测技术也将更加注重用户体验,通过开发更人性化的操作界面和更直观的数据展示方式,提高监测工作的便捷性和直观性。流域库坝安全监测技术的发展将不断推动水利工程管理向更高水平发展,为保障人民生命财产安全和促进区域可持续发展提供坚实的技术支撑。

参考文献

[1] 江超,肖传成. 我国水库大坝安全监测现状深度剖析与对策研究 [J]. 水利水运工程学报,2021(6):97-102.

[2] 王健,王士军. 全国水库大坝安全监测现状调研与对策思考 [J]. 中国水利,2018(20):15-19.

[3] 王国强,陈仁琛. 基于 InSAR 技术的流域库岸地质灾害监测研究 [J]. 中国农村水利水电,2020(12):206-210.

[4] 魏本勇. 中国地震监测预警预报体系现状概述 [J]. 中国减灾,2018(15):20-21.

[5] 付广裕. 中国地震重力研究现状及其面临的挑战 [J]. 武汉大学学报(信息科学版),2023,48(6):858-869.

[6] 张毅,顾左文,顾春雷,等. 地震地磁监测试验区研究进展 [J]. 西北地震学报,2009,31(4):393-396+402.

[7] 桂志先,朱广生. 微震监测研究进展 [J]. 岩性油气藏,2015,27(4):

68-76.

[8] 王艳萍，乔文思，刘东坡，等. 遥感技术在地震监测预测领域的研究综述 [J]. 华北地震科学，2024，42(3)：1-10＋34.

[9] 袁晶，董炳江，周波，等. 三峡水库泥沙实时监测、预报与调度初步研究 [C]//科技创新与水利改革——中国水利学会 2014 学术年会，2014.

[10] 姚国润. 云边端一体化智能水文监测方案的研究和部署 [D]. 西安：西安电子科技大学，2023.

[11] Redmon J. You only look once：Unified，real-time object detection [C]// computer vision and pattern recognition. IEEE，2016.

[12] 周梦瑶，戴凤君，张美玲. 无人船测量系统在水文应急监测中的应用 [J]. 中国水能及电气化，2023(12)：48-52.

[13] 陈雅如，肖文发. 三峡库区土地利用与生态环境变化研究进展 [J]. 生态科学，2017，36(6)：213-221.

[14] Bieger K，Hörmann G，Fohrer N. The impact of land use change in the Xiangxi Catchment (China) on water balance and sediment transport [J]. Reg Environ Change，2015，15：485-498.

[15] 陈炜，黄慧萍，田亦陈，等. 基于 Google Earth Engine 平台的三江源地区生态环境质量动态监测与分析 [J]. 地球信息科学学报，2019，21(09)：1382-1391.

[16] Shen Z-Y，Hong Q，Yu H，et al. Parameter uncertainty analysis of non-point source pollution from different land use types [J]. Sci Total Environ，2010，408(8)：1971-1978.

[17] 董建华. 三峡库区水生态环境在线监测数据智能分析与应用研究 [D]. 重庆：中国科学院大学(中国科学院重庆绿色智能技术研究院)，2018.

[18] 谢宗强，徐文婷，申国珍，等. 北亚热带山地生物多样性的长期监测研究及生态建设 [J]. 中国科学院院刊，2020，35(09)：1189-1196.

[19] 廖明生，王腾. 时间序列 InSAR 技术与应用 [M]. 时间序列 InSAR 技术与应用，2014.

[20] 朱建军，李志伟，胡俊. InSAR 变形监测方法与研究进展 [J]. 测绘学报，2017，46(10)：1717-1733.

[21] Ferretti A，Prati C，Rocca F. Permanent scatterers in SAR interferometry [J]. IEEE Trans Geosci Remote Sens，2001，39(1)：8-20.

[22] Berardino P，Fornaro G，Lanari R，et al. A new algorithm for surface de-

formation monitoring based on small baseline differential SAR interferograms [J]. IEEE Trans Geosci Remote Sens，2002，40(11)：2375-2383.

[23] Werner C，Wegmuller U，Strozzi T，et al. Interferometric point target analysis for deformation mapping[C]//Igarss 2003. 2003 IEEE international geoscience and remote sensing symposium. Proceedings（IEEE cat. No. 03CH37477）. IEEE，2003，7：4362-4364.

[24] Wang T，Perissin D，Rocca F，et al. Three Gorges Dam stability monitoring with time-series InSAR image analysis[J]. Science China Earth Sciences，2011，54：720-732.

[25] Voege M，Frauenfelder R，Larsen Y. Displacement monitoring at Svartevatn dam with interferometric SAR[C]//2012 IEEE International Geoscience and Remote Sensing Symposium. IEEE，2012：3895-3898.

[26] 李浩. 基于 RS 和 GIS 的小湾库区库岸边坡危险性分析 [D].成都:成都理工大学,2012.

[27] Milillo P，Bürgmann R，Lundgren P，et al. Space geodetic monitoring of engineered structures：The ongoing destabilization of the Mosul dam，Iraq [J]. Sci Rep，2016，6(1)：37408.

[28] 戴可人，沈月，吴明堂,等. 联合 InSAR 与无人机航测的白鹤滩库区蓄水前地灾隐患广域识别 [J]. 测绘学报，2022，51(10)：2069-2082.

[29] 尹敏超. 基于"SBAS-InSAR＋有限元模型"的水库大坝形变监测与稳定性研究 [J]. 云南水力发电，2024，40(4)：56-59＋63.

[30] 朱斯杨. 中小型水库坝群智能监测方案与数据分析方法研究 [D].成都:四川大学,2021.

[31] Ellenberg A，Kontsos A，Moon F，et al. Bridge related damage quantification using unmanned aerial vehicle imagery [J]. Struct Control Health Monit，2016，23(9)：1168-1179.

[32] Akbar M A，Qidwai U，Jahanshahi M R. An evaluation of image-based structural health monitoring using integrated unmanned aerial vehicle platform [J]. Struct Control Health Monit，2019，26(1)：e2276.

[33] 周靖鸿，彭云，向朝，等. 水电站枢纽区倾斜摄影测量建模及精度评定 [J]. 测绘与空间地理信息，2021，44(12)：172-174.

[34] Zhao S，Kang F，Li J，et al. Structural health monitoring and inspection

of dams based on UAV photogrammetry with image 3D reconstruction [J]. Autom Constr，2021，130：103832.

[35] 朱征，包腾飞，郑东健，等. 基于无人机倾斜摄影的白格堰塞区三维重建 [J]. 水利水电科技进展，2020，40(5)：81-88.

[36] 陈光富，蔡德所，李玮岚，等. 光纤传感技术在大坝安全监测中的应用探讨 [J]. 水电能源科学，2011，29(7)：64-66＋162.

[37] 符伟杰，储华平，周柏兵. 光纤传感器在大坝安全监测中的应用及前景[J]. 大坝与安全，2003(6)：48-51.

[38] Fuhr P L，Huston D R. Multiplexed fiber optic pressure and vibration sensors for hydroelectric dam monitoring[J]. Smart Mater Struct，1993，2(4)：260.

[39] Deloach S R. Continuous deformation monitoring with GPS [J]. J Surv Eng，1989，115(1)：93-110.

[40] Behr J A，Hudnut K W，King N E. Monitoring structural deformation at Pacoima dam，California using continuous GPS[C]//Proceedings of the 11th International Technical Meeting of the Satellite Division of the Institute of Navigation (ION GPS 1998). 1998：59-68.

[41] Scaioni M，Höfle B，Baungarten Kersting A，et al. Methods from information extraction from lidar intensity data and multispectral lidar technology [J]. The International Archives of the Photogrammetry，Remote Sensing and Spatial Information Sciences，2018，42：1503-1510.

[42] 邢诚，韩贤权，周校，等. 地基合成孔径雷达大坝监测应用研究 [J]. 长江科学院院报，2014，31(7)：128-134.

[43] Ye R Q，Niu R Q，Zhao Y N，et al. Integration of LIDAR data and geological maps for landslide hazard assessment in the three gorges reservoir area，China[C]//2010 18th International Conference on Geoinformatics. IEEE，2010：1-5.

[44] 黄其欢，岳建平，贡建兵. GBInSAR 隔河岩大坝变形监测试验[J]. 水利水电科技进展，2016，36(3)：47-51.

[45] 张玉潇，张宁，曾宇阳，等. 水下机器人测试技术及展望 [J]. 科技与创新，2024(16)：49-51.

[46] 李硕，赵宏宇，封锡盛. 中国深海机器人研究进展与发展建议 [J]. 前瞻科技，2022，1(2)：49-59.

[47] 张并瑜，周汉文. 水库库区水下滑坡与崩坍淤积地形之地球物理探测技术

检讨与回顾 [J]. Adv Geosci，2012，2(2)：104-109.

[48] 明祖涛，金源，史绪国，等. 基于多源时序 InSAR 的三峡坝区形变监测分析 [J]. 北京理工大学学报，2023，43(11)：1125-1134.

[49] 刘文清，朱建，徐新喜，等. 丹江口水库诱发地震监测技术与监控能力评估 [J]. 人民长江，2015，46(6)：61-65.

[50] 谭尧升，陈文夫，王克祥，等.白鹤滩坝肩边坡施工期变形规律与控制因素分析[J].中国农村水利水电，2022(4)：193-200.

"天空地水人"协同监测体系构建
及在水文环境安全中的应用

金和平[1,2] 余 涛[3,4] 罗惠恒[2] 曹维佳[3,4]

杨 磊[2] 李林泽[2] 安日辉[2] 涂 晶[2] 牟晓莉[3,5]

(1. 中国长江三峡集团有限公司,湖北武汉 430010;

2. 中国长江三峡集团有限公司武汉科创园,湖北武汉 430014;

3. 长江三峡技术经济发展有限公司,北京 101100;

4. 中国科学院空天信息创新研究院,北京 100094;

5. 江苏天汇空间信息研究有限公司,常州 213002))

摘 要:长江流域梯级水库群是世界上目前规模最大的水库群,运行调度涉及防洪、发电、供水、航运、生态等多个目标。随着运行时间的延长,梯级水库群库区水文环境的安全问题日益突出。本文聚焦"天空地水人"协同监测技术在梯级水库群库区水文环境安全中的应用,深入探讨了该技术在多维度、多层次监测中的优势,分析了多源、多模态数据的融合与一致性体系的构建方法。文章提出了基于"天空地水人"协同监测平台的预警机制与应用分析策略,结合典型案例,展示了该技术在水库群水文环境监测中的应用效果,以期为长江水库群水文环境的安全管理提供全面的技术支持。

关键词:梯级水库群;天空地水人协同监测;水文环境

1 前言

长江流域梯级水库群是世界上目前规模最大的水库群,其安全运行不仅关系到长江流域的防洪、发电和航运,还涉及生态保护等多方面的任务。随着水库的长期运

作者简介:金和平,博士研究生,教授级高级工程师,负责垂直领域大语言模型的知识问答与检索增强系统研发。E-mail:jinheping@ctg.com.cn。

行,库区的水文环境面临着日益复杂的挑战。气候变化带来的极端天气频发、水体污染的加剧和人类活动的影响,均对水文环境的安全构成了威胁。传统的监测手段在应对这些问题时显得力不从心,因此,迫切需要一种立体化、全方位、实时的监测体系来保障库区的安全运行。

近年来,随着遥感技术、物联网、大数据和人工智能等技术的快速发展,"天空地水人"协同监测体系逐渐成为监测库区水文环境安全问题的关键手段。该体系通过整合航天遥感、航空遥感、地基观测、水基监测和人为监测技术,能够在多维度、多层次上提供对库区水文环境的全面监控和快速响应,但目前尚缺乏关于该体系构建与应用的系统性分析与总结的相关文献。

本文旨在探讨"天空地水人"协同监测体系构建在梯级水库群水文环境安全中的应用,分析该体系在提升监测精度、快速识别和响应中的优势,并探讨多源数据融合、一致性体系建立,作为输入信息为预报、预警、预演和预案等"四预"应用的构建和实施提供依据,并分析基于监测管理平台的预警与应用分析策略。

2 梯级水库群库区水文环境安全监测的挑战

流域水循环受到气象条件(如降水、辐射、蒸发等)、下垫面特征(如植被、土壤、地形、地貌等)和人类活动(如土地利用、工程建设等)等多重因素的作用,其过程极为复杂。因此,库区水文环境安全受到区域内外多重因素的综合影响,具体涵盖以下 3 种情形。

2.1 气候变化与水文环境的影响

近年来,极端天气事件的频率和强度显著增加,库区的水文环境因此面临严峻挑战。超强降雨可能导致库区水位骤升,引发洪水风险;而持续干旱则可能造成水位下降,水质恶化,甚至对下游的生态环境和农业生产造成负面影响。同时滑坡、泥石流、山洪等自然地质灾害多发,强烈影响区域径流和泥沙过程。这种动态变化要求监测系统具备极高的灵敏度和快速的响应能力,以应对突发的气象和水文事件。

2.2 下垫面条件变化与水文环境的影响

植被变化是库区下垫面变化的重要方面,受到气候变化和人类活动的影响,反映了地表陆生生态系统的演变,植被的消失会导致水土流失,从而使地表径流的泥沙含量增加,是造成地表水文环境发生变化的重要原因。

2.3 人为活动对水文环境的影响

库区内外的人类活动,如水利工程建设、农业耕作、工业生产、城镇建设等,对水文环境演化产生了显著影响。例如,农业生产过程中大量使用化肥和农药,可能通过地表径流进入库区水体,导致水体富营养化。特别是水库蓄水后,水流速度减缓,污染物的沉积和累积效应进一步加剧了水体污染问题。这种情况下,生态环境的监测和风险评估成为水文环境安全的一个重要方面。

3 梯级水库群库区水文环境安全监测需求

目前,水文研究多集中于认识不同时空尺度的水量平衡及水文循环要素特征,未来水文学研究将逐渐发展转变为强调多要素、多过程、多尺度、多界面、自然和社会科学的综合交叉集成研究范式,以准确评估水文循环变化及其效应[1]。库区水文环境常见研究对象和监测需求见表1和表2。

表1 水文环境监测对象及参数

序号	研究对象	研究方向	参数
1	大气水	状态	水汽含量
2		蒸发	蒸发量
3		凝结	云量、云分布、雾强度
4		降水	降雨强度、降雨历时、降雪强度、降雪历时、冰雹
5	地表水	河流	面积、水量、长度、深度、水温、水位、流速、流量、泥沙含量
6		湖泊	面积、水量、深度、水温、水位、泥沙含量
7		沼泽	面积、水温、水位
8		冰川	面积、厚度、长度、水当量
9		积雪	面积、厚度、水当量
10		冻土	冻土含水量
11		水质	pH 值、溶解氧、化学需氧量、总磷、总氮、氨氮、重金属
12		运动	水面蒸发强度、水面蒸发量、土壤蒸发强度、土壤蒸发量、植被蒸腾量、径流量、植被截留量、填洼量、下渗率
13	地下水	土壤水	土壤含水量
14		承压水	水量、补给、径流
15		潜水	水量、补给、径流
16		水质	pH 值、溶解氧、化学需氧量、总磷、总氮、氨氮、重金属
17	流域下垫面	—	河流面积、水位、流量、断面、河床地形、高程、坡度、土地利用类型、地质构造、土壤含水量、植被蒸腾、植被覆盖度、湖泊与沼泽蓄水量

表 2 　　　　　　　　　　　　　常见水文环境遥感监测对象及需求

序号	业务	要素	载荷类型	分辨率/m	覆盖频次
1	水文与水资源监测需求	降水	微波辐射计	500/1000	1 次/h
		地表蒸散发	热红外	500/1000	1 次/d
		土壤水	热红外	25000	1 次/月
		地表水	4 谱段多光谱	0.31	1 次/月
		积雪	8 谱段多光谱	500	1 次/月
2	水雨情监测需求	洪水	4 谱段多光谱	1000	1 次/10min
		水库	4 谱段多光谱	1000	1 次/10min
3	水质监测需求	叶绿素 a 浓度	8 谱段多光谱	10	1 次/月
		总悬浮物浓度	8 谱段多光谱	10	1 次/月
		总磷	8 谱段多光谱	10	1 次/月
		总氮	8 谱段多光谱	10	1 次/月
		透明度	8 谱段多光谱	10	1 次/月
		水体富营养化	8 谱段多光谱	10	1 次/月
4	径流泥沙监测需求	径流泥沙	8 谱段多光谱	2	1 次/月

随着建设智慧水利的逐步落实,依托"天空地水人"多种监测技术的有机融合,构建多源多模态数据融合和标准化模型,通过海量数据的存储、计算和分析,实现对水文环境安全监测过程的智能预警和应急管理,搭建集多源异构遥感信息采集、融合、存储、处理、分析和可视化,以及预警应急管理和决策支持于一体的云服务平台,在水文环境安全监测中得到广泛应用(图 1)。

图 1 基于"天空地水人"的数据管理与监测平台基本框架

4 天空地水人协同监测体系的构建

在构建梯级水库群库区水文环境的安全监测体系中,通过整合航天、航空、地基、水基和人基遥感技术,极大提升了库区水文环境的监测精度和快速响应能力,为库区安全运行提供了强有力的技术保障(图2)。

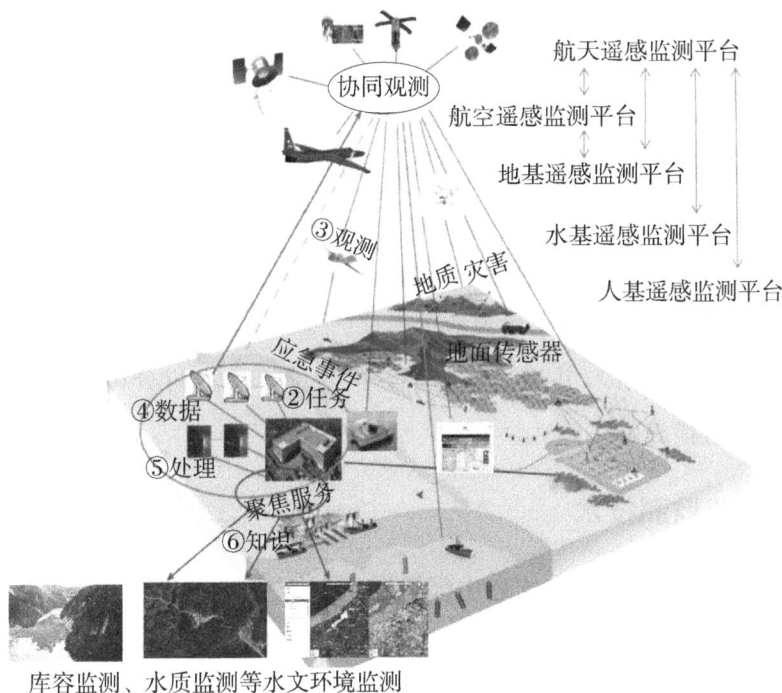

图 2 基于"天空地水人"的协同监测体系

4.1 航天遥感监测技术

航天遥感技术通过卫星平台对地球表面进行大范围、连续性的观测,能够提供丰富的空间数据。卫星遥感技术已广泛应用于气象监测、地质灾害预警、水体变化监测和生态环境评估等领域。如气象卫星观测能力不受地理和自然条件限制,克服观测站网观测降水的局限,能够大范围、全过程监测云系的发展和演变,监测和反演降水[2];光学卫星影像可以清晰地反映水体表面和周边环境的变化[3-4];SAR卫星能够穿透云层,监测地表的形变和水位变化[5]。如何将这些多源卫星数据进行有效融合,是提升监测精度和可靠性的关键。

4.2 航空遥感监测技术

航空遥感监测技术通过搭载在飞机、无人机等平台上的传感器,对地表进行高分辨率的局部监测。与航天遥感相比,航空遥感具有更高的空间分辨率和更灵活的监测能力,特别适用于灾后评估和重点区域的监测。在水文环境监测中,无人机在山洪监测、水库测量、洪涝监测、堰塞监测、大面积巡逻、水质检测和地形绘制等方面得到越来越多的应用[6]。

4.3　地基遥感监测技术

地基遥感监测技术通过在地面部署传感器,实现对环境的实时监测。与航天和航空遥感相比,地基遥感具有数据精度高、实时性强的特点,适用于对局部区域的详细监测。如何设计合理的传感器网络布局,确保关键区域和易发灾害区域得到充分监测,是地基遥感监测技术应用中的重要课题。传感器网络应覆盖库区的主要水文节点和潜在风险点,保证实时数据的高效采集和传输。地基遥感监测系统能够实时获取水位变化、岸坡稳定性和水质参数等数据。这些数据通过地面站实时处理,能够及时识别潜在的环境风险,并通过监测平台的智能算法进行分析,提前发出预警信号,指导应急响应措施的实施。

4.4　水基遥感监测技术

水基遥感监测技术通过在水体中部署浮标、声呐和水下机器人等设备,获取水体内部的环境数据。这些数据对于理解水体的动态变化和底层环境具有重要意义。浮标系统是水基遥感监测的重要组成部分,能够持续监测水温、流速、浊度等水文参数[7]。这些浮标通常部署在库区的关键位置,通过无线传输技术,将实时数据传回监测中心,为水文环境的动态监测提供持续的数据支持。声呐技术用于探测水下地形、识别淤积、侵蚀和坍塌等现象[8]。水下机器人则可以深入水体,采集精细的水质和生态数据[9]。这些技术弥补了其他监测手段在水下环境中的不足,确保了对库区水文环境的全面感知和精准分析。

4.5　人基遥感监测技术

人基遥感监测技术利用人手持的设备,如手机、照相机、望远镜等,开展遥感信息的采集和应用。随着智能手机的普及,利用手机及其上安装的专题 App,可以随时随地进行遥感观测,并通过网络高效、快速地传播信息。这种基于个人的观测模式,不仅可以在灾害事件中提供第一手数据,还能够促进信息共享,提升遥感信息的社会应用水平。

5 数据管理与监测平台的构建

在构建梯级水库群库区水文环境安全监测体系中,数据管理与监测平台的构建至关重要。智能预警系统依托实时监测数据和智能算法,能够及时发出预警信号并指导应急管理的实施与评估。同时,监测管理平台通过数据可视化和决策支持系统(DSS)的集成,能够帮助决策者在复杂环境中进行科学判断,支持库区水文环境的长期规划和应急响应。

5.1 多源多模态数据融合

"天空地水人"不同遥感系统形成的遥感过程是遥感器在不同距离与条件下对观测对象进行的采样过程,同类或异构监测数据间如何高效配合,仍是一个难题。引入水文学、地学和气象学相关知识,结合应用业务需求,通过数据融合技术将这些异构数据进行标准化,建立统一时空基准,获取对库区水文环境的全方位、多层次感知信息,是实现水文环境安全"天空地水人"协同智能监测体系的重要环节。

5.2 数据存储和产品生产

如实时雨水情数据、基础水文测验数据、水质分析数据等结构型多源水文环境安全监测数据的存储模式一般为关系型数据库,半结构型和非结构型数据主要采用分布式文件系统进行存储[10]。产品生产是指采用相应的计算模型和分析方法,提取多源多模态数据中的信息,生产相应产品,为水文环境安全管理提供决策、预测的参考依据。

5.3 智能预警与应急管理

5.3.1 智能预警系统的设计与实现

基于"天空地水人"协同监测体系的智能预警系统,按照"四预"信息获取、处理以及与先验知识、专题知识融合类型与程度的不同,构成不同应用需求的知识集,结合历史数据和趋势预测,能够及时预报,发出预警信号,模拟事件演进过程,智能优化预案进行调度实施。预警系统还应具备自我学习和优化的能力,通过不断调整算法和参数,提高预警的准确性和及时性。

5.3.2 应急管理的实施与评估

应急管理监测已从传统单一方式向"天空地水人"协同监测体系发展,对时效性、准确性及时空覆盖性提出了更高的要求。例如,在突发性水污染事件的不同阶段,观测需求各异,急需实现不同层次和角度的观测技术间的互补观测和应急协同[11]。协同监测技术基于突发性事件的动态演变,立体监测事件发生的时空信息与需求参数,为应急管理提供更加全面、准确可靠、鲁棒性和资源重复利用效率更高的数据支持和决策依据。

5.4 监测平台的应用与决策支持

5.4.1 监测数据的可视化与分析

在监测管理平台中,数据的可视化展示是实现决策支持的重要手段。通过将监测数据转化为可视化的图表、地图和模型,决策者可以直观地了解库区水文环境的动态变化,从而做出科学的决策。平台还应支持多维度、多尺度的数据分析功能,提供深入的环境变化趋势分析和风险评估。

5.4.2 决策支持系统的设计与应用

监测管理平台应集成先进的决策支持系统,通过整合各类监测数据、分析模型和预警信息,支持决策者在复杂环境下进行科学的判断和决策。DSS可以通过模拟和预测模型,为决策者提供不同情境下的环境变化预估,帮助制定应对措施和长期规划。此外,DSS还应具备应急管理的功能,支持在突发事件中的快速决策。

5.5 典型案例分析

近年来,随着工业发展和城市化进程的加快,长江流域梯级水库群的水质受到了严重威胁。对长江流域水质的时空特征进行研究,以期找出污染源并制定有效的治理措施,是水文生态环境安全监测的重要课题。水质遥感反演原理是通过卫星传感器接收到的信号变化来反演影响水体光学性质的各个组分的浓度,主要包括水中的叶绿素浓度、黄色物质和悬浮物浓度等。

传统的水质监测采用现场取样方法,速度慢、周期长、工作量大、覆盖面小、同步性差,不能满足对水库群水质连续、大尺度的监测要求,而航天卫星遥感技术因具有快速、周期短、成本低、覆盖面广、资料同步性好等优势而被广泛应用于水质动态监测[12-14]。韩秀珍等[15]利用2008年11月太湖水面实测光谱和FY 3A/MERSI,AQUA/MODIS卫星,构建波段响应函数,计算了卫星波段的水体表面等效反射率,建立了近红外和红光波段的比值指数模型,反演了太湖水体叶绿素a含量和蓝藻密度,为分析太湖水面水质污染情况提供了重要依据。目前,结合航天遥感和水基遥感监测技术的统计分析或水质参数水质反演模型已经较为成熟,且效果较好。然而受卫星遥感影像空间分辨率的限制,且卫星遥感影像易受云雨影响,这种监测技术难应用于微小支流中水质参数反演,需要借助航空无人机监测技术反演该区域的水质的空间分布情况[16-17]。因此采用多维度协同遥感监测技术可以对长江流域梯级水库群水质进行全面监控,助力流域水文环境的安全保障(图 3)。

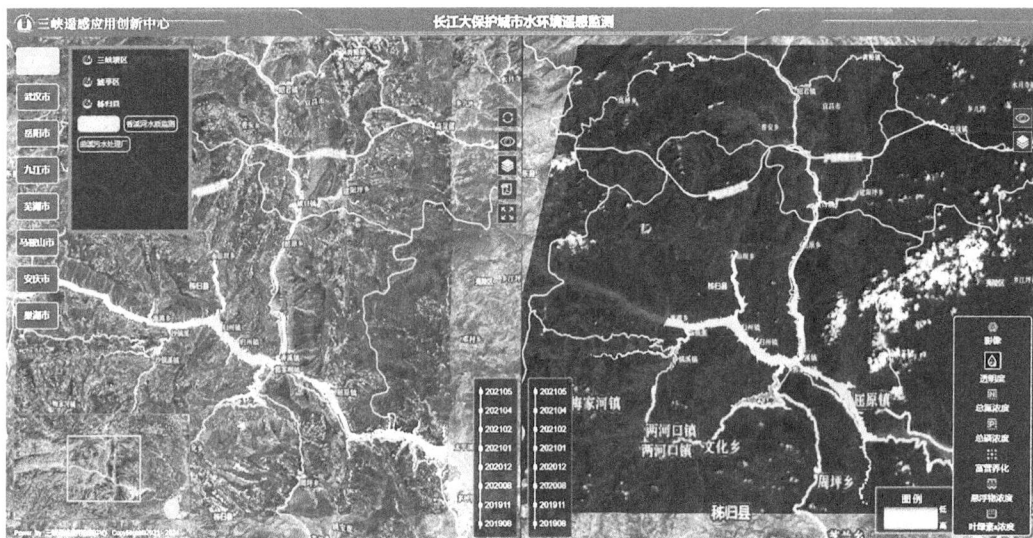

图 3 基于航天遥感的水质监测云服务平台

6 结论

库区水文环境的安全是确保梯级水库群长期稳定运行的重要基础。本文通过对"天空地水人"协同监测体系的详细分析,揭示了多维度、多层次监测在快速识别和响应库区环境变化中的独特优势。通过多源、多模态数据的融合与一致性体系的建立,该体系能够提供更加全面、精准的环境感知和监测能力。此外,基于监测平台的智能预警与应急管理系统,是库区水文环境的安全精准监测和环境多要素信息耦合效应科学分析的保障。

未来,随着技术的持续进步,特别是大数据、人工智能和物联网技术的进一步成熟,"天空地水人"协同监测体系将在库区水文环境安全的"四预"应用中发挥更加重要的作用,为库区可持续发展提供坚实的保障。通过持续的技术创新和管理优化,进一步研究长江流域梯级水库群库区的水文环境演化过程,推动长江流域智慧流域、数字水利的建设。

参考文献

［1］杨大文，徐宗学，李哲，等. 2018. 水文学研究进展与展望［J］. 地理科学进展，2018，37（1）：36-45.

［2］张天宇，桂术，杨若文，等. TRMM 和 CMORPH 卫星资料对三峡库区降水的评估分析［J］. 气象，2020，46（8）：1098-1112.

［3］Song L，Song C，Luo S，et al. Refining and densifying the water inundation area and storage estimates of Poyang Lake by integrating Sentinel-1/2 and bathymetry data［J］. International Journal of Applied Earth Observation and Geoinformation，2021，105：102601.

［4］张悦，陈冰，李旭文，等. 基于 Sentinel-2 与随机森林算法的太湖水生植被分布监测［J］. 环境监控与预警，2023，15（6）：42-49.

［5］张文馨，王欣，冉伟杰，等. 基于 PS-InSAR 技术的西藏龙巴萨巴湖冰碛坝表面形变特征分析及影响因素［J］. 山地学报，2024，42（1）：60-69.

［6］张宇博，张强，高宇，等. 无人机在水文监测和信息化管理中的应用［J］. 东北水利水电，2024，42（8）：67-70.

［7］赵聪蛟，冯辉强，祝翔宇，等. 象山港海洋监测浮标在强台风"海葵"影响期间的可靠性分析［J］. 热带海洋学报，2015，34（2）：8-14.

［8］宋帅，周勇，张坤鹏，等. 高精度和高分辨率水下地形地貌探测技术综述［J］. 海洋开发与管理，2019，36（6）：74-79.

［9］李硕，吴园涛，李琛，等. 水下机器人应用及展望［J］. 中国科学院院刊，2022，37（7）：910-920.

［10］段仙琼，金晨曦，张阳帆，等. 西南诸河流域水利信息化综合管理平台设计研究［J］. 水资源研究，2022，11（3）：8.

［11］申邵洪，姜莹，陈希炽，等. 面向突发性水污染事件的多传感器动态组网立体监测［J］. 长江科学院院报，2024，41（3）：160-165.

［12］旷达，韩秀珍，刘翔，等. 基于环境一号卫星的太湖叶绿素 a 浓度提取［J］. 中国环境科学，2010，30（9）：1268-1273.

［13］马方凯，高兆波，叶帮玲. 基于高分遥感卫星影像的汤逊湖水质遥感反演［J］. 水资源开发与管理，2021，5：69-75.

［14］刘灿德，何报寅. 水质遥感监测研究进展［J］. 世界科技研究与发展，2005，27（5）：40-44.

［15］韩秀珍，吴朝阳，郑伟，等. 基于水面实测光谱的太湖蓝藻卫星遥感研究［J］. 应用气象学报，2010，21(6)：724-731.

［16］刘彦君，夏凯，冯海林，等. 基于无人机多光谱影像的小微水域水质要素反演［J］. 环境科学学报，2019，39(4)：1241-1249.

［17］臧传凯，沈芳，杨正东. 基于无人机高光谱遥感的河湖水环境探测［J］. 自然资源遥感，2021，33(3)：45-53.

混流式水轮发电机组水力激振稳定性试验研究

李桂林　郑　源　葛新峰　阚　阚　佘　彬

(河海大学电气与动力工程学院,江苏南京　211100)

摘　要:水轮机水导摆度可作为水电机组运行状况的基本判据,是水电站运行研究中的重点课题。新安江水电站3台机组在正常工作运行过程中水导摆度较大,在对其进行正常检修适当的改造过程后,其问题仍然无法得到解决,为此对机组进行现场稳定性试验研究,通过测量其在不同工况下的水导摆度,与标准值进行对比来逐步找到问题的关键,同时提出了一定的改进建议。研究结果可为后续其他电站轴系稳定性分析提供一定的参考。

关键词:水轮机;传感器;水导摆度;水力激振

1　前言

水轮机作为水力发电机组的核心组成部分,其运行状态的好坏,不仅影响水电站的设备安全,还直接影响电网的稳定与效益[1]。对水轮机这种大型旋转水力机械而言,其水力扰动往往是造成结构振动的主要激励源。国内多家大型水力发电机组,都出现了不同程度的水力激振现象,导致机组非正常停机,影响稳定运行和经济效益[2-4]。因此,研究水力发电机组内部流场流态和结构振动流固耦合特性,具有十分重要的意义。

国内外学者及工程师们针对机组的水力振动问题及其带来的不良影响进行了多方位研究,同时也提出了大量具有针对性的解决方案。李仲德等[5]通过试验分析排

项目基金:国家自然科学基金重点项目(52339006)。

作者简介:李桂林(2000—　　),男,湖北荆门人,硕士研究生,主要从事水轮机自动控制、状态监测。
E-mail:1945871663@qq.com。

除找寻到古尔图水电站振动原因为止漏环通道压力变化引起的自激振动,并通过顶盖强制补气的方式减缓了机组振动。冯顺田[6]通过在 AGC 系统中增加自动避开振动区功能,有效地优化了乌江渡电厂机组的运行。姚大坤等[7]通过顶盖强制补气和扩大迷宫间隙的方法,有效地消除了土耳其卡拉乔伦电水电站 2 号机组的自激振动故障。徐永明[8]及黄自和[9]则通过对转轮叶片出口边进行改造,解决了由卡门涡列导致的转轮叶片开裂的问题。卢磊[10]研究了高于额定出力工况附近的高水头叶道涡引起的水力振动,同时基于速度三角形分析法对叶片进口边位置进行了切割调整,并通过数值模拟相证实了该方法可以有效减少或局部消除叶道涡。杨新伟[11]运用模型机试验与数值模拟相结合的方法对乌江构皮滩水电站机组的稳定性进行了全方面研究,验证了该电站机组大部件设计的安全可靠性。陈涛[12]通过研究叶片出水边及上冠处加装三角块的方法在定常计算中对转轮的应力改善情况,比较了其对水轮机其他性能的影响,得到了三角块尺寸与转轮应力变化的规律。在水轮机水导摆度的研究方面,陈万涛等[13]提出了基于变分模态分解和脉冲因子的水轮机摆度信号提取方法,可对摆度相关的物理信息进行有效提取;苏立等[14]提出了基于小波分析的水导摆度数据分析方法;邓金荣[15]、李贵吉等[16]对实际机组水导摆度突然增大的情况进行了分析和处理,顺利解决了水导摆度异常的问题。

本次研究对象为新安江水电站 4、6、8 号机组,其水导摆度较大问题较为显著,检修改造后仍无法消除。结合水电站 4、6、8 号机组实际布置和运行情况,在轴系关键位置(如上导、水导、顶盖等)布置加速度传感器测试系统,测量 4、6、8 号机组在不同工况下的振动、摆度特性。通过数据清洗和分析,获取振摆数据的真实特性规律。结合现场监测振摆数据和水电站运行人员测量数据,研究机组振动原因,同时深入分析现场监测振摆数据和水电站运行人员测量振摆数据差异性较大的原因,最终提出改进建议。

2　机组参数

新安江水电站位于浙江省杭州市建德市原铜官镇附近,在钱塘江支流新安江上,距杭州市区 170km。厂房内安装 9 台水轮发电机组,总装机容量 662.5MW,额定转速 150r/min,设计水头 73.00m,最大水头 84.30m,最小水头 59.96 m,水轮机设计出力 92.3MW。水轮机和发电机主要参数见表 1。

表 1　　　　　　　　　　　　　水轮机和发电机主要参数

水轮机		发电机	
设计水头/m	73.00	额定功率/MW	95
最大水头/m	84.3	额定电压/kV	13.8

续表

水轮机		发电机	
最小水头/m	59.96	磁轭高度/mm	1770
水轮机设计出力/MW	92.3	转子直径/mm	7770
额定转速/(r/min)	150	转子重/t	330
飞逸转速/(r/min)	306		
额定流量/(m³/s)	138.8		

3　试验原理

3.1　试验原理

根据《水轮机基本技术条件》(GB/T 15468—2020)对主轴摆度的规定要求如下。

"在保证稳定运行范围内正常运行时,主轴相对振动(摆动)应不大于附录 C 中所规定的 B 区上限线"和"在空载工况下,主轴相对振动(摆度)应不大于轴承冷态间隙的 70%"。主轴相对振动位移峰—峰值推荐评价区域见图 1。

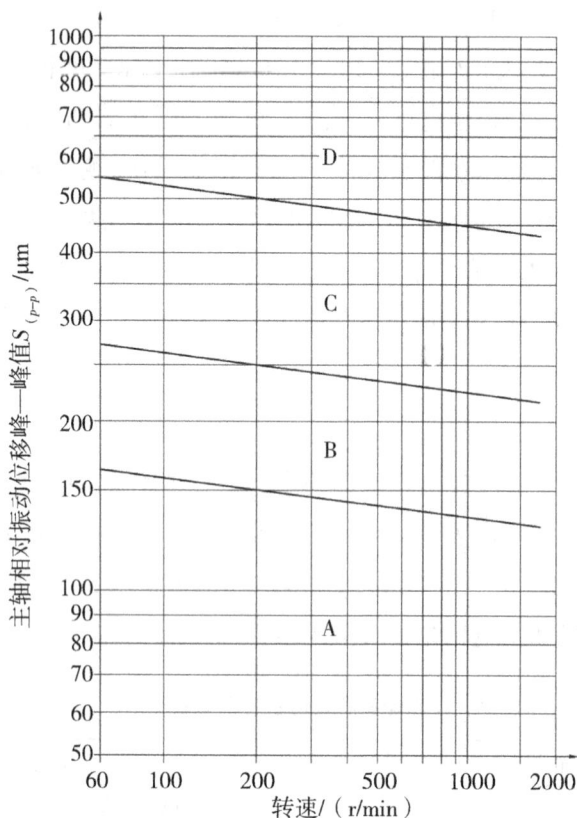

图 1　主轴相对振动位移峰—峰值推荐评价区域

A 区 0～155；B 区 155～260；C 区 260～520；D 区 520～。

机组振摆标准限值见表 2。

表 2 机组振摆标准限值 （单位：μm）

测点	限值/μm	空载限制	引用标准
水导摆度	260	4 号机组 280×0.7＝196μm； 6 号机组（310～410）×0.7＝217～287μm； 8 号机组（260～310）×0.7＝182～217μm	DL/T 507—2014； GB/T 15468—2020，在转速为150 时间主轴摆度应该运行在 B 区，B 区上线为 260μm； 空载时轴承不超过间隙的 70%
顶盖水平振动	70		GB/T 15468—2020； GB/T7 894—2009； XG 1—2015； DL/T 507—2014
顶盖垂直振动	90		

3.2 试验步骤

根据规程规范要求，在试验机组上布置相应传感器，用综合测试分析仪记录试验工况下各测点的输出变化情况，分析机组的运行特性，在试验过程中为保证机组相对稳定，一次调频功能暂时退出，AGC 功能暂时退出。

试验过程中的工况点如下。

（1）空转

机组额定转速、未并网，不带励磁。

（2）空载

机组额定转速、未并网，带额定励磁。

（3）变负荷试验

开机后分别稳定在空转工况、空载工况；机组自动并网后对负荷进行升降调整，每个工况点负荷调整幅度约 10%，即分别升降负荷过程中，在负荷 10MW、20MW、30MW、40MW、50MW、60MW、70MW、80MW、90MW、95MW 附近进行稳定工况试验，每个工况点稳定 2～3min，用综合测试分析仪记录下机组各测点的振摆数据，采集时间 1～2min。

3.3 测点及传感器安装

本实验对水导摆度和水轮机顶盖的振动进行了测量。水导处传感器安装在水导轴领处,安装时要确保接触面尽量光滑,且需要拆除保护罩;顶盖传感器安装在水轮机顶盖靠大轴侧。

3.3.1　4 号机组传感器位置示意图及安装说明

4 号机组 4 个摆度测点分布为 $-y$、$+x$、$+y$、$-x$ 4 个方向的测点(图 2)。原测点由于未拆除保护罩而没有数据采集,振动测点为 $-y$ 垂直和水平方向;$-x$ 垂直和水平方向。

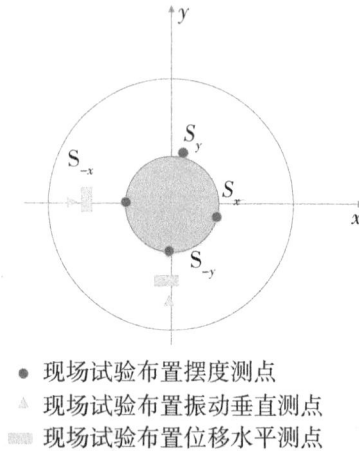

● 现场试验布置摆度测点
△ 现场试验布置振动垂直测点
▨ 现场试验布置位移水平测点

图 2　4 号机组传感器安装位置

3.3.2　6 号机组传感器位置示意图及安装说明

6 号机组 4 个摆度测点分布为 S_{-y_1}、S_{-y_2}、S_x,S_y 方向,摆度原测点保留(图 3)。试验过程中由于受到水导轴承处冲水的影响 $-y_2$ 数据失效。振动测点为 $-y$ 垂直和水平方向;$-x$ 垂直和水平方向。

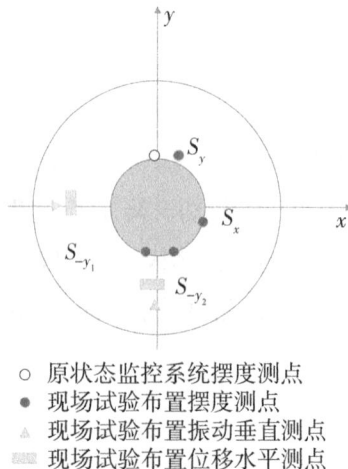

○ 原状态监控系统摆度测点
● 现场试验布置摆度测点
△ 现场试验布置振动垂直测点
▨ 现场试验布置位移水平测点

图 3　6 号机组传感器安装位置

3.3.3 8号机组传感器位置示意图及安装说明

8号机组 4 个水导摆度测点分布为 S_{-x}、S_{-y}、S_x、S_y 方向, 4 个顶盖振动测点为顶盖—y 垂直和水平方向各布置一个; 顶盖—x 垂直和水平方向各布置一个(图4)。

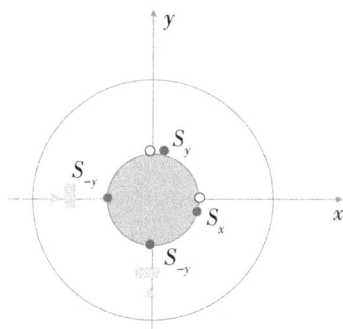

○ 原状态监控系统摆度测点
● 现场试验布置摆度测点
▲ 现场试验布置振动垂直测点
▦ 现场试验布置位移水平测点

图 4　检修前 8 号机组传感器安装位置

4　现场结果与分析

4.1　4 号机组现场试验结果

从图 5 可知, 本次测试和湖南省湘电试验研究院有限公司报告的水导摆度数据(图中"湖电测")的趋势是一致的, 在 40MW 时, 摆度数值就已经超过 $260\mu m$, 并随着开度增大其水导摆度并没有出现下降的趋势, 而在设计额定工况 90MW 超标严重。

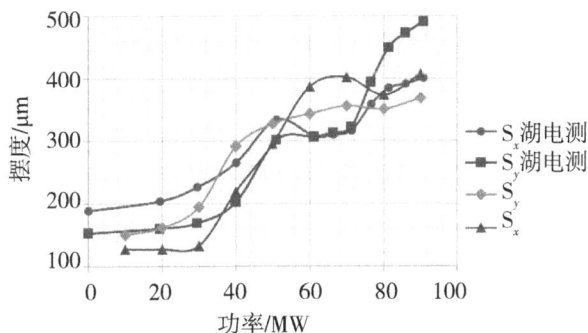

图 5　4 号机组本次测试和湖南湘电试验研究院有限公司报告对比

从图 6 可知, 随着负荷的增加水导摆度数据增加, 在 60MW 以上负荷和调相工况, 水导摆度数值已经远远超过 $260\mu m$, 在 C 区运行; 而随着负荷增加水导摆度没有下降的趋势,在设计负荷 90MW 时,水导摆度也已经超过 $260\mu m$,在 C 区运行。

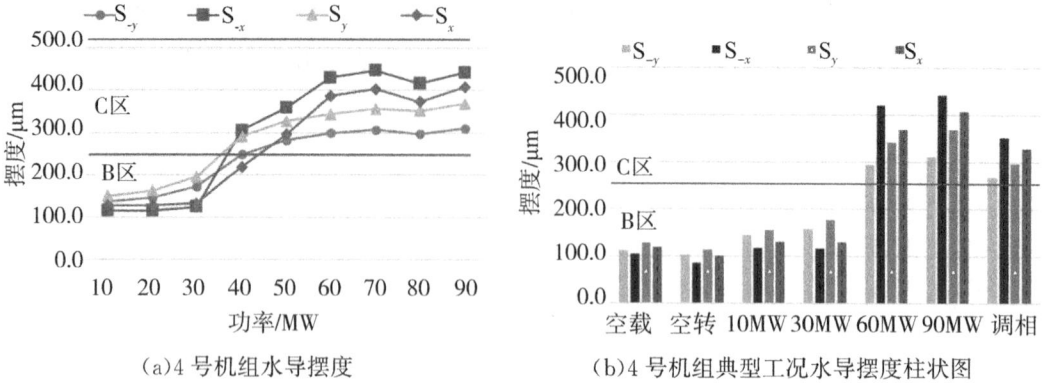

(a)4 号机组水导摆度   (b)4 号机组典型工况水导摆度柱状图

图 6   4 号机组水导摆度测量结果

4.2   6 号机组现场试验结果

从图 7 可知,随着负荷的增加水导摆度数据增加,在 30MW 以上负荷和调相工况,水导摆度数值超过 $260\mu m$,在 C 区运行,在 70MW 左右开始出现下降趋势,与 40~70MW 涡带区的摆度值相比有明显下降,在设计负荷 90MW 时,水导摆度稍微超过 $260\mu m$,在 C 区运行。

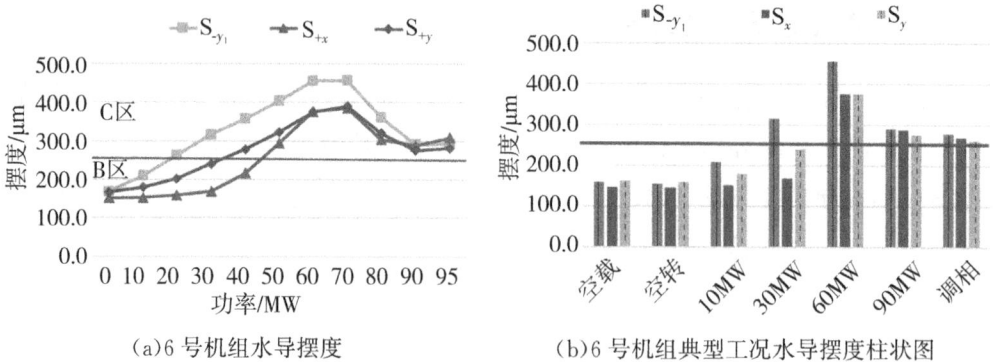

(a)6 号机组水导摆度   (b)6 号机组典型工况水导摆度柱状图

图 7   6 号机组水导摆度测量结果

4.3   8 号机组现场试验结果

从图 8 可知,随着负荷增加水导摆度先增加后减小,40~70MW 的涡带区中有部分工况的摆度值超过 $520\mu m$,在 D 区运行;但是在 60MW 时开始出现下降趋势,与 40~70MW 涡带区的摆度值相比有明显下降,在设计负荷 90MW 时,水导摆度稍微超过 $260\mu m$。

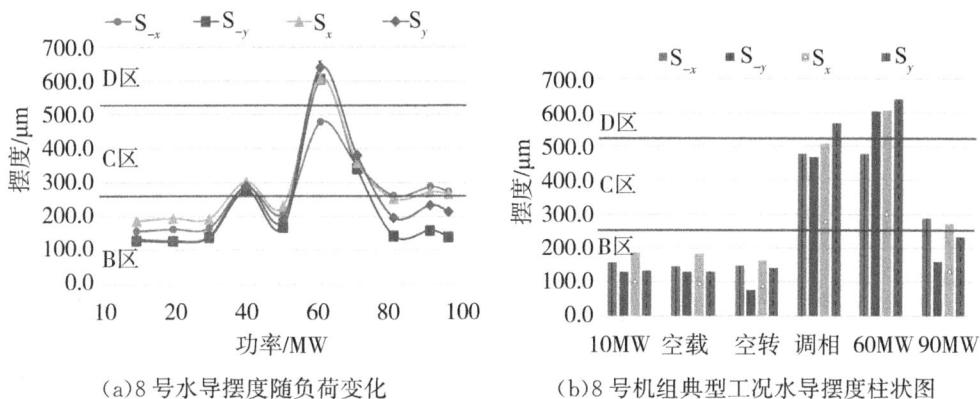

(a)8号水导摆度随负荷变化　　　(b)8号机组典型工况水导摆度柱状图

图8　8号机组水导摆度测量结果

4.4　3台机组水导摆度对比分析

对3台机组的水导摆度进行对比分析,相关分析如下。

从图9可知,4号水导摆度随着负荷的增加而增加,6号和8号存在明显的涡带区,随着负荷的增加水导摆度数据先增加后减少;3台机组在40MW以上,水导摆度会超过260μm,在C区运行;在设计负荷90MW水导摆度超过260μm,在C区运行,3台机组的水导摆度从大到小依次为4号、6号、8号。

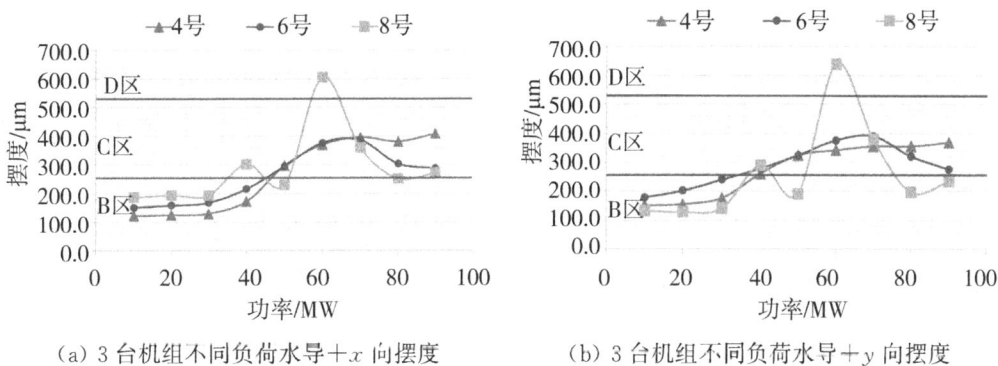

(a)3台机组不同负荷水导+x向摆度　　　(b)3台机组不同负荷水导+y向摆度

图9　3台机组不同负荷水导摆度

从图10可知,4号、6号、8号3台机组在空载、空转工况、低负荷工况都不超标;在调相工况4号机组和8号机组都超标,6号机组在260μm附近;在设计负荷90MW水导摆度超过260μm,在C区运行,3台机组的水导摆度从大到小依次为4号,6号,8号,其中8号摆度只稍微超一点。

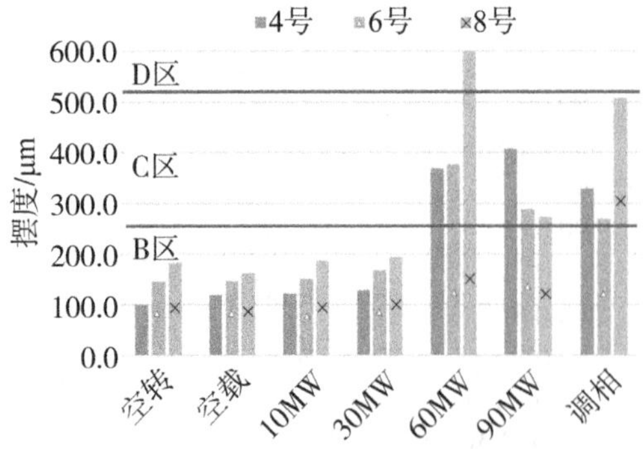

(a)3台机组典型工况水导+x向摆度柱状图 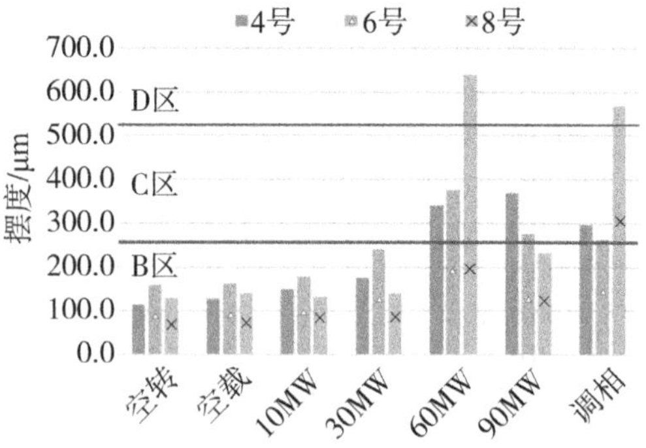   (b)3台机组典型工况水导+y向摆度柱状图

图10　3台机组典型工况水导摆度

5　结论及建议

（1）结论

①试验水头下，4号、6号、8号3台机组顶盖水平/垂直振动在各负荷工况点测值均符合标准要求，在各负荷工况点测值均符合行业标准要求。

②本次测试4号水导摆度和湖南省湘电试验研究院有限公司报告的水导摆度数据的趋势是一致的，在90MW时，摆度数值超过$260\mu m$，并随着开度增大其水导摆度并没有出现下降的趋势，在设计额定工况90MW超标严重。

③试验水头下，4号、6号、8号3台机组在空载、空转工况都不超标，在调相工况下4号机组和8号机组超标，6号机组在$260\mu m$附近超标，总体上看，调相工况下水导摆度都不太好。

④试验水头下，4号和6号机组水导摆度在40MW以上负荷范围内测值基本不满足标准要求，相比而言，4号机组水导摆度更严重，4号机组在设计负荷超过B区上线$260\mu m$严重，6号机组只是稍微超了一些。

⑤试验水头下，8号机组在设计功率90MW和低负荷工况是满足要求的，在中负荷50～70MW范围水导摆度严重，应该避免运行。

（2）建议

①由于水导轴承处有水射出，同时表面光洁度不够，所采集的信号毛刺较多，水导摆度信号首先需要进行去毛刺处理。

②4号机组水导摆度随负荷增加大幅增加，设计负荷下超标，机组可能存在轴线问题和机组安装方面的问题，建议水电站对轴线进行检查处理，水力影响应该不太大。

③8号机组机水导摆度处理在涡带区超过$520\mu m$,为D区运行,额定工况90MW附近临近$260\mu m$,为C区运行。水导轴承安装与机组中心可能存偏差,应检查发电机大轴顶部的大轴中心补气,改善水导密封,减少运行过程中水导轴承水流射出。

参考文献

[1] 林道远,林建兴. 水轮机运行稳定性的研究与展望[J]. 山东工业技术,2018(1):35.

[2] 曹剑绵,陈昌林. 大型水轮机转轮异常振动及叶片裂纹分析[J]. 西南交通大学学报,2002(S1):68-72.

[3] 苏立,毛成,沈春和,等. 基于流固耦合的混流式水轮机水力激振与疲劳寿命损伤研究[J]. 陕西水利,2023(4):3-6.

[4] 张飞,周喜军,孙慧芳,等. 水力激振作用下的蓄能机组泵工况稳定性分析[J]. 南水北调与水利科技,2017,15(5):202-208.

[5] 李仲德,张立勇. 古尔图七级水电站1号机用顶盖补气解决水轮机振动的分析与处理[J]. 小水电,2017(3):71-73+75.

[6] 冯顺田. 混流式水轮机振动分析与优化运行[J]. 水电自动化与大坝监测,2005(1):26-28+36.

[7] 姚大坤,李至昭,曲大庄. 混流式水轮机自激振动分析[J]. 大电机技术,1998(5):44-48.

[8] 徐永明. 混流式水轮机转轮裂纹原因分析及预防措施[J]. 河南科技,2013(6):89.

[9] 黄自和. 岩滩电站机组振动分析及转轮改造[J]. 企业科技与发展,2011(21):46-49.

[10] 卢磊. 叶道涡引起混流式水轮机振动的分析研究[D]. 成都:西华大学,2015.

[11] 杨新伟. 乌江构皮滩水电站水轮机稳定性问题研究[D]. 西安:西安理工大学,2006.

[12] 陈涛. 混流式水轮机转轮应力分析及改善措施研究[D]. 西安:西安理工大学,2017.

[13] 陈万涛,李德忠,赵志炉,等. 基于VMD和脉冲因子的水轮机摆度信号特征提取分析[J]. 水利水电技术,2019(4):132-137.

［14］苏立,毛成,沈春和,等. 基于小波变换的水轮机组水导摆度数据分析[J]. 水电站机电技术,2023(2)：9-11.

［15］邓金荣. 新安江电厂 6 号机组水导摆度偏大处理[J]. 水电站机电技术, 2017(4)：51-53＋56.

［16］李贵吉,叶喻萍,杜春生. 某水电机组水导摆度突增原因分析及处理[J]. 水电与抽水蓄能,2021,7(3)：92-98.

电站和引水闸自适应联动调度系统研究及应用

胡　晗[1,2]　侯冬梅[1,2]　段文刚[1,2]　王才欢[1,2]

(1. 长江水利委员会长江科学院水力学研究所,湖北武汉　430010;

2. 水利部长江中下游河湖治理与防洪重点实验室,湖北武汉　430010)

摘　要：某调水工程通过电站机组和引水闸两类建筑物供水,但电站和引水闸目前尚不具备输水流量的精准控制能力,更不具有自适应调节功能,在满足引水要求和充分发电方面协调困难。本研究采用资料调研、理论分析、数模计算和原型验证相结合的方法,对电站机组和引水闸的自适应调节方案进行了研究,实现了水、电联调自动化精准控制以及紧急情况下的应急调度快速响应。自动化控制系统建设完成后,现场试运行一年来,正常调度和应急调度工况下系统响应同步、调水流量精度提高至1‰;在机组突然停机的紧急情况下5min内即可完成总干渠的流量恢复,干渠水位波动控制在10cm以内。

关键词：电站机组；引水闸；自适应联动调度；应急调度

1　研究背景

某调水工程设计引水流量 $350 \text{m}^3/\text{s}$,加大流量 $420 \text{m}^3/\text{s}$,通过电站机组和引水闸引水(图 1)。电站布置采用河床径流式电站,电站厂房型式为灯泡贯流式,安装 2 台发电机组,总装机容量为 50MW。另设 3 孔引水闸,在电站机组检修或流量不足的情况下进行补水。

基金项目：中央级公益性科研院所基本科研业务费项目(CKSF 2023312/SL)。

作者简介：胡晗(1988—　),男,高级工程师,博士,主要从事水工水力学工作,研究方向为高坝枢纽泄洪安全。E-mail：huhan@mail.crsri.cn。

图1　电站机组和引水闸整体图

枢纽通过电站机组和引水闸两类建筑物为调水工程供水,但针对电站过流量,和引水闸过流量尚无精准的控制系统。过流量与下游水位密切相关,由于两类建筑物联合过流时各自的下游水位又相互联动,因此电站和引水闸目前尚不具备输水流量的精准控制能力,更不具有自适应调节功能,在满足引水要求和充分发电方面协调困难。另外缺乏可靠的应急调度方案和自适应调节功能,在机组运行过程中出现紧急停机断水的情况下,没有针对性的快速响应调度方案。在紧急情况下,没有电站机组和引水闸联合调度自动化控制会导致响应时间过长以及渠道运行水力指标超标程度加剧、超标持续时间过长等问题,因此需要开发和搭建电站、引水闸自适应联动调度自动化控制系统。

针对渠道的水力控制,国内外学者开展了多方面研究。关于渠道控制器的研究开始较早,最早的三点式控制器在美国加州中央流域工程上应用[1]。该控制器可使闸门水位维持在目标值,应用灵活、结构简单,缺点是流量变率过大时就很难保持稳定。随着微处理器的出现,PID(比例积分)控制器因其可稳定连续调节的特点在渠道闸控系统中得到广泛应用并迅速成为经典,许多基于此原理的渠道控制器[2-3]被开发出来并在实际工程中得到应用[4]。然而由于PID控制参数整定试算的工作量太大,且试算参数具有时不变性,其并不能精确地描述渠道的运行状态。为了解决这个问题,有学者尝试将模糊控制[5]、神经元网络(BP)[6]、动态矩阵控制[7]等与PID结合起来,以消除PID控制产生的暂态误差,期望克服渠道控制的不确定性。研究取得了一定的进展,但效果有限。在电站、引水闸联合调度方面,针对新疆阔克塔勒水电站与总干渠进水闸联合调度,新疆额尔齐斯河流域开发工程建设管理局的董武[8]提出了小水电站与总干渠进水闸联合调度原则,并认为只有实现总干渠进水闸闸门与机组过机流量变化同步调控,才能保证新建小水电站和总干渠进水闸的同时运行,满足总干渠的供水稳定安全运行要求,但该研究并未涉及水位流量的耦合变化,未能达到枢纽精细化"一步到位"的自动化调度需求。近年来,随着计算机、电子通信等科技手段的迅猛发展,渠系自动化运行调度管理技术渐趋成熟,各输水工程都开始逐步实现渠道全自动化控制管理。

本研究采用资料调研、理论分析、数模计算和原型验证相结合的方法,对电站机组和引水闸的自适应调节方案进行了研究,实现了水、电联调自动化控制,以及紧急情况下的应急调度快速响应,最大限度地控制了渠道内的水位波动。

2 下游水位推算

针对电站和引水闸下游水位流量关系复杂的问题,通过构建枢纽及下游渠道的三维数值计算模型,计算下游渠道水位与枢纽各闸下水位之间的关系。针对各流量级,设置了机组和引水闸之间不同流量分配比例的计算工况,并进行了归纳分析。各流量级条件下各特征断面水位分布见图2。

从数模计算结果得出,在同一输水总流量工况下,随着机组流量分配比例从0提高到100%,电站尾水渠水位呈逐渐上升的趋势,同样,随着引水闸流量分配比例的提高,引水闸消力池下游水位也呈逐渐上升趋势。而渠道0+300m断面和1+300m断面的水位始终保持稳定,不受电站机组和引水闸流量分配比例的影响,只和渠道总流量相关。

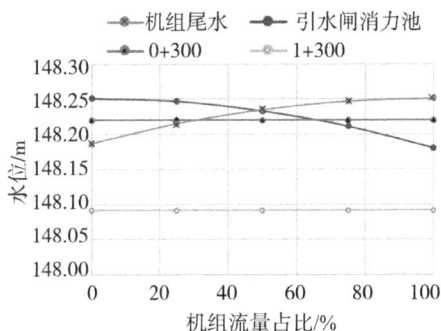

(a)总流量 420m^3/s

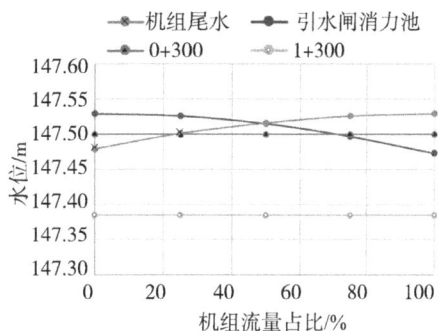

(b)总流量 350m^3/s

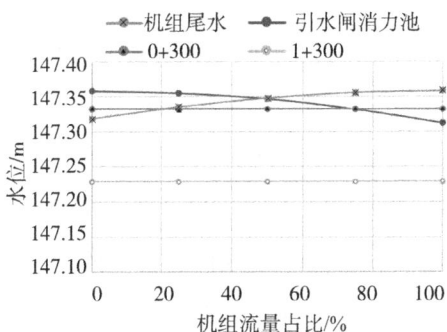

(c)总流量 300m^3/s

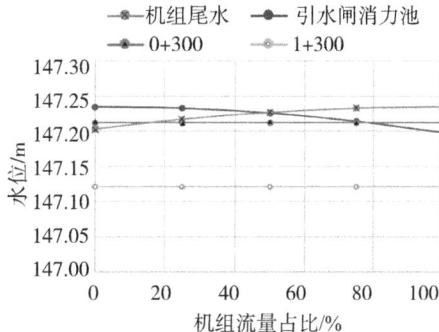

(d)总流量 260m^3/s

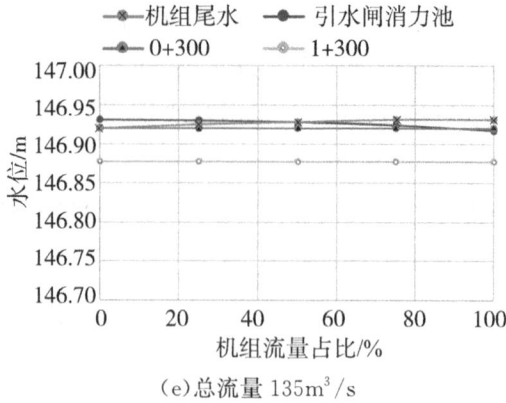

(e)总流量 135m³/s

图 2   各流量级条件下各特征断面水位分布

现场在 1+300m 断面处设有水位计,因此将 1+300m 断面水位当作机组尾水位和消力池下游水位进行调控计算是可行的,并可使调控计算简单化。

3   电站和引水闸自适应联动调度方案研究

3.1   电站机组与引水闸水位流量关系

在前期研究中收集整理了枢纽运行以来的电站机组运行数据,分析了库水位、总干渠流量、总干渠水位、机组出力、机组效率等相关关系。结合模型水轮机运转特性,率定了机组水位流量关系曲线。1 台电站机组的出力 N_i 可采用式(1)来计算。

$$N_i = \rho g \Delta H Q_{pi} \eta_i \tag{1}$$

式中,ρ——水的密度;

g——重力加速度;

Q_{pi}——1 台机组过机流量;

ΔH——电站机组上下游水头差,$\Delta H = H_u - H_c$;其中,H_u 为上游库水位;

H_c 为渠道 1+300m 断面水位计实测水位。

η_i——机组运行效率,可用前期研究中拟合的机组效率曲线式(2)来计算。

$$\eta_i = 1.439 \times 10^{-7} Q_{pi}^3 - 2.591 \times 10^{-4} \Delta H^3 - 4.358 \times 10^{-6} Q_{pi}^2 \Delta H$$
$$- 6.288 \times 10^{-5} Q_{pi} \Delta H^2 - 2.697 \times 10^{-5} Q_{pi}^2 + 1.664 \times 10^{-2} \Delta H^2$$
$$+ 2.687 \times 10^{-3} Q_{pi} \Delta H - 9.244 \times 10^{-3} Q_{pi} - 0.3482 \Delta H + 2.272 \tag{2}$$

在前期研究中收集整理了枢纽运行以来的引水闸运用资料,分析了库水位、总干渠流量、总干渠水位、闸门开启方式等相关关系,率定了引水闸水位流量关系曲线。1 孔引水闸的流量 Q_{si} 可采用式(3)来计算。

$$Q_{si} = \sigma_{si}\mu_{i}be_{i}\sqrt{2gH} \tag{3}$$

式中，e_i——弧形闸门开度；

μ_i——平底弧形闸门的流量系数，采用式（4）计算；

σ_{si}——淹没系数，采用式（5）计算。

$$\mu_{i} = \left(0.97 - 0.258\frac{\pi}{180°}\theta_{i}\right) - \left(0.56 - 0.258\frac{\pi}{180°}\theta_{i}\right)\frac{e_{i}}{H} \tag{4}$$

式中，θ_i——闸门开度夹角，°，$\theta_i = \arccos\left(\dfrac{c - e_i}{R}\right)$；

c——弧形闸门支绞高度；

R——弧形闸门半径。

$$\sigma_{si} = \left[6.538\left(\frac{\Delta H}{H}\right)^{3} - 7.862\left(\frac{\Delta H}{H}\right)^{2} + 4.772\frac{\Delta H}{H}\right]\cdot\left(\frac{e_{i}}{H}\right)^{0.18} \tag{5}$$

3.2 电站机组与引水闸运行限制条件

3.2.1 电站机组运行限制条件

枢纽机组在实际运行中受到以下限制。

①运行水头限制：机组安全运行水头在 6~24.86m，当运行水头低于 6m 或高于 24.86m 时，则机组停机。

②机组最大出力限制：最大出力限制为 25.0MW。

③低水头工况出力限制线限制。低水头工况下（$6m \leqslant \Delta H \leqslant 13.5m$），为防止机组发生共振，限制水轮机发电出力在一定范围内。

水电站水轮机模型综合特性曲线见图 3。

图 3 中直线"AB"为水轮机的出力限制线。规定在日常调度工况中，只允许在直线"AB"左侧的区域内安全运行。根据直线"AB"方程可确定机组在低水头工况下的最大允许过机流量 Q_{max}，即式（6）。

$$Q_{max} = 11.854\Delta H + 46.097 \tag{6}$$

假设 2 台机组采用相同出力运行，则需满足式（7）。

$$Q_{p}/2 \leqslant Q_{max} = 11.854\Delta H + 46.097 \tag{7}$$

式中，Q_p——2 台机组过机流量之和。

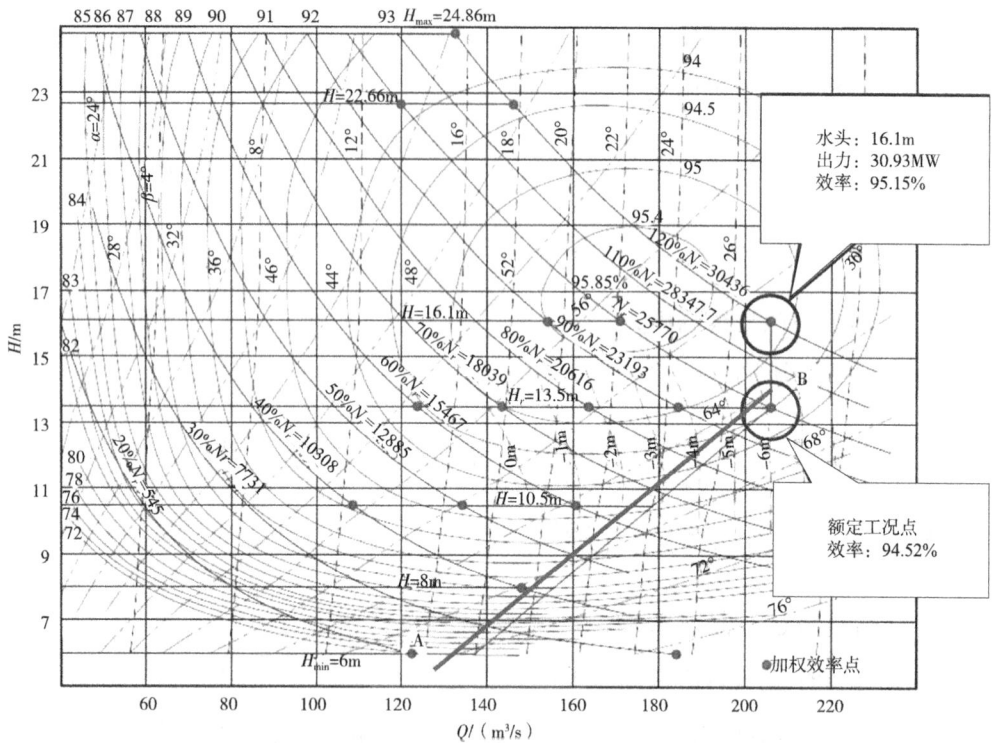

图3 水轮机模型综合特性曲线

3.2.2 引水闸运行限制条件

一般工程闸门运行经验表明,闸门在小开度运行时易产生流激振动,不利于闸门结构安全。结合枢纽闸现场运行情况,规定引水闸闸门开度不小于20cm。

3.3 电站和引水闸自适应联动调度策略研究

正常调度时,已知条件为当前上游库水位 H_u、下游 $1+300$m 断面水位 H_{1300c} 和当前调水流量 Q_c,以及目标调水流量 Q。目标结果是通过以下步骤计算确定 2 台机组的出力 N_1、N_2 和引水闸各孔开度 $e_1 \sim e_3$。正常调度策略见图4。

①确定总体调度方案,即机组是否发电;

②确定电站机组出力;

③确定引水闸门开度;

④流量反馈调整。

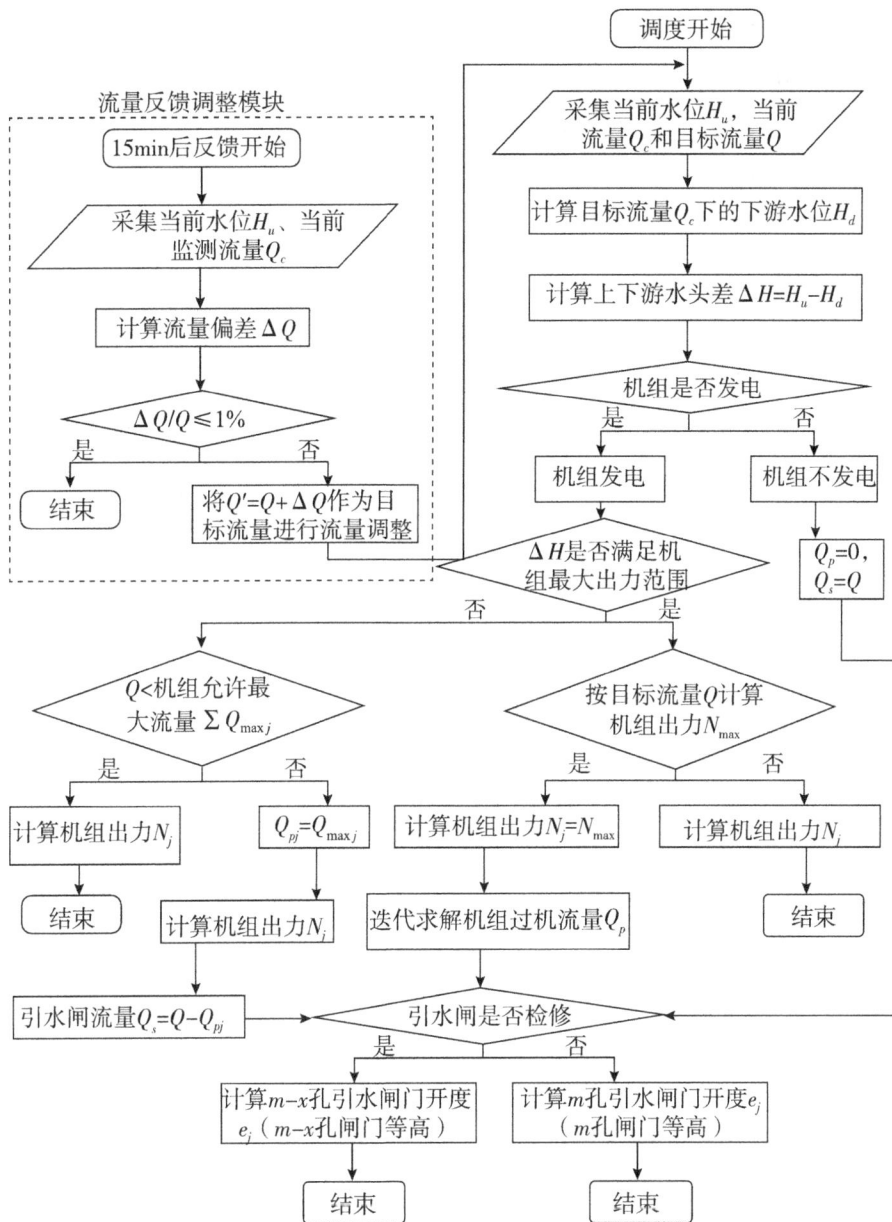

图 4　正常调度策略

3.4　应急调度策略

　　渠首枢纽工程自身发生应急突发事件时,应急调度指导思想是在最短的时间段内采取最科学有效的应对措施恢复进入总干渠的流量,使渠首到刁河节制闸渠段的水位和流量尽快恢复到原来的状态,减少对刁河闸下游供水的影响。影响最大的主要控制工况应该是电站机组大流量运行时的甩负荷。应急调度策略见图5。

　　①确定应急调度开展前各方面边界条件;

②判断应急调度策略开展应急调度；

③确定机组发电出力；

④确定引水闸各闸门的开度；

⑤恢复正常调度。

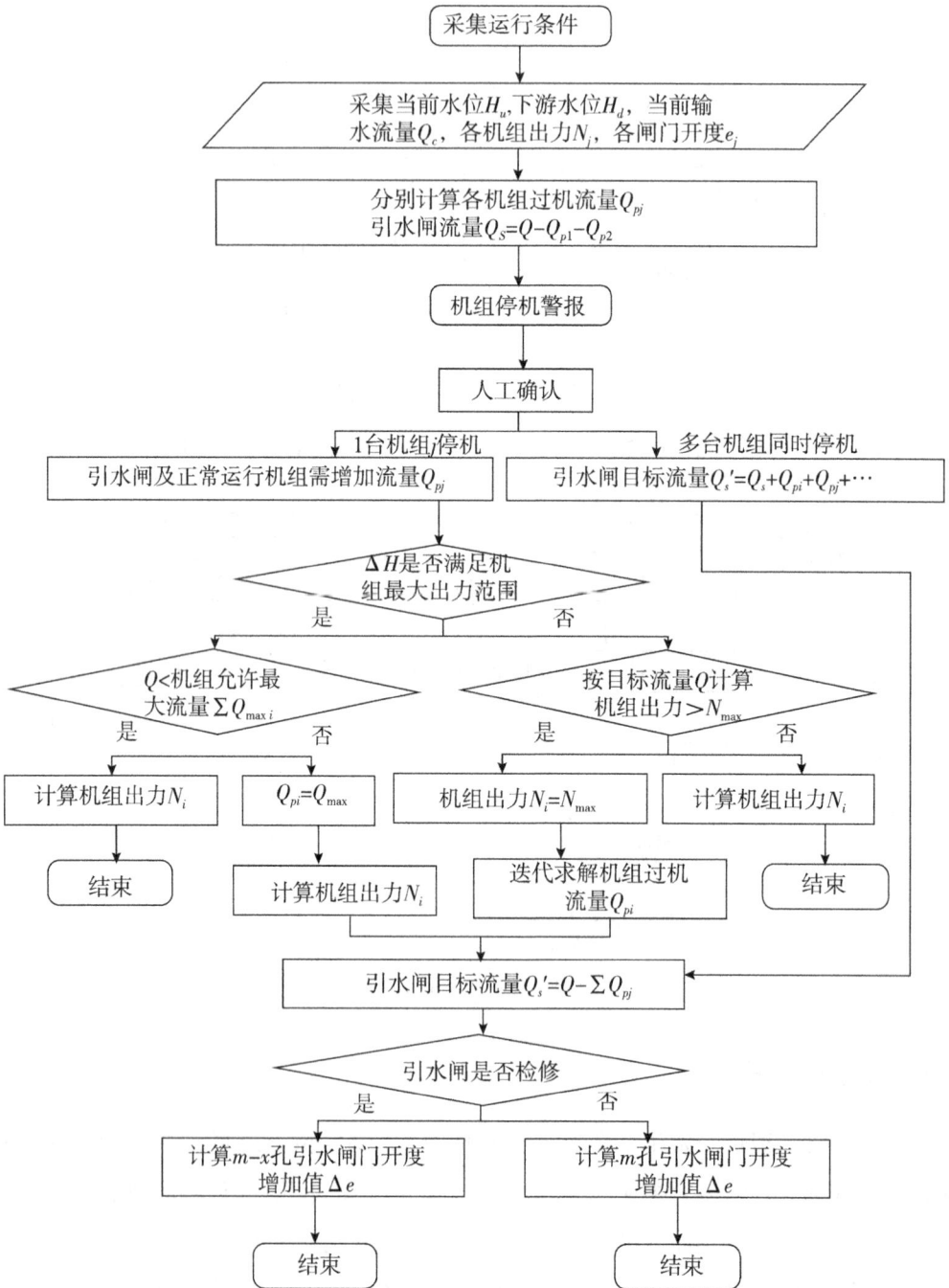

图 5　应急调度策略

4　实际应用效果

　　自 2022 年 10 月水电联调自动化控制系统建成以来,进行了现场测试、调试以及试运行一年。试运行结果显示,正常调度和应急调度工况下系统响应同步、调整时间适当、水量调整较精确,各项指标满足要求,实现了自动化精准调度的目标。在正常调度的过程中提高了精准调度的工作水平,实现了 1‰ 的调水流量精度,同时在确保下泄流量满足调度要求的前提下充分发挥了发电效益;在 1 台机组甩负荷的紧急情况下 5min 内即可完成总干渠的流量恢复,干渠水位波动控制在 10cm 以内。项目组结合实际情况和业主需求,不断升级和完善。目前,系统持续在调水工程安全运行和智能化运行中发挥着关键作用。

　　以下列举调试和试运行期间的若干实际工况运用效果进行展示。

4.1　水电联调自动化调度试运行

　　正常调度测试工况见表 1。

表 1　　　　　　　　　　　　　　　　　正常调度测试工况

测试工况	总流量 /(m³/s)	机组流量/(m³/s)		机组出力/MW		引水闸流量/(m³/s)			引水闸开度/mm		
		1#	2#	1#	2#	1#	2#	3#	1#	2#	3#
初始工况	266	133	133	7.8	7.8	0	0	0	0	0	0
工况 1	256	128	128	7.52	7.52	0	0	0	0	0	0
工况 2	276	131	131	7.63	7.63	0	14	0	0	200	0
工况 3	266	133	133	7.80	7.80	0	0	0	0	0	0

　　3 个工况中,渠道 1+300m 断面流量变化过程见图 6。

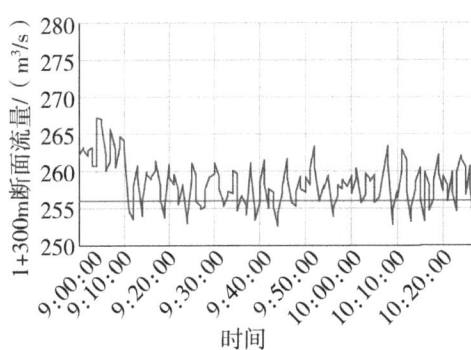

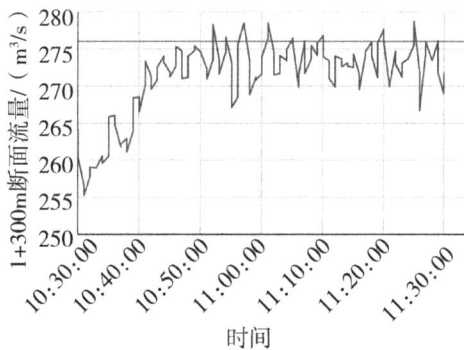

　　　　　　(a)工况 1　　　　　　　　　　　　　　　(b)工况 2

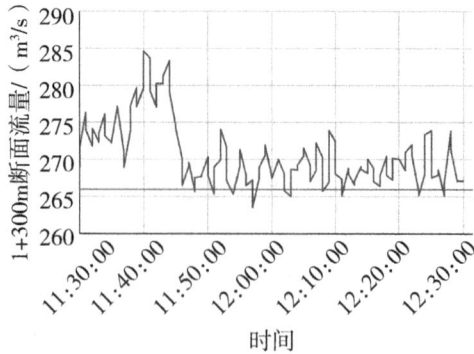

（c）工况 3

图 6 渠道 1＋300m 断面流量变化过程

现场试运行结果显示，自适应调度系统在接到流量调节指令后，能实现即刻响应，实测流量与目标流量吻合较好，流量偏差基本在 1% 以内，能满足自适应联动调度的各项基本要求。

4.2 应急调度试运行结果

初始条件：上游库水位 156.65m（吴淞高程），总干渠输水流量 266m³/s。1#、2# 机组发电，3 孔引水闸闸门关闭。

输入变量：人工操作将 1# 机组发电出力由 7.9MW 减至 3MW，根据应急调度策略，引水闸闸门开启补水。

应急调度期间渠道 1＋300m 断面流量变化过程见图 7。

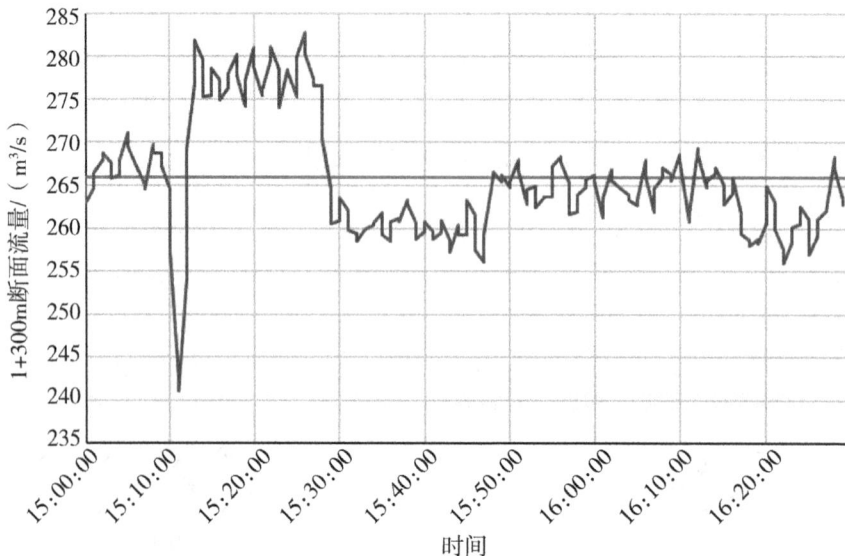

图 7 应急调度期间渠道 1＋300m 断面流量变化过程

在应急调度工况下,3孔引水闸同时开闸补水,渠道 1+300m 断面的流量在约 5min 后可得到初步恢复;经过自动化控制系统两次反馈后,可以实现应急调度工况下对目标流量的精准调控(流量偏差在 1% 以内);在现场模拟的应急调度工况下,1+300m 断面至刁河节制闸前的渠道水位下降幅值均小于 0.1m,满足渠道对水位降幅的要求。

5 结论

本研究针对枢纽尚不具备输水流量自适应调节功能,在满足引水要求和发电方面协调困难的问题,采用资料调研、理论分析、数模计算和原型验证相结合的方法进行了研究,实现了水电联调自动化控制。

按照"以水定电、水电联调"确定了枢纽正常调度原则。根据枢纽正常调度原则,结合电站机组和引水闸的水位流量关系提出了正常调度策略。按照在最短时间采取最有效应对措施恢复进入总干渠流量的目标要求,确定了枢纽应急调度策略。根据枢纽应急调度原则,结合电站机组和引水闸的水位流量关系提出了相应的应急调度策略。

现场试运行结果显示,正常调度和应急调度工况下系统响应同步、调整时间适当、水量调整较精确,实现了 1% 的调水流量精度,同时在确保下泄流量满足调度要求的前提下充分发挥了发电效益;在机组突然停机的紧急情况下 5min 内即可完成总干渠的流量恢复,干渠水位波动控制在 10cm 以内。

参考文献

[1] 方神光,吴保生,傅旭东. 南水北调中线干渠闸门调度运行方式探讨[J]. 水力发电学报,2008(5):93-97.

[2] Clemmens A J, Strand R J, Bautista E. Routing demand changes to users on the WM lateral canal with SacMan [J]. Journal of Irrigation and Drainage Engineering,2010,136(7):470-478.

[3] Clemmens A J, Schuurmans. Simple optimal downstream feedback canal-controllers Theory [J]. Journal of Irrigation and Drainage Engineering, 2004, 130(1):26-34.

[4] Guan G A, Clemmens A J, T F, et al. Applying Water-Level Difference Control to Central Arizona Project[J]. Journal of Irrigation & Drainage Engineering,2011,137(2):747-753.

[5] 范杰，王长德，崔巍，等.2003.渠道运行系统中的模糊 PID 联合控制研究[J].灌溉排水学报,22(4)：59-62.

[6] 王涛，阮新建.基于单神经元 PID 控制器在渠道自动控制中的应用[J].长江科学院院报，2004,21(4)：53-56.

[7] 王长德，郭华，邹朝望,等.动态矩阵控制在渠道运行系统中的应用[J].武汉大学学报(工学版)，2005,38(3)：6-18.

[8] 董武.小水电站与总干渠进水闸联合调度分析[J].水利规划与设计,2015,145(11)：79-82.

"天空地水工"感知网络下水库监测预警的分析与应用

李培聪[1]　余兴龙[2]　李　昊[2]　刘建文[1]　李诗婉[1]　申诗嘉[1]　张　舒[1]

(1. 广东省水利水电科学研究院,广东广州　510000;

2. 阳江核电有限公司,广东阳江　529500)

摘　要:针对水库工程中"天空地水工"综合感知网络尚缺乏成熟的系统化研究与应用方式的情况,本文提出了"天空地水工"感知网络下水库监测预警的分析。先由"天空地水工"多类设备开展监测感知网络建设,然后实现多源、多尺度数据融合并构建模型,接着探讨构建多目标层次预警分析体系,最后应用于广东阳江某水库,形成一体化监测体系,并利用监测数据进行大坝运行情况分析。结果表明,本文方法能够有效应用于水库监测体系及风险评估。

关键词:"天空地水工";数据融合;安全监测;多目标层次

1　前言

水库作为重要的水利基础设施,在防洪、灌溉、供水等方面发挥着不可替代的作用。然而,水库的安全运行也面临着诸多挑战,如洪水、地震、溃坝等灾害风险[1]。因此,建立科学有效的预警机制,对于保障水库安全、减少灾害损失具有重要意义。但由于水库大坝运行环境的独特复杂性,涵盖水上与水下双重维度,传统监测及量测手段因受作业环境、时间和传感器布设局限,难以实现对大坝的全面监控[2]。

近年来,InSar[3]、GNSS[4]、多波束[5]等监测新技术不断应用于大坝安全风险监控,此外,大数据[6]、人工智能[7]、多源预警[8]等预警分析新方法,为水库预警机制的

基金项目:广东省水利科技创新项目(2024-07)。

作者简介:李培聪(1993—　),男,广东人,硕士,主要从事水工监测、水利信息化、水利工程管理工作。E-mail:lipcf22@163.com。

构建提供了新的思路和技术手段。国内外学者开展了相关研究,取得了丰富的成果,如通过倾斜测绘技术进行精细建模[9],形成点云三维构网、区域网平差处理等方法[10],但针对"天空地水工"综合感知网络的水库预警机制,尚缺乏成熟的系统化研究与实施方法。

同时,水利部相继发布了《构建现代化水库运行管理矩阵先行先试工作方案》《水利业务"四预"基本技术要求(试行)》《数字孪生水利"天空地水工"一体化监测感知夯基提能行动方案(2024—2026年)》等文件,明确指出了加速"智慧水利"建设、强化大坝安全风险管理的战略方向。

因此,深入研究并充分利用"天空地水工"一体化监测感知,开展水库监测预警的分析与应用,形成水利新质生产力,更有效地应对极端气候条件下暴雨洪水等自然灾害,具有十分重要的意义。

2 "天空地水工"感知网络

2.1 感知体系

"天空地水工"一体化感知网络是指利用多种监测技术装备,在时空、范围、精度、频次等方面协同融合,实现对水利对象全要素和治理管理全过程的一体监测感知。

本文针对阳江某水库采用以下方式开展监测感知网络建设(图1)。

"天":采用光学遥感开展大尺度全局监测,监测频率1次/年。

"空":采用机巢无人机、固定高监测点等设施设备进行中尺度动态监测及巡查,监测频率1次/季度。

"地":建设包括流域中心雨量站、蒸发站、出库流量站等地面监测设施,实现水库水文精准实时监测。

"水":采用无人船对水库水下地形进行中尺度动态监测及巡查,监测频率1次/季度。

"工":水库布设坝体及两岸绕坝渗压计24支,大坝早期预警终端(MEMS)46台,大坝变形测点16个,

图1 阳江某水库感知网络图

对水库大坝、输水涵管、溢洪道运行状态进行实时精细监测。

水库工情监测布设见图2。

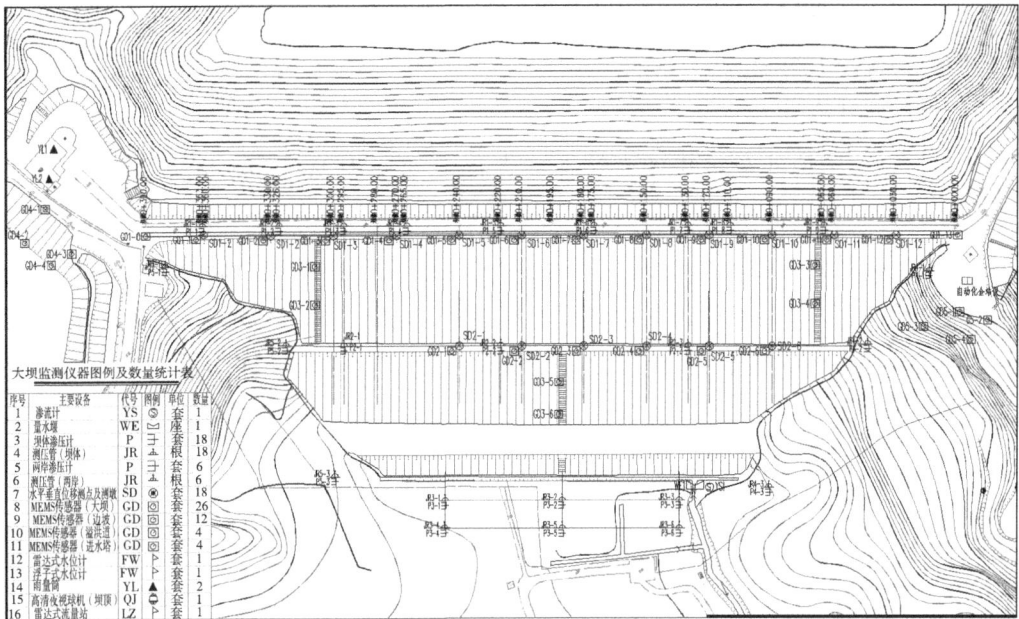

图 2　水库工情监测布设

2.2　数据融合

在数据融合方面,需要实现多源多尺度数据的无缝对接和高效整合,现阶段主要难点为多源监测数据时空对齐及多尺度量测数据的融合两个方面。针对以上问题,本文将数据融合的过程转化为由数据到模型的映射过程。在映射过程中通过数据标准,实现不同类型、不同来源、不同区域、不同尺度的数据融合,最终构建该水库的全要素监测量测数据融合,具体方法如下。

(1)时空对齐

在同一时间片内对各传感器采集的目标观测数据进行内插或外推,将高精度观测时间点上的数据推算到低精度观测时间点上。本文通过构建一个多项式函数来逼近已知的时间序列数据点,并利用这个函数来估算相关时间点的值,具体如下。

根据已知监测序列 $\{(t_i, y_i)\}_{i=0}^{n}$,拟合得到式(1)。

$$y = P(t) = a_3 t^3 + a_2 t^2 + a_1 t + a_0 \tag{1}$$

满足式(2)。

$$y_i = P(t_i) \tag{2}$$

式中:y_i——监测量;

t_i——监测时间点;

a_i——拟合系数。

同时归一化传感器采样间隔,确定统一的采样间隔,对各传感器的数据进行重采样或插值处理,以匹配该采样间隔。

(2)空间对准

目前,卫星定位外业采集的系统业务数据大部分为 WGS-84 坐标系,同时存在GCJ-02、BD-09 等其他坐标系[12],设备采集的数据基本为水库现场基准坐标系(相对坐标系),坐标系的参数不尽相同,必须使用相应的数学模型进行转换。为了解决这一坐标转换问题,本文基于四参数空间坐标转换方法[13],将来自天、空、水或传感器的数据统一到该坐标系下,简化了常规坐标转换复杂的流程。四参数空间坐标转换见图 3。

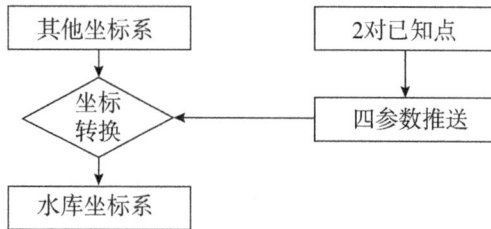

图 3 四参数空间坐标转换

四参数包括两个坐标平移量(Δx,Δy),即两个平面坐标系的坐标原点之间的坐标差值;平面坐标轴的旋转角度 α,通过旋转一个角度,可以使两个坐标系的 X 和 Y 轴重合在一起;尺度因子 K,即两个坐标系内的同一段直线的长度比值,实现尺度的比例转换,通常 K 值几乎等于 1。计算方法见式(3)。

$$\begin{bmatrix} x_2 \\ y_2 \end{bmatrix} = \begin{bmatrix} \Delta x \\ \Delta y \end{bmatrix} + m \begin{bmatrix} \cos\alpha & -\sin\alpha \\ \sin\alpha & \cos\alpha \end{bmatrix} \begin{bmatrix} x_1 \\ y_1 \end{bmatrix} \tag{3}$$

最后通过空间插值、空间滤波等方法对数据进行校正,以消除空间位置上的偏差和误差。

2.3 构建流程

各类尺度测量及拼接完成后,将工情实时监测叠加到相应模型中,能够更加直观地在系统上查看水库大坝三维模型,包括安装在坝体上每个传感器监测点的位置信息和详细信息。构建流程及成果分别见图 4、图 5。

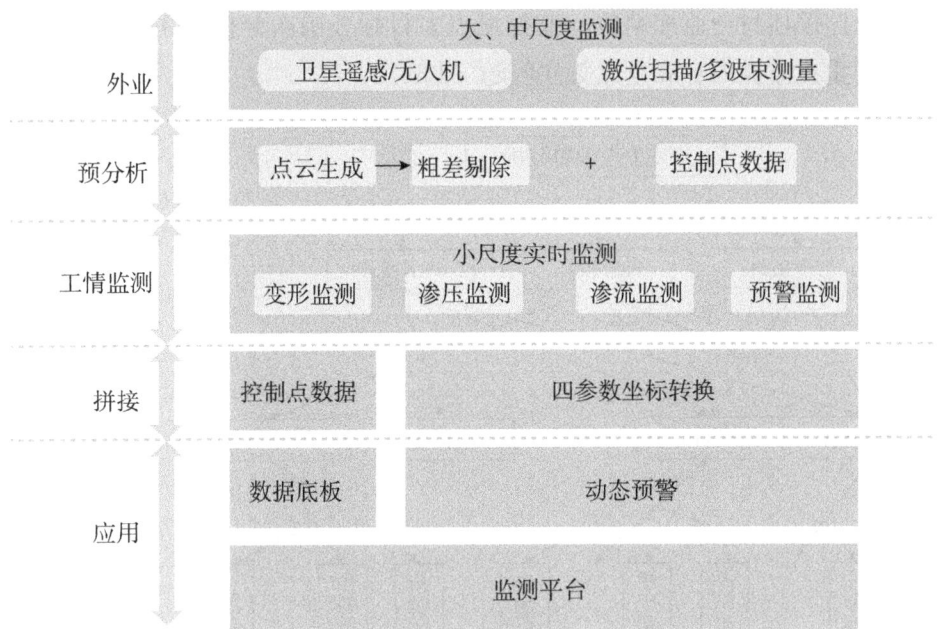

图 4   构建流程

图 5   构建成果

3   多目标层次预警分析

3.1   层次体系

本文通过"天空地水工"感知网络全面采集水库及其周边环境的相关数据,构建监控对象→监控项目→监控部位→监控测点多目标分层次分析体系,体系覆盖工程安全性态的重要监控内容和重点关注问题(图6)。

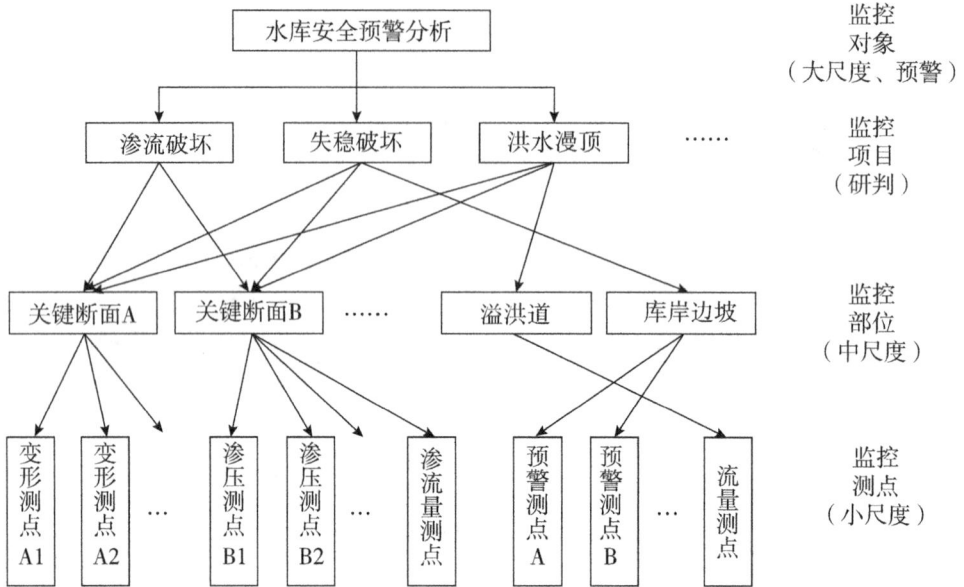

图6　多目标层次预警分析体系

3.2　预警阈值

在多目标层次预警分析体系中,针对监控测点,建立测点级评判规则,将测点实测数据与预设的测点监控指标进行对比,判别实测数据是否有效、是否超限、是否存在趋势性变化,从而确定监控测点级安全性态。

本文采用典型小概率法,结合大坝监测长序列实测值,拟定各测点的监测预警阈值,具体方法如下。

①收集监控测点典型监测效应量 $x_1, x_2, \cdots, x_n$,即样本数为 n 的样本空间 $X = \{x_1, x_2, \cdots, x_n\}$,可求得样本空间的均值和标准差。

②假定监测效应量的分布服从 $F(x)$ 的分布函数,并通过 $K\text{-}S$ 法对样本进行分布检验。

③根据监控点、监控断面重要性,设置显著水平 α,一般可取为 $1\% \sim 3\%$,则预警阈值 x_m 计算方法见式(4)。

$$x_m = F^{-1}(x, \alpha) \qquad (4)$$

3.3　多目标层次分析

基于工程安全综合评价体系、测点评判规则、逐级评判规则,融合监测数据、仿真结果和巡检信息,实现综合评价计算,最终得到工程安全运行性态结果。

具体步骤如下。

①风险要素识别,根据工程重要关注点与可能存在的缺陷,包括工程地质、施工质量、坝顶高程、闸门等,识别可能存在的风险并确定相关破坏模式,如渗流破坏、失稳破坏、洪水漫顶等。

②根据工情实时监测等小尺度测点测值及预警阈值,判别测点实测值是否有效、是否超限、是否存在趋势性变化,从而确定测点级安全性态。

③依据"空地水"量测结果,构建水库重点部位几何断面,融合实时监测信息,形成对重点部位的实时掌控,判断监控部位安全性态。

④依据步骤②中监测的部位安全性态,研判工程渗流、变形等监控项目的风险,并计算相关失效概率 P_{fi},计算方法见式(5)。

$$P_{fi}=P(Z\leqslant 0)=P[(R-S)\leqslant 0] \tag{5}$$

式中,R——工程的抗力作用,与工程运行年限、管理水平及大坝结构等相关;

S——在一定条件下的作用效应,包括水位、降雨、震动等因素。

⑤综合评价,计算在某种荷载或某种工况下,工程各部位风险分布情况及综合概率 P_f,计算方法见式(6)。

$$p_f=\sum_{i=1}^{n}p_{fi} \tag{6}$$

式中,P_{fi}——监控项目的失效概率。

4 应用实例与效果评估

某水库主要建筑物按Ⅱ级设计,次要建筑物按Ⅲ级设计,防洪标准按100年一遇洪水设计,2000年一遇洪水校核。水库正常蓄水位46.82m,校核洪水位50.32m。水库枢纽由大坝、溢洪道、输水隧洞、上坝公路、管理房等组成。

以该水库为例,通过构建"天空地水工"一体化感知网络,具体布设设备如第2节所述,实现了对水库及其周边环境的全面监测。同时通过无人机和无人船等设备对水库水体进行巡查。

4.1 预警阈值计算

该水库于2022年底部署大坝早期预警终端(MEMS)46台。根据2023年期间资料拟定的倾角监控指标,整理测点实测倾角见表1。表1为各测点各时间下最大测值,其中 θ 为俯仰角,Φ 为横滚角,Ψ 为偏航角,具体监测量见图7。

表1   测点实测倾角

时间	$\theta/°$	$\Phi/°$	$\Psi/°$
2023-01-01	0.00001	0.04897	0.00254
2023-01-17	0.00004	0.02347	0.00653
2023-02-02	0.00001	−0.02176	0.00253
2023-02-18	0.00002	−0.01359	0.00445
2023-03-06	0.00001	−0.00999	0.00254
2023-03-22	0.00002	0.04728	0.00376
2023-04-07	0.00002	0.04736	0.00376
……	……	……	……
2023-08-13	0.00001	0.04898	0.00252
2023-08-29	0.00001	−0.00981	0.00254
2023-09-14	0.00004	0.02337	0.00653
2023-09-30	0.00001	−0.02189	0.00254
2023-10-16	0.00002	−0.01370	0.00441
2023-11-01	0.00002	0.04732	0.00376
2023-11-17	0.00002	−0.00494	0.00298
2023-12-03	0.00001	−0.05721	0.00220
2023-12-19	0.00001	−0.00981	0.00142

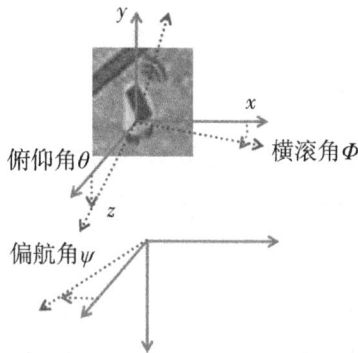

图7　大坝早期预警终端(MEMS)监测量

经 K-S 法检验,倾角值样本均服从正态分布,其数字特征值和概率密度函数见表2。

设置显著水平 α 为 1%,通过表2可分别求出这3个监测量的预警指标,分别为俯仰角 θ_m 为 $1.83×10^{-5}$,横滚角 Φ_m 为 0.009,偏航角 Ψ_m 为 0.003,根据监测资料可以发现俯仰角基本为恒定值,不产生较大变化。

表 2　各测点实测倾角数字特征值及概率密度函数

监测量	$N(\mu,\sigma^2)$	概率密度函数
θ	$N(2\times10^{-5},7.79\times10^{-11})$	$f(x)=\displaystyle\int_{-\infty}^{+\infty}\frac{1}{8.83\times10^{-6}\ \sqrt{2\pi}}\mathrm{e}^{\frac{(x+2\times10^{-5})^2}{2\times7.79\times10^{-11}}}\mathrm{d}x$
Φ	$N(7.3\times10^{-3},3.223\times10^{-2})$	$f(x)=\displaystyle\int_{-\infty}^{+\infty}\frac{1}{3.223\times10^{-2}\ \sqrt{2\pi}}\mathrm{e}^{\frac{(x+7.3\times10^{-3})^2}{2\times1.039\times10^{-3}}}\mathrm{d}x$
Ψ	$N(3.24\times10^{-3},1.64\times10^{-3})$	$f(x)=\displaystyle\int_{-\infty}^{+\infty}\frac{1}{1.64\times10^{-3}\ \sqrt{2\pi}}\mathrm{e}^{-\frac{(x+3.24\times10^{-3})^2}{2\times2.70\times10^{-6}}}\mathrm{d}x$

4.2　监控部位评估

该水库坝横 0+210.00 断面沿坝顶、马道、坝脚布设了 3 台大坝早期预警终端,根据 2.2 节,将构建的模型剖切形成监测部位几何断面(图 8)。

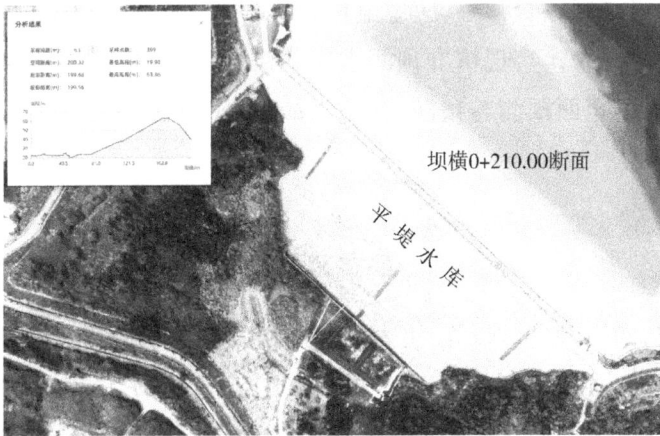

图 8　水库坝横 0+210.00 断面剖切

将实时监测信息融合进该断面,形成对重点部位的实时掌控,并根据 4.1 节制定的监测预警阈值,判断监控部位安全性态(图 9)。

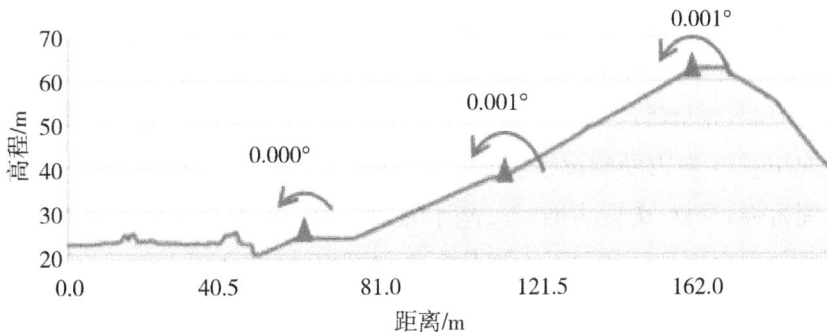

图 9　断面实时监测信息

目前该水库监测数据均小于预警阈值，水库坝横 0+210.00 断面整体状态安全。

5 结论与展望

本文基于"天空地水工"等监测技术，形成水库一体化感知网络，并针对某水库多元化、多尺度条件下，预警分析体系的构建与应用，通过"天空地水工"等监测数据的融合分析和多目标层次预警体系的构建，实现了对水库安全状况的全面评估和及时预警。主要实现了以下目标。

①利用"天空地水工"量测、监测技术实现提升对工程整体的把控。

②在"天空地水工"监测数据的基础上，通过数据融合及三维模型构建，使水库工情监测展示更加直观。

③探讨了"天空地水工"监测数据下多目标、多层次的预警分析，实现水库安全的综合评价计算。

后续可以通过深度整合气象、应急响应、水文等多源部门数据，构建一套高效的水库监测预警预报系统。实现精准预测水库的洪水，预先模拟水情与工情的动态变化，达到水库运行的全面预测与预演，为防洪减灾、水资源调度提供强有力的技术支持与决策依据。

参考文献

[1] 蔡跃波,向衍,盛金保,等. 重大水利工程大坝深水检测及突发事件监测预警与应急处置研究及应用[J]. 岩土工程学报,2023,45(3):441-458.

[2] 李豪,张鹏,杨胜发,等. 基于声学相机的水下潜坝三维信息重建试验研究[J]. 水运工程,2022(11):202-207+226.

[3] 罗军尧,朱国金,冯业林,等. 基于 SBAS-In SAR 技术的澜沧江哑贡倾倒体变形演化特征[J]. 岩石力学与工程学报,2024.

[4] 齐智勇,毛延翩,方荣新,等. 水库峡谷区北斗/GNSS 变形监测方法对比分析与精度评估[J]. 大地测量与地球动力学,20204.

[5] 李成旭,侯欣欣,王月,等. 多波束测深系统与侧扫声呐在水电站坝前淤积测量中的应用[J]. 电力勘测设计,2022(2):84-88.

[6] 周富强,吴艳,美丽古丽,等. 基于大数据理论的数据分析模型在新疆中小型水库安全监测平台中的应用[J]. 大坝与安全,2023(6):39-44.

[7] 杨兴富,刘得潭,杨进,等. 基于 APSO-Robust-ELM 的大坝变形原始监测数据粗差识别方法[J]. 水力发电,2024,50(6):111-116.

［8］高小盼,张志学,宋金蕊,等.天空地一体化技术在尾矿库监测预警中的应用［J］.金属矿山,2020(2):188-193.

［9］李晓,连蓉,罗鼎,等.无人机倾斜摄影及实景三维建模技术在应急测绘中的应用——以巫溪6·23湖塘滑坡为例［J］.测绘地理信息,2024.

［10］郭凡.面向实景三维模型的三角网优化方法［D］.抚州:东华理工大学,2023.

［11］王建荣,杨元喜,胡燕,等.高分十四号立体测绘卫星无控定位精度初步评估［J］.测绘学报,2023,52(1):8-14.

［12］王志文,王潜心,何义磊.基于 Gauss-Helmert 误差模型的最小二乘解现实全球范围内 WGS84 到 CGCS2000 的转换［C］//中国卫星导航系统管理办公室学术交流中心.第八届中国卫星导航学术年会论文集——S05 精密定位技术.中国矿业大学南湖校区环境与测绘学院,2017:5.

［13］谢晓宁.坐标转换模型解算方法的改进研究［D］.抚州:东华理工大学,2018.

图书在版编目（CIP）数据

水利量测技术论文选集．第十三集 / 中国水利学会
水利量测技术专业委员会编．-- 武汉：长江出版社，
2024. 9. -- ISBN 978-7-5492-9814-3

Ⅰ．TV221-53

中国国家版本馆 CIP 数据核字第 20248RZ912 号

水利量测技术论文选集．第十三集
SHUILILIANGCEJISHULUNWENXUANJI.DISHISANJI
中国水利学会水利量测技术专业委员会　编

责任编辑：	郭利娜　吴明洋	
装帧设计：	刘斯佳	
出版发行：	长江出版社	
地　　址：	武汉市江岸区解放大道 1863 号	
邮　　编：	430010	
网　　址：	https://www.cjpress.cn	
电　　话：	027-82926557（总编室）	
	027-82926806（市场营销部）	
经　　销：	各地新华书店	
印　　刷：	湖北金港彩印有限公司	
规　　格：	787mm×1092mm	
开　　本：	16	
印　　张：	28.25	
字　　数：	650 千字	
版　　次：	2024 年 9 月第 1 版	
印　　次：	2024 年 9 月第 1 次	
书　　号：	ISBN 978-7-5492-9814-3	
定　　价：	186.00 元	

（版权所有　翻版必究　印装有误　负责调换）